全国高等医药院校药学类规划教材

物理化学

（第二版）

主　编　莫凤奎

编　者　（以姓氏笔画为序）

王中彦（沈阳药科大学）

田青平（山西医科大学）

朱澄云（沈阳药科大学）

张　荣（广东药学院）

杜　薇（贵阳中医学院）

沈雪松（桂林医学院）

栾玉霞（山东大学药学院）

莫凤奎（沈阳药科大学）

谢　英（北京大学药学院）

中国医药科技出版社

内 容 提 要

本书是“全国高等医药院校药学类规划教材”中的一本。本版教材在第一版的基础上稍作调整，全书共分九章，内容依次为热力学第一定律，热力学第二定律，化学平衡，相平衡，电化学，化学动力学，表面现象胶体及高分子溶液。

本教材配有适量的例题、思考题和习题，习题附有答案。与本书配套出版的《物理化学学习指导》一书有课后思考题及习题的详细解答，并有各章的基本要求及供学生练习用的例题、思考题和习题及其答案等。

本教材适用于高等医药院校药学类各专业使用。

图书在版编目（CIP）数据

物理化学/莫凤奎主编 .—2 版 .—北京：中国医药科技出版社，2009. 8

全国高等医药院校药学类规划教材

ISBN 978 - 7 - 5067 - 4281 - 8

Ⅰ. 物… Ⅱ. 莫… Ⅲ. 物理化学 - 医学院校 - 教材 Ⅳ. 064

中国版本图书馆 CIP 数据核字（2009）第 110170 号

美术编辑 陈杞君

版式设计 郭小平

出版 中国医药科技出版社

地址 北京市海淀区文慧园北路甲 22 号

邮编 100082

电话 发行：010 - 62227427 邮购：010 - 62236938

网址 www. cspyp. cn

规格 787 × 1092mm $^1/_{16}$

印张 22 $^1/_2$

字数 456 千字

初版 2002 年 10 月第 1 版

版次 2009 年 8 月第 2 版

印次 2017 年 11 月第 6 次印刷

印刷 三河市航远印刷有限公司

经销 全国各地新华书店

书号 ISBN 978 - 7 - 5067 - 4281 - 8

定价 41.00 元

全国高等医药院校药学类规划教材常务编委会

出 版 说 明

全国高等医药院校药学类专业规划教材是目前国内体系最完整、专业覆盖最全面、作者队伍最权威的药学类教材。随着我国药学教育事业的快速发展，药学及相关专业办学规模和水平的不断扩大和提高，课程设置的不断更新，对药学类教材的质量提出了更高的要求。

全国高等医药院校药学类规划教材编写委员会在调查和总结上轮药学类规划教材质量和使用情况的基础上，经过审议和规划，组织中国药科大学、沈阳药科大学、广东药学院、北京大学药学院、复旦大学药学院、四川大学华西药学院、北京中医药大学、西安交通大学药学院、山东大学药学院、山西医科大学药学院、第二军医大学药学院、山东中医药大学、上海中医药大学和江西中医学院等数十所院校的教师共同进行药学类第三轮规划教材的编写修订工作。

药学类第三轮规划教材的编写修订，坚持紧扣药学类专业本科教育培养目标，参考执业药师资格准入标准，强调药学特色鲜明，体现现代医药科技水平，进一步提高教材水平和质量。同时，针对学生自学、复习、考试等需要，紧扣主干教材内容，新编了相应的学习指导与习题集等配套教材。

本套教材由中国医药科技出版社出版，供全国高等医药院校药学类及相关专业使用。其中包括理论课教材 82 种，实验课教材 38 种，配套教材 10 种，其中有 45 种入选普通高等教育“十一五”国家级规划教材。

全国高等医药院校药学类规划教材

编写委员会

2009 年 8 月 1 日

第二版前言

本版教材是根据2008年12月全国高等医药院校药学类规划教材主编会议的精神组织编写的。编写中强调了基本理论、基本知识和基本技能，力求简明扼要、条理清晰、好懂好学、科学适用。

本书在不影响对基本理论、基本知识把握的前提下，对一些应用范围较窄的公式和模型一般采取“拿来就用”的态度，不进行繁琐的理论推导。

本版教材较上一版上做了如下调整：

1. 删除了第一版“物态”一章；

2. 将第一版“基础热力学”和“化学反应热力学”两章改写为“热力学第一定律”、“热力学第二定律”和“化学平衡”三章；

3. 将第一版“电解质溶液的电导”和“可逆电池电动势”两章合并为“电化学”一章。

这样作一是因为药学类各专业的物理化学教学时数较少，不可能一切知识都从源头讲起；二是试图使教与学的思路更为清晰。

本书共分九章，内容依次为热力学第一定律，热力学第二定律，化学平衡，相平衡，电化学，化学动力学，表面现象，胶体及高分子溶液。在一些章节中增加了膜电势、表面张力的测定、润湿与吸附现象在药学中的应用、临界胶束浓度的测定、表面活性剂在药学中的应用及凝胶药物制剂等与药学密切相关的内容。

本教材配有适量的例题、思考题和习题，习题附有答案。与本书配套出版的《物理化学学习指导》一书有课后思考题及习题的详细解答，并有各章的基本要求及供学生练习用的例题、思考题和习题及其答案等。

本教材适用于医药院校药学类各专业，教学时数为75 ~90学时。

本书各章的编写人为：绪论及第一章，莫凤奎；第二章，沈雪松；第三章，田青平；第四章，杜薇；第五章，朱澄云；第六章，谢英；第七章，栾玉霞；第八章，王中彦；第九章，张荣。第一章插图的绘制及其他各章插图的修改由沈阳药科大学王齐放副教授完成，沈阳药科大学李三鸣教授为编写工作提供了宝贵意见和帮助，编写过程中得到了沈阳药科大学及各位编委所在院校的大力支持，在此一并表示衷心感谢。

受编者水平所限，本教材肯定有许多不妥及错误之处，恳请读者不吝赐教。

编　者

2009 年 4 月

目录 CONTENTS

绪　论

一、物理化学的任务和内容

自然界是物质的世界。物质是不断运动的，即使是宏观静止的物体，其内部的微观粒子也在无休止地运动着。化学反应属于一类特殊方式的物质运动，有其特殊的运动规律。分门别类地研究这些特殊规律，是无机化学、有机化学、分析化学以及其他各化学分支学科的任务。但无论哪种化学反应，都是物质运动的表现形式，都服从物质运动的普遍规律，遵守描述这些普遍规律的物理学原理，从而，应用物理学的理论探寻化学反应的普遍规律，就成了化学科学不可回避的任务。一种物质能发生什么样的化学反应，取决于其化学组成和化学结构，也就是取决于该物质是由哪些原子组成的，这些原子间又通过什么样的化学键相结合。化学键的不同意味着原子间相互作用的方式和强度不同，而原子间相互作用的方式和强度又与原子中电子的运动状态密切相关。任一化学反应必然涉及原子及原子中电子的相互作用方式及运动状态的改变，从而发生能量的转换，并伴随着诸如热效应、电效应、光效应以及物质聚集状态的变化等物理现象。因此，用物理学的方法和技术，通过对这些物理现象的监测和分析，就成了预测化学反应方向，判断化学平衡位置，测定化学反应速率，研究化学反应机理的有效手段。物理化学就是这样一门从化学现象与物理现象的联系入手，运用物理学的理论和方法，探寻化学反应的普遍规律，并用以解决化学和化工实际问题的科学。

由于物理化学研究的主要是化学科学领域普遍适用的理论问题，所以物理化学又称为理论化学。

根据其所要解决的问题，物理化学研究的主要内容有如下几方面：

1. 化学热力学

物质的性质除了取决于其化学组成及化学结构外，还因其物理状态（简称物态）的不同而有所不同。化学变化和物态变化统称为物理化学变化或物理化学过程。在指定条件下，一个物理化学过程能否发生，向哪个方向进行，过程进行的限度即平衡位置在何处，外界条件的改变对过程的方向和限度有何影响，过程进行时会发生什么样的能量转换等等，是化学热力学要解决的主要问题。

2. 化学动力学

经典热力学的研究方法以研究变化的净结果为特征，不考虑完成一个过程需要多少时间，也不考虑过程的细节。也就是说，它只能回答化学反应的可能性问题，而不能解决化学反应的现实性问题。所谓现实性问题指的是，一个化学反应在指定条件下以什么样的速率进行，温度、压力、反应物浓度、催化剂、反应介质等反应条件对反应速率有何影响，完成一个反应要经历哪些步骤，如何控制反应条件使反应按预期的方向以预期的速率进行等。研究这些问题的物理化学分支称为化学动力学。

3. 结构化学

物质的性质与其微观结构密切相关。研究原子、分子、晶体以及不同聚集状态的物质的微观结构及结构与性质的关系的物理化学分支称为结构化学。结构化学中，侧重于用量子力学原理研究微观粒子运动规律以解决化学问题的部分称为量子化学，侧重于微观结构的分析方法的部分称为结构分析。

4. 统计热力学

化学热力学、化学动力学及结构化学是物理化学的三个主要研究领域。将这三个研究领域联系起来的是统计热力学。它从物质的微观结构出发，应用统计力学的原理，推断或计算物质的宏观性质和动力学参数。因此可以说，统计热力学是将物质的微观结构与宏观行为联系起来的桥梁。

限于药学类专业的教学要求，本教材只介绍化学热力学及其应用以及化学动力学两部分内容。

二、物理化学在化学和药学中的地位和作用

1. 在化学中的地位和作用

物理化学探讨的是化学反应普遍遵循的一般规律，因而，物理化学原理对化学各学科具有普遍意义。化学各领域实验事实的积累和各自特殊规律的发现推动了物理化学理论的发展与完善，反过来，物理化学也为化学各学科及与化学密切相关的其他学科的发展提供了强有力的理论支撑。例如，化学热力学、化学动力学构成了化学工程学的重要的理论基础；结构化学的原子结构理论和分子轨道理论极大地推动了无机化学及有机化学的发展；现代分析化学所使用的各种分析测试手段如热分析、光谱、色谱、极谱、质谱分析等，更是离不开诸如化学热力学、结构化学、胶体与表面化学以及电化学等物理化学分支的理论和方法。毫无疑问，熟悉物理化学的理论和方法，对每一位化学及相关学科的研究者来说，都是十分必要的。

2. 在药学中的地位和作用

一种药物，从其研制到使用的每一步都与物理化学息息相关。例如，结构化学的知识可以帮助我们设计新药、进行分析；药物合成路线的选择、合成反应条件的控制、药物贮存稳定性的预测以及药物在体内的吸收、分布及代谢研究都离不开化学动力学的帮助；药物有效成分的分离、提取及精制需要相平衡理论的指导；至于药学的一个重要领域药剂学，更是以物理化学为其主要的理论基础。方兴未艾的胶体药物传递系统的研究，一方面得益于胶体化学理论，另一方面也在促进着胶体化学的发展。

三、物理化学的学习方法

学习方法一般因人、因学科而异，需要初学者根据个人情况和学科特点来摸索。这里仅结合物理化学的特点提出几点建议供读者参考。

1. 要善于总结

物理化学是一门发展得相当完善的科学，除小部分因研究进展稍慢而略显杂乱之外，绝大部分有着很强的系统性，仿佛一棵大树，有树干，有树枝，条理极其清楚。这为我们学习它提供了很大的方便。但哪是树干，哪是树枝，并不是一眼就能看清楚，而是需要在学完每一节、每一章之后，认真地梳理和总结。在总结过程中，要集中目光，抓住那些最基本的概念、规律和公式，它们是树干，是主要矛盾，是大问题。那些由最基本的概念、规律和公式派生出来的东西则是树枝，是次要矛盾，是小问题。小问题归大问题管着。抓住了大问题，再理清大问题和小问题之间的派生关系，一棵树在头脑中成了形，就基本上掌握了学过的知识。学术名家们常说："书要越读越薄"，说的是一本厚厚的书，其精华不过几页纸而已。找出这些精华的方法，就是经常不断地总结。

2. 注重公式的推导

物理化学与那些基本上是经验地、定性地研究问题的学科不同，更多采用理论的和定量的研究方法。这导致物理化学中出现许多公式，而且，除了少数几个定义式外，这些公式都有着各自的适用范围或使用条件。把这许多公式及其使用条件都死记硬背下来，自然是可以的，但也是令人头痛的，而且，这种方法对提高学习和研究能力毫无裨益。其实，若善于总结的话，就会发现，这众多的公式都来源于为数不多的几条基本定律和几个基本公式，是它们在特定条件下的表现形式。好的方法是，记住这几个基本定律和基本公式（这并不困难），自己尝试从它们出发，应用具体情况的具体条件和适当的近似，推导出适用于该具体情况的公式。在推导过程中一方面可以加深对基本定律和基本公式的理解，另一方面也自然而然地熟悉了公式的使用条件。这样做，不但可以免除死记硬背的烦恼，更重要的是锻炼了逻辑思维能力。这种能力对每一位科学工作者都是不可或缺的。物理化学中经常要用到一些数学知识，这也成了一些人说物理化学难学的根据。其实，读者只要经常进行上面所说的推导，就会发现，在本书的范围内，物理化学所用到的数学知识极其简单，而且数学推导是很有趣的事情。千万不要人云亦云地自己吓唬自己。

3. 重视理论联系实际

物理化学与一切科学一样，其理论来自于实践，又反过来应用于实践并接受实践的检验。若想真正掌握物理化学的理论，唯一的办法就是不断地把物理化学的理论应用于实践，就如同若想真正掌握游泳要领，就必须经常到水中去游一样。

作为在读大学生，主要的实践是做实验和做习题。实验本身就是一种实践，习题也多数来自前人的实践。应力求通过做实验和做习题，加深对基本概念、基本规律及基本公式的理解，同时提高自己的实验技能和逻辑思维能力。实验技能不仅应该包括实验动手能力，还应包括实验设计能力。逻辑思维能力也应不仅包括应用理论解决实际问题的能力，还应包括从实践中总结出规律的能力。这需要在做实验和做习题时善于思考，注重理论的推理和事实的归纳，能够作到举一反三，要竭力避免把自己变成一个机器人或计算器。

用所学的理论对各种各样有关的自然现象进行解释或预言，是另一种实践。一个完美的解释或一次成功的预言，会使人有一种豁然开朗的快感，觉得物理化学原来并不那么神秘、那么晦涩，反而是奥妙无穷的，进而产生一种用物理化学知识探索更多自然现象的兴趣，而不论研究什么学问，兴趣是取得成绩的首要条件。探索下去可能会有许多收获，也可能遇到有些现象用已知规律和现有理论无论如何也无法说明的困难，那将是好事，因为许多科学发现就是从此开始的。

第一章 INTRODUCTION

热力学第一定律

第一节 热力学概论

一、热力学的基本内容

热力学是研究系统宏观性质及其变化规律的科学，其理论基础是几个热力学基本定律，即热力学第一定律、热力学第二定律及热力学第三定律，此外还有热力学第零定律。依据热力学第一定律，可以计算一个物理化学过程的能量效应。依据热力学第二定律，可以判断一个物理化学过程在指定条件下能否进行，向什么方向进行，能进行到什么限度。热力学第三定律主要用来计算物质的规定熵，有了规定熵和其他热力学数据，原则上可以解决有关化学平衡的计算问题。热力学第零定律给出了温度的严格定义，是温度测定的理论依据。因为即使不了解热力学第零定律也不影响对温度概念的使用，故本书不介绍此定律。

二、热力学的研究方法

热力学的几个基本定律来自对大量实践经验的总结，并得到了广泛的验证。热力学从这几个基本定律出发，通过严密的数理逻辑推理得出结论，基础牢固，方法严谨，具有高度的普遍性和可靠性。爱因斯坦曾指出："经验热力学是具有普遍内容的唯一物理理论，我坚信在其基本概念适用的范围内，是绝对不会被推翻的。"

热力学以大量分子（这里的"分子"是广义的，泛指构成宏观物体的微观粒子）的集合体为研究对象，反映的是大量分子的平均行为，不涉及分子的微观结构和个别行为，因此其结论的可靠性不会随人们对物质结构认识的深入而动摇，但也因此不能从微观角度给出其结论的内在根据。

热力学通过计算变化前后系统宏观性质的改变量来解决问题，只考虑变化的净结果，不考虑变化的细节和所需的时间。它只回答变化的可能性问题，即在指定条件下，变化能否发生，变化的限度即平衡位置在哪里的问题，而不关心变化的快慢和变化的细节，也就是说不解决变化的速率和机理问题。

第二节　热力学基本概念

一、系统与环境

将作为研究对象的一部分物质用一个现实的或想象的界面同其他物质区分开来，这部分物质称为系统（system），又称为体系或物系。原则上系统以外的所有物质称为环境，但通常所说的环境指的是系统以外与系统有密切联系的物质。

根据与环境的关系，热力学系统可分为以下三类：

（1）孤立系统（isolated system），又称隔离系统。这类系统与环境之间既没有物质的交换，也没有能量的交换。

（2）封闭系统（closed system），这类系统与环境之间没有物质的交换，但有能量的交换。顺便指出，根据爱因斯坦的质能联系定律，能量交换也是物质交换，但在热力学范围内，以能量形式交换的物质的量小到可以忽略。

（3）敞开系统（open system），又称开放系统。这类系统与环境之间有能量交换，也有物质交换。

一个系统究竟属于上述哪一类，完全取决于如何选择研究对象。例如，在一个密闭的绝热刚性箱中，放置一个器壁可传热的密闭容器，该容器内盛有一定量的挥发性液体，液体上方充满该液体的蒸气。若以绝热刚性箱内所有物质为研究对象，则它们构成一个孤立系统。若以容器内的液体和气体为研究对象，则它们构成一个封闭系统。若只以液体为研究对象，则它是一个敞开系统。至于如何选择系统，应视客观需要及是否便于研究而定，没有一个普遍的规则。严格意义上的孤立系统并不存在，通常所说的孤立系统只是近似意义上的。一般来说，敞开系统研究起来困难较多，封闭系统则比较便于研究。以后若不明确说明，所提系统均指封闭系统。

二、系统的性质

系统的性质指的是系统的宏观物理量，如温度、体积、压力、物质的量、密度等。系统的性质可分为两类：广度性质（又称容量性质）和强度性质。

（1）广度性质是其数值与系统中物质的量有关的性质。这类性质具有加和性，即系统的任一广度性质的数值是系统各部分该性质的数值之和。例如，系统的体积是系统各部分的体积之和，系统的质量是系统各部分的质量之和等等，体积和质量都属于广度性质。

（2）强度性质是其数值与系统中物质的量无关的性质。这类性质不具有加和性。例如，对于一个处于平衡态的系统，系统的温度与系统各部分的温度完全相同，并不等于系统各部分温度之和，系统的压力（注意：物理化学中提到压力时，绝大多数情况下，均指压强）也与系统各部分的压力相同，并不等于各部分压力之和，温度和压力即属于强度性质。

广度性质与广度性质之比为强度性质。例如

质量/体积 = 密度

体积/物质的量 = 摩尔体积

其中，质量、体积、物质的量为广度性质，密度、摩尔体积则是强度性质。

三、状态函数与状态方程

（一）状态函数

经典热力学所说的状态是指系统的各种宏观性质均有确定值的宏观静止状态。它是系统宏观性质的综合体现。系统的宏观性质中只要有一个发生了改变，系统的状态必然随之改变。反之，如果系统的状态改变了，系统的宏观性质中也至少有一个要改变。系统的状态确定后，系统的各宏观性质均有唯一确定的值。系统的性质与系统状态的单值对应关系表明，系统的性质是系统状态的函数，简称状态函数，又称状态变量、状态参量。状态函数具有如下特点：

（1）状态函数的值仅决定于系统的状态，与这个状态如何演变而来无关，或者说与系统的历史无关。

（2）基于上述特点，当系统由一个称为始态的状态变为另一个称为终态的状态时，系统的任一状态函数的改变量就简单地是该状态函数在终态和始态的数值之差，与系统怎样由始态变为终态即变化途径无关。简言之，若系统发生了某一变化，系统的状态函数的改变量只决定于变化（即过程）的始态和终态，与变化的途径无关。状态函数的这一特点为热力学计算带来了极大的方便。

（3）既然状态函数的改变量只决定于过程的始态和终态，若系统发生了一个由始态出发，经历某种途径又回到始态的变化即循环过程，其状态函数的改变量应为零。用数学语言来叙述就是，若 X 为状态函数，则其微小改变量 $\mathrm{d}X$ 的环积分为零，即

$$\oint \mathrm{d}X = 0$$

满足这一方程的 $\mathrm{d}X$ 应是全微分。状态函数的这一特点简述为：状态函数的微小变化可以表示为全微分。

（二）状态方程

在系统的任一指定状态，系统的各种性质均有确定值。这并不意味着，为确定系统的状态，需指定系统的一切性质。系统的性质并不全是独立的，一些性质之间存在着函数关系，因而只需指定有限的几个独立的性质即可确定系统的状态。系统的状态函数之间的关系式称为状态方程。理想气体状态方程

$$pV = nRT \tag{1-1}$$

即属于这类方程。式中，n 为理想气体的物质的量，单位为 mol；R 为摩尔气体常数，当 p 的单位为 Pa，V 的单位为 m^3，T 的单位为 K 时，R 的值是 $8.314\mathrm{J \cdot K^{-1} \cdot mol^{-1}}$。一般而言，对于一个封闭系统，除指明系统的组成即各组分的物质的量之外，只需指定另外两个独立的变量，即可确定系统的状态。系统的任一性质 X，均可表示为系统的组

成和这两个独立变量（设为 x，y）的函数，即

$$X=f\ (x,\ y,\ n_1,\ n_2,\ \ldots,\ n_B)$$

式中，n_1，n_2，…，n_B表示系统中各组分的物质的量。上式为一般意义的状态方程。对一个组成确定的封闭系统，则只需指定两个独立的状态函数即可确定系统的状态。此时，上述方程简化为

$$X=f\ (x,\ y)$$

例如，对于物质的量及组成确定的理想气体，只需指定压力、体积及温度三个变量中的任意两个，即可确定其状态。

四、热力学平衡态

系统的所有性质均不随时间改变的状态称为热力学平衡态，简称平衡态。经典热力学中不含时间变量，因此，它所研究的系统的状态只能是平衡态。它所研究的系统的变化也只能是由一个平衡态到另一个平衡态的变化。在此意义上，经典热力学又称为平衡态热力学。

处于平衡态的系统只能是孤立系统，因为若系统与环境处于物质或能量的交换之中，系统的性质必然是随时改变的。为了考察一个封闭系统是否处于平衡态，可将系统和环境作为一个整体看作一个孤立系统。一个孤立系统若同时满足如下平衡条件，则该系统处于平衡态。

（1）热平衡 若系统中不存在绝热壁，系统的温度均匀。

对于内部无绝热壁的封闭系统，热平衡条件为：系统的温度均匀且与环境的温度相等；

（2）力平衡 若系统中不存在刚性壁，系统的压力均匀。

对于内部无刚性壁的封闭系统，力平衡条件为系统的压力均匀且与环境的压力相等；

（3）相平衡 若系统中存在不同的相，则在各相之间不发生物质的净转移，即各相的物质的量和组成不随时间而改变；

（4）化学平衡 若系统中有化学反应，则该反应已达平衡，系统的组成不随时间改变。

系统处于平衡态时，虽然其宏观性质不随时间而改变，但组成系统的大量分子仍在不停地运动之中，只是大量分子运动的平均效果不随时间而改变。因此，热力学平衡是一种动态平衡。

实际上，完全不受外界影响的孤立系统是不存在的。实际系统或多或少总要同外界发生物质或能量的交换，因此，实际系统总是处于非平衡态。平衡态只是系统受外界影响很小情况下的一种理想概念。在很多实际问题的处理中，应用平衡态概念可以使问题大为简化。此外，平衡态热力学也为非平衡态热力学研究提供了基础。

五、过程和途径

系统中发生的由一个状态到另一个状态的变化，称为过程。变化前的状态称为始

态。变化后的状态称为终态。变化所经历的具体步骤称为途径。有时途径与过程并不严格区分。

按照系统内物质的变化类型，过程可分为单纯 pVT 变化、相变化和化学变化三类。单纯 pVT 过程系指无相变、无化学变化的过程。

按照过程进行的特定条件进行分类，常见的有如下几种：

（1）恒温过程。过程中系统的温度不变，且与环境的温度相等。

（2）恒压过程。过程中系统的压力不变，且与环境的压力相等。

（3）恒外压过程。过程中环境的压力不变。

（4）恒容过程。过程中系统的体积不变。

（5）绝热过程。过程中系统与环境没有热交换。

（6）循环过程。系统从始态出发，经历一系列步骤，又回到始态，即终态与始态重合的过程。

第三节　热力学第一定律

一、热和功

1. 热

系统与环境交换能量的方式有两种，即热和功。

热的原始定义是系统与环境因温度不同而交换的能量。但我们知道，恒温相变和恒温化学反应均会产生热效应，热的上述定义对这两种热效应显然不适用。深入研究表明，热与分子的无序运动密切相关。物体内分子无序运动的平均强度大，则物体的温度高，反之则低。因此，从本质上讲，热是系统与环境因分子无序运动平均强度不同而交换的能量，或者说，热是大量分子以无序运动方式传递的能量。

热用字母 Q 表示，具有能量量纲，单位为 J 或 kJ。热力学中规定，当系统从环境吸热时，$Q>0$；系统向环境放热时，$Q<0$。

2. 功

除热以外，系统与环境以其他方式交换的能量均称为功。

功用字母 W 表示，具有能量量纲，单位为 J 或 kJ。根据国际理论和应用化学联合会（IUPAC）的建议，规定系统从环境得到功时，$W>0$；系统对环境做功时，$W<0$。

最早研究的功是机械功，其定义为

$$\delta W = F\mathrm{d}l\cos\theta \tag{1-2}$$

式中，F 为作用于物体上的力，$\mathrm{d}l$ 为物体的位移，θ 为力与位移两个矢量的夹角。根据上式，当力与位移同方向时

$$\delta W = F\mathrm{d}l$$

当力与位移反方向时

$$\delta W = -F\mathrm{d}l$$

仿照机械功的定义，其他功均可表示为广义力与广义位移的乘积。例如电功

$$\delta W = E\mathrm{d}q$$

电势差 E 为广义力，通过的电量 $\mathrm{d}q$ 为广义位移。表面功

$$\delta W = \gamma \mathrm{d}A$$

表面张力 γ 为广义力，表面积的改变量 $\mathrm{d}A$ 为广义位移。

对各种形式的功进行研究之后发现，功总是与大量分子（广义的）的宏观定向移动相联系，因此可以说，功是大量分子以宏观有序运动的方式传递的能量。

热和功都是系统与环境进行能量交换的方式。能量交换总是与系统中进行的过程相伴随，没有过程也就没有能量交换，也就没有热和功。因此热和功不是系统的性质，也就不是状态函数。说系统的某一状态有多少热或功是毫无意义的。系统从同样的始态出发，经历不同的途径，变化到同样的终态，与环境交换的热并不相同。例如，将 1kg 水加热，使其温度升高 1K，水得到 4.184kJ 的热。若采用搅拌的方式，同样使 1kg 的水温度升高 1K，水得到的热为零。可见，热是途径函数。功也是途径函数，后面讨论体积功的计算时，将会看到这方面的例证。

二、热力学能

焦耳（Joule）从 1840 年到 1879 年，花了近 40 年的时间，做了一系列的热功当量实验。这些实验证明，若使一个绝热系统从同样的始态升高同样的温度，到达同样的终态，所需的各种形式的功（机械功、电功等）在数值上完全相同。这意味着，绝热系统内部能量因从环境得功而增加的量与途径无关，只决定于系统的始态与终态，也就是说系统内部的能量只取决于系统的状态，是一个状态函数。这个状态函数称为热力学能（thermodynamic energy）或称内能（internal energy）。以后，为叙述方便，一律称为内能。

内能用字母 U 表示，具有能量量纲，单位为 J 或 kJ。

若系统始态的内能为 U_1，终态的内能为 U_2，则在绝热情况下，系统内能的改变量为

$$\Delta U = U_2 - U_1 = W_a \tag{1-3}$$

式中，W_a 为绝热过程的功。式（1－3）即内能的定义式，其意义为，环境在绝热过程中对系统所做的功全部转换为系统的内能。

系统的总能量包括三部分：

（1）系统整体运动的动能；

（2）系统整体在外力场中的势能；

（3）系统内部的各种能量。

热力学研究的是宏观静止系统，并且因一般情况下重力场、电磁场等外场对热力学系统的影响很小，故不考虑系统的整体动能和整体势能。热力学能即内能是系统内部各种能量之和，包括分子的平动能、转动能、振动能、核和电子的能量以及分子间势能等。

内能既然是系统内部粒子的各种能量之和，其数值必然与系统的物质的量有关，因而是广度性质。1mol 物质的内能称为摩尔内能，用 U_m 表示。摩尔内能则是强度性质，

单位为 $J \cdot mol^{-1}$ 或 $kJ \cdot mol^{-1}$。

内能是系统内部粒子能量的总和，而人们对微观粒子结构的认识尚未完全明确，因此，至少就目前而言，系统内能的绝对值是无法确知的。

对于一个物质的量和组成确定的封闭系统，其内能可以表示成两个独立的状态变量的函数。通常选择温度与体积或温度与压力为两个独立的状态变量，于是有

$$U = U(T, V)$$

$$dU = \left(\frac{\partial U}{\partial T}\right)_V dT + \left(\frac{\partial U}{\partial V}\right)_T dV \qquad (1-4)$$

或

$$U = U(T, p)$$

$$dU = \left(\frac{\partial U}{\partial T}\right)_p dT + \left(\frac{\partial U}{\partial p}\right)_T dp \qquad (1-5)$$

以上二式中，下标 T、V 和 p 分别表示恒温、恒容和恒压。

根据式（1-4）和式（1-5）可以得出有关理想气体的一个很有用的结论。理想气体是分子本身不占有体积，分子间无作用力的假想气体。恒温条件下，理想气体的体积或压力的改变，意味着分子间距离的改变。既然理想气体分子间无作用力，这种改变就不会引起分子间相互作用势能的改变。气体的内能是分子动能和分子间势能之和，而动能仅依赖于温度，从而对于理想气体有

$$\left(\frac{\partial U}{\partial V}\right)_T = 0,\quad \left(\frac{\partial U}{\partial p}\right)_T = 0$$

上述二式代入式（1-4）及式（1-5）得

$$dU = \left(\frac{\partial U}{\partial T}\right)_V dT \qquad (1-6)$$

$$dU = \left(\frac{\partial U}{\partial T}\right)_p dT \qquad (1-7)$$

结论是，理想气体的内能仅是温度的函数。

系统的内能和温度具有函数关系，不是两个独立的变量，因此，即使对于物质的量及组成均确定的封闭系统，也不能只用这两个变量确定系统的状态。

三、热力学第一定律的表述

热力学第一定律本质上就是能量守恒定律。把能量守恒定律中的能量限定为热力学能，能量守恒定律就成为热力学第一定律，可用热力学语言简洁地表述为：孤立系统的内能守恒，即

$$\Delta U(\text{孤立}) = 0 \qquad (1-8)$$

其意义是，不论孤立系统中发生任何过程，其内能保持不变。

热力学第一定律还经常表述为：第一类永动机是不可能造成的。所谓第一类永动机是指不消耗任何能量而能不断对外做功的机器。这类机器显然违背能量守恒原理。

“内能是系统的状态函数”，也可以作为热力学第一定律的表述。因为若内能不是系统的状态函数，就可以在孤立系统中设想一种循环过程，使其内能的改变量不为零，

从而与上述第一种表述相矛盾。

四、热力学第一定律的数学表达式

根据式（1－3），若一个封闭系统从始态变为终态，经历的是一个绝热过程，则系统内能的增量等于环境对系统作的功，$\Delta U = W_a$。若系统经历一个非绝热过程，从同样的始态变为同样的终态，实验表明，系统内能的增量不等于环境对系统所作的功。二者之差恰好是系统与环境交换的热，即

$$Q = \Delta U - W \tag{1-9}$$

将式（1－3）代入式（1－9），得

$$Q = W_a - W \tag{1-10}$$

一些文献中将式（1－10）作为热的定义式。其意义是，对于一个封闭系统，在指定的两个状态之间发生的指定过程的热，数值上等于该二状态间的绝热过程功减去该指定过程的功。

式（1－9）一般写成

$$\Delta U = Q + W \tag{1-11a}$$

对于封闭系统中的微小过程，则有

$$dU = \delta Q + \delta W \tag{1-11b}$$

式中，δQ 和 δW 分别表示无限小量的热和功，因热和功不是状态函数，故其无限小量不写成 dQ 和 dW。

式（1－11）即热力学第一定律的数学表达式，适用于封闭系统和孤立系统，不适用于敞开系统。其意义是，封闭系统的内能改变量等于它与环境交换的热与功之和。应用热力学第一定律的数学表达式，可以得出许多有用的推论。例如：

（1）因为内能是状态函数，所以系统从同样的始态出发，不论经历什么途径，只要变化到同样的终态，其改变量 ΔU 必然相同，从而系统与环境交换的热与功之和 $Q+W$ 也必然相同。

（2）虽然系统内能的绝对值无法确知，但其改变量因等于热与功之和却是可以精确测定的，这为研究物理化学过程的能量效应提供了很大方便。

（3）对于一个封闭系统的循环过程，其内能的改变量必为零，从而 $-W=Q$。$-W$ 为系统对外做的功。可见，一个循环往复不断对外做功的机器必须不断从环境吸收热量，若想造一个不消耗任何能量而不断对外做功的机器，是不可能成功的。

第四节　体积功与可逆过程

一、体积功与非体积功

在热力学中，功分为体积功和非体积功两类。体积功是系统因体积变化而与环境交换的能量。体积功以外的其他功均称为非体积功，常用 W' 表示。因为物理化学过程常伴有系统体积的变化，所以体积功对热力学有特殊意义。

二、体积功的计算公式

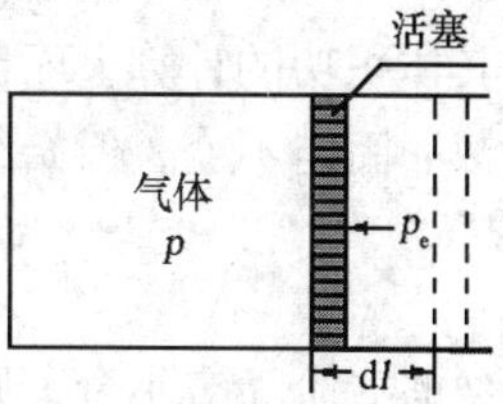

图 1－1　体积功示意图

体积功本质上是机械功。如图 1－1，考虑外压 p_e 通过一个无质量、与汽缸壁无摩擦、横截面积为 A 的活塞对汽缸内的气体（系统）进行压缩，使活塞位移 dl 时，系统所得的功。

因为外力与活塞移动方向相同，由式（1－2）可得

$$\delta W = F\mathrm{d}l = p_e A\mathrm{d}l$$

式中，$A\mathrm{d}l$ 为压缩过程中系统体积的改变量

$$A\mathrm{d}l = -\mathrm{d}V$$

从而

$$\delta W = -p_e\mathrm{d}V \qquad (1-12a)$$

上式积分

$$W = -\int_{V_1}^{V_2} p_e\mathrm{d}V \qquad (1-12b)$$

式（1－12）为计算体积功的基本公式，不论系统膨胀还是被压缩时均适用，只需注意式中 V_1 为始态体积，V_2 为终态体积。$\mathrm{d}V$ 前取负号是因为气体被压缩时 $\mathrm{d}V$ 为负值，而按前述规定，系统得功时，功为正值。这里需要指出，当系统因内外压不等而发生体积变化时，系统并非处于力平衡状态，系统的压力随时都在改变，没有确定值。因此，除非系统压力始终与外压相等或近似相等，计算体积功时，只能用外压即环境压力，而不能用内压即系统压力。

三、常见过程的体积功

在下面的讨论中一律用 1 表示始态，用 2 表示终态。

（1）恒容过程。此类过程 $\mathrm{d}V=0$，故 $W=0$。

（2）恒外压过程。此类过程将进行到系统的压力与外压相等而达力平衡时为止，因此终态压力等于外压

$$p_2 = p_e$$

$$W = -\int_{V_1}^{V_2} p_e\mathrm{d}V = -\int_{V_1}^{V_2} p_2\mathrm{d}V = -p_2(V_2 - V_1) = p_2(V_1 - V_2) \qquad (1-13)$$

（3）恒压过程。此类过程中，系统压力等于外压等于常数

$$W = -\int_{V_1}^{V_2} p_e\mathrm{d}V = -\int_{V_1}^{V_2} p\mathrm{d}V = p(V_1 - V_2) \qquad (1-14)$$

式中，p 为系统压力。

（4）自由膨胀过程。自由膨胀过程即向真空膨胀的过程。此类过程外压为零，即 $p_e=0$，故 $W=0$。

四、可逆过程

在推导体积功的计算公式时曾指出，一般只能用外压来计算体积功，除非系统压力

始终与外压相等或近似相等。系统压力始终与外压相等且保持不变的过程为恒压过程，其体积功的计算上面已经讨论。下面讨论另一种过程，其特点是，系统压力与环境压力都非固定不变，但始终相差无限小，即始终有 $p_e = p \pm dp$。过程的体积功

$$W = -\int_{V_1}^{V_2} p_e dV = -\int_{V_1}^{V_2} (p \pm dp) dV$$

忽略二阶无穷小量，则

$$W = -\int_{V_1}^{V_2} p dV \qquad (1-15)$$

这类过程属于可逆过程。式（1－15）是计算可逆过程体积功的普遍公式。

系统压力与环境压力始终相差无限小的过程可以通过一个想象的模型来理解。假设有一个垂直摆放的气缸，其活塞无质量且与缸壁无摩擦。活塞上面是压力 100kPa 的大气，活塞以内的气缸中充有 100kPa 的气体。以气缸中的气体为系统，此时，系统与环境处于平衡。设想用一个精巧的镊子取一粒面粉放到活塞上，系统的体积将被压缩无限小量，系统的压力将增大无限小量。这样一粒一粒地加上去，直至系统的压力达到预期的压力，比如 200kPa 为止。每加一粒面粉，系统受到的干扰都无限小，整个系统的压力都可以认为无限接近均匀，且与环境压力近似相等。从力的角度看，整个过程中，系统都处于无限接近于平衡的状态。这种系统的状态始终无限接近于平衡态的过程称为可逆过程。

无限接近于平衡的状态又称准静态，可逆过程又称准静态过程。有的文献对可逆过程和准静态过程进行了区分，对此感兴趣的读者可参看。

上述将面粉一粒粒加到活塞上的过程可以近似地认为是可逆压缩过程。反之，把加上去的面粉一粒粒地取下来，直至全部取下，系统回到始态为止的过程中，系统也将始终处于无限接近平衡的状态。这一过程可近似地认为是可逆膨胀过程。

环境压力与系统压力相差无限小，意味着过程的推动力无限小。可见，可逆过程是推动力无限小的过程。可以想象，推动力无限小的过程将进行得极其缓慢，因而可逆过程也是无限缓慢的过程。例如，在上述例子中，假设活塞的横截面积为 $0.1m^2$，欲使系统压力由始态的 100kPa 变到终态的 200kPa，需将 1020.4kg 的面粉一粒粒地加到活塞上。可以想象这将是一个多么漫长的过程。

可逆过程还有一些重要特点。下面从讨论理想气体的体积功入手来进行探讨。

先讨论理想气体的膨胀过程。设物质的量和组成均确定的理想气体从始态 p_1V_1T 经历不同途径膨胀到终态 p_2V_2T。为使问题简化，这里令过程恒温。

（1）系统在 $p_e = p_2$ 的恒外压下，一次膨胀到终态。过程的体积功为

$$W = p_2(V_1 - V_2)$$

其绝对值如图 1－$2a_1$ 中的阴影面积所示。

（2）系统先在 p' 的恒外压下膨胀到 $p'V'T$，再在 p_2 的恒外压下膨胀到终态。过程的体积功为

$$W = p'(V_1 - V') + p_2(V' - V_2)$$

其绝对值如图 1－$2a_2$ 中的阴影所示。

比较以上两种途径可知，从同样的始态到同样的终态，系统两次膨胀对环境所作的功（绝对值）大于一次膨胀对环境所作的功。不难推论，从同样的始态到同样的终态，系统膨胀的次数越多，对环境作的功越多。

（3）可逆膨胀。膨胀过程中，系统压力始终比环境压力大一无限小量，即环境压力与系统压力的关系始终为 $p_e = p - dp$。这类过程的体积功

$$W = -\int_{V_1}^{V_2} p_e dV$$

$$= -\int_{V_1}^{V_2} (p - dp) dV$$

$$\approx -\int_{V_1}^{V_2} p dV$$

$$= -\int_{V_1}^{V_2} \frac{nRT}{V} dV$$

积分得

$$W = nRT\ln\frac{V_1}{V_2}$$

其绝对值如图 1 - 2a_3 中曲线下阴影面积所示。

比较上述三种情况可知，从同样的始态膨胀到同样的终态，在可逆膨胀过程中系统对环境做功（绝对值）最大。

再考虑理想气体的压缩过程，将上述膨胀过程的始、终态对调。

（1）在 $p_e = p_1$ 的恒外压下，由 p_2V_2T 一次压缩至 p_1V_1T。环境对系统做功，即系统得功为

$$W = p_1 (V_2 - V_1)$$

其值如图 1 - 2b_1 阴影面积所示。

（2）系统先在 p' 的恒外压下由 p_2V_2T 压缩到 $p'V'T$，再在 p_1 的恒外压下压缩到 p_1V_1T。环境对系统做功即系统得功为

$$W = p' (V_2 - V') + p_1 (V' - V_1)$$

其值如图 1 - 2b_2 阴影面积所示。

（3）可逆压缩。这种压缩过程中，始终有 $p_e = p + dp$。环境对系统做功即系统得功

$$W = -\int_{V_2}^{V_1} (p + dp) dV$$

$$\approx -\int_{V_2}^{V_1} p dV$$

$$= nRT\ln\frac{V_2}{V_1}$$

其值相当于图 1 - 2b_3 的阴影面积，与图 1 - 2a_3 比较可知，其大小与可逆膨胀功相等，符号则刚好相反。

比较三种压缩过程可知，压缩次数越多，环境对系统做功越少，可逆压缩过程中，环境对系统做功最少，且绝对值与可逆膨胀功相同。

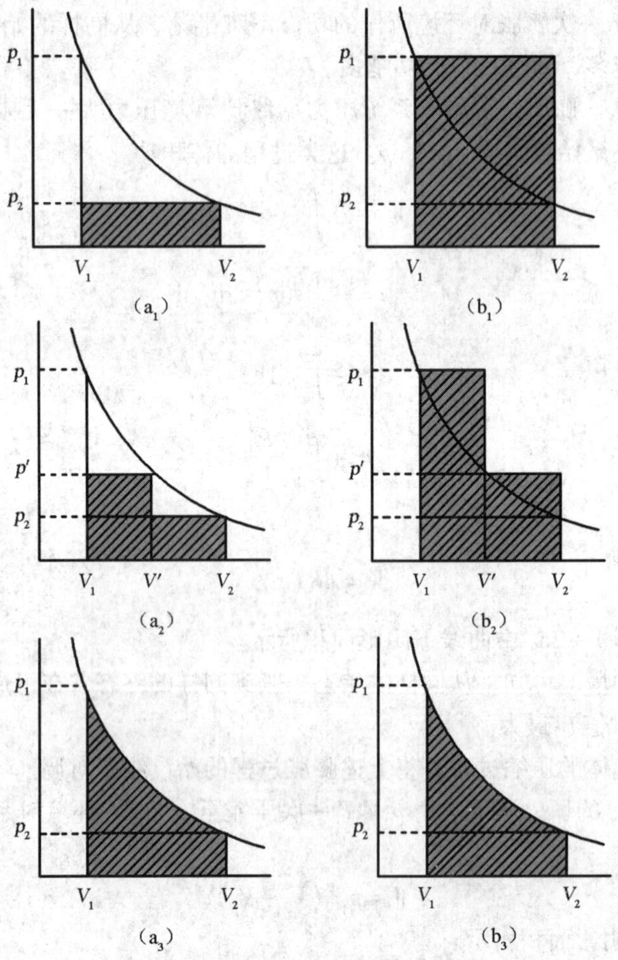

图 1－2 理想气体的体积功

图中，a_1，a_2，a_3 为膨胀过程；b_1，b_2，b_3 为压缩过程。图中曲线为等温线

设想系统由始态出发，经历一个可逆膨胀过程到达终态，再逆着原途径，经历一个可逆压缩过程返回始态。这样一个循环过程的内能改变量 $\Delta U=0$，可逆膨胀过程功与可逆压缩过程功大小相等，符号相反，故此循环过程的功 $W=0$。根据 $\Delta U=Q+W$，此循环过程的热 $Q=0$。经此循环过程，系统回到原来的状态，环境也因与系统的热交换和功交换的净值均为零而恢复到原来的状态。

系统从始终出发经历一个可逆过程变化到终态，再沿原途径的逆方向回到始态，系统与环境均将复原。这是可逆过程的又一重要特点。

根据式（1－15）和理想气体状态方程，理想气体恒温可逆过程的体积功可按式（1－16）计算。

$$W=nRT\ln\frac{V_1}{V_2}=nRT\ln\frac{p_2}{p_1} \tag{1-16}$$

综合以上讨论，可逆过程的特征总结如下：

（1）系统从始态出发经历一个可逆过程到达终态，再沿原途径反方向可逆地返回始态，系统与环境均复原，即均回到原来的状态。

（2）可逆过程中，系统的状态始终无限接近于平衡态。

（3）可逆过程的推动力无限小，因而是无限缓慢的过程。

（4）可逆过程中，系统对环境做功（绝对值）最大，环境对系统做功最小。

由于可逆过程经历的每一个状态都可以近似看成平衡态，因此，过程可以用状态参量（常用p，V，T）来描述，一个可逆过程可以在热力学坐标图上用一条过程曲线来表示，不可逆过程则不能，因为不可逆过程中，系统远离平衡态，系统的性质没有确定值。

过程的推动力与阻力相差不是无限小，过程中系统远离平衡态的过程为不可逆过程。上述理想气体的有限次数的膨胀和和有限次数的压缩即属于不可逆过程。

系统中如果发生一个不可逆过程后，再返回原来的状态时，不可能使环境也同时返回原来的状态。例如，使一定量的理想气体在恒外压p_2下由始态p_1V_1T一次膨胀到终态p_2V_2T，继而在恒外压p_1下一次压缩回始态。比较图1－2a_1与图1－2b_1会发现，在这一循环过程中，环境对系统做的功多于它从系统得到的功，净结果是环境对系统做了功。因为循环过程的$\Delta U=0$，$W=-Q$，所以环境在对系统做功的同时，也从系统得到了等量的热。也就是说，系统中的不可逆循环过程给环境留下了影响。系统恢复了原态，环境却没有，因为它失去了功，得到了热。环境不是一个物质的量和组成均确定的封闭系统，因此不能像后者那样仅由两个独立的变量即可确定其状态。即使因平衡条件的要求，在系统回到始态时，环境的温度和压力也恢复到与系统的温度和压力相等，也不意味着环境的所有性质都恢复原样，系统的不可逆循环给其留下的影响将引起它某些性质的改变。例如，在学习了热力学第二定律后就会知道，系统的不可逆循环过程将导致环境的熵增加。

可逆过程是一种理想过程，实际上并不存在。自然界的一切实际过程均为不可逆过程。虽然如此，可逆过程对热力学却有着极其重要的意义。一方面，一些实际过程在一定条件下可以近似地作为可逆过程来处理，例如水在101.325kPa，373.15K时的蒸发即属于这种情况。另一方面，一些重要的热力学函数的变化值只有通过可逆过程才能求算。此外，从能量角度而言，可逆过程是效率最高的过程，通过与可逆过程的比较，可以探讨提高实际过程效率的可能性。但应注意，效率与功率不同，效率高不等于功率高。

例1－1　始态$T=300$K，$p_1=150$kPa的2mol某理想气体经历下述三种途径恒温膨胀到压力$p_2=50$kPa的同样的终态，求各途径的体积功。

（1）恒外压一次膨胀到终态；

（2）先反抗100kPa的恒外压膨胀到中间平衡态，再反抗50kPa的恒外压膨胀到终态；

（3）可逆膨胀到终态。

解：（1）途径1

$$W_1 = p_2(V_1 - V_2) = p_2\left(\frac{nRT}{p_1} - \frac{nRT}{p_2}\right) = nRT\left(\frac{p_2}{p_1} - 1\right)$$

$$= 2 \times 8.314 \times 300\left(\frac{50}{150} - 1\right)$$

$$= -3326\ \text{J}$$

（2）途径2

$$W_2 = p'(V_1 - V') + p_2(V' - V_2)$$

$$= p'\left(\frac{nRT}{p_1} - \frac{nRT}{p'}\right) + p_2\left(\frac{nRT}{p'} - \frac{nRT}{p_2}\right)$$

$$= nRT\left(\frac{p'}{p_1} - 1\right) + nRT\left(\frac{p_2}{p'} - 1\right)$$

$$= nRT\left(\frac{p'}{p_1} + \frac{p_2}{p'} - 2\right)$$

$$= 2 \times 8.314 \times 300\left(\frac{100}{150} + \frac{50}{100} - 2\right)$$

$$= -4157\ \text{J}$$

（3）途径3

$$W_3 = nRT\ln\frac{p_2}{p_1}$$

$$= 2 \times 8.314 \times 300\ln\frac{50}{150}$$

$$= -5481\ \text{J}$$

此例表明，功与途径有关，膨胀次数越多，系统对环境做功越多。

第五节　恒容热、恒压热及焓

在化学和化工中，经常需要求算两种特定条件下的过程热，即恒容过程热和恒压过程热，简称恒容热和恒压热。

一、恒容热

恒容热是系统在恒容，且无非体积功的条件下与环境交换的热。恒容热用符号 Q_V 表示，下标 V 的意义是：恒容，且无非体积功。

由热力学第一定律，

$$\text{d}U = \delta Q - \delta W$$

δW 为体积功与非体积功之和

$$\delta W = -p_e\text{d}V + \delta W'$$

在恒容，且无非体积功的条件下，$\delta W = 0$，从而

$$\text{d}U = \delta Q_V \qquad (1-17\text{a})$$

$$\Delta U = Q_V \tag{1-17b}$$

式（1－17b）表明，恒容热数值上等于系统内能的改变量。因为 ΔU 只与始态和终态有关而与途径无关，从而在恒容、无非体积功的条件下，Q_V 也是一个与途径无关的量。但它只是数值上等于状态函数 U 的改变量，仍然不是状态函数，因为它不是系统的性质。

二、恒压热和焓

恒压热是系统在恒压且无非体积功的条件下与环境交换的热。恒压热用 Q_p 表示，下标 p 的意义是：恒压，且无非体积功。

由热力学第一定律

$$\delta Q = \mathrm{d}U - \delta W = \mathrm{d}U + p_{\mathrm{e}}\mathrm{d}V - \delta W'$$

在恒压且无非体积功的条件下，$p_{\mathrm{e}} = p$，$\delta W' = 0$，于是有

$$\delta Q_p = \mathrm{d}U + p\mathrm{d}V$$

恒压下，p 为常数，$p\mathrm{d}V = \mathrm{d}(pV)$，从而

$$\delta Q_p = \mathrm{d}U + \mathrm{d}(pV) = \mathrm{d}(U + pV)$$

定义

$$H = U + pV \tag{1-18}$$

称之为焓（enthalpy）。恒压热与焓的关系为

$$\delta Q_p = \mathrm{d}H \tag{1-19a}$$

$$Q_p = \Delta H \tag{1-19b}$$

式（1－19b）表明，恒压热与系统的焓变相等。

由焓的定义可知，焓是三个系统性质即状态函数的组合，因此焓也是系统的性质，是状态函数。因其定义式中包含系统的内能，而内能的绝对值无法确知，所以焓的绝对值也无法确知，但这并不影响焓概念的应用，因为热力学只关心焓的改变量。焓和内能一样，属于广度性质，具有能量量纲，单位为 J 或 kJ。焓虽然也是系统的性质，但却没有内能那样明确的物理意义，仅在恒压、无非体积功的条件下，其改变量等于过程的热效应。需要指出的是，这并不意味着其他过程不会有焓变，只是在其他过程中，焓变与过程热并不相等。根据式（1－19），在恒压、无非体积功的条件下，Q_p 也只决定于过程的始态与终态，为一与途径无关的量，但仍然不是状态函数。

1mol 物质的焓称为摩尔焓，用 H_{m} 表示，为强度性质，单位为 $\mathrm{J \cdot mol^{-1}}$ 或 $\mathrm{kJ \cdot mol^{-1}}$。

根据式（1－18），任一过程的焓变为

$$\Delta H = \Delta U + \Delta(pV) \tag{1-20}$$

对恒压过程，

$$\Delta H = \Delta U + p\Delta V \tag{1-21}$$

若过程恒压且无非体积功，式（1－21）可表示成

$$\Delta H = \Delta U + W$$

对恒容过程，有

$$\Delta H = \Delta U + V\Delta p \tag{1-22}$$

若过程恒容且无非体积功，式（1－22）可表示成

$$\Delta H = Q_V + V\Delta p$$

这里应注意，对恒压过程，ΔU 不等于过程热；对恒容过程，$V\Delta p$ 也不是功。

三、理想气体的内能和焓

1. 理想气体的内能

焦耳于 1843 年做了如下实验：如图 1－3 所示，将两个连通的导热容器放入

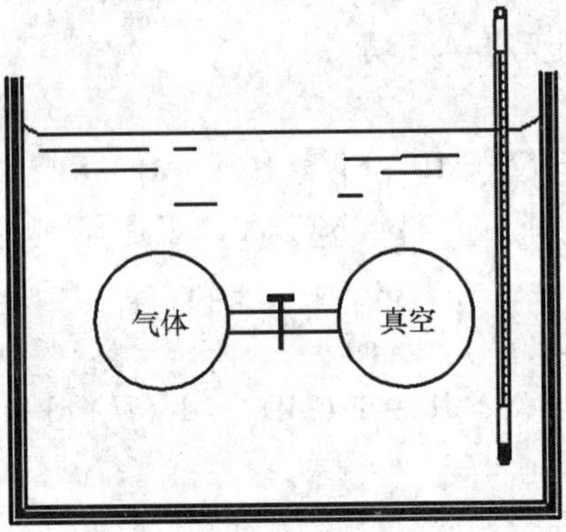

图 1－3　焦耳实验示意图

水槽中。一个容器中充有常压气体，另一个容器抽成真空。实验时打开旋塞，气体向真空容器自由膨胀。实验结果为水温没有变化。这说明系统与环境没有热交换，$\delta Q=0$。气体自由膨胀，$\delta W=0$。根据式（1－11），$dU=0$。而

$$dU = \left(\frac{\partial U}{\partial T}\right)_V dT + \left(\frac{\partial U}{\partial V}\right)_T dV$$

$dU=0$，$dT=0$，但 $dV\neq0$，结果只能是

$$\left(\frac{\partial U}{\partial V}\right)_T = 0$$

此式表明，在恒温条件下，气体的内能不随体积而改变。进而可以推断，在恒温条件下，气体的内能也与压力无关。结论是：气体的内能只是温度的函数，即

$$U = U(T) \tag{1-23}$$

严格意义上，这一结论并不准确。因为焦耳实验中，水槽中的水量较大，即使系统与环境交换了一些热量，焦耳所用的精度为 0.01℃ 的温度计也未必测得出来。但由于实验气体压力较低，气体压力越低，就越接近于理想气体，而理想气体分子间无相互作用，在恒温条件下，其内能自然不会随体积及压力的改变而改变。对理想气体，式（1－23）完全正确，称为焦耳定律。

焦耳实验的另一个有用结论是：理想气体自由膨胀时温度不变。

2. 理想气体的焓

根据焓的定义式，对于理想气体

$$dH = dU + d(pV) = dU + nRdT$$

因为理想气体的内能仅是温度的函数，根据上式，理想气体的焓也仅是温度的函数。对理想气体的恒温过程，

$$dH = dU = 0$$

或

$$\Delta H = \Delta U = 0$$

又因为

$$\Delta U = Q + W$$

所以对理想气体的恒温过程

$$Q = -W$$

对理想气体的恒温可逆过程，则有

$$Q = -W = nRT\ln\frac{V_2}{V_1} = nRT\ln\frac{p_1}{p_2}$$

对于理想气体的无相变、无化学变化的变温过程，其 ΔH 与 ΔU 的关系为

$$\Delta H = \Delta U + \Delta(pV) = \Delta U + nR\Delta T \qquad (1-24)$$

例 1－2　假设 N_2 为理想气体，在 273K，1mol N_2 由压力 5×10^5Pa 经历如下两种途径恒温膨胀到压力为 10^5Pa，

（1）可逆膨胀；

（2）在 10^5Pa 的恒外压下膨胀。

求两种过程的 Q，W，ΔU 和 ΔH。

解：

（1）

$$\Delta H = \Delta U = 0$$

$$W = nRT\ln\frac{p_2}{p_1} = 1\times8.314\times273\ln\frac{10^5}{5\times10^5} = -3653\text{J}$$

$$Q = -W = 3653\text{J}$$

（2）

$$\Delta U = \Delta H = 0$$

$$W = p_2(V_1 - V_2) = p_2V_2\left(\frac{V_1}{V_2} - 1\right) = nRT\left(\frac{p_2}{p_1} - 1\right)$$

$$= 1\times8.314\times273\left(\frac{10^5}{5\times10^5} - 1\right) = -1816\text{J}$$

$$Q = -W = 1816\text{J}$$

四、凝聚态物质的内能和焓

凝聚态物质指的是固态和液态物质。这类物质在压力变化不大时，$dV\approx0$，

$$dU = \left(\frac{\partial U}{\partial T}\right)_V dT + \left(\frac{\partial U}{\partial V}\right)_T dV = \left(\frac{\partial U}{\partial T}\right)_V dT$$

因而可近似地认为凝聚态物质的内能仅是温度的函数。但需注意，若非真正恒容过程，

$\Delta U \neq Q$。

又因为

$$\Delta H = \Delta U + \Delta (pV)$$

除非压力变化很大，则 $\Delta(pV) \ll \Delta U$，从而 $\Delta H \approx \Delta U$，所以可以近似地认为凝聚态物质的焓也仅是温度的函数。同样需要注意，若非真正的恒压过程，$\Delta H \neq Q$。

第六节　单纯 pVT 过程热

单纯 pVT 过程指的是系统中不发生相变化，也无化学反应，仅改变压力、体积及温度的过程。

一、热容

对一个无相变化和化学变化，也不与环境交换非体积功的均相封闭系统，热容的定义是使系统升高单位热力学温度所需的热，即

$$C = \frac{\delta Q}{\mathrm{d}T} \tag{1-25}$$

热容是广度性质，其值与系统中物质的量成正比。1mol 物质的热容称为摩尔热容，用 C_{m} 表示

$$C_{\mathrm{m}} = \frac{C}{n} \tag{1-26}$$

式中，n 为系统中物质的量。C_{m} 为强度性质，单位是 $\mathrm{J \cdot K^{-1} \cdot mol^{-1}}$。

二、恒容热容与恒容热的计算

1. 恒容热容

系统在恒容过程中的热容称为恒容热容，定义式为

$$C_V = \frac{\delta Q_V}{\mathrm{d}T} = \left(\frac{\partial U}{\partial T}\right)_V \tag{1-27}$$

恒容摩尔热容的定义是

$$C_{V,\mathrm{m}} = \frac{C_V}{n} = \left(\frac{\partial U_{\mathrm{m}}}{\partial T}\right)_V \tag{1-28}$$

因为 U 是温度的函数，所以 C_V，$C_{V,\mathrm{m}}$ 也是温度的函数。

2. 恒容热的计算

根据式（1-27）和（1-28），无相变、无化学反应的恒容过程热可按式（1-29）计算

$$Q_V = \Delta U = n\int_{T_1}^{T_2} C_{V,\mathrm{m}} \mathrm{d}T \tag{1-29}$$

在温度变化较小，$C_{V,\mathrm{m}}$ 可近似看作常数时，

$$Q_V = \Delta U = nC_{V,\mathrm{m}}(T_2 - T_1) \tag{1-30}$$

因为理想气体的内能仅是温度的函数，凝聚态物质的内能可近似看作仅是温

度的函数，所以对这两类物质，公式 $\Delta U = \int_{T_1}^{T_2} nC_{V,\mathrm{m}}\mathrm{d}T$ 不受恒容条件的限制，但在非恒容条件下，$\Delta U \neq Q$。

三、恒压热容与恒压热的计算

1. 恒压热容

系统在恒压过程中的热容称为恒压热容，其定义式为

$$C_p = \frac{\delta Q_p}{\mathrm{d}T} = \left(\frac{\partial H}{\partial T}\right)_p \tag{1-31}$$

恒压摩尔热容则定义为

$$C_{p,\mathrm{m}} = \frac{C_p}{n} = \left(\frac{\partial H_\mathrm{m}}{\partial T}\right)_p \tag{1-32}$$

$C_{p,\mathrm{m}}$也是温度的函数，它与温度的关系通常表示为

$$C_{p,\mathrm{m}} = a + bT + cT^2 + \cdots \tag{1-33a}$$

或

$$C_{p,\mathrm{m}} = a + bT + c'T^{-2} + \cdots \tag{1-33b}$$

式中，a，b，c，c'等为经验常数。

2. 恒压热的计算

根据式（1-31）和（1-32），无相变、无化学变化的恒压过程热可按下式计算

$$Q_p = \Delta H = \int_{T_1}^{T_2} nC_{p,\mathrm{m}}\mathrm{d}T \tag{1-34}$$

当 $C_{p,\mathrm{m}}$可视为常数时，

$$Q_p = \Delta H = nC_{p,\mathrm{m}}(T_2 - T_1) \tag{1-35}$$

对理想气体和凝聚态物质，等式 $\Delta H = \int_{T_1}^{T_2} nC_{p,\mathrm{m}}\mathrm{d}T$ 不受恒压条件限制，但对非恒压过程，$\Delta H \neq Q$。

四、恒压热容与恒容热容的关系

物理化学手册及一些参考书给出的热容数据通常是 $C_{p,\mathrm{m}}$，但实际工作中有时需要知道 $C_{V,\mathrm{m}}$。二者的关系可推导得

$$H = U + pV$$

$$\mathrm{d}H = \mathrm{d}U + p\mathrm{d}V + V\mathrm{d}p$$

$$= \left(\frac{\partial U}{\partial T}\right)_V \mathrm{d}T + \left(\frac{\partial U}{\partial V}\right)_T \mathrm{d}V + p\mathrm{d}V + V\mathrm{d}p$$

等式两边在恒压条件下对 T 求导，并注意恒压时 $\mathrm{d}p = 0$

$$\left(\frac{\partial H}{\partial T}\right)_p = \left(\frac{\partial U}{\partial T}\right)_V + \left(\frac{\partial U}{\partial V}\right)_T\left(\frac{\partial V}{\partial T}\right)_P + p\left(\frac{\partial V}{\partial T}\right)_p$$

注意$\left(\frac{\partial H}{\partial T}\right)_P = C_P$，$\left(\frac{\partial U}{\partial T}\right)_V = C_V$，上式稍加整理，得

$$C_p - C_V = \left[\left(\frac{\partial U}{\partial V}\right)_T + p\right]\left(\frac{\partial V}{\partial T}\right)_p \tag{1-36}$$

式（1－36）即恒压热容与恒容热容的关系式。下面讨论两种特殊情况。

1. 理想气体

$$\left(\frac{\partial U}{\partial V}\right)_T = 0$$

$$C_p - C_V = p\left(\frac{\partial V}{\partial T}\right)_p = nR$$

$$C_{p,\mathrm{m}} - C_{V,\mathrm{m}} = R \tag{1-37}$$

统计热力学对理想气体恒容摩尔热容给出的理论值为：

单原子分子　　$C_{V,\mathrm{m}} = \frac{3}{2}R$

双原子分子或线型多原子分子　　$C_{V,\mathrm{m}} = \frac{5}{2}R$

多原子非线型分子　　$C_{V,\mathrm{m}} = 3R$

上述公式中 $C_{V,\mathrm{m}}$的理论值是不随温度改变的常数。

2. 凝聚态物质

$$\left(\frac{\partial V}{\partial T}\right)_p \approx 0$$

从而

$$C_p = C_V,\quad C_{p,\mathrm{m}} = C_{V,\mathrm{m}} \tag{1-38}$$

例 1－3　3mol 双原子分子理想气体由 293K 加热到 423K，试计算此过程的 ΔU 和 ΔH。

解：

$$C_{V,\mathrm{m}} = \frac{5}{2}R$$

$$\Delta U = nC_{V,\mathrm{m}}(T_2 - T_1)$$

$$= 3\times\frac{5}{2}\times 8.314(423-293) = 8106\mathrm{J}$$

$$\Delta H = nC_{p,\mathrm{m}}(T_2 - T_1) = n(C_{V,\mathrm{m}} + R)(T_2 - T_1)$$

$$= 3\times\frac{7}{2}\times 8.314(423-293) = 1.13\times 10^4\mathrm{J}$$

例 1－4　1mol 单原子分子理想气体在 273K，10^5Pa 下经历一变化过程，体积增大一倍，$\Delta H = 2092$J，$Q = 1674$J。（1）求终态的温度、压力及过程的 ΔU 和 W；（2）如果该气体经恒温和恒容两步可逆过程到达上述终态，求 Q，W，ΔU 和 ΔH。

解：

（1）

$$nC_{p,\mathrm{m}}(T_2 - T_1) = \Delta H$$

$$1\times\frac{5}{2}\times 8.314(\mathrm{T}_2 - 273) = 2092$$

$$T_2 = 373.6\mathrm{K}$$

$$\frac{p_1V_1}{RT_1}=\frac{p_2V_2}{RT_2},\ V_2=2V_1$$

$$p_2=\frac{p_1T_2}{2T_1}=\frac{10^5\times373.6}{2\times273}=6.84\times10^4\text{Pa}$$

$$\begin{aligned}\Delta U&=nC_{V,\text{m}}(T_2-T_1)\\&=1\times\frac{3}{2}\times8.314(373.6-273)\\&=1255\text{J}\end{aligned}$$

$$W=\Delta U-Q=1255-1674=-419\text{J}$$

（2）该两步过程如下所示

$$\boxed{p_1,\ V_1,\ T_1}\xrightarrow{Q_1,\ W_1}\boxed{p',\ V_2,\ T_1}\xrightarrow{Q_2,\ W_2}\boxed{p_2,\ V_2,\ T_2}$$

第一步为恒温可逆过程，且 $V_2=2V_1$

$$\begin{aligned}W_1&=nRT\ln\frac{V_1}{V_2}\\&=1\times8.314\times273\ln\frac{1}{2}\\&=-1573\text{J}\end{aligned}$$

第二步为恒容可逆过程，$W_2=0$

总功　　　　　　　　$W=W_1+W_2=W_1=-1573\text{J}$

因为 U，H 为状态函数，而（2）的始、终态与（1）相同，故（2）的 ΔU，ΔH 亦与（1）相同，即

$$\Delta U=1255\text{J},\ \Delta H=2092\text{J}$$

总热

$$\begin{aligned}Q&=\Delta U-W\\&=1255+1573\\&=2828\text{J}\end{aligned}$$

第七节　理想气体的绝热过程

一、绝热过程的能量关系

根据式（1-2），对于绝热过程

$$\text{d}U=\delta W \tag{1-39}$$

式（1-39）表明，若系统在绝热条件下膨胀而对外作功，则 $\text{d}U<0$，系统的内能必减少，因此可利用绝热膨胀来获取低温。反之，绝热压缩将使系统的温度升高。

二、理想气体绝热可逆过程方程

对理想气体的任一无相变、无化学变化的过程，

$$dU = nC_{V,\mathrm{m}}dT$$

若该过程可逆且无非体积功，则

$$\delta W = -pdV$$

在绝热条件下，式（1－39）成立，从而，对理想气体绝热可逆过程

$$nC_{V,\mathrm{m}}dT = -pdV$$

应用理想气体状态方程，上式可改写为

$$nC_{V,\mathrm{m}}dT = -\frac{nRT}{V}dV$$

将 $R = C_{p,\mathrm{m}} - C_{V,\mathrm{m}}$ 代入上式并整理，得

$$\frac{dT}{T} = -\frac{C_{p,\mathrm{m}} - C_{V,\mathrm{m}}}{C_{V,\mathrm{m}}} \cdot \frac{dV}{V}$$

令 $\gamma = \frac{C_{p,\mathrm{m}}}{C_{V,\mathrm{m}}}$，上式简化为

$$\frac{dT}{T} + (\gamma - 1)\frac{dV}{V} = 0$$

γ 称为热容比。当 $C_{V,\mathrm{m}}$ 可视为常数时，γ 亦为常数，上式积分得

$$\ln T + (\gamma - 1)\ln V = 常数$$

于是有

$$TV^{\gamma-1} = 常数 \qquad (1-40)$$

将 $T = \frac{pV}{nR}$ 代入式（1－40），得

$$pV^{\gamma} = 常数 \qquad (1-41)$$

将 $V = \frac{nRT}{p}$ 代入式（1－41），得

$$p^{1-\gamma}T^{\gamma} = 常数 \qquad (1-42)$$

以上三式称为理想气体绝热可逆过程方程，描述的是理想气体在无非体积功的绝热可逆过程中，其压力、体积及温度之间的关系。

三、理想气体绝热可逆过程的体积功

（一）理想气体绝热可逆过程体积功的计算

若已知理想气体的始态压力和始、终态的体积，其绝热可逆过程的体积功可根据式（1－15）和（1－41）计算如下

$$W = -\int_{V_1}^{V_2} pdV = -\int_{V_1}^{V_2} \frac{p_1V_1^{\gamma}}{V^{\gamma}}dV = -p_1V_1^{\gamma}\int_{V_1}^{V_2}\frac{dV}{V^{\gamma}}$$

$$W = \frac{p_1V_1^{\gamma}}{\gamma - 1}(V_2^{1-\gamma} - V_2^{1-\gamma}) \qquad (1-43)$$

若已知理想气体的始、终态温度，则根据式（1－30）和式（1－39），其绝热过程的体积功为

$$W = \Delta U = nC_{V,\mathrm{m}}(T_2 - T_1) \qquad (1-44)$$

在式（1－43）的推导过程中应用了绝热可逆过程方程，所以该式只适用于理想气体的无相变、无化学变化的绝热可逆过程，而式（1－44）除了要求无相变、无化学变化外，只限定了一个绝热条件，没有可逆条件的限制。

2. 理想气体绝热可逆过程功与恒温可逆过程功的比较

理想气体恒温可逆过程和绝热可逆过程中压力与体积的关系表示于图1－4为便于比较，图中假定两种过程的始态相同，并膨胀到相同的终态体积。图中Ⅰ为恒温可逆线，Ⅱ为绝热可逆线。

理想气体恒温过程中，pV＝常数，从而

$$\left(\frac{\partial p}{\partial V}\right)_T=-\frac{p}{V}$$

在绝热过程中，pV^{γ}＝常数，从而

$$\left(\frac{\partial p}{\partial V}\right)_{\mathrm{a}}=-\gamma\frac{p}{V}$$

式中，下标a表示绝热。因为 $\gamma=C_{p,\mathrm{m}}/C_{V,\mathrm{m}}>1$，故图1－4中绝热可逆线位于恒温可逆线的下方。可逆过程的功应等于曲线下的面积。显然，理想气体从同一始态出发，分别经恒温可逆过程和绝热可逆过程膨胀到体积相同或压力相同的终态，系统在恒温可逆过程中对环境作的功（绝对值）大于在绝热可逆过程中对环境作的功（绝对值）。

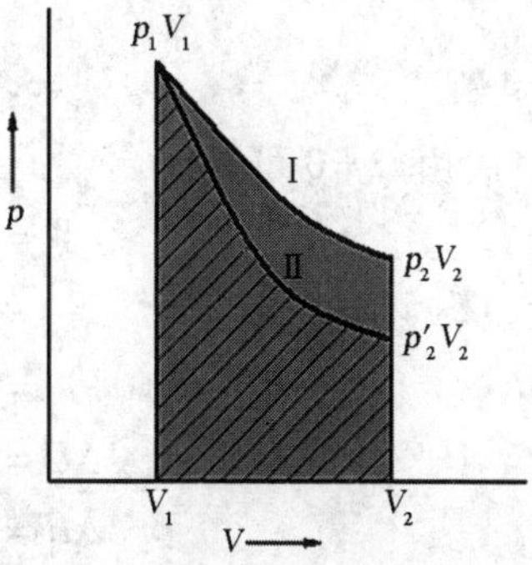

图1－4　理想气体恒温可逆过程功与绝热可逆过程功

例1－5　273K，1000kPa下，10.0dm^3 单原子分子理想气体经（1）恒温可逆膨胀；（2）绝热可逆膨胀；（3）恒外压绝热不可逆膨胀到终态压力为100kPa。求各过程的 Q，W，ΔU 和 ΔH。

解：气体的物质的量为

$$n=\frac{pV}{RT}=\frac{1000\times10^3\times10\times10^{-3}}{8.314\times273}=4.41\,\mathrm{mol}$$

（1）恒温可逆膨胀

因理想气体的内能和焓仅是温度的函数，且过程恒温，故

$$\Delta U=\Delta H=0$$

$$W=nRT\ln\frac{p_2}{p_1}$$

$$=4.41\times8.314\times273\ln\frac{100}{1000}$$

$$=-23.05\mathrm{kJ}$$

$$Q=-W=23.05\mathrm{kJ}$$

（2）绝热可逆膨胀

$$\gamma=\frac{C_{p,m}}{C_{V,m}}=\frac{\frac{3}{2}R+R}{\frac{3}{2}R}=\frac{5}{3}$$

$$p_2^{1-\gamma}T_2^{\gamma}=p_1^{1-\gamma}T_1^{\gamma}$$

$$T_2=\left(\frac{p_1}{p_2}\right)^{\frac{1-\gamma}{\gamma}}T_1$$

$$=\left(\frac{1000}{100}\right)^{-\frac{2}{5}}\times 273$$

$$=108.7\text{K}$$

由 $Q=0$ 可得

$$W=nC_{V,m}(T_2-T_1)$$

$$=4.41\times1.5\times8.314(108.7-273)$$

$$=-9.03\text{kJ}$$

$$\Delta U=W=-9.03\text{kJ}$$

$$\Delta H=nC_{p,m}(T_2-T_1)=n(C_{V,m}+R)(T_2-T_1)$$

$$=4.41\times2.5\times8.314(108.7-273)$$

$$=-15.06\text{kJ}$$

(3) 恒外压绝热不可逆膨胀

因为过程不可逆，所以不能应用绝热可逆过程方程，但可通过下列两式联立求终态温度

$$W=nC_{V,m}(T_2-T_1)$$

$$W=p_2(V_1-V_2)$$

$$nC_{V,m}(T_2-T_1)=p_2(V_1-V_2)$$

$$n\times\frac{3}{2}R(T_2-T_1)=nR\left(\frac{p_2}{p_1}T_1-T_2\right)$$

上式简化得

$$\frac{3}{2}(T_2-T_1)=\frac{p_2}{p_1}T_1-T_2$$

将 $T_1=273K$，$p_1=1000\text{kPa}$，$p_2=100\text{kPa}$ 代入上式得

$$T_2=175\text{K}$$

$$W=nC_{V,m}(T_2-T_1)$$

$$=4.41\times1.5\times8.314(175-273)$$

$$=-5.39\text{kJ}$$

由 $Q=0$ 可得

$$\Delta U=W=-5.39\text{kJ}$$

$$\Delta H=nC_{p,m}(T_2-T_1)$$

$$=4.41\times2.5\times8.314(175-273)$$

$$=-8.98\text{kJ}$$

第八节　相变过程的热和功

一、相

系统中物理化学性质均匀的部分称为相。在多相系统中，相与相之间存在明显的界面，称为相界面。越过相界面时，物理或化学性质将发生突变。

二、相变

物质从一相到另一相的转移称为相变。

三、相变热

一定量的纯物质在一定的温度和压力下发生相变时与环境交换的热称为该物质的相变热。因为在恒定压力下，过程热等于系统的焓变，故相变热又称为相变焓。温度 T 时，由 α 相变为 β 相的相变焓表示为 $\Delta_{\alpha\to\beta}H$（T）。1mol 纯物质的相变焓称为该物质的摩尔相变焓，用 $\Delta_{\alpha\to\beta}H_m$（$T$）表示。

相变焓是温度和压力的函数。指定压力时，相变焓仅是温度的函数。相变有可逆相变和不可逆相变两类。可逆相变是在平衡状态下的相变。根据平衡条件，可逆相变时，两相的温度和压力均相等。两相平衡时的温度称为平衡温度，两相平衡时的压力称为平衡压力。平衡温度与平衡压力不是独立的，两者具有函数关系，只要指定了其中的一个，另一个也就随之确定了，因此可以说，可逆相变焓只是温度的函数，物理化学手册所给的相变焓均为可逆相变焓。

因为焓是状态函数，故有

$$\Delta_{\alpha\to\beta}H_m = -\Delta_{\beta\to\alpha}H_m$$

例如

$$\Delta_{l\to g}H_m = -\Delta_{g\to l}H_m$$

$$\Delta_{s\to l}H_m = -\Delta_{l\to s}H_m$$

$$\Delta_{s\to g}H_m = -\Delta_{g\to s}H_m$$

实际过程中常常遇到已知一个温度下的相变焓求另一个温度下的相变焓问题。

设纯物质 B 在温度 T_1 时由 α 相转变为 β 相的摩尔相变焓为 $\Delta_{\alpha\to\beta}H_m(T_1)$，则温度 T_2 时的摩尔相变焓 $\Delta_{\alpha\to\beta}H_m(T_2)$可利用焓的状态函数性质设计如下途径求得。

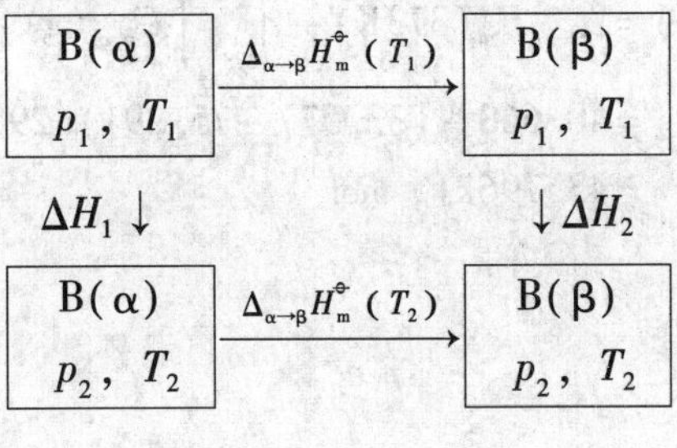

$$\begin{aligned}\Delta_{\alpha\to\beta}H_m(T_2) &= \Delta_{\alpha\to\beta}H_m(T_1) + \Delta H_2 - \Delta H_1\\ &= \Delta_{\alpha\to\beta}H_m(T_1) + \int_{T_1}^{T_2} C_{p,m}(\beta)dT - \int_{T_1}^{T_2} C_{p,m}(\alpha)dT\\ &= \Delta_{\alpha\to\beta}H_m(T_1) + \int_{T_1}^{T_2}[C_{p,m}(\beta) - C_{p,m}(\alpha)]dT\end{aligned}$$

上式简写为

$$\Delta_{\alpha\to\beta}H_m(T_2) = \Delta_{\alpha\to\beta}H_m(T_1) + \int_{T_1}^{T_2}\Delta C_p dT \quad (1-45)$$

式中，

$$\Delta C_p = C_{p,m}(\beta) - C_{p,m}(\alpha)$$

不同温度下，两相平衡的压力是不同的。式（1-45）的推导过程中，忽略了压力的影响，认为 ΔH_1 和 ΔH_2 仅是温度的函数，因此其适用范围是凝聚相之间的相变及常压下凝聚相与气相之间的相变。

四、相变过程的体积功和内能变化

1. 凝聚态之间的相变

$$\Delta V \approx 0$$

$$W \approx 0$$

$$\Delta U = \Delta H - \Delta(pV) = \Delta H - p\Delta V \approx \Delta H$$

2. 蒸发和升华过程

$$W = -p\Delta V = -p[V(g) - V(c)] \approx -pV_g = -nRT \quad (1-46)$$

式中，V（g），V（c）分别表示气态体积和凝聚态体积。

$$\Delta U = \Delta H - \Delta(pV) = \Delta H - p\Delta V \approx \Delta H - nRT \quad (1-47)$$

例1-6　已知温度373K时水的饱和蒸气压为101.325kPa，在此条件下，水的摩尔蒸发焓为40.668kJ·mol^{-1}。（1）计算在373K，101.325kPa下，2mol液态水蒸发为同温、同压下水蒸气过程的 Q，W 和 ΔU；（2）已知 H_2O（l）和 H_2O（g）的 $C_{p,m}$ 分别为75.291J·K^{-1}·mol^{-1}和33.577J·K^{-1}·mol^{-1}，求298K时水的摩尔蒸发焓。

解：

（1）

$$\begin{aligned}Q_p = \Delta_{l\to g}H &= n\Delta_{l\to g}H_m\\ &= 2\times 40.668 = 81.336\text{kJ}\end{aligned}$$

$$W = -nRT = -2\times 8.314\times 373 = -6.202\text{kJ}$$

$$\Delta U = \Delta H - nRT = 81.336 + 6.202 = 87.538\text{kJ}$$

（2）

$$\begin{aligned}\Delta_{l\to g}H_m(298\text{K}) &= \Delta_{l\to g}H_m(373\text{K}) + \int_{298}^{373}\left[C_{p,m}(g) - C_{p,m}(l)\right]dT\\ &= 40.668 + (33.577 - 75.291)(298 - 373)\times 10^{-3}\\ &= 43.796\text{kJ}\cdot\text{mol}^{-1}\end{aligned}$$

第九节　化学反应热

一、恒容反应热与恒压反应热

系统在无非体积功，终态温度与始态温度相等的条件下，因发生化学反应而与环境交换的热称为化学反应热。

恒容反应热为恒容条件下的化学反应热，数值上与系统的内能改变量相等，即 $Q_V = \Delta_r U$，下标 r 表示反应，下同。

恒压反应热为恒压条件下的化学反应热，数值上与系统的焓变相等，即 $Q_p = \Delta_r H$。恒压反应热又称化学反应焓，简称反应焓。

二、恒容反应热与恒压反应热的关系

用量热计测得的反应热是恒容反应热，而化学反应多在恒压下进行，因此需要知道恒压反应热与恒容反应热的关系。

如下所示，设某一等温化学反应从同样的反应始态出发，分别经途径Ⅰ和途径Ⅱ＋Ⅲ到达同样的反应终态。Ⅰ为恒压反应，Ⅱ为恒容反应，Ⅲ为产物的恒温无化学变化、无相变化的单纯压力及体积改变过程。

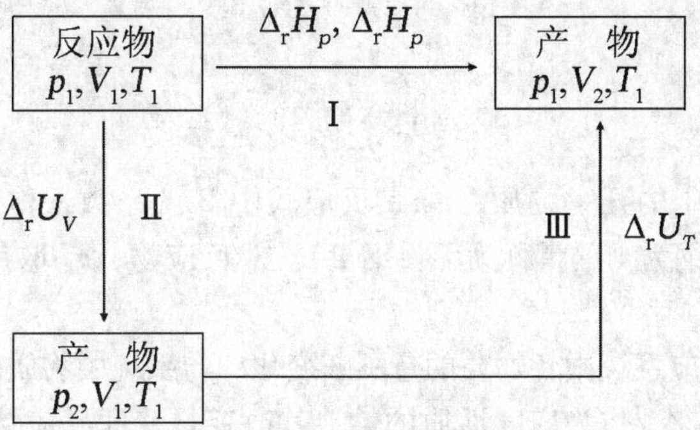

根据 U 的状态函数性质，上述两条途径的内能改变量应相同，即

$$\Delta_r U_p = \Delta_r U_V + \Delta U_T$$

式中，下标“p”，“V”，“T”分别表示恒压、恒容和恒温过程。

$$\Delta_r H_p - p\Delta_r V_p = \Delta_r U_V + \Delta U_T$$

移项得

$$\Delta_r H_p - \Delta_r U_V = \Delta U_T + p\Delta_r V_p$$

即

$$Q_p - Q_V = \Delta U_T + p\Delta_r V_p$$

下面分三种情况加以讨论：

1. 理想气体

$$\Delta U_T = 0$$

$$p\Delta_r V_p = (\Delta n)RT$$

$$Q_p - Q_V = (\Delta n)RT \tag{1-48}$$

式中，Δn 为产物与反应物的物质的量之差。

2. 凝聚态物质

$$\Delta U_T \approx 0,\ \Delta_r V_p \approx 0,\ Q_p \approx Q_V$$

3. 气相物质可看作理想气体的多相反应

$$\Delta U_T \approx 0$$

$$p\Delta_r V_p = p[\Delta_r V(g) + \Delta_r V(c)] \approx p\Delta_r V(g) = RT\Delta n(g)$$

$$Q_p - Q_V = RT\Delta n(g) \tag{1-49}$$

式中，$\Delta_r V$（c）和 $\Delta_r V$（g）分别表示反应前后凝聚态物质和气态物质的体积变化，Δn（g）为气相产物与气相反应物的物质的量之差。

需要指出，同一反应在恒温恒压条件下进行时的终态，与在恒温恒容条件下进行时的终态并不相同，因此，恒压反应热和恒容反应热并不是同一过程的热效应。

三、反应进度

一般的化学反应

$$aA + bB + \cdots \longrightarrow gG + hH + \cdots$$

可写成

$$0 = \sum_B \nu_B B$$

式中，B 代表反应式中的任一物质；ν_B 是反应式中 B 的系数，称为 B 的化学计量数，其量纲为 1（以前量纲为 1 的量称为无量纲量）。对反应物，ν_B 取负值；对产物，ν_B 取正值。

反应进行时，反应系统中各物质的量不断变化，与系统中物质的量有关的广度性质也随之不断改变。因此，作为广度性质的焓，其改变量，即反应焓 $\Delta_r H$ 必然与反应进行的程度有关，从而有必要引进一个表示反应进程的量。这个量就是反应进度，其定义为

$$d\xi = \frac{dn_B}{\nu_B} \tag{1-50}$$

设反应开始时，反应进度 $\xi = 0$，式（1-50）积分得

$$\xi = \frac{\Delta n_B}{\nu_B} = \frac{n_B(\xi) - n_B(0)}{\nu_B} \tag{1-51}$$

式中，$n_B(\xi)$ 和 $n_B(0)$ 分别为反应进度为 ξ 时和反应开始时任一物质 B 的物质的量。

由定义式可知，ξ 的量纲是物质的量，单位是 mol。1mol 反应是 $\Delta n_B = \nu_B$mol，即各物质 B 的改变量为 $\nu_B$mol 的反应。

对同一反应，若各物质的化学计量数不同，则在同一时刻各物质的改变量

Δn_B 将不同，而它们的比值即反应进度却相同。下例给出了合成氨反应在开始时和在反应进度为 ξ 时各物质的量，以及根据各物质算得的反应进度。

	N_2	+ $3H_2$	$\longrightarrow$ $2NH_3$
$n_B(0)$/mol	10	30	0
$n_B(\xi)$/mol	7	21	6
Δn_B/mol	-3	-9	6
ν_B	-1	-3	2
ξ/mol	3	3	3

可见，用任一物质计算的反应进度都相同。

需要注意，对同一反应，若反应式的写法不同，反应进行到同一时刻的 ξ 也不同。例如，上例中的反应式若写为 $\frac{1}{2}N_2+\frac{3}{2}H_2\longrightarrow NH_3$，则 $\xi=6$。

对反应 $N_2+3H_2\longrightarrow 2NH_3$，1mol 反应指的是 1mol N_2 与 3mol H_2 完全反应生成了 2mol NH_3。对反应 $\frac{1}{2}N_2+\frac{3}{2}H_2\longrightarrow NH_3$，1mol 反应指的是 0.5mol N_2 与 1.5mol H_2 完全反应生成了 1mol NH_3。此例告诉我们，应用反应进度这一概念时，必须指明化学反应式。

四、摩尔反应焓

反应进度为 1mol 时，反应系统的焓变称为摩尔反应焓，记作 $\Delta_r H_m$，其定义式为

$$\Delta_r H_m=\frac{\Delta_r H}{\xi} \tag{1-52}$$

因 ξ 与化学反应式的写法有关，$\Delta_r H_m$ 亦与化学反应式的写法有关，计算 $\Delta_r H_m$ 时，必须指明化学反应式。

既然焓是温度和压力的函数，摩尔反应焓也应是温度和压力的函数，而且因反应系统是组成可变的系统，摩尔反应焓还是系统组成的函数。

五、盖斯定律

恒容反应热 $Q_V=\Delta_r U$，恒压反应热 $Q_p=\Delta_r H$，而 U，H 均为状态函数。据此，必然的结论是：恒容和恒压反应热只决定于反应的始态和终态，而与反应的途径无关。这就是盖斯（Hess）定律。利用盖斯定律，一些难于直接测定的化学反应热可以通过易测的途径间接求得。例如，反应

$$(1)\qquad C(s)+\frac{1}{2}O_2(g)\xrightarrow{\Delta_r H_{m,1}}CO(g)$$

的 $\Delta_r H_m$ 是无法直接测定的，因为不能保证产物中没有 CO_2（g）。而下述两个反应的 $\Delta_r H_m$ 则易测

$$(2)\quad C(s)+O_2(g)\xrightarrow{\Delta_r H_{m,2}}CO_2(g)$$

$$(3)\quad CO(g)+\frac{1}{2}O_2(g)\xrightarrow{\Delta_r H_{m,3}}CO_2(g)$$

因为（1）=（2）-（3），所以

$$\Delta_r H_{m,1}=\Delta_r H_{m,2}-\Delta_r H_{m,3}$$

六、标准摩尔反应焓

（一）标准态

恒容反应热和恒压反应热分别等于 $\Delta_r U$ 和 $\Delta_r H$，而 U 和 H 均为状态函数，其值唯一地决定于系统的状态。对于一个封闭的多组分反应系统，其状态可由系统的温度、压力及组成来决定，也就是说，U 和 H 均可表示成温度、压力及组成的函数。于是就有必要对反应组分所处的状态，具体地说，对其所处系统的温度、压力及组成规定一个基准，用以计算系统状态改变时 U，H 及其他广度性质的改变量，如同人们以海平面为基准计算地球上物体之间的高度差一样。这种作为计算基准的状态称为标准态。

热力学中规定：凝聚态物质的标准态为温度 T，压力 100kPa 的纯态。纯态指纯净物的状态，下同。100kPa 的压力称为标准压力，记作 $p^{\ominus}$，其上标符号“$\ominus$”表示“标准”。

气体的标准态为温度 T，压力 100kPa 且具有理想气体性质的纯态。

理想气体实际上并不存在，因此气体的标准态是一种假想态。

热力学对标准态的温度没有作出规定，因此提到标准态时必须指明温度。

（二）标准摩尔反应焓

反应系统中各物质均处于温度为 T 的标准态时，其摩尔反应焓称为该反应在该温度下的标准摩尔反应焓，表示为 $\Delta_r H_m^{\ominus}(T)$。

（三）标准摩尔反应焓与摩尔反应焓的关系

摩尔反应焓是温度、压力及组成的函数。因为标准态的压力（100kPa）及组成（纯态）均已指定，标准摩尔反应焓则只是温度的函数。一定温度下，非标准摩尔反应焓与标准摩尔反应焓的值应有所不同。其原因是，压力的改变和反应中不可避免的纯物质之间的混合均可能引起焓的改变。纯物质混合引起的焓变称为混合焓。混合焓和压力引起的焓变数值上都较小。若反应系统中的物质均为理想气体，这两种焓变均为零。若反应系统中的物质均为凝聚态物质，这两种焓变近似为零。因此，在常温常压下，可以近似地认为摩尔反应焓与标准摩尔反应焓相等。

七、热化学方程式

表示化学反应及其热效应的化学方程式称为热化学方程式。因为温度、压力及相态等均对反应热有影响，在书写热化学方程式时，这些条件均需指明。一般用（g）表示气态，用（l）表示液态，用（s）表示固态。如果固态有不同的晶型，也需指出，如 C（石墨），C（金刚石）等。例如 298K，100kPa 下，氢气与气态碘反应生成碘化氢的热化学方程式如下。

$$H_2(g, p^{\ominus}, 298K) + I_2(s, p^{\ominus}, 298K) \longrightarrow 2HI(g, p^{\ominus}, 298K)$$

$$\Delta_r H_m^{\ominus}(298K) = 53.0kJ \cdot mol^{-1}$$

压力因对反应热影响较小，有时不注明。

第十节　化学反应热的计算

如果反应系统的任一组分 B 的标准摩尔焓 $H_m^{\ominus}(B, T)$ 已知，则标准摩尔反应焓可按下式计算

$$\Delta_r H_m^{\ominus}(T) = \sum_B \nu_B H_m^{\ominus}(B, T)$$

遗憾的是 $H_m^{\ominus}(B, T)$ 无法确知。另一种办法是利用盖斯定律和一些可测的热力学数据计算。这些数据中最常用的有两类，它们是标准摩尔生成焓和标准摩尔燃烧焓。

一、标准摩尔生成焓

指定温度下，由该温度下最稳定的单质生成 1mol 物质 B（β）的标准摩尔反应焓，称为物质 B（β）在该温度下的标准摩尔生成焓（standard molar enthalpy of formation），表示为 $\Delta_f H_m^{\ominus}(B, \beta, T)$。其中“f”表示生成，“B”表示物质，“β”表示相态，“T”表示温度。标准摩尔生成焓的单位是 $kJ \cdot mol^{-1}$。

在使用标准摩尔生成焓时需注意：

（1）$\Delta_f H_m^{\ominus}(B, \beta, T)$ 是温度 T 时由最稳定单质生成 1mol B（β）的标准摩尔反应焓，而不是其他反应的标准摩尔反应焓。例如，298K 时的下述反应中

① $C(石墨) + O_2(g) \longrightarrow CO_2(g)$

② $C(金刚石) + O_2(g) \longrightarrow CO_2(g)$

③ $CO(g) + \frac{1}{2}O_2(g) \longrightarrow CO_2(g)$

④ $2C(石墨) + 2O_2(g) \longrightarrow 2CO_2(g)$

只有①的 $\Delta_r H_m^{\ominus}(298K)$ 是 CO_2（g）在 298K 时的标准摩尔生成焓。

（2）同一种物质的不同相态有着不同的标准摩尔生成焓，因此，使用这类数据时，需注意物质的相态。例如

$$\Delta_f H_m^{\ominus}(H_2O, l, 298K) = -285.8kJ \cdot mol^{-1}$$

$$\Delta_f H_m^{\ominus}(H_2O, g, 298K) = -241.8kJ \cdot mol^{-1}$$

（3）根据标准摩尔生成焓的定义，温度 T 时最稳定的单质在该温度下的标准摩尔生成焓为零。

（4）标准摩尔生成焓是温度的函数，相关手册中列出的通常是 298K 时的数据。

一个化学反应的反应物和生成物含有相同种类相同数量的原子，因之可以由相同种类相同数量的单质生成。利用这一点和焓的状态函数性质，可以导出用标准摩尔生成焓计算标准摩尔反应焓的简单公式。设一恒温反应，其反应物和产物均处于标准态，并由

标准态下的最稳定单质生成，如下所示。

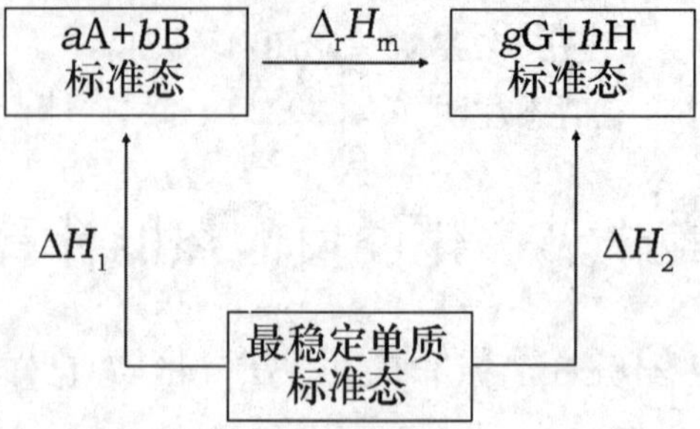

$$\Delta_r H_m^{\ominus} = \Delta H_2 - \Delta H_1$$
$$= g\Delta_f H_m^{\ominus}(G) + h\Delta_f H_m^{\ominus}(H) - a\Delta_f H_m^{\ominus}(A) - b\Delta_f H_m^{\ominus}(B)$$

推广到任意反应，有

$$\Delta_r H_m^{\ominus} = \sum_B \nu_B \Delta_f H_m^{\ominus}(B) \qquad (1-53)$$

式（1－53）表明，一定温度下，化学反应的标准摩尔反应焓等于产物的标准摩尔生成焓之和减去反应物的标准摩尔生成焓之和。只要产物与反应物的温度相等并且与标准摩尔反应焓所指明的温度相同，此式即可直接使用，不必每次都重复以上推导过程。

二、标准摩尔燃烧焓

指定温度下，1mol 指定相态的物质 B（β）完全燃烧反应的标准摩尔反应焓，称为物质 B（β）在该温度下的标准摩尔燃烧焓（standard molar enthalpy of combustion），用 $\Delta_c H_m^{\ominus}(B, \beta, T)$ 表示，其中下标“c”表示“燃烧”，其他符号的意义如前所述。标准摩尔燃烧焓的单位是 $kJ \cdot mol^{-1}$。完全燃烧的意义是 C 变为 CO_2（g），H 变为 H_2O（l），N 变为 N_2（g），S 变为 SO_2（g）等等。

与标准摩尔生成焓一样，标准摩尔燃烧焓的值也与物质及其相态、温度等因素有关，使用时，这些因素都应明确。按定义，指定温度下，完全燃烧产物的标准摩尔燃烧焓为零。

由标准摩尔燃烧焓计算标准摩尔反应焓的公式推导如下

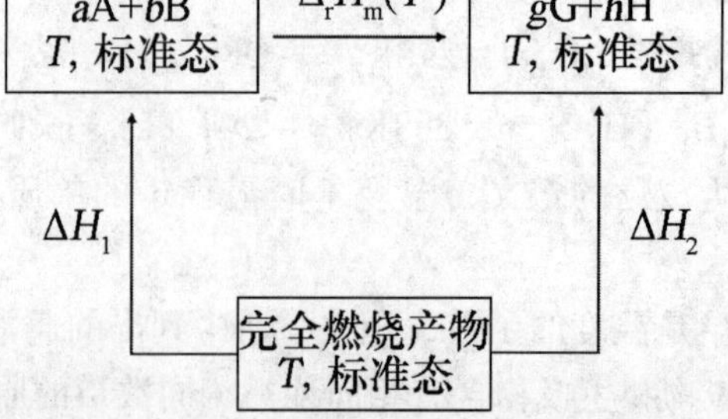

$$\Delta_r H_m^\ominus = \Delta H_1 - \Delta H_2 = a\Delta_c H_m^\ominus(A) + b\Delta_c H_m^\ominus(B) - g\Delta_c H_m^\ominus(G) - h\Delta_c H_m^\ominus(H)$$

推广到任一反应，有

$$\Delta_r H_m^\ominus = -\sum_B \nu_B \Delta_c H_m^\ominus(B) \tag{1-54}$$

式（1－54）表明，指定温度下，标准摩尔反应焓等于反应物的标准摩尔燃烧焓之和减去产物的标准摩尔燃烧焓之和。

例1－7 已知298K时（COOH)$_2$（s），CH_3OH（l）及（$COOCH_3$)$_2$（l）的标准摩尔燃烧焓依次为－251.5，－726.6，－1677.8kJ·mol^{-1}。求298K时反应（COOH)$_2$（s）+2CH_3OH（l）＝（$COOCH_3$)$_2$（s）+2H_2O（l）的标准摩尔反应焓。

解：

$$\begin{aligned}\Delta_r H_m^\ominus &= \Delta_c H_m^\ominus[(COOH)_2,\ s] + 2\Delta_c H_m^\ominus(CH_3OH,\ l)\\ &\quad - \Delta_c H_m^\ominus[(COOCH_3)_2,\ s] - 2\Delta_c H_m^\ominus(H_2O,\ l)\\ &= -251.5 - 2\times726.6 - (-1677.8) - 2\times0\\ &= -26.9\text{kJ}\cdot\text{mol}^{-1}\end{aligned}$$

例1－8 已知298K时，C_2H_5OH（l）的标准摩尔燃烧焓为－1367kJ·mol^{-1}，CO_2（g）和H_2O（l）的标准摩尔生成焓分别为－393.51和－285.83kJ·mol^{-1}。求298K时C_2H_5OH（l）的标准摩尔生成焓。

解：298K时C_2H_5OH（l）的生成反应为

$$2C（石墨）+3H_2(g)+\frac{1}{2}O_2(g)\longrightarrow C_2H_5OH(l)$$

此反应的标准摩尔反应焓即C_2H_5OH（l）的标准摩尔生成焓，故有

$$\begin{aligned}\Delta_f H_m^\ominus(C_2H_5OH,\ l) &= 2\Delta_c H_m^\ominus(C,\ 石墨) + 3\Delta_c H_m^\ominus(H_2,\ g)\\ &\quad + \frac{1}{2}\Delta_c H_m^\ominus(O_2,\ g) - \Delta_c H_m^\ominus(C_2H_5OH,\ l)\end{aligned}$$

298K时，石墨和水的标准燃烧焓分别等于CO_2（g）和H_2O（l）的标准摩尔生成焓，O_2（g）的标准摩尔燃烧焓为零，于是有

$$\begin{aligned}\Delta_f H_m^\ominus(C_2H_5OH,\ l) &= 2\Delta_f H_m^\ominus(CO_2,\ g) + 3\Delta_f H_m^\ominus(H_2O,\ l) - \Delta_c H_m^\ominus(C_2H_5OH,\ l)\\ &= 2\times(-393.51) + 3\times(-285.83) - (-1367)\\ &= -277.51\text{kJ}\cdot\text{mol}^{-1}\end{aligned}$$

实际上，此例中的C_2H_5OH（l）是不可能直接由单质合成的，因此其标准摩尔生成焓也不能直接测定，可以直接测定的是其标准摩尔燃烧焓。由标准摩尔燃烧焓求标准摩尔生成焓，对于那些不能直接由单质合成的化合物来说，是常用的方法。

三、标准摩尔反应焓与温度的关系

手册和文献上给出的标准摩尔生成焓和标准摩尔燃烧焓通常是298K时的数据。由这些数据只能求298K时的标准摩尔反应焓，而实际工作中常需要知道其他温度下的标准摩尔反应焓。因此，有必要讨论标准摩尔反应焓与温度的关系。

设恒压下某反应在温度T_1时的$\Delta_r H_m^\ominus(T_1)$已知，求另一温度$T_2$时的$\Delta_r H_m^\ominus(T_2)$。

设计途径如下。

$$
\begin{array}{ccc}
\boxed{\begin{array}{c} aA + bB \\ T_1 \end{array}} & \xrightarrow{\Delta_r H_m^{\ominus}(T_1)} & \boxed{\begin{array}{c} gG + hH \\ T_1 \end{array}} \\
\Delta H_1 \downarrow & & \downarrow \Delta H_2 \\
\boxed{\begin{array}{c} aA + bB \\ T_2 \end{array}} & \xrightarrow{\Delta_r H_m^{\ominus}(T_2)} & \boxed{\begin{array}{c} gG + hH \\ T_2 \end{array}}
\end{array}
$$

$$
\begin{aligned}
\Delta_r H_m^{\ominus}(T_2) &= \Delta_r H_m^{\ominus}(T_1) + \Delta H_2 - \Delta H_1 \\
&= \Delta_r H_m^{\ominus}(T_1) + \int_{T_1}^{T_2} [gC_{p,m}(G) + hC_{p,m}(H)]\,dT - \int_{T_1}^{T_2} [aC_{p,m}(A) + bC_{p,m}(B)]\,dT \\
&= \Delta_r H_m^{\ominus}(T_1) + \int_{T_1}^{T_2} [gC_{p,m}(G) + hC_{p,m}(H) - aC_{p,m}(A) - bC_{p,m}(B)]\,dT
\end{aligned}
$$

上式可推广到任意反应并简写为

$$\Delta_r H_m^{\ominus}(T_2) = \Delta_r H_m^{\ominus}(T_1) + \int_{T_1}^{T_2} \Delta C_p dT \qquad (1-55)$$

式中

$$\Delta C_p = \sum_B \nu_B C_{p,m}(B)$$

使用式（1－55）时需注意，在 T_1 到 T_2 的温度区间内，各物质应无相变，如有相变发生，则应分段计算并考虑相变焓。

式（1－55）的微分式为

$$\left(\frac{\partial \Delta_r H_m^{\ominus}}{\partial T}\right)_p = \Delta C_p \qquad (1-56)$$

式（1－55）和式（1－56）称为基尔霍夫（Kirchhoff）定律，有些书中称作基希霍夫定律。

一般情况下，$C_{p,m}$是温度的函数，从而 ΔC_p 也是温度的函数。若

$$\Delta C_p = a + bT + cT^2 + \cdots$$

则

$$\Delta C_p = \Delta a + \Delta bT + \Delta cT^2 + \cdots$$

式中

$$\Delta a = \sum_B \nu_B a(B)$$

$$\Delta b = \sum_B \nu_B b(B)$$

$$\Delta c = \sum_B \nu_B c(B)$$

当温度变化不大，ΔC_p 可视作常数时

$$\Delta_r H_m^{\ominus}(T_2) = \Delta_r H_m^{\ominus}(T_1) + \Delta C_p(T_2 - T_1) \qquad (1-57)$$

例 1－9　葡萄糖在细胞呼吸中的氧化作用如下述反应所示

$$C_6H_{12}O_6\ (s) + 6O_2\ (g) \longrightarrow 6H_2O\ (l) + 6CO_2\ (g)$$

已知298K时，O_2（g），CO_2（g），H_2O（l），$C_6H_{12}O_6$（s）的 $C_{p,m}$ 分别为29.36，37.13，75.30，218.9$J \cdot K^{-1} \cdot mol^{-1}$，该反应的 $\Delta_r H_m^{\ominus}$(298K)为 $-2801.71kJ \cdot mol^{-1}$。假设各物质的 $C_{p,m}$ 在298K至310K的温度范围内不变，求在生理温度310K时，该反应的热效应。

解：

$$\Delta C_p = \sum_B \nu_B C_{p,m}(B)$$

$$= 6 \times 75.30 + 6 \times 37.13 - 218.9 - 6 \times 29.36$$

$$= 279.52J \cdot K^{-1} \cdot mol^{-1}$$

$$\Delta_r H_m^{\ominus}(310K) = \Delta_r H_m^{\ominus}(298K) + \Delta C_p(310 - 298)$$

$$= -2801.71 + 279.52\ (310 - 298)\ \times 10^{-3}$$

$$= -2798.36kJ \cdot mol^{-1}$$

例1－10　反应 $N_2(g) + 3H_2(g) \longrightarrow 2NH_3(g)$ 在298K时的标准摩尔反应焓为 $-92.38kJ \cdot mol^{-1}$。求此反应在398K时的标准摩尔反应焓。已知

$$C_{p,m}(N_2) = \left(26.98 + 5.912 \times 10^{-3}\frac{T}{K} - 3.376 \times 10^{-7}\frac{T^2}{K^2}\right)J \cdot K^{-1} \cdot mol^{-1}$$

$$C_{p,m}(H_2) = \left(29.07 - 0.837 \times 10^{-3}\frac{T}{K} + 20.12 \times 10^{-7}\frac{T^2}{K^2}\right)J \cdot K^{-1} \cdot mol^{-1}$$

$$C_{p,m}(NH_3) = \left(25.89 + 33.00 \times 10^{-3}\frac{T}{K} - 30.46 \times 10^{-7}\frac{T^2}{K^2}\right)J \cdot K^{-1} \cdot mol^{-1}$$

解：

$$\Delta a = (2 \times 25.89 - 26.98 - 3 \times 29.07) = -62.41J \cdot K^{-1} \cdot mol^{-1}$$

$$\Delta b = (2 \times 33.00 - 5.912 + 3 \times 0.837) \times 10^{-3} = 62.60 \times 10^{-3}J \cdot K^{-2} \cdot mol^{-1}$$

$$\Delta c = (-2 \times 30.46 + 3.376 - 3 \times 20.12) \times 10^{-7} = -117.9 \times 10^{-7}J \cdot K^{-3} \cdot mol^{-1}$$

$$\Delta C_p = \Delta a + \Delta b T + \Delta c T^2$$

$$= \left(-62.41 + 62.60 \times 10^{-3}\frac{T}{K} - 117.9 \times 10^{-7}\frac{T^2}{K^2}\right)J \cdot K^{-1} \cdot mol^{-1}$$

$$\Delta_r H_m^{\ominus}(398K) = \Delta_r H_m^{\ominus}(298K) + \int_{298}^{398}\Delta C_p dT$$

$$= -92.38 \times 10^3 + [-62.41\ (398 - 298)\ + \frac{1}{2} \times 62.60$$

$$\times 10^{-3}\ (398^2 - 298^2)\ - \frac{1}{3} \times 117.9 \times 10^{-7}\ (398^3 - 298^3)]$$

$$= -92.38 \times 10^3 - 4.21 \times 10^3$$

$$= -96.59 \times 10^3 J \cdot mol^{-1}$$

$$= -96.59kJ \cdot mol^{-1}$$

思考题与习题

1. 下列物理量中哪些是广度性质，哪些是强度性质，哪些是状态函数，哪些不是状态函数，哪些是热力学不考虑的？

p，V，T，U，H，m，n，ρ，V_m，U_m，H_m，Q，W，C_p，C_V，$C_{p,m}$，$C_{V,m}$，t，速度 v

2. 系统的同一状态能否具有不同的体积？系统的不同状态能否具有相同的体积？系统的状态改变了，是否其所有状态函数都要发生变化？系统的某一状态函数改变了，是否其状态必定发生变化？

3. 判断下列说法是否正确：

（1）系统处于一定的状态就有一定的内能；

（2）一定状态的系统的内能是可以直接测定的；

（3）一定状态的系统的内能有唯一确定的值；

（4）系统的状态改变时，内能一定改变。

4. 状态函数具有哪些特点？

5. 可逆过程有哪些特征？

6. 试根据可逆过程的特征指出下列过程中哪些是可逆过程？

（1）在室温和大气压力（101.325kPa）下，水蒸发为同温同压的水蒸气；

（2）在 373.15K 和大气压力（101.325kPa）下，水蒸发为同温同压的水蒸气；

（3）摩擦生热；

（4）用干电池使灯泡发光；

（5）水在冰点时凝结成同温同压的冰；

（6）在等温等压下将氮气与氧气混合。

7. 系统处于平衡态需同时满足哪几个平衡条件？

8. 对于封闭系统的循环过程，下述判断中正确的是（　　）。

A. $Q=0$　　B. $W=0$　　C. $\Delta U=0$　　D. $\Delta H=0$

9. 对于组成确定的理想气体封闭系统，下述判断中正确的是（　　）。

A. $\left(\frac{\partial U}{\partial T}\right)_p=0$　　B. $\left(\frac{\partial U}{\partial p}\right)_T=0$　　C. $\left(\frac{\partial U}{\partial T}\right)_V=0$　　D. $\left(\frac{\partial U}{\partial V}\right)_T=0$

10. 在 298K，100kPa 下，反应 $Zn(s)+CuSO_4(aq.)\longrightarrow Cu(s)+ZnSO_4(aq.)$ 分别在（1）烧杯中，（2）原电池中进行，以下等式中成立的是（　　）。

A. $\Delta H_1=\Delta H_2$　　B. $Q_1=Q_2$　　C. $\Delta H_1=Q_1$　　D. $\Delta H_2=Q_2$

11. 水在 101.325kPa，373K 蒸发为水蒸气（设为理想气体）。此过程温度不变，故 $\Delta U=0$。对吗，为什么？

12. 隔板将一刚性绝热容器分为左右两侧，左室气体的压力大于右室气体的压力。现将隔板抽去，左、右气体的压力达到平衡。若以全部气体作为系统，则 ΔU、Q、W 为正，为负，或为零？

13. 证明1mol理想气体在等压下升温1K时，系统与环境交换的功等于摩尔气体常数R。

14. 分别判断下列各过程中的Q、W、ΔU和ΔH为正、为负还是为零？

（1）理想气体自由膨胀；

（2）理想气体等温可逆膨胀；

（3）理想气体绝热、反抗恒外压膨胀；

（4）水蒸气通过蒸汽机对外做出一定量的功之后恢复原态，以水蒸气为系统；

（5）水（101325Pa，273.15K）⟶冰（101325Pa，273.15K）；

（6）在充满氧的定容绝热反应器中，石墨剧烈燃烧，以反应器及其中所有物质为系统。

15.（1）若某系统从环境接受了160kJ的功，热力学能增加了200kJ，则系统吸收或是放出了多少热量？（2）如果某系统在膨胀过程中对环境作了100kJ的功，同时系统吸收了260kJ的热，则系统热力学能变化为多少？

（$Q_1=40\text{kJ}$，$\Delta U_2=160\text{kJ}$）

16. 现将1mol的理想气体于300K、101.325kPa时受某恒外压等温压缩至平衡态，再将此平衡态等容升温至370K，此时压力为1013.25kPa。求整个过程的Q、W、ΔU和ΔH。该理想气体的$C_{V,\text{m}}=20.92\text{J}\cdot\text{K}^{-1}\cdot\text{mol}^{-1}$。

（$Q=-16.27\text{kJ}$，$W=17.71\text{kJ}$，$\Delta U=1464.4\text{J}$，$\Delta H=2046.4\text{J}$）

17. 2mol N_2经历ABCA的可逆循环过程，具体数据如图1-5所示。分别计算步骤（1）、（2）和（3）及整个循环过程的Q、W、ΔU和ΔH。

（$Q_1=7000\text{J}$，$W_1=-2000\text{J}$，$\Delta U_1=5000\text{J}$，$\Delta H_1=7000\text{J}$；
$Q_2=-5000\text{J}$，$W_2=0$，$\Delta U_2=-5000\text{J}$，$\Delta H_2=-7000\text{J}$；
$Q_3=-1386\text{J}$，$W_3=1386\text{J}$，$\Delta U_3=0$，$\Delta H_3=0$；
$Q=614\text{J}$，$W=-614\text{J}$，$\Delta U=0$，$\Delta H=0$）

18. 在373K和101.325kPa的条件下，1mol体积为18.80cm³的液态水变为30.200dm³的水蒸气，已知水的蒸发热为$4.067\times10^4\text{J}\cdot\text{mol}^{-1}$。求此过程系统的$\Delta H$及$\Delta U$。

（$\Delta H=4.067\times10^4\text{J}$，$\Delta U=3.761\times10^4\text{J}$）

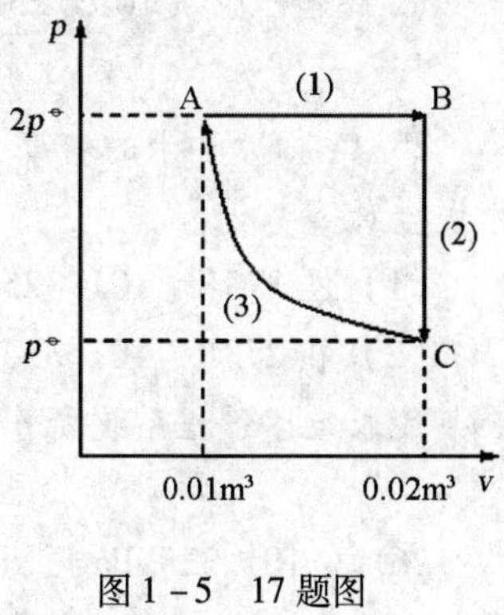

图1-5 17题图

19. 1mol理想气体从373K、0.025m³经下述四个过程变为373K、0.1m³：

（1）等温可逆膨胀；

（2）向真空膨胀；

（3）等外压为终态压力下膨胀；

（4）等温下，先在外压恒定为气体体积等于0.05m³的压力下膨胀至0.05m³后，再在恒定外压等于终态压力下膨胀至0.1m³。

求上述过程系统所作的体积功，比较其结果可以说明什么？

（$W_1=-4301\text{J}$，$W_2=0$，$W_3=-2327\text{J}$，$W_4=-3102\text{J}$）

20. (1) 在373K、101.325kPa下，1mol水全部蒸发为水蒸气，求此过程的Q、W、ΔU和ΔH。已知水的汽化热为$40.7\text{kJ}\cdot\text{mol}^{-1}$。(2) 若在373K、101.325kPa下，1mol水向真空蒸发变成同温同压的水蒸气，上述各量又如何?(假设水蒸气可视为理想气体)。

($Q_1=40.7\text{kJ}$，$W_1=-3.10\text{kJ}$，$\Delta U_1=37.6\text{kJ}$，$\Delta H_1=40.7\text{kJ}$；
$Q_2=37.6\text{kJ}$，$W_2=0$，$\Delta U_2=\Delta U_1$，$\Delta H_2=\Delta H_1$)

21. 在温度为273.15K下，1mol氩气从体积为22.41dm^3膨胀至50.00dm^3，试求下列两种过程的Q、W、ΔU和ΔH。已知氩气的等压摩尔热容$C_{p,\text{m}}=20.79\text{J}\cdot\text{mol}^{-1}\text{K}^{-1}$。(设氩气视为理想气体)

(1) 等温可逆过程；

(2) 绝热可逆过程。

($Q_1=1822\text{J}$，$W_1=-1822\text{J}$，$\Delta U_1=0$，$\Delta U_2=0$；
$Q_2=0$，$W_2=-1416.7\text{J}$，$\Delta U_2=-1416.7\text{J}$，$\Delta H_2=-2361.7\text{J}$)

22. 1mol N_2，始态压力为202.65kPa，体积为11.2dm^3，经TV为一常数的可逆过程膨胀至22.4dm^3。计算系统所做的功及ΔU和ΔH。

($\Delta U=-2837\text{J}$，$\Delta H=-3972\text{J}$)

23. 已知H_2 (g) 的$C_{p,\text{m}}=(29.07-0.836\times10^{-3}T+2.01\times10^{-6}T^2)\ \text{J}\cdot\text{K}^{-1}\cdot\text{mol}^{-1}$，现将1mol的$H_2$ (g) 从300K升至1000K，试求：

(1) 等压升温吸收的热及ΔH；

(2) 等容升温吸收的热及ΔU。

($\Delta H=20.620\text{kJ}$，$\Delta U=14.801\text{kJ}$)

24. 具有无摩擦活塞的绝热气缸内有5mol双原子理想气体，压力为1013.25kPa，温度为298.2K。

(1) 若该气体绝热可逆膨胀至101.325kPa，计算系统所做的功。

(2) 若外压从1013.25kPa骤减至101.325kPa，系统膨胀所做的功为多少?

($W_1=-14.94\text{kJ}$，$W_2=-7.97\text{kJ}$)

25. 已知冰和水的密度分别为$0.92\times10^3\text{kg}\cdot\text{m}^{-3}$和$1.0\times10^3\text{kg}\cdot\text{m}^{-3}$，现有1mol的水发生如下变化：

(1) 在373K、101.325kPa下蒸发为水蒸气，且水蒸气可视为理想气体；

(2) 在273K、101.325kPa下变为冰。

试求上述过程系统所作的体积功。

($W_1=-3101\text{J}$，$W_2=-1.8\text{J}$)

26. 在101.325kPa压力下，逐渐加热1mol温度为25℃的水，最后成为120℃的水蒸气，试求水在该途径中的ΔU和ΔH。已知水的气化热为$40.64\text{kJ}\cdot\text{mol}^{-1}$，水的恒压摩尔热容为$75.32\text{J}^{-1}\cdot\text{K}^{-1}\cdot\text{mol}^{-1}$，水蒸气的恒压摩尔热容为$33.61\text{J}^{-1}\cdot\text{K}^{-1}\cdot\text{mol}^{-1}$，设水蒸气可作为理想气体，液态水的体积可忽略不计。

($\Delta U=43.69\text{kJ}$，$\Delta H=46.96\text{kJ}$)

27. 某理想气体的$C_{p,\text{m}}=28.8\text{J}\cdot\text{K}^{-1}\cdot\text{mol}^{-1}$，其起始状态为$p_1=303.99\text{kPa}$，$V_1=$

1.43dm³，$T_1=298K$，经一可逆绝热膨胀过程至2.86dm³。求：

（1）终态的温度与压力；

（2）该过程的 ΔU 及 ΔH。

（$P_2=115.2kPa$，$\Delta U=-260J$，$\Delta H=-365J$）

28. 证明 $\left(\frac{\partial U}{\partial T}\right)_p = C_p - p\left(\frac{\partial V}{\partial T}\right)_p$

29. 证明 $C_p - C_V = \left[\left(\frac{\partial U}{\partial V}\right)_T + p\right]\left(\frac{\partial V}{\partial T}\right)_p$

30. 葡萄糖发酵反应如下：

$$C_6H_{12}O_6\ (s) = 2\ C_2H_5OH\ (l) + 2\ CO_2\ (g)$$

已知葡萄糖在100kPa、298K下发酵反应产生67.8kJ的等压反应热，试求该反应的热力学能变化 ΔU 为多少？

（$\Delta U=-72.76kJ\cdot mol^{-1}$）

31. 在298K和100kPa下，将15g萘置于氧弹量热器中，充以足够的氧气，完全燃烧后，放热602.6kJ，求萘在298K时的标准摩尔燃烧焓 $\Delta_c H_m^{\ominus}$。

（$-5155kJ\cdot mol^{-1}$）

32. 试分别由标准摩尔生成焓和标准摩尔燃烧焓计算反应

$$3C_2H_2\ (g) = C_6H_6\ (l)$$

在100kPa、298.15K时的 $\Delta_r H_m$ 和 $\Delta_r U_m$。

（$\Delta_r H_m=-632kJ\cdot mol^{-1}$，$\Delta_r U_m=-624.6kJ\cdot mol^{-1}$）

33. 试求下列反应在298K、101.325kPa时的恒压热效应。

（1）$2H_2S\ (g) + SO_2\ (g) = 2H_2O\ (l) + 3S$（斜方）　　$Q_V=-223.8kJ\cdot mol^{-1}$

（2）$2C$（石墨）$+ O_2\ (g) = 2CO\ (g)$　　$Q_V=-231.3kJ\cdot mol^{-1}$

（3）$H_2\ (g) + Cl_2\ (g) = 2HCl\ (g)$　　$Q_V=-184kJ\cdot mol^{-1}$

（$Q_{p,1}=-231.2kJ$，$Q_{p,2}=-228.8kJ$，$Q_{p,3}=-184kJ$）

34. 已知下述反应在298K时的热效应：

（1）$C_6H_5COOH\ (l) + 7\frac{1}{2}O_2\ (g) = 7CO_2\ (g) + 3H_2O\ (l)$　　$\Delta_r H_m=-3230kJ\cdot mol^{-1}$

（2）$C\ (s) + O_2\ (g) = CO_2\ (g)$　　$\Delta_r H_m=-394kJ\cdot mol^{-1}$

（3）$H_2\ (g) + \frac{1}{2}O_2\ (g) = H_2O\ (l)$　　$\Delta_r H_m=-286kJ\cdot mol^{-1}$

求 C_6H_5COOH (l) 的标准摩尔生成焓 $\Delta_f H_m^{\ominus}$。

（$\Delta_f H_m^{\ominus}=-386kJ\cdot mol^{-1}$）

35. 已知下列反应在298K的时热效应：

（1）$Na\ (s) + \frac{1}{2}Cl_2\ (g) = NaCl\ (s)$　　$\Delta_r H_m=-411kJ\cdot mol^{-1}$

（2）$H_2\ (g) + S\ (s) + 2O_2\ (g) = H_2SO_4\ (l)$　　$\Delta_r H_m=-811.3kJ\cdot mol^{-1}$

（3）$2Na\ (s) + S\ (s) + 2O_2\ (g) = Na_2SO_4\ (s)$　　$\Delta_r H_m=-1383kJ\cdot mol^{-1}$

(4) $\frac{1}{2}H_2$ (g) $+\frac{1}{2}Cl_2$ (g) $=HCl$ (g)　　$\Delta_r H_m=-92.3kJ\cdot mol^{-1}$

求反应 $2NaCl$ (s) $+H_2SO_4$ (l) $=Na_2SO_4$ (s) $+2HCl$ (g) 在 298k 时的 $\Delta_r H_m$ 和 $\Delta_r U_m$。

($\Delta_r H_m=65.7kJ\cdot mol^{-1}$，$\Delta_r U_m=60.7kJ\cdot mol^{-1}$)

36. 某反应系统，起始时含 10mol H_2 和 20mol O_2，在反应进行到 t 时刻时，生成了 4mol 的 H_2O。请计算下述反应的反应进度：

(1) H_2 (g) $+\frac{1}{2}O_2$ (g) $=H_2O$ (g)

(2) $2H_2$ (g) $+O_2$ (g) $=2H_2O$ (g)

(3) $\frac{1}{2}H_2$ (g) $+\frac{1}{4}O_2$ (g) $=\frac{1}{2}H_2O$ (g)

($\xi_1=4mol$，$\xi_2=2mol$，$\xi_3=8mol$)

37. 在 298K 时 H_2O (l) 的标准摩尔生成焓为 $-285.8kJ\cdot mol^{-1}$，已知在 25℃ 至 100℃ 的温度范围内 H_2 (g)、O_2 (g) 及 H_2O (l) 的 $C_{p,m}$ 分别为 $28.83J\cdot K^{-1}\cdot mol^{-1}$、$29.16J\cdot K^{-1}\cdot mol^{-1}$ 及 $75.31J\cdot K^{-1}\cdot mol^{-1}$。求 100℃ 时 H_2O (l) 的标准摩尔生成焓。

($\Delta_f H_m^{\ominus}=-283.4kJ\cdot mol^{-1}$)

38. 试求反应 CH_3COOH (g) $\longrightarrow CH_4$ (g) $+CO_2$ (g) 的标准摩尔反应焓 $\Delta_r H_m^{\ominus}$ (1000K)。已知：

物质	$\Delta_f H_m^{\ominus}$ (298K)/$kJ\cdot mol^{-1}$	$C_{p,m}$/$J\cdot mol^{-1}\cdot K^{-1}$
CH_4 (g)	−74.81	37.7
CO_2 (g)	−393.51	31.4
CH3COOH (g)	−432.2	52.3

($\Delta_r H_m^{\ominus}=-24.3kJ\cdot mol^{-1}$)

39. 反应 N_2 (g) $+3H_2$ (g) $=2NH_3$ (g) 在 298K 时的 $\Delta_r H_m^{\ominus}=-92.88kJ\cdot mol^{-1}$，求此反应在 398K 时的 $\Delta_r H_m^{\ominus}$。已知：

$C_{p,m}$ (N_2, g) $=(26.98+5.912\times10^{-3}T-3.376\times10^{-7}T^2)\ J\cdot K^{-1}\cdot mol^{-1}$

$C_{p,m}$ (H_2, g) $=(29.07-0.837\times10^{-3}T-20.12\times10^{-7}T^2)\ J\cdot K^{-1}\cdot mol^{-1}$

$C_{p,m}$ (NH_3, g) $=(25.89+33.00\times10^{-3}T-30.46\times10^{-7}T^2)\ J\cdot K^{-1}\cdot mol^{-1}$

($\Delta_r H_m^{\ominus}=-97.09kJ\cdot mol^{-1}$)

40. 已知 H_2 (g) $+I_2$ (s) $=2HI$ (g) 反应的热效应 $\Delta_r H_m^{\ominus}$ (291K) $=49.455kJ\cdot mol^{-1}$ 且 I_2 (s) 的熔点为 386.7K，熔化热为 $16.736kJ\cdot mol^{-1}$。I_2 (l) 的沸点为 457.5K，蒸发热为 $42.677kJ\cdot mol^{-1}$。I_2 (s) 及 I_2 (l) 的 $C_{p,m}$ 分别为 $55.64J\cdot K^{-1}\cdot mol^{-1}$ 及 $62.76J\cdot K^{-1}\cdot mol^{-1}$，$H_2$ (g)、I_2 (g) 及 HI (g) 的 $C_{p,m}$ 均为 $\frac{7}{2}R$。求该反应在 473K 时的 $\Delta_r H_m^{\ominus}$。

($\Delta_r H_m^{\ominus}=-14.88kJ\cdot mol^{-1}$)

参 考 文 献

[1] K. J. Laidler, J. H. meiser. Physical Chemistry [M]. The Benjamin/Cummings Publishing Company, Inc., California, 1982.

[2] P. W. Atkins. Physical Chemistry [M]. 2nd. Oxford university press, 1982.

[3] 天津大学物理化学教研室. 物理化学 [M]. 第四版. 北京：高等教育出版社，2001.

[4] 石朝周. 物理化学 [M]. 北京：中国医药科技出版社，2002.

[5] 傅献彩，沈文霞，姚天扬，等. 物理化学 [M]. 第五版. 北京：高等教育出版社，2005.

[6] 张玉民. 热学 [M]. 第二版. 北京：科学出版社，2006.

[7] 侯新朴，李三鸣，等. 物理化学 [M]. 第六版. 北京：人民卫生出版社，2007.

[8] 任永嘉，奚正凯，张树永，等. 物理化学简明教程 [M]. 第四版. 北京：高等教育出版社，2007.

第二章 INTRODUCTION

热力学第二定律

热力学第一定律指出，孤立系统的内能一定守恒，封闭系统若发生一个过程，它与环境交换的总能量必定等于其内能的改变量。但热力学第一定律没有指出，在指定条件下，一个过程将向哪个方向进行，能进行到什么程度。例如在 298K，标准压力下，反应 H_2（g） $+I_2$（s） →2HI（g）吸热 53.0kJ · mol^{-1}。根据热力学第一定律，我们只能知道，同样条件下，其逆反应将放热 53.0kJ · mol^{-1}。至于在该条件下，反应是向生成 HI（g）的方向进行，还是向 HI（g）分解的方向进行，以及能进行到什么程度，仅凭热力学第一定律，我们将无从知晓。判断过程的方向及限度有赖于热力学第二定律。热力学第二定律与第一定律一样，是人类长期科学实践经验的结晶，它建立在大量实验事实的基础上，不能在理论上加以证明，但它的所有推论都与事实相符，其正确性毋庸置疑。

第一节　自发过程的方向与限度

一、自发过程

系统在环境对其不做功的条件下自动进行的过程称为自发过程。判断一个过程是否自发时，应先选定系统。例如，用直流电电解水，使之分解为氢气和氧气，若把水、氢气及氧气作为系统，则该过程是非自发的，若把直流电源也包括到系统中，该过程则是一个自发过程。如果把整个自然界看作一个系统，则一切宏观的自然变化都是自发过程。

二、自发过程的方向和限度

一切自发过程在指定条件下都有确定的方向和限度。例如：

（1）两个温度不同的物体紧密接触时，热自发地从高温物体传给低温物体，直到两个物体的温度相等，达到热平衡为止。

（2）在气体组成的系统中，若存在压力梯度，气体将自发地向低压方向扩散，直到系统的压力均匀，达到力平衡为止。

（3）将一定量的水置于密闭的真空容器中，一部分水将自发地蒸发为水蒸气，直到容器中水和水蒸气的量都不再随时间改变，达到相平衡为止。

（4）当一个化学反应的正向反应速率大于逆向反应速率时，反应将自发地向正反应方向进行，直到正反应速率与逆反应速率相等，反应系统的组成不再随时间改变，达到化学平衡为止。

以上事实及许多其他事实都无例外地表明，自发过程的方向即趋于平衡的方向，自发过程的限度即平衡态。

三、自发过程的共同特征

温度不均匀的系统自发地趋向于温度均匀；压力不均匀的系统自发地趋向于压力均匀；相变化趋向于相平衡；化学变化趋向于化学平衡。在环境不加干涉的情况下，宏观上这些过程的逆过程都不能自动地进行。例如，一滴墨水滴到一杯清水中，整杯水都呈墨水的颜色。水中的墨水重新聚集成一滴，水重新变清则不能自动进行；氧气和氮气混合时，自发地形成均匀的混合气体，混合气体则不能自发地分离为氧气和氮气；锌片插入硫酸铜水溶液中，铜离子被还原为铜吸附在锌片上。铜片插入硫酸锌水溶液，若不利用电解装置由环境提供直流电，就不会发现有锌吸附在铜片上。所有自发过程的事实都给出了一致的结论：自发过程的逆过程不可能自动进行。也就是说，自发过程是热力学不可逆过程。不可逆性就是自发过程的共同特征。

这里需要指出，虽然自发过程是不可逆过程，但不可逆过程却不一定是自发过程，关键是要看过程中环境是否对系统做了功。例如，气体在恒定外压下的压缩过程是不可逆过程，但压缩时环境对系统做了功，因此是非自发过程。

人们还常从能量转换的角度论述自发过程的特征问题。例如，重物自然下降可带动搅拌器搅拌水，使水温升高。这是一个功转变为热的自发过程。其逆过程，即搅拌器自动地从水中吸热，使其全部变为功，带动搅拌器逆转，将重物升到原来的高度，是不可能的。

再如，热从高温物体传向低温物体是自发过程。要使两物体都恢复到原来的温度，必须设想从低温物体吸出高温物体放给它的热，将吸出的热全部变为功而不留下任何影响，再将这些功变为热传给高温物体。问题也归结为能否从单一热源吸热，使之全部变为功而不留下任何影响。经验证明这是不可能的，因而，热自发地从低温物体传向高温物体是不可逆的。

以上两例都表明，自发过程是否可逆的问题，可以转换为能否从单一热源吸热，使之全部转变为功而不引起其他变化的问题，大量经验给出的回答是否定的。结论是：系统经历了一个自发过程后，不可能不留下任何影响地回到始态，也就是说，自发过程是有方向的，是不可逆的。

过程的自发性问题，从能量角度可以表述为：功可以全部变为热，热则不能全部变为功而不引起其他变化。

原则上，任何自发过程都可以做功，随着系统渐趋平衡，系统做功能力逐渐减小，直至达到平衡态，做功能力完全丧失。因此，自发过程也是系统做功能力减小的过程，也有人称之为能量的“质量”下降的过程。

综上所述，自发过程的共同特征是：

（1）具有单方向性。

（2）具有不可逆性。

（3）过程中，系统做功能力下降。

实际上，这三个特征不是互相独立的，而是互相关联的，其实质可以概括为：一切自发过程都是热力学不可逆过程。

第二节　热力学第二定律的表述

热力学第二定律有多种表述方法。最经典的是克劳修斯（Clausius）的表述和开尔文（Kelvin）的表述。

一、克劳修斯说法

不可能把热从低温物体传给高温物体而不引起其他变化。

当然，若有其他变化作为代价，热是可能从低温物体传给高温物体的，制冷机可以实现热从低温物体向高温物体的传递，条件是环境提供功。

二、开尔文说法

不可能从单一热源取热使之完全变为功而不引起其他变化。

倘若可以从单一热源取热使之完全变为功而不引起其他变化，那就可以从热容非常大的海洋或大气源源不断地取热使之源源不断地变为功，以驱动轮船或陆上的机器。这类机器称为第二类永动机（second kind of perpetual motion machine），它不违背能量守恒定律，但永远造不成。因此热力学第二定律也可表述为：第二类永动机不可能造成。

热力学第二定律的各种表述是等价的。如果违背克劳修斯说法，就必然违背开尔文说法。例如，假如克劳修斯说法可以违背，即热可以自动地从低温物体传给高温物体，那么就可以从高温热源吸热，向低温热源放热而做功，同时使热自动从低温热源流回高温热源。这等于从单一高温热源吸热，使之完全变为功而无其他影响，从而也违背了开尔文说法。

第三节　熵

一切过程都可以想象地转换成热传递过程或热与功的转化过程，然后应用热力学第二定律的克劳修斯说法或开尔文说法判断其能否自发进行。但这样来判断一个过程的方向毕竟太过麻烦，最好能找到系统的某个状态函数，通过计算它的改变量，就可以判断一定条件下某个过程能否自发进行。克劳修斯在卡诺（Carnot）定理的基础上，发现了这个极其重要的热力学函数，即熵（entropy），同时提出了判断孤立系统变化方向的熵增原理，为热力学作出了杰出的贡献。

自发过程的方向和限度最终可归结为热、功转换的方向和限度。这提示人们通过研究热、功转换过程来寻找可以作为过程方向判据的状态函数。

一、热机效率

利用热循环做功的装置称为热机。热力学第二定律否定了从单一热源吸热而循环做功的可能性，那么一个热机至少应该有两个热源。一个高温热源，用于向热机提供热量。一个低温热源，用于吸收来自高温热源，即未被热机转化为功的那部分热量。设高温热源的温度为 T_h，低温热源的温度为 T_c，热机从高温热源吸收的热为 Q_h，对环境做的功为 W，向低温热源放出的热为 Q_c。则任意热机效率为

$$\eta = \frac{-W}{Q_h} = \frac{Q_c + Q_h}{Q_h} \tag{2-1}$$

式中，W 前加负号是因为按规定系统对环境做功为负值，而热机效率是正值。

二、卡诺循环

卡诺于 1824 年设计了以理想气体作为工作介质的卡诺循环。它由恒温可逆膨胀、绝热可逆膨胀、恒温可逆压缩及绝热可逆压缩四个连续步骤组成，见图 2-1。

步骤（1）：从状态 a（p_1，V_1，T_h）恒温可逆膨胀至状态 b（p_2，V_2，T_h）。此过程系统的内能保持不变，$\Delta U_1 = 0$，系统所做的功

$$W_1 = -nRT_h \ln \frac{V_2}{V_1}$$

$$Q_h = -W_1 = nRT_h \ln \frac{V_2}{V_1}$$

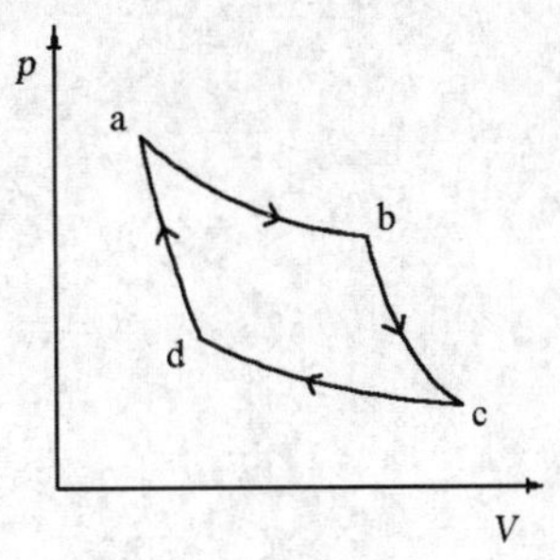

图 2-1　卡诺循环

步骤（2）：从状态 b（p_2，V_2，T_h）绝热可逆膨胀至状态 c（p_3，V_3，T_c）。此过程的热为零，系统所做的功

$$W_2 = \Delta U_2 = nC_{V,m}(T_c - T_h)$$

步骤（3）：从状态 c（p_3，V_3，T_c）等温可逆压缩至状态 d（p_4，V_4，T_c）。因过程恒温，$\Delta U_3 = 0$，

$$Q_c = -W_3 = nRT_c \ln \frac{V_4}{V_3}$$

步骤（4）：从状态 d（p_4，V_4，T_c）可逆绝热压缩至状态 a（p_1，V_1，T_h）。此过程热为零

$$W_4 = \Delta U_4 = nC_{V,m}(T_h - T_c)$$

以上四个步骤构成一个循环过程，过程的总功为

$$W = W_1 + W_2 + W_3 + W_4$$

$$= -nRT_h\ln\frac{V_2}{V_1} + nC_{V,m}(T_c - T_h) - nRT_c\ln\frac{V_4}{V_3} + nC_{V,m}(T_h - T_c)$$

$$= nRT_h\ln\frac{V_1}{V_2} + nRT_c\frac{V_3}{V_4} \qquad (2-2)$$

步骤（2）和（4）为理想气体的绝热可逆过程，根据绝热可逆过程方程

$$T_hV_2^{\gamma-1} = T_cV_3^{\gamma-1}$$

$$T_hV_1^{\gamma-1} = T_cV_4^{\gamma-1}$$

两式相除得

$$\frac{V_2}{V_1} = \frac{V_3}{V_4}$$

代入式（2-2）得

$$W = -nRT_h\ln\frac{V_2}{V_1} + nRT_c\ln\frac{V_2}{V_1} = -nR(T_h - T_c)\ln\frac{V_2}{V_1}$$

将 W 与 Q_h 代入式（2-1）得

$$\eta_R = \frac{nR(T_h - T_c)\ln\frac{V_2}{V_1}}{nRT_h\ln\frac{V_2}{V_1}} = \frac{T_h - T_c}{T_h} \qquad (2-3)$$

比较式（2-3）与式（2-1），得

$$\frac{T_h - T_c}{T_h} = \frac{Q_c + Q_h}{Q_h}$$

$$1 - \frac{T_c}{T_h} = 1 + \frac{Q_c}{Q_h}$$

$$-\frac{T_c}{T_h} = \frac{Q_c}{Q_h}$$

$$\frac{Q_c}{T_c} + \frac{Q_h}{T_h} = 0 \qquad (2-4)$$

式（2-4）表明，对卡诺循环，热温商$\frac{Q}{T}$之和为零。

从式（2-4）可以看出：卡诺可逆热机的效率与两个热源的温差成正比，温差越大，效率越高。两个热源的温差为零时，相当于一个热源，此时热机效率为零。也就是说，从单一热源吸热而循环做功的机器即第二类永动机是不可能造出来的。

例 2-1 某卡诺热机的两个热源的温度分别为 393.2K 与 293.2K。（1）求该热机的效率；（2）若使环境得到 2000J 的功，热机需从高温热源吸收多少热？

解：（1）

$$\eta_R = \frac{T_h - T_c}{T_h} = \frac{393.2 - 293.2}{393.2} = 25.43\%$$

（2）

$$\eta_R = \frac{-W}{Q_h}$$

$$Q_h = \frac{-W}{\eta_R} = \frac{2000}{0.2543} = 7865\text{J}$$

三、卡诺定理及其推论

卡诺定理及其推论的严格证明需借助于在它之后提出的热力学第二定律。这里省略其证明，有兴趣的读者可参阅其他物理化学或热力学书籍。

（一）卡诺定理

在温度确定的两个热源之间工作的所有热机中，卡诺可逆热机的效率最大。若以 η_I 表示任意热机的效率，以 η_R 表示卡诺可逆热机的效率，则

$$\eta_I \leqslant \eta_R \tag{2-5}$$

这就是卡诺定理。

（二）卡诺定理的推论

在温度确定的二个热源之间工作的所有可逆热机，其效率都相等，与工作物质及循环方式无关。

有了这一推论，就可以明确地说，式（2-5）中的等号适用于任意可逆热机，小于号适用于不可逆热机。将式（2-1）和式（2-3）代入式（2-5），整理后可得

$$\frac{Q_h}{T_h} + \frac{Q_c}{T_c} \leqslant 0 \tag{2-6}$$

式中，等号适用于可逆热机，小于号适用于不可逆热机。由式（2-6）可以引申出一个结论：可逆循环过程的热温商之和等于零，不可逆循环过程的热温商之和小于零。

四、熵的导出

一个任意的可逆循环 ABCDA 可以切割成多个小卡诺循环，如图 2-3 所示。图中虚线部分，相邻两个小卡诺循环的绝热可逆膨胀线与绝热可逆压缩线重叠，所做的功相互抵消，使得多个小卡诺循环的总效果与图中的封闭折线表示的过程相当。如果使每个小卡诺循环都无限小，封闭折线将等同于封闭曲线。因此，任意循环过程都可以用无限多个小卡诺循环代替。对每一个小卡诺循环都有

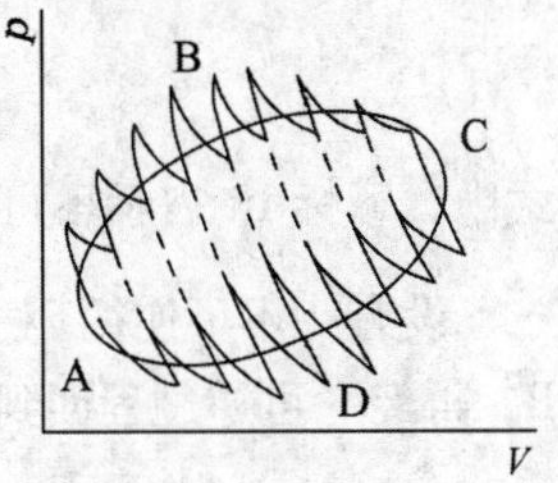

图 2-2　任意可逆循环

$$\frac{\delta Q_h}{T_h} + \frac{\delta Q_c}{T_c} = 0$$

因而对任意循环过程应有

$$\sum_i \left(\frac{\delta Q_i}{T_i}\right)_R = 0$$

因为小卡诺循环有无限多个，上式也可表示为

$$\oint \left(\frac{\delta Q}{T}\right)_R = 0 \tag{2-7}$$

式中，下标 R 表示可逆，T 为热源温度即环境温度，因为过程可逆，T 也是系统温度。

根据状态函数和全微分的性质，$\left(\frac{\delta Q}{T}\right)_R$ 应是一个状态函数的全微分。克劳修斯定义此函数为熵，用字母 S 表示

$$dS = \left(\frac{\delta Q}{T}\right)_R \tag{2-8}$$

既然 S 是状态函数，其改变量就应只决定于过程的始态与终态，而与途径无关。因此，若系统从状态 A 变到状态 B，则系统熵的改变量（以下简称熵变）为

$$\Delta S = \int_A^B \left(\frac{\delta Q}{T}\right)_R \tag{2-9}$$

或

$$\Delta S = \sum_A^B \left(\frac{\delta Q}{T}\right)_R \tag{2-10}$$

式（2-8）和式（2-9）为熵的定义式，不过是以其改变量的形式定义的。

熵是系统的广度性质，是状态函数，其单位是 $J \cdot K^{-1}$。1mol 物质的熵称为摩尔熵，单位是 $J \cdot K^{-1} \cdot mol^{-1}$。应特别注意，式（2-7）和（2-8）中的 Q 是可逆过程的热。

五、克劳修斯不等式与熵增原理

（一）克劳修斯不等式

根据式（2-6），对不可逆循环过程有

$$\frac{Q_h}{T_h} + \frac{Q_c}{T_c} < 0$$

将任意不可逆循环分割为无限多的小不可逆循环，则应有

$$\sum_i \left(\frac{\delta Q_i}{T_i}\right)_{IR} < 0 \tag{2-11}$$

式中，下标 IR 表示不可逆。

设有一不可逆循环过程 $A \xrightarrow{IR} B \xrightarrow{R} A$，由状态 A 出发，经一不可逆过程到达状态 B，再经一可逆过程回到状态 A。根据式（2-6），整个循环过程的热温商

$$\sum_A^B \left(\frac{\delta Q}{T}\right)_{IR} + \int_B^A \left(\frac{\delta Q}{T}\right)_R < 0$$

将积分的上、下限对调，上式可改写为

$$\sum_A^B \left(\frac{\delta Q}{T}\right)_{IR} - \int_A^B \left(\frac{\delta Q}{T}\right)_R < 0$$

结合式（2-9），可得

$$\Delta S_{A\to B} > \sum_A^B \left(\frac{\delta Q}{T}\right)_{IR} \tag{2-12}$$

将式（2-12）与式（2-10）合并，得

$$\Delta S_{A\to B} \geqslant \sum_A^B \frac{\delta Q}{T} \tag{2-13}$$

此式称作克劳修斯不等式，是热力学第二定律的数学表达式，用于判断一个过程是否可

逆。熵变大于热温商之和时，过程不可逆；熵变等于热温商之和时，过程可逆。

对于一个微小过程，式（2-13）可表示为

$$dS \geqslant \frac{\delta Q}{T} \tag{2-14}$$

式（2-13）和式（2-14）中的 T 为环境温度，对于可逆过程，T 也是系统温度。

（二）熵增加原理

对绝热系统，因为 $\delta Q=0$，所以

$$\Delta S \geqslant 0 \text{ 或 } dS \geqslant 0 \tag{2-15}$$

式（2-15）表明，对于绝热系统，不可逆过程的熵变大于零，可逆过程的熵变等于零，绝热系统的任何过程都不能使系统的熵减小。

孤立系统自然也是绝热系统，因而式（2-15）同样成立。因为孤立系统不会从环境得到功，其不可逆过程就是自发过程，所以对孤立系统，熵变大于零的过程是自发过程，熵变等于零时，系统处于平衡态。

绝热系统的熵不会减小，或者说，孤立系统的自发过程向熵增大的方向进行。这便是熵增加原理。熵增加原理也称为熵判据。

熵增加原理没有排除封闭系统熵减小的可能性。为了利用熵判据判断封闭系统的过程是否自发，可以将系统与其环境放在一起看作孤立系统，用总熵变即系统熵变与环境熵变之和作为过程是否自发的判据。

$$\Delta S_{sys} + \Delta S_{sur} \geqslant 0 \tag{2-16}$$

式中，下标 syn 表示系统，sur 表示环境。总熵变大于零的过程为自发过程，总熵变等于零的过程是平衡过程。总熵变小于零的过程不可能发生。

环境通常可以认为具有很大的热容，系统发生的过程不会引起环境温度的改变。因此，不论系统发生的过程是否可逆，环境从系统得热的过程总可以认为是恒温可逆过程。环境从系统得到的热就是系统向其放出的热。系统发生一个过程所引起的环境熵变同样可以用式（2-9）计算如下

$$\Delta S_{sur} = \frac{Q_{sur}}{T_{sur}} = -\frac{Q_{sys}}{T_{sur}} \tag{2-17}$$

系统熵变的计算于下节讨论。

第四节 熵变的计算

熵变计算的基本公式即其定义式。设过程的始态为1，终态为2，则过程的熵变为

$$\Delta S = \int_1^2 \left(\frac{\delta Q}{T}\right)_R$$

需要注意的是，式中的 δQ 为可逆过程热。

一、单纯 *pVT* 过程的熵变

根据热力学第一定律，对于无非体积功的可逆过程

$$\delta Q_R = dU + pdV$$

代入熵的定义式，得

$$\Delta S = \int_1^2 \frac{dU + pdV}{T} \tag{2-18}$$

式（2－18）是计算单纯 pVT 过程的熵变的普遍公式。因为熵是状态函数，其改变量只决定于始态与终态，与途径无关，所以只要是封闭系统无非体积功的单纯 pVT 过程，都可以用式（2－18）计算其熵变。

（一）凝聚态物质单纯 pVT 过程的熵变

对这类物质，可近似认为过程中体积没有变化，$dV=0$。

$$\Delta S = \int_1^2 \frac{dU}{T} = \int_{T_1}^{T_2} \frac{nC_{V,m}dT}{T} \tag{2-19}$$

当 $C_{V,m}$ 可看作常数时

$$\Delta S = nC_{V,m}\ln\frac{T_2}{T_1} = nC_{p,m}\ln\frac{T_2}{T_1} \tag{2-20}$$

（二）理想气体单纯 pVT 过程的熵变

$$\Delta S = \int_1^2 \frac{dU + pdV}{T} = \int_{T_1}^{T_2} \frac{nC_{V,m}dT}{T} + \int_{V_1}^{V_2} \frac{nRdV}{V}$$

若 $C_{V,m}$ 可视为常数，则

$$\Delta S = nC_{V,m}\ln\frac{T_2}{T_1} + nR\ln\frac{V_2}{V_1} \tag{2-21a}$$

将 $pV=nRT$ 和 $C_{p,m}-C_{V,m}=R$ 代入上式，还可得到下面两个公式

$$\Delta S = nC_{p,m}\ln\frac{T_2}{T_1} + nR\ln\frac{p_1}{p_2} \tag{2-21b}$$

$$\Delta S = nC_{V,m}\ln\frac{p_2}{p_1} + nC_{p,m}\ln\frac{V_2}{V_1} \tag{2-21c}$$

以上三式完全等价，对一些特殊过程它们可进一步化简。

$$\text{恒温过程：}\Delta S = nR\ln\frac{V_2}{V_1} = nR\ln\frac{p_1}{p_2}$$

$$\text{恒压过程：}\Delta S = nC_{p,m}\ln\frac{T_2}{T_1} = nC_{p,m}\ln\frac{V_2}{V_1}$$

$$\text{恒容过程：}\Delta S = nC_{V,m}\ln\frac{T_2}{T_1} = nC_{V,m}\ln\frac{p_2}{p_1}$$

例 2－2　1mol 理想气体，恒温 300K 下，对抗恒外压 10.1325kPa 由 101.325kPa 膨胀至 10.1325kPa。求系统、环境的熵变及总熵变，并判断过程的方向性。

解：理想气体的恒温膨胀，系统的熵变为

$$\Delta S_{sys} = nR\ln\frac{p_1}{p_2} = 1\times 8.314\times \ln 10 = 19.14\text{J}\cdot\text{K}^{-1}$$

因为过程恒温，$\Delta U=0$

$$Q_{sys} = -W = p_2\ (V_2 - V_1)$$
$$= p_2\ (V_2 - V_1)\ = p_2\left(\frac{RT}{p_2} - \frac{RT}{p_1}\right) = RT\left(1 - \frac{p_2}{p_1}\right)$$
$$= 8.314 \times 300 \times \left(1 - \frac{10.1325}{101.325}\right) = 2244.78\text{J}$$

环境的熵变

$$\Delta S_{sur} = \frac{-Q_{sys}}{T_{sur}} = -2244.78/300 = -7.48\text{J} \cdot \text{K}^{-1}$$

总熵变

$$\Delta S_{sys} + \Delta S_{sur} = 19.14 - 7.48 = 11.66/\text{J} \cdot \text{K}^{-1} > 0$$

因为总熵变大于零，所以上述过程为自发过程。

例 2-3 已知水的 $C_{p,m} = 75.4\text{J} \cdot \text{K}^{-1} \cdot \text{mol}^{-1}$，且视为不随温度而变的常数。在标准压力下，将 373.15K 的热源与 1mol 的水相接触，水温由 298.15K 升到 373.15K，求系统、环境的熵变及总熵变，并判断过程的方向性。

解：1mol 的水恒压升温，其熵变为

$$\Delta S_{sys} = \int_{T_1}^{T_2} \frac{C_p \text{d}T}{T} = C_p \ln \frac{T_2}{T_1} = 75.4 \ln \frac{373}{298} = 16.9\text{J} \cdot \text{K}^{-1}$$
$$Q_\text{p} = C_\text{p}\ (T_2 - T_1)\ = 75.4\ (373.15 - 298.15)\ = 5655\text{J}$$

环境的熵变为

$$\Delta S_{sur} = \frac{-5655}{373} = -15.2\text{J} \cdot \text{K}^{-1}$$
$$\Delta S_{总} = \Delta S_{sys} + \Delta S_{sur} = 16.9 - 15.2 = 1.7\text{J} \cdot \text{K}^{-1} > 0$$

可见，该过程为自发过程。

例 2-4 1mol H_2O (l) 于 100kPa，自 298K 升温至 323K，已知 $C_p = 75.29\text{J} \cdot \text{K}^{-1} \cdot \text{mol}^{-1}$，求下列过程的熵变及热温商，并判断过程的可逆性。（1）热源温度为 973K；（2）热源温度为 373K。

解：

(1) $\Delta S_{sys} = n\int_{T_1}^{T_2} \frac{C_{p,\text{m}}}{T} \text{d}T = nC_{p,\text{m}} \ln \frac{T_2}{T_1} = 1 \times 75.29 \times \ln \frac{323}{298} = 6.065\text{J} \cdot \text{K}^{-1}$

$$\Delta S_{sur} = \frac{-Q}{T_{sur}} = \frac{-\int_{T_1}^{T_2} nC_{p,\text{m}} \text{d}T}{T_{sur}} = \frac{-nC_{p,\text{m}}(T_2 - T_1)}{T_{sur}} = -1 \times 75.29 \times \frac{25}{973} = -1.934\text{J} \cdot \text{K}^{-1}$$
$$\Delta S_{sys} + \Delta S_{sur} = 6.065 - 1.934 = 4.131\text{J} \cdot \text{K}^{-1} > 0$$

(2) 系统始、终态与（1）相同，$\Delta S_{sys} = 6.065\text{J} \cdot \text{K}^{-1}$

$$\Delta S_{sur} = \frac{-Q}{T_{sur}} = -1 \times 75.29 \times \frac{25}{373} = -5.046\text{J} \cdot \text{K}^{-1}$$
$$\Delta S_{sys} + \Delta S_{sur} = 6.065 - 5.046 = 1.019\text{J} \cdot \text{K}^{-1} > 0$$

过程（1）与（2）都是不可逆过程，但过程（2）的不可逆程度较过程的（1）小。

二、相变过程的熵变

（一）可逆相变过程的熵变

可逆相变为没有非体积功的恒温恒压过程，其热效应等于相变焓，因此可逆相变熵就简单地等于其焓变除以温度

$$\Delta S=\frac{\Delta H}{T} \tag{2-22}$$

例 2－5　求 10g 冰在 273.15K 时熔化的熵变。已知 273.15K 时 1g 冰的熔化热为 333J。

解： 此过程为恒温可逆相变过程，因此

$$\Delta S=\frac{\Delta H}{T}=\frac{333\times 10}{273.15}=12.2\text{J}\cdot\text{K}^{-1}$$

因为固体变液体、液体变气体的相变潜热为正值，从而可以得出结论：等量的同种物质，气态的熵值大于液态的熵值，液态的熵值大于固态的熵值。

（二）不可逆相变过程的熵变

不可逆相变过程的焓变不等于其始态与终态间的可逆过程热，因此不能直接用式（2－23）计算其熵变，需设计可逆途径计算。

例 2－6　已知冰和水的 $C_{p,\text{m}}$ 分别为 37J · K^{-1} · mol^{-1} 和 76J · K^{-1} · mol^{-1}，273.15K，标准压力下冰的熔化热为 6000J · mol^{-1}。使 1mol 263.15K 的水在标准压力下变为 263.15K 的冰。计算：（1）系统的熵变。（2）环境的熵变。（3）总熵变，并判断过程的方向。

解： 上述相变过程为不可逆相变过程，要计算系统的熵变，设计可逆途径如下：

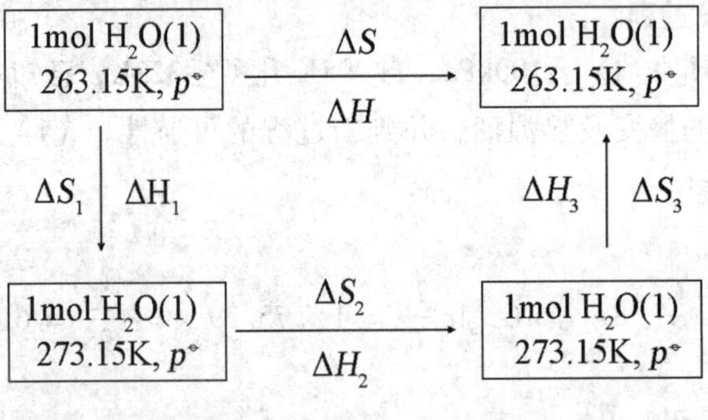

令 263.15K = T_1，273.15K = T_2。

（1）263.15K 的水在 $p^{\ominus}$ 下可逆升温至 273.15K，其熵变为

$$\Delta S_1=nC_{p,\text{m}}(\text{l})\ln\frac{T_2}{T_1}=76\ln\frac{273.15}{263.15}=2.83\text{J}\cdot\text{K}^{-1}$$

（2）273.15K 的水在标准压力下可逆变为 273.15K 的冰，其熵变为

$$\Delta S_2=\frac{\Delta H_2}{\text{T}}=\frac{-6000}{273.15}=-21.97\text{J}\cdot\text{K}^{-1}$$

（3）273.15K 的冰在标准压力下可逆降温至 263.15K，其熵变为

$$\Delta S_3 = nC_{p,m}(\mathrm{s})\ln\frac{T_1}{T_2} = 37\ln\frac{263.15}{273.15} = -1.38\mathrm{J}\cdot\mathrm{K}^{-1}$$

$$\Delta S_{sys} = \Delta S_1 + \Delta S_2 + \Delta S_3 = 2.83 - 21.97 - 1.38 = -20.5\mathrm{J}\cdot\mathrm{K}^{-1}$$

$$\Delta H = \Delta H_1 + \Delta H_2 + \Delta H_3$$
$$= 76\ (273-263)\ -6000 + 37\ (263-273)$$
$$= -5610/\mathrm{J}$$

$$\Delta S_{sur} = -\frac{\Delta H}{T} = \frac{5610}{263.15} = 21.3\mathrm{J}\cdot\mathrm{K}^{-1}$$

总熵变　　　　$\Delta S_{总} = \Delta S_{sys} + \Delta S_{sur} = -20.5 + 21.3 = 0.8\mathrm{J}\cdot\mathrm{K}^{-1} > 0$

说明该过程为自发发生的过程。

（三）理想气体等温混合过程的熵变

这里讨论的混合限于不发生化学反应的不同理想气体之间的混合。

1. 恒温恒容混合

理想气体 A 与 B 混合前后的状态如下所示：

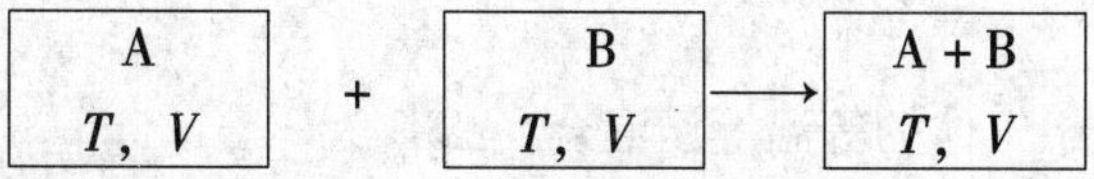

因为混合前与混合后理想气体 A 与 B 的状态没有改变，因而其熵值没有变化，即理想气体等温容混合过程，熵值不变：$\Delta S = 0$。

2. 等温等压混合

混合前，理想气体 A 的状态为 T、p、V_A，理想气体 B 的状态为 T、p、V_B。混合后的状态为 T、p、V，$V = V_A + V_B$。

对于上述等温等压混合过程，可设计如下途径：

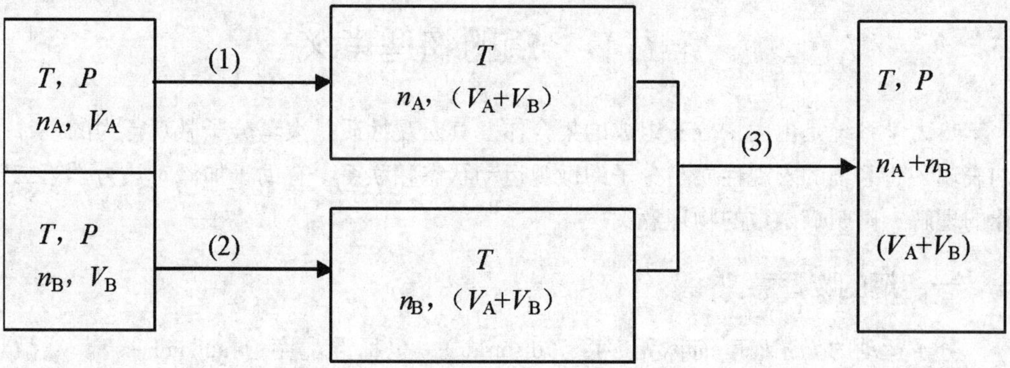

步骤（1）为理想气体 A 的等温膨胀

$$\Delta S_1 = n_A R\ln\frac{V_A + V_B}{V_A}$$

步骤（2）为理想气体 B 的等温膨胀

$$\Delta S_2 = n_B R\ln\frac{V_A + V_B}{V_B}$$

步骤（3）为理想气体 A 与 B 的等温等容混合

$$\Delta S_3 = 0$$

所以 A 与 B 的等温等压混合熵变为

$$\begin{aligned}\Delta S_{混合} &= \Delta S_1 + \Delta S_2 + \Delta S_3 = n_A R\ln\frac{V_A + V_B}{V_A} + n_B R\ln\frac{V_A + V_B}{V_B} \\ &= -n_A R\ln x_A - n_B R\ln x_B \\ &= -R\sum_i (n_i \ln x_i)\end{aligned} \tag{2-23}$$

式（2-23）中，x_i 为摩尔分数。因为 x_i 恒小于1，因而 $\ln x_i < 0$，所以等温等压混合过程的熵变大于零。

式（2-23）适用于多种理想气体的等温等压混合。

例 2-7　0.78mol 的 N_2、0.21mol 的 O_2、0.01mol 的氩等温等压混合形成1mol 的空气，若上述诸气体可视为理想气体，求系统、环境的熵变及总熵变，并判断过程的方向。

解：三种不同理想气体的等温等压混合，$\Delta S_{体}$ 为

$$\begin{aligned}\Delta S_{体} &= -R\sum_i (n_i \ln x_i) = -8.314(0.78\ln 0.78 + 0.21\ln 0.21 \\ &\quad + 0.01\ln 0.01) = 4.72\text{J}\cdot\text{K}^{-1}\end{aligned}$$

因为该等温等压混合过程，环境的得失热为零，所以

$$\Delta S_{环境} = 0$$

$$\Delta S_{孤立} = \Delta S_{系统} + \Delta S_{环境} = 4.72 + 0 = 4.72\text{J}\cdot\text{K}^{-1} > 0$$

故该过程为自发过程，是气体自发趋向均匀分布的平衡态的过程。

第五节　熵的物理意义

热力学系统是由大量分子组成的集合体，其宏观性质是大量分子微观行为的统计平均表现。将系统的宏观性质与分子的微观运动状态相联系，有助于加深对热力学第二定律的理解，阐明熵函数的物理意义。

一、熵的物理意义

分子运动的无序程度简称无序度（disorder），也称混乱度（randomness）。从微观角度看，熵变过程总是伴随着系统混乱度的改变。例如，系统吸热，温度升高，熵增加。同时，因分子热运动加剧，系统的混乱度增大。理想气体恒温膨胀，体积增大，熵增加。分子因运动范围增大，混乱度增大。理想气体恒温恒压混合，熵增大。由单组分气体变为混合气体，混乱度增大。恒温恒压下，水变为水蒸气，吸热，熵增大。因气相分子的运动自由度远大于液相分子的运动自由度，混乱度增大。其逆过程熵减小，混乱

度也减小。

在不引起其他变化时，功可以完全变为热，热则不能完全变为功。功变为热时，熵增大。与之相伴随，分子运动由有序转变为无序，混乱度增大，有序度减小，做功能力降低直至完全丧失。其逆过程，即熵减小，混乱度减小的过程则不能自动进行。

可见，熵增大的过程也是系统混乱度增加的过程。因此可以认为，熵是系统混乱度的量度。这就是熵的物理意义。

二、熵与热力学概率的关系

对应于一个确定的宏观状态，系统内的微观粒子可能有各种不同的能级排布方式，一种排布方式称为一种分布。每一种分布中，粒子还可能处于不同的微观状态，这些微观状态的数目称为该分布的微观状态数（简称微态数）。各种分布的微观状态数之和称为该宏观状态的总微观状态数。统计热力学将一种分布的微观状态数定义为该分布的热力学概率（probability of thermodynamics），用 Ω 表示。一个宏观状态的总微观状态数定义为该状态的总热力学概率。一种分布的微观状态数与总微观状态数的比值即该分布的数学概率。因为数学概率与热力学概率成正比，所以通常用热力学概率表示某种分布的可能性。

试以两个药丸在两个药盒中的分布情况，讨论什么样的分布数学概率最大。两个药丸在两个药盒中的分布如图 2－3 所示。

将药丸比作微观粒子，则总微观状态数为 4，有三种分布：①两个药丸同在左盒，微观状态数为 1；②两个药丸同在右盒，微观状态数也是 1；③两个盒各有一个药丸，微观状态数为 2。其中一种是第一个药丸在左，第二个在右；另一种则相反。根据上述数学概率与热力学概率的关系，前两种分布的数学概率均为 1/4。第三种分布是一种均匀分布，其数学概率在三种分布中最大，为 1/2。为可能性最大的分布，称为最概然分布。

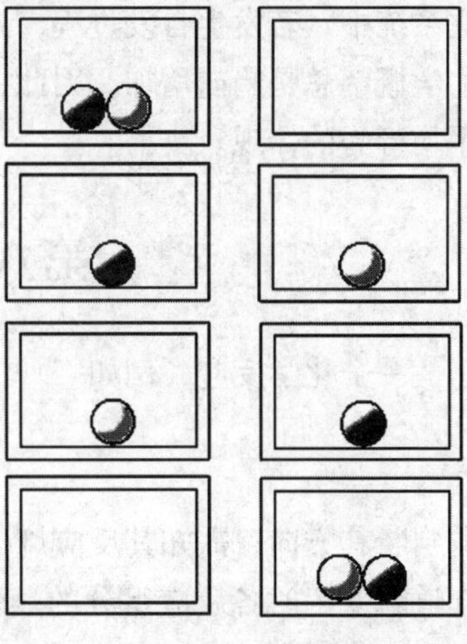

图 2－3　二个药丸的分布情况

将上例推广到 N 个气体分子组成的宏观系统，设想系统划分成体积相同的两部分 A 及 B。则系统的总微态数 $\Omega = 2^N$。N 个分子完全集中到 A 或 B 的热力学概率为 $(1/2)^N$。而两部分各有 $N/2$ 个分子的分布，即均匀分布的热力学概率为

$$C_N^{N/2} = \frac{N!}{(N/2)!\ (N/2)!} \tag{2-24}$$

对于宏观系统，N 是一个很大的数（例如 10^{23} 数量级），N 个分子完全集中到系统的局部 A 或 B 的热力学概率趋近于零。而均匀分布的热力学概率则很大。自发的趋势是，系统从热力学概率小的分布转变到热力学概率大的分布，即最概然分布，亦即平衡分布。相应的宏观现象是，束缚于系统局部的气体，一旦解除束缚，将自发地向整个系统

扩散，反之，气体自发地集中到系统的局部则不可能发生。

孤立系统或绝热封闭系统中发生的不可逆变化，总是从热力学概率小的状态

变为热力学概率大的状态。系统达熵最大的平衡态时，热力学概率达极大值。熵增加的方向就是热力学概率增大的方向。

系统的熵 S 与总微态数 Ω 都可以表示为系统的分子数 N、内能 U 及体积 V 的函数。两者有相同的变化方向。因此 S 与 Ω 之间应存在函数关系。假设一个系统由独立的无相互作用的两部分 1 与 2 组成，则系统总熵

$$S = S_1 + S_2 \tag{2-25}$$

系统总微态数

$$\Omega = \Omega_1 \cdot \Omega_2 \tag{2-26}$$

式（2-26）两边取对数，得

$$\ln\Omega = \ln\Omega_1 + \ln\Omega_2 \tag{2-27}$$

比较式（2-25）和式（2-27），可知 S 与 Ω 的函数关系应为对数关系，可表达为

$$S = k\ln\Omega \tag{2-28}$$

式中，k 为玻兹曼（Boltzmann）常数。

式（2-28）称为玻兹曼公式，又称为玻兹曼熵定理。玻兹曼公式说明了熵与热力学概率的关系，把宏观量 S 与微观量 Ω 联系了起来，揭示了熵的统计热力学意义。熵是系统微观状态数（无序程度）的一种度量，这就是熵的本质。在大量质点构成的孤立系统中，若发生自发过程，系统的熵和热力学概率有相同的变化方向，系统的熵和热力学概率总是趋向增加。因此，系统变化过程的方向性也具有统计意义，它是大量分子平均行为的体现。

第六节　化学反应的熵变

一个化学反应，例如

$$A + B \xrightarrow[\text{恒温}]{\Delta_r S(T)} P$$

若判断其方向，需知其反应熵 $\Delta_r S$（T）。$\Delta_r S$（T）则需要设计可逆途径来求算。如果知道温度 T 时各反应组分的熵值，反应熵的求算将很方便。热力学第三定律的提出解决了这一问题。

一、能斯特热定理

通过对大量低温实验的研究，人们发现，恒温化学反应的熵变随反应温度的降低而减小。据此，能斯特（Nernst）于 1906 年提出：凝聚系统恒温化学反应的熵变随温度趋于 0K 而趋于零。即

$$\lim_{T \to 0K} \Delta_r S(T) = 0$$

这就是能斯特热定理。

二、热力学第三定律

在能斯特热定理的基础上，普朗克（Planck）于1912年提出假定：0K时凝聚态纯物质的熵为零，后经其他学者修正为：0K时纯物质完美晶体的熵为零，即

$$\lim_{T\longrightarrow 0K} S(\text{纯物质,完美晶体},T) = 0 \qquad (2-29)$$

这一假定已经得到普遍认同，并称之为热力学第三定律。所谓完美晶体，指的是晶格无缺陷，原子、离子、分子等粒子在晶格中的排布方式只有一种的晶体。例如，NO分子晶体中，分子的排布可能有NONONO…，NONOON…等方式，因而不能认为是完美晶体。

三、规定熵与标准熵

热力学第三定律规定了计算熵值的一个基准。在此基准上求得的某物质B在温度T时的熵值，称为B物质在温度T时的规定熵。标准状态下的规定熵称为标准熵，1mol B物质的标准熵称为B的标准摩尔熵，记作$S^{\ominus}_{m}(B, \beta, T)$。括号中三个符号依次表示物质、相态和温度，说明标准摩尔熵与这三个因素有关。

四、标准摩尔反应熵

利用各种物质的标准摩尔熵$S^{\ominus}_{m}(B, \beta, T)$，可以方便地计算标准摩尔反应熵$\Delta_r S^{\ominus}_{m}(T)$，计算公式为

$$\Delta_r S^{\ominus}_{m}(T) = \sum_B \nu_B S^{\ominus}_{m}(B,\beta,T) \qquad (2-30)$$

$S^{\ominus}_{m}(B, \beta, T)$可从手册中查到，但手册所给数值通常为298.15K时的数值，欲求其他温度下的$\Delta_r S^{\ominus}_{m}(T)$，可利用以下两式计算。

$$S^{\ominus}_{m}(T_2) = S^{\ominus}_{m}(T_1) + \int_{T_1}^{T_2} \frac{C_{p,m}\mathrm{d}T}{T} \qquad (2-31)$$

$$\Delta_r S^{\ominus}_{m}(T_2) = \Delta_r S^{\ominus}_{m}(T_1) + \int_{T_1}^{T_2} \frac{\Delta C_{p,m}\mathrm{d}T}{T} \qquad (2-32)$$

需要注意的是，如果在$T_1 \rightarrow T_2$的温度区间内有相变发生，必须考虑相变熵。

例2-8　计算298.15K时反应$CO(g) + 2H_2(g) = CH_3OH(g)$的$\Delta_r S^{\ominus}_{m}$。已知$CO(g)$、$H_2(g)$、$CH_3OH(g)$的$S^{\ominus}_{m}$(298.15K)分别为197.56J·K^{-1}·mol^{-1}、130.57J·K^{-1}·mol^{-1}、239.70J·K^{-1}·mol^{-1}。

解：

$$\Delta_r S^{\ominus}_{m}(T) = \sum_B \nu_B S^{\ominus}_{m}(B) = 1\times 239.70 - 1\times 197.56 - 2\times 130.57$$

$$= -219\text{J}\cdot\text{K}^{-1}\cdot\text{mol}^{-1}$$

例2-9　利用298.15K时的标准摩尔熵，计算反应：

$$C_6H_{12}O_6(s) + 6O_2(g) \longrightarrow 6CO_2(g) + 6H_2O(l)$$

在298.15K时的标准摩尔反应熵。

解：由相关数据表查得298.15K时

$S_m^{\ominus}(C_6H_{12}O_6, s) = 212.1J \cdot mol^{-1} \cdot K^{-1}$，$S_m^{\ominus}(O_2, g) = 205.2J \cdot mol^{-1} \cdot K^{-1}$，

$S_m^{\ominus}(CO_2, g) = 213.6J \cdot mol^{-1} \cdot K^{-1}$，$S_m^{\ominus}(H_2O, l) = 70.0J \cdot mol^{-1} \cdot K^{-1}$

根据式（2－30），有

$$\Delta_r S_m^{\ominus}(T) = 6S_m^{\ominus}(CO_2, g) + 6S_m^{\ominus}(H_2O, l) + S_m^{\ominus}(C_6H_{12}O_6, s) - 6S_m^{\ominus}(O_2, g)$$
$$= (6 \times 213.6 + 6 \times 70.0 - 212.1 - 6 \times 205.2)\ J \cdot mol^{-1} \cdot K^{-1}$$
$$= 258.3J \cdot mol^{-1} \cdot K^{-1}$$

第七节　亥姆霍兹函数和吉布斯函数

将熵判据应用于封闭系统时，既要计算系统的熵变，又要计算环境的熵变，显得过于麻烦。考虑到大多数化学反应是在恒温恒容或恒温恒压条件下进行，为了便于判断这两类反应的方向和限度，人们定义了亥姆霍兹函数和吉布斯能函数。

一、亥姆霍兹函数

亥姆霍兹（Helmholtz）函数又称亥姆霍兹自由能、亥姆霍兹能、功函等。

将封闭系统热力学第一定律的表达式 $\delta Q = dU - \delta W$ 代入克劳修斯不等式

$$dS \geqslant \frac{\delta Q}{T_{sur}}$$

得

$$dU - T_{sur}dS \leqslant \delta W$$

对恒温过程，上式可写作

$$d(U - TS) \leqslant \delta W \tag{2-33}$$

定义

$$A = U - TS \tag{2-34}$$

于是有

$$dA \leqslant \delta W \tag{2-35}$$

或

$$\Delta A \leqslant W \tag{2-36}$$

式中，小于号适用于恒温不可逆过程，等号适用于恒温可逆过程。

A 称为亥姆霍兹函数。因为 U、T、S 均是状态函数，所以 A 也是状态函数。A 是系统的广度性质，具有能量量纲。因为 U 的绝对值无法确知，所以 A 也是绝对值无法确知的物理量。

式（2－36）表明，在封闭系统的恒温可逆过程中，系统亥姆霍兹能的减小等于系统对环境做的功，因为可逆过程中系统对环境做功的绝对值最大，所以说 ΔA 代表了恒温过程系统对环境做功的能力。

对于恒温恒容过程，式（2－35）和（2－36）变为

$$dA \leqslant \delta W' \tag{2-37}$$
$$\Delta A \leqslant W' \tag{2-38}$$

W'表示系统与环境交换的非体积功，小于号适用于不可逆过程，等号适用于可逆过程，ΔA 代表了系统在恒温恒容过程中做非体积功的能力。

对封闭系统的恒温恒容且非体积功 $W'=0$ 的过程，过程方向的判据具有如下简洁的形式

$$\mathrm{d}A \leqslant 0 \tag{2-39}$$

$$\Delta A \leqslant 0 \tag{2-40}$$

式中，等号意味过程可逆，小于号意味过程不可逆。因为在这类过程中，环境对系统不做功，$\Delta A<0$ 的不可逆过程即是自发过程；$\Delta A=0$ 时，系统处于平衡态。$\Delta A>0$ 的过程则不可能发生。以上两式称为亥姆霍兹函数判据。

二、吉布斯函数

吉布斯（Gibbs）函数又称为吉布斯自由能、吉布斯能及自由焓等。

对于封闭系统的恒温恒压过程，$\delta W=-p\mathrm{d}V+\delta W'$，式（2-33）可表示为

$$\mathrm{d}(U-TS) \leqslant -p\mathrm{d}V+\delta W'$$

$$\mathrm{d}(U-TS+pV) \leqslant \delta W'$$

$$\mathrm{d}(H-TS) \leqslant \delta W'$$

因为 H、T、S 均为状态函数，所以其组合 $H-TS$ 也应是状态函数。定义此状态函数为

$$G=H-TS \tag{2-41}$$

则恒温恒压过程方向的判据可表示如下

$$\mathrm{d}G \leqslant \delta W' \tag{2-42}$$

$$\Delta G \leqslant W' \tag{2-43}$$

式中，小于号对应于不可逆过程，等于号对应于可逆过程。

G 称为吉布斯函数，是系统的广度性质，具有能量量纲，也是一个绝对值无法确知的物理量。

由式（2-43）可知，在恒温恒压下，系统吉布斯函数的减小等于系统对环境所能做的最大非体积功。因而，ΔG 代表了恒温恒压过程中，系统做非体积功的能力。

如果非体积功 W'为零，则式（2-42）和式（2-43）变为

$$\mathrm{d}G \leqslant 0 \tag{2-44}$$

$$\Delta G \leqslant 0 \tag{2-45}$$

式（2-44）与（2-45）称作吉布斯函数判据，适用于封闭系统的恒温恒压且非体积功为零的过程。式中小于号表示过程自发，等号表示系统处于平衡。

在恒温恒压和非体积功为零的条件下，自发变化总是朝吉布斯函数减少的方向进行，直到系统的吉布斯函数达到极小值时为止，系统永远不会自发发生吉布斯函数增加的变化。自然界的很多变化是在恒温恒压且 $W'=0$ 的条件下进行的，因而 ΔG 判据具有广泛的应用。

三、自发变化的方向和平衡条件

自发变化的方向和限度问题是热力学第二定律关注的核心问题。熵判据、亥姆霍兹

函数判据、吉布斯函数判据使上述问题得以用定量的方式加以解决。它们的应用条件各不相同，总结于表 2-1。

表 2-1 自发变化的方向及平衡条件

状态函数	适用系统	应用条件	自发变化方向	平衡条件
S	孤立	任何过程	$\Delta S>0$	达到最大值
A	封闭	恒温恒容，$W'=0$	$\Delta A<0$	A 达到最小值
G	封闭	恒温恒压，$W'=0$	$\Delta G<0$	G 达到最小值

用 ΔA 和 ΔG 判断自发变化的方向及限度，不涉及环境因素，因此比较方便。

四、ΔG 与 ΔA 的计算

由 A 和 G 的定义式可得

$$\Delta A=\Delta U-\Delta(TS) \quad (2-46)$$

$$\Delta G=\Delta H-\Delta(TS) \quad (2-47)$$

若过程恒温，上列两式变为

$$\Delta A=\Delta U-T\Delta S \quad (2-48)$$

$$\Delta G=\Delta H-T\Delta S \quad (2-49)$$

（一）理想气体恒温过程的 ΔG

对理想气体的等温过程

$$\Delta H=\Delta U=0$$

$$\Delta S=nR\ln\frac{p_1}{p_2}=nR\ln\frac{V_2}{V_1}$$

代入式（2-48）和（2-49），得

$$\Delta A=\Delta G=nRT\ln\frac{p_2}{p_1}=nRT\ln\frac{V_1}{V_2} \quad (2-50)$$

式（2-50）表明，理想气体恒温过程的 ΔA 与 ΔG 相等。

例 2-10 在 300K、10^6Pa，1mol 理想气体经历（1）恒温可逆膨胀；（2）恒温对抗恒外压膨胀至 10^5Pa。求这两个过程的 ΔA、ΔG。

解：（1）恒温可逆膨胀

$$\Delta A=\Delta G=nRT\ln\frac{p_2}{p_1}=1\times 8.314\times 300\times\ln\frac{10^5}{10^6}=-5.743\text{kJ}$$

（2）恒温对抗恒外压膨胀

因为过程（2）的始、终态与（1）相同，而 A 与 G 为状态函数，所以 ΔA、ΔG 与过程（1）相等，亦为 -5.743kJ。

（二）变温过程的 ΔG

根据吉布斯函数的定义 $G=H-TS$，若某封闭系统由状态 1 变为状态 2，其吉布斯能的变化为

$$\Delta G = \Delta H - \Delta (TS) = \Delta H - (T_2S_2 - T_1S_1)$$

例 2－11　已知 473K 时氦气的标准摩尔熵为 $135\text{J} \cdot \text{K}^{-1} \cdot \text{mol}^{-1}$。在压力为 $p^{\ominus}$ 的条件下，1mol 氦气从 473K 加热至 673K。若视氦气为理想气体，求上述过程系统的 ΔH、ΔS 及 ΔG。若 $\Delta G<0$，是否意味着该过程为自发过程？

解： 氦气的 $C_{p,\text{m}} = \frac{5}{2}R$

$$\Delta H = nC_{p,\text{m}}(T_2 - T_1) = 1 \times \frac{5}{2} \times 8.314\,(673 - 473)$$
$$= 4157\text{J}$$

$$\Delta S = nC_{p,\text{m}} \ln \frac{T_2}{T_1} = \frac{5}{2} \times 8.314 \times \ln \frac{673}{473}$$
$$= 7.33\text{J} \cdot \text{K}^{-1}$$

673K 时氦气的标准熵

$$S_2 = S_1 + \Delta S = 135 + 7.33 = 142.33\text{J} \cdot \text{K}^{-1} \cdot \text{mol}^{-1}$$
$$\Delta G = \Delta H - \Delta (TS) = \Delta H - (T_2S_2 - T_1S_1)$$
$$= 4157 - (673 \times 142.33 - 473 \times 135) = -2.78 \times 10^4\text{J}$$

此过程不恒温，因此不能根据 $\Delta G<0$ 断定该过程为自发过程。

（三）相变过程的 ΔG 与 ΔA

对于可逆相变，因为是恒温恒压和 $W'=0$ 的可逆过程，所以

$$\Delta G = 0$$

根据 G 的定义式可得

$$A = G - pV$$
$$\Delta A = \Delta G - \Delta(pV)$$
$$= \Delta G - p\Delta V$$
$$= -p\Delta V$$

对于不可逆相变，则需设计可逆途径计算。

例 2－12　已知 298.2K 时水的饱和蒸气压为 3168Pa，水的密度为 $1.000\text{kg} \cdot \text{dm}^{-3}$，且可视为不随温度而变的常数。试计算在 298.2K、101325Pa 下，1mol 的 H_2O（g）变为 H_2O（l）的 ΔG。设 H_2O（g）可视为理想气体。

解： 此过程为恒温、恒压且 $W'=0$ 的不可逆相变过程。可设计成如下可逆过程

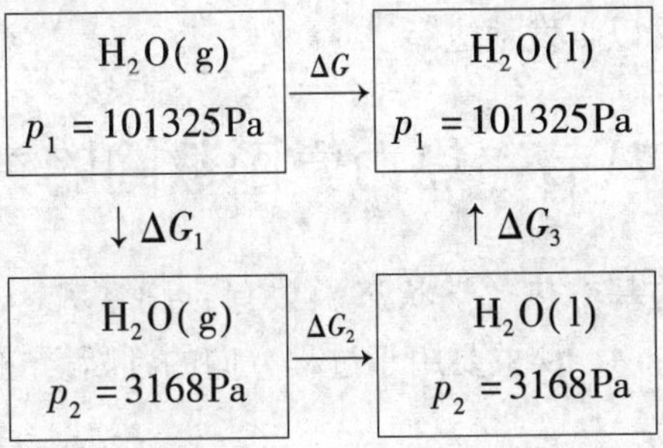

$$\Delta G_1 = nRT\ln\frac{p_2}{p_1} = 1\times 8.314\times 298.15\times\ln\frac{3168}{101325} = -8589.7\text{J}$$

$$\Delta G_2 = 0$$

$$\Delta G_3 = \int_{p_2}^{p_1} V\text{d}p = V(p_1 - p_2)$$

$$= \frac{18}{1000\times 1000\times 1.0}\times(101325 - 3168) = 1.77\text{J}$$

$$\Delta G = \Delta G_1 + \Delta G_2 + \Delta G_3 = -8589.7 + 0 + 1.77 = -8588\text{J}$$

$\Delta G < 0$ 表明该过程为自发过程。

（四）化学反应的 ΔG

化学反应的 ΔG 将在“化学平衡”一章中详细讨论，这里仅举一个利用标准摩尔生成焓 $\Delta_f H_m^\ominus$ 及标准摩尔熵 $S_m^\ominus$ 计算标准摩尔反应吉布斯函数 $\Delta_r G_m^\ominus$ 的例子。标准摩尔反应吉布斯函数可以理解为标准状态下 1mol 反应的 ΔG。其严格定义也将在“化学平衡”一章中给出。

例 2-13　请计算化学反应 H_2O（l）+CO（g）=CO_2（g）+H_2（g）在 298K 及 $p^\ominus$ 下的 $\Delta_r G_m^\ominus$，并判断该反应在此条件下能否自发地进行。已知诸物质的 $\Delta_f H_m^\ominus$ 及 $S_m^\ominus$ 如下：

物质	H_2（g）	CO_2（g）	H_2O（l）	CO（g）
$\Delta_f H_m^\ominus$/kJ	0	-393.5	-241.8	-110.5
$S_m^\ominus$/J·K^{-1}	130.0	213.8	188.7	197.9

解：

$$\Delta_r H_m^\ominus = \sum_B \nu_B \Delta_f H_m^\ominus(\text{B})$$

$$= \left[0 + (-393.5)\right] - \left[(-241.8) + (-110.5)\right]$$

$$= -41.2\text{kJ}$$

$$\Delta_r S_m^\ominus = \sum_B (\nu_B S_m^\ominus) = (213.8 + 130.5) - (197.9 + 188.7)$$

$$= -42.3\text{J}\cdot\text{K}^{-1}$$

$$\Delta_r G_m^\ominus = \Delta_r H_m^\ominus - T\Delta_r S_m^\ominus = -41.2\times 10^3 - 298\times(-42.3)$$

$$= -2.86\times 104\text{J} < 0$$

故该反应在上述条件下可以自发地进行。

第八节　热力学函数间的关系

至此，我们接触到的基本热力学状态函数有 p、V、T、U、H、S、A、G。其中 U、H 主要用于能量计算，S、A、G 主要用于过程方向的判断。它们之间的关系总结和推导如下。

一、定义式表述的关系

$$H = U + pV$$
$$A = U - TS$$
$$G = H - TS = U + pV - TS = A - pV$$

二、热力学基本方程

对于封闭系统的与环境没有非体积功交换的可逆过程

$$\delta Q_R = TdS,\ \delta W = -pdV$$

代入热力学第一定律的数学表达式，得

$$dU = TdS - pdV \tag{2-51}$$

式（2-51）称为热力学第一定律与第二定律的联合公式。

根据各热力学函数的定义式可得

$$dH = dU + pdV + Vdp$$
$$dA = dU - SdT - TdS$$
$$dG = dH - SdT - TdS$$

将式（2-51）代入以上各式，得

$$dH = TdS + Vdp \tag{2-52}$$
$$dA = -SdT - pdV \tag{2-53}$$
$$dG = -SdT + Vdp \tag{2-54}$$

式（2-51）至（2-54）称为热力学基本方程。在讨论系统的状态方程时曾指出，封闭系统的性质可表示为系统的两个独立变量及组成的函数，上述热力学基本方程中不含组成变量，因此它们只适用于组成不变的封闭系统。这就要求系统中或者无相变化和化学变化，或者有，但已达平衡。此外，因推导时假定没有非体积功，所以这些方程的使用条件应包括没有非体积功。导出热力学基本方程时还应用了可逆条件，但因状态函数的改变量只取决于过程的始态和终态，与途径无关。所以无论过程可逆与否，只要是组成恒定只做体积功的封闭系统，热力学基本方程均适用。

由热力学基本方程还可导出如下公式

$$T = \left(\frac{\partial U}{\partial S}\right)_V = \left(\frac{\partial H}{\partial S}\right)_p \tag{2-55}$$

$$-p = \left(\frac{\partial U}{\partial V}\right)_S = -\left(\frac{\partial A}{\partial V}\right)_T \tag{2-56}$$

$$V = \left(\frac{\partial H}{\partial p}\right)_S = \left(\frac{\partial G}{\partial p}\right)_T \tag{2-57}$$

$$S = -\left(\frac{\partial A}{\partial T}\right)_V = -\left(\frac{\partial G}{\partial T}\right)_p \tag{2-58}$$

三、麦克斯韦关系式

根据全微分的性质，对全微分

$$dz = Mdx + Ndy$$

有

$$\left(\frac{\partial M}{\partial y}\right)_x = \left(\frac{\partial N}{\partial x}\right)_y$$

将这一关系式应用于热力学基本方程，可得：

$$\left(\frac{\partial T}{\partial V}\right)_S = -\left(\frac{\partial p}{\partial S}\right)_V \tag{2-59}$$

$$\left(\frac{\partial T}{\partial p}\right)_S = \left(\frac{\partial V}{\partial S}\right)_p \tag{2-60}$$

$$\left(\frac{\partial S}{\partial V}\right)_T = \left(\frac{\partial p}{\partial T}\right)_V \tag{2-61}$$

$$\left(\frac{\partial S}{\partial p}\right)_T = -\left(\frac{\partial V}{\partial T}\right)_p \tag{2-62}$$

式（2－59）至（2－62）称为麦克斯韦（Maxwell）关系式。

应用麦克斯韦关系式，可以将一些难测热力学量的变化率表示成易测热力学量的变化率。例如，求恒温条件下焓随压力的变化率。由（2－52）式可得

$$\left(\frac{\partial H}{\partial p}\right)_T = T\left(\frac{\partial S}{\partial p}\right)_T + V$$

式中，恒温下熵随压力的变化率难测，可根据式（2－62）代之以恒压下体积随温度的变化率。这样，上式可写作

$$\left(\frac{\partial H}{\partial p}\right)_T = -T\left(\frac{\partial V}{\partial T}\right)_p + V$$

对理想气体

$$\left(\frac{\partial V}{\partial T}\right)_p = \frac{V}{T}$$

从而

$$\left(\frac{\partial H}{\partial p}\right)_T = 0$$

可以类似地证明，对理想气体

$$\left(\frac{\partial U}{\partial V}\right)_T = 0$$

这样，就证明了理想气体的内能和焓仅是温度的函数。

第九节　偏摩尔量

一、偏摩尔量的定义

描述物质的量及组成确定的封闭系统的状态，只需两个独立的状态函数，例如温度 T 和压力 p。对于组成可变的系统，问题则比较复杂，其广度性质随组成的变化并不呈线性关系。例如：298K 和 $p^\ominus$ 下，$100ml^3$ 的水和 $100ml^3$ 的乙醇混合，实测的混合后体

积不等于200ml³，而是192ml³。显然，要准确地描述一个组成可变系统的状态，仅仅指定其压力和温度是不够的；只有同时确定系统中各组分的物质的量（或浓度），系统的状态才能确定。也就是说，组成可变系统的广度性质应是温度、压力及各组分物质的量的函数。

设 Z 为组成可变系统的任一广度性质，$Z=Z(T, p, n_1, n_2, \cdots)$，$n_1$，$n_2$，... 是各组分的物质的量。$Z$ 的全微分

$$dZ=\left(\frac{\partial Z}{\partial T}\right)_{p,n_i}dT+\left(\frac{\partial Z}{\partial p}\right)_{T,n_i}dp+\left(\frac{\partial Z}{\partial n_1}\right)_{T,p,n_{j\neq 1}}dn_1+\left(\frac{\partial Z}{\partial n_2}\right)_{T,p,n_{j\neq 2}}dn_2+\cdots \quad (2-63)$$

在恒温恒压的条件下，

$$dZ=\sum_B\left(\frac{\partial Z}{\partial n_B}\right)_{T,p,n_{j\neq B}}dn_B \quad (2-64)$$

定义

$$\widetilde{Z}_B=\left(\frac{\partial Z}{\partial n_B}\right)_{T,p,n_{j\neq B}} \quad (2-65)$$

式中，$\widetilde{Z}_B$ 称为组成可变系统中组分B的偏摩尔量（partial molar quantities）；$n_{j\neq B}$表示除了 n_B 外，其他组分的物质的量恒定。Z 为系统的任一广度性质，例如，当 Z 为系统的体积 V 时，

$$\widetilde{V}_B=\left(\frac{\partial V}{\partial n_B}\right)_{T,p,n_{j\neq B}}$$

称为物质B的偏摩尔体积。当 Z 为系统的吉布斯函数时，

$$\widetilde{G}_B=\left(\frac{\partial G}{\partial n_B}\right)_{T,P,n_{j\neq B}}$$

称为物质B的偏摩尔吉布斯函数。

定义式（2－65）表明，偏摩尔量 $\widetilde{Z}_B$ 是在温度、压力保持恒定的条件下，向组成一定的系统中加入 dn_B 摩尔的B物质所引起的广度性质 Z 的增量，即上述条件下，广度性质 Z 随 n_B 的变化率。偏摩尔量 $\widetilde{Z}_B$ 也可以理解为：在 T、p 及组成一定的条件下，向无限大的系统中加入1mol物质B，所引起的广度性质 Z 的增量。

由定义式可知 $\widetilde{Z}_B$ 是强度性质，单位是 $J\cdot mol^{-1}$。$\widetilde{Z}_B$ 与温度、压力有关，也与物质的种类及系统的组成有关。必须强调，定义式中规定了恒温恒压及恒组成的条件。其他条件下，系统广度性质 Z 随 n_B 的变化率不是偏摩尔量。

将偏摩尔量的定义式代入式（2－63）和（2－64），得

$$dZ=\left(\frac{\partial Z}{\partial T}\right)_{p,n_i}dT+\left(\frac{\partial Z}{\partial p}\right)_{T,n_i}dp+\sum_B\widetilde{Z}_B dn_B \quad (2-66)$$

恒温恒压下

$$dZ=\sum_B\widetilde{Z}_B dn_B \quad (2-67)$$

可见，系统的广度性质可表示成温度、压力及偏摩尔量的函数

二、偏摩尔量的集合公式

偏摩尔量为系统的强度性质，是系统温度、压力及组成的函数，与系统总物质的量

无关。在恒温恒压恒组成的条件下，$\widetilde{Z}_{\mathrm{B}}$ 不随系统总物质的量而改变，为一常数。在恒温恒压恒组成的条件下，将式（2－67）积分得

$$Z=\sum_{\mathrm{B}} n_{\mathrm{B}}\widetilde{Z}_{\mathrm{B}} \quad (2-68)$$

式（2－68）两边同时除以 $\sum_{\mathrm{B}} n_{\mathrm{B}}$，得

$$Z_{\mathrm{m}}=\sum x_{\mathrm{B}}\widetilde{Z}_{\mathrm{B}} \quad (2-69)$$

式中，Z_{m} 为广度性质 Z 的摩尔量。以上两式称为偏摩尔量的集合公式。对二组分系统则有

$$Z=n_1\widetilde{Z}_1+n_2\widetilde{Z}_2$$

$$Z_{\mathrm{m}}=x_1\widetilde{Z}_1+x_2\widetilde{Z}_2$$

偏摩尔量集合公式描述了系统中各组分同一偏摩尔量之间的关系。

由式（2－69）可知，对单组分系统，偏摩尔量等于摩尔量。

三、吉布斯－杜亥姆方程

恒温恒压下，对式（2－68）求全微分

$$\mathrm{d}Z=\sum_{\mathrm{B}} n_{\mathrm{B}}\mathrm{d}\widetilde{Z}_{B}+\sum_{\mathrm{B}}\widetilde{Z}_{\mathrm{B}}\mathrm{d}n_{\mathrm{B}}$$

与式（2－68）比较，得

$$\sum_{\mathrm{B}} n_{\mathrm{B}}\mathrm{d}\widetilde{Z}_{\mathrm{B}}=0 \quad (2-70)$$

等式两边同除以 $\sum_{\mathrm{B}} n_{\mathrm{B}}$，得

$$\sum_{\mathrm{B}} x_{\mathrm{B}}\mathrm{d}\widetilde{Z}_{\mathrm{B}}=0 \quad (2-71)$$

式（2－70）与（2－71）称为吉布斯－杜亥姆（Gibbs－Duhem）公式。它说明各组分的偏摩尔量随组成的变化不是彼此独立，而是相互关联的。例如，在 T、p 恒定时，二组分系统偏摩尔体积之间的关系为

$$n_1\mathrm{d}\widetilde{V}_1+n_2\mathrm{d}\widetilde{V}_2=0$$

可见，在恒温恒压条件下，如果一个组分的偏摩尔体积增加，另一组分的偏摩尔体积必定减小。

四、偏摩尔量之间的关系

可以证明，前一节所述各热力学函数之间的关系式对偏摩尔量同样适用。例如

$$\widetilde{G}_{\mathrm{B}}=\widetilde{H}_{\mathrm{B}}-T\widetilde{S}_{\mathrm{B}}$$

$$\left(\frac{\partial\widetilde{G}_{\mathrm{B}}}{\partial T}\right)_{p,n_{j\neq\mathrm{B}}}=-\widetilde{S}_{\mathrm{B}} \quad (2-72)$$

$$\left(\frac{\partial\widetilde{G}_{\mathrm{B}}}{\partial p}\right)_{T,n_{j\neq\mathrm{B}}}=\widetilde{V}_{\mathrm{B}} \quad (2-73)$$

等等。

第十节 化 学 势

一、化学势的定义

在多组分系统的偏摩尔量中，偏摩尔吉布斯函数具有特别重要的意义，有着广泛的应用。组分 B 的偏摩尔吉布斯函数又称为 B 的化学势（chemical potential），用μ_B 表示，其定义为

$$\mu_B = \left(\frac{\partial G}{\partial n_B}\right)_{T,p,n_{j\neq B}} \tag{2-74}$$

后面将看到，化学势还可以用其他热力学函数定义，但通常所说的，也是最常用的化学势为上式定义的化学势，即偏摩尔吉布斯函数。

二、组成可变系统的热力学基本方程与广义化学势

对于组成可变的多组分系统，系统的吉布斯函数可以表示为温度、压力及各组分物质的量的函数。在只做体积功的条件下

$$\begin{aligned} dG &= \left(\frac{\partial G}{\partial T}\right)_{p,n_B} dT + \left(\frac{\partial G}{\partial p}\right)_{T,n_B} dp + \sum_B \mu_B dn_B \\ &= -SdT + Vdp + \sum_B \mu_B dn_B \end{aligned} \tag{2-75}$$

将上式代入以下各式

$$dU = d(G - pV + TS)$$
$$dH = d(G + TS)$$
$$dA = d(G - pV)$$

可得

$$dU = TdS - pdV + \sum_B \mu_B dn_B \tag{2-76}$$

$$dH = TdS + Vdp + \sum_B \mu_B dn_B \tag{2-77}$$

$$dA = -SdT - pdV + \sum_B \mu_B dn_B \tag{2-78}$$

式（2-75）至（2-78）是组成可变系统的热力学基本方程，不但适用于封闭系统，也适用于敞开系统，前提是没有非体积功。

由组成可变系统的热力学基本方程可得

$$\mu_B = \left(\frac{\partial U}{\partial n_B}\right)_{S,V,n_{j\neq B}} = \left(\frac{\partial H}{\partial n_B}\right)_{S,p,n_{j\neq B}} = \left(\frac{\partial A}{\partial n_B}\right)_{T,V,n_{j\neq B}} = \left(\frac{\partial G}{\partial n_B}\right)_{T,p,n_{j\neq B}} \tag{2-79}$$

式（2-79）所定义的化学势称为广义化学势。需注意的是，上式中的四个偏微分只有在其下标所注明的条件下才是化学势，而其中只有以吉布斯函数 G 定义的化学势才是偏摩尔量。

三、压力及温度对化学势的影响

根据化学势的定义，$\mu_B = \widetilde{G}_B$，结合式（2-72）和（2-73）可得

$$\left(\frac{\partial \mu_B}{\partial p}\right)_{T, n_{j \neq B}} = \widetilde{V}_B \tag{2-80}$$

$$\left(\frac{\partial \mu_B}{\partial T}\right)_{p, n_{j \neq B}} = -\widetilde{S}_B \tag{2-81}$$

以上二式即化学势与压力及温度的关系式，是两个很有用的公式。

四、化学势判据

（一）化学势判据

根据式（2-75），当温度和压力恒定时

$$dG = \sum_B (\mu_B dn_B) \tag{2-82}$$

因而，在恒温恒压且非体积功为零的条件下，过程是否自发的判据就成为

$$dG = \sum_B (\mu_B dn_B) \begin{cases} <0，可自发进行 \\ =0，平衡 \\ >0，不能自发进行 \end{cases}$$

上述判据，既适用于封闭系统，也适用于开放系统。

（二）化学势在相变过程中的应用

假设某系统有 α 和 β 两个相，两相均由多种物质组成。在恒温恒压条件下，设有 dn_B 的 B 物质从 β 相转移到 α 相，此过程的 dG 为

$$dG = dG(\alpha) + dG(\beta)$$

$dG(\alpha)$ 与 $dG(\beta)$ 分别为 dn_B 的 B 物质从 β 相转移到 α 相引起的 α 相与 β 相吉布斯函数的变化。

$$dn_B(\beta) = -dn_B(\alpha)$$

$$dG = \mu_B(\alpha)\, dn_B(\alpha) + \mu_B(\beta)\, dn_B(\beta)$$

$$= [\mu_B(\alpha) - \mu_B(\beta)]\, dn_B(\alpha)$$

若上述转移在平衡情况下进行，则 $dG=0$，

$$\mu_B(\alpha) - \mu_B(\beta) = 0$$

$$\mu_B(\alpha) = \mu_B(\beta) \tag{2-83}$$

式（2-83）表明，恒温恒压下，物质 B 在两相之间转移达平衡的条件是 B 在两相中的化学势相等。若上述转移是自发进行的，则 $dG < 0$，因此

$$\mu_B(\alpha) - \mu_B(\beta) < 0$$

$$\mu_B(\beta) > \mu_B(\alpha) \tag{2-84}$$

可见，在恒温恒压下，物质 B 在两相之间自发转移的过程是化学势减小的过程。

第十一节　化学势的表达式

组成可变系统中物质 B 的化学势 μ_B 即其偏摩尔吉布斯函数 $\widetilde{G}_B$，因而化学势与吉布斯函数一样，是系统状态的函数，但其绝对值无法测定。为此，就有必要规定某种标准态，把其他状态下化学势对标准态的相对值表示成可测物理量的函数，才有可能利用化学势作为过程方向的判据。除了对特定系统需规定参考标准态外，表述化学势时采用的标准态均与第一章所述相同。

一、纯理想气体的化学势

纯理想气体只有一个组分，因此 μ_B 可以简单地用 μ 表示。对单组分系统，偏摩尔量即摩尔量，由式（2－80）可得

$$\mathrm{d}\mu = V_m \mathrm{d}p$$

对上式进行定积分

$$\int_{\mu^{\ominus}(T,p^{\ominus})}^{\mu(T,p)} \mathrm{d}\mu = \int_{p^{\ominus}}^{p} V_m(g)\,\mathrm{d}p$$

得任意压力下单组分理想气体化学势的表示式

$$\mu(T,p) = \mu^{\ominus}(T,p^{\ominus}) + RT\ln\frac{p}{p^{\ominus}}$$

式中，$p^{\ominus}$ 为标准压力，即 100kPa。$\mu^{\ominus}(T, p^{\ominus})$为理想气体的压力为 $p^{\ominus}$ 时的化学势，称为标准化学势。因 $p^{\ominus}$ 是一常数，所以标准化学势 $\mu^{\ominus}(T, p^{\ominus})$仅是温度的函数。为此，上式通常写作

$$\mu(T, p) = \mu^{\ominus}(T) + RT\ln\frac{p}{p^{\ominus}} \qquad (2-85)$$

二、混合理想气体任一组分的化学势

理想气体分子之间无相互作用。因此，指定温度 T 时，若混合理想气体中任一组分 B 的分压为 p_B，则 B 在混合理想气体中的状态应与纯 B 在温度 T、压力 p_B 时的状态相同，从而，混合理想气体任一组分的化学势可表示为

$$\mu_B(T, p) = \mu_B^{\ominus}(T) + RT\ln\frac{p_B}{p^{\ominus}} \qquad (2-86)$$

$\mu_B^{\ominus}(T)$ 为 B 的标准化学势，即 B 在温度 T、压力 100kPa、纯态时的化学势。式（2－86）经常写作

$$\mu_B = \mu_B^{\ominus} + RT\ln\frac{p_B}{p^{\ominus}} \qquad (2-87)$$

不过应注意 μ_B 是温度与压力的函数，$\mu_B^{\ominus}$ 则仅是温度的函数。

例 2－14　n_1 摩尔的 H_2（g）与 n_2 摩尔的 O_2（g）在恒定温度 T、恒定压力 p 下混合。请用化学势的方法求此过程的 ΔG 与 ΔS。设两种气体可视为理想气体。

解：混合前的总吉布斯能

$$G_1 = n_1\mu_{H_2(纯)} + n_2\mu_{O_2(纯)}$$

$$= n_1\left[\mu^{\ominus}_{H_2}(T) \quad + RT\ln\frac{p}{p^{\ominus}}\right] + n_2\left[\mu^{\ominus}_{O_2}(T) \quad + RT\ln\frac{p}{p^{\ominus}}\right]$$

混合后，H_2 和 O_2 的分压

$$p_{H_2} = p\frac{n_1}{n_1+n_2} = px_1,\ p_{O_2} = p\frac{n_2}{n_1+n_2} = px_2$$

混合后的总吉布斯能

$$G_2 = n_1\mu_{H_2} + n_2\mu_{O_2}$$

$$= n_1\left[\mu^{\ominus}_{H_2}(T) \quad + RT\ln\frac{x_1p}{p^{\ominus}}\right] + n_2\left[\mu^{\ominus}_{O_2}(T) \quad + RT\ln\frac{x_2p}{p^{\ominus}}\right]$$

$$\Delta G = G_2 - G_1 = n_1RT\ln x_1 + n_2RT\ln x_2$$

$$\Delta G = \Delta H - T\Delta S$$

$$\Delta H = 0$$

$$\Delta S = \frac{-\Delta G}{T} = -\ (n_1R\ln x_1 + n_2R\ln x_2)$$

三、理想液态混合物任一组分的化学势

对于多组分均相系统，有混合物与溶液之分。各组分遵守同样的规律，可以采用同样的标准处理，不必区分溶质与溶剂的，称为混合物；各组分遵守不同的规律，处理时需采用不同的标准，有溶质、溶剂之分的，称为溶液。通常，含量大的组分称为溶剂，含量小的称为溶质。

（一）拉乌尔定律

"在一定温度下，与稀溶液成平衡的溶剂的蒸气压等于该温度时纯溶剂的饱和蒸气压乘以溶液中溶剂的摩尔分数。"这就是拉乌尔（Raoult）定律，其数学表达式为

$$p_A = p_A^* x_A \tag{2-88}$$

式中，p_A^* 为纯溶剂 A 的饱和蒸气压，p_A 为与稀溶液成平衡的溶剂的蒸气压。

任一组分在全部组成范围内都遵守拉乌尔定律的液态混合物称为理想液态混合物。

（二）理想液态混合物任一组分的化学势

在温度 T、压力 p 下，理想液态混合物与其蒸气达平衡时，任一组分 B 在两相中的化学势相等。p 不大时，蒸气可视为混合理想气体。

$$\mu_B(l) = \mu_B(g)$$

$$= \mu_B^{\ominus}(g) + RT\ln\frac{p_B}{p^{\ominus}}$$

$$= \mu_B^{\ominus}(g) + RT\ln\frac{p_B^{\ominus} x_B}{p^{\ominus}}$$

$$= \mu_B^{\ominus}(g) + RT\ln\frac{p_B^*}{p^{\ominus}} + RT\ln x_B$$

上式一般写成如下形式

$$\mu_B(l)=\mu_B^*(l)+RT\ln x_B \tag{2-89}$$

式（2-89）中

$$\mu_B^*(l)=\mu_B^\ominus(g)+RT\ln\frac{p_B^*}{p^\ominus}$$

$\mu_B^*(l)$称为液相中组分B的参考标准化学势，为液态纯组分B（l）在温度T、压力p时的化学势，而不是B（l）在标准态时的化学势$\mu_B^\ominus(l)$。后者仅是温度的函数，前者不仅是温度的函数也是压力的函数。因为压力对吉布斯函数的影响较小，两者相差不大，故式（2-94）常近似地写成

$$\mu_B(l)=\mu_B^\ominus(l)+RT\ln x_B \tag{2-90}$$

式（2-90）即理想液态混合物任一组分化学势的表示式。

四、理想稀溶液中各组分的化学势

溶剂遵守拉乌尔定律，溶质遵守亨利定律的溶液称为理想稀溶液。

（一）亨利定律

亨利（Henry）定律可以表述为：在一定温度下，稀溶液中挥发性溶质在气相中的平衡分压与其在溶液中的浓度成正比。若以摩尔分数表示溶质B的浓度，亨利定律的数学表达式为

$$p_B=k_{x,B}x_B \tag{2-91}$$

比例系数$k_{x,B}$称为亨利系数，是一个与温度、溶质及溶剂有关的常数。随浓度表示方法的不同，亨利系数的数值及单位都有所不同。

（二）理想稀溶液中溶剂的化学势

理想稀溶液的溶剂服从拉乌尔定律，故其化学势与理想溶液任一组分的化学势有形式完全相同的表示式，若以A表示溶剂，则有

$$\begin{aligned}\mu_A(l)&=\mu_A^*(l)+RT\ln x_A\\&\approx\mu_A^\ominus(l)+RT\ln x_A\end{aligned} \tag{2-92}$$

（三）理想稀溶液中溶质的化学势

在温度T和压力p下，理想稀溶液与其蒸气达平衡时，溶质B在液、气两相的化学势相等。

$$\mu_B(l)=\mu_B(g)=\mu_B^\ominus(g)+RT\ln\frac{p_B}{p^\ominus}$$

将式（2-91）代入上式，得

$$\mu_B(l)=\mu_B^\ominus(g)+RT\ln\frac{k_{x,B}}{p^\ominus}+RT\ln x_B$$

$$\mu_B(l)=\mu_B^*(l)+RT\ln x_B \tag{2-93}$$

式（2-93）为溶质浓度以摩尔分数表示时，理想稀溶液溶质的化学势表示式。式中

$$\mu_B^*(l)=\mu_B^{\ominus}(g)+RT\ln\frac{k_{x,B}}{p^{\ominus}}$$

称为稀溶液中溶质 B 的参考标准化学势。其参考标准态为温度 T、压力 p 下，B 的浓度 $x_B=1$ 且遵守亨利定律的一种假想态。$\mu_B^*(l)$既是温度的函数，也是压力的函数，不同于 B 在标准态时的化学势 $\mu_B^{\ominus}(l)$，在 p 与 $p^{\ominus}$ 相差不大时，两者近似相等，这时，式(2-98) 可表示为

$$\mu_B(l)=\mu_B^{\ominus}(l)+RT\ln x_B \tag{2-94}$$

溶质的浓度采用不同的表示方法时，相应地，化学势表示式、参考标准化学势及参考标准态也将不同。

五、真实溶液中溶质和溶剂的化学势

真实溶液的溶质不遵守亨利定律，溶剂也不遵守拉乌尔定律。按一般的办法处理，它们的化学势表示式将变得很复杂。为了使其化学势表示式具有理想稀溶液中溶质和溶剂化学势那种简单的形式，路易斯（Lewis）引进了活度（activity）的概念。采用活度的概念，溶剂的 A 的化学势可表示为

$$\mu_A=\mu_A^*+RT\ln a_A \tag{2-95}$$

式中，μ_A^* 为 A 在其活度 $a_A=1$ 时的化学势。以摩尔分数表示 A 的浓度时，活度 a_A 的定义为

$$a_A=\gamma_A x_A,\quad \lim_{x_A\to 1}\gamma_A=1 \tag{2-96}$$

式中，γ_A 称为 A 的活度因子。活度及活度因子的量纲均为 1。μ_A^* 是温度与压力的函数，当系统压力与标准压力相差不大时，它近似等于 A 的标准化学势 $\mu_A^{\ominus}$。因此，式(2-95) 通常写作

$$\mu_A=\mu_A^{\ominus}+RT\ln a_A \tag{2-97}$$

采用活度的概念，溶质 B 的化学势可以近似地表示为

$$\mu_B=\mu_B^{\ominus}+RT\ln a_B \tag{2-98}$$

式中，$\mu_B^{\ominus}$ 为 B 的标准化学势。B 的浓度用质量摩尔浓度 m_B 表示时，B 的活度 a_B 的定义为

$$a_B=\gamma_B\frac{m_B}{m^{\ominus}},\quad \lim_{m_B\to 0}\gamma_B=1 \tag{2-99}$$

式中，γ_B 称为 B 的活度因子。$m^{\ominus}$ 为标准质量摩尔浓度，一般规定 $m^{\ominus}=1\text{mol}\cdot\text{kg}^{-1}$。活度定义中，浓度之所以要除以标准浓度，是因为活度及活度因子的量纲均为 1。B 的浓度用体积摩尔浓度 c_B 表示时，B 的活度 a_B 的定义为

$$a_B=\gamma_B\frac{c_B}{c^{\ominus}},\qquad \lim_{c_B\to 0}\gamma_B=1 \tag{2-100}$$

式中，$c^{\ominus}$ 为标准体积摩尔浓度，$c^{\ominus}=1\text{mol}\cdot\text{dm}^{-3}$。

第十二节　非平衡态热力学简介

热力学第二定律指出，一切自发过程均向熵增大，即混乱度增大的方向进行，也就

是说，自发过程是系统的微观状态从有序趋向于无序的过程。然而，生物界的情形似乎刚好相反。生物进化总是沿着从单细胞到多细胞，从简单到复杂，从无序到有序的方向进行。因此，历史上曾有人认为，热力学只适用于物理、化学系统，而不适用于其他系统。比利时理论物理学家普里高津（Prigogine）及其领导的布鲁塞尔学派则反对这种看法。他们认为生命现象同样受热力学规律的支配，只不过，生命系统是与环境有物质和能量交换的敞开系统，生物体内的各种过程远离平衡而已。他们将经典热力学的原理推广应用于敞开系统的非平衡态和不可逆过程，进而开创了非平衡态热力学理论。下面就非平衡态热力学关注的问题，所采用的方法、基本假定、基本定理，以及在生命现象研究中的应用等作一简单介绍。

一、传递现象与昂萨格倒易关系

根据热力学第二定律，孤立系统的自发过程是系统由非平衡态变为平衡态的过程。这个过程中，系统的温度、压力、组成等强度性质将由不均匀变为均匀。这种变化必然伴随着某些物理量的传递。例如，温度的变化伴随着热的传递，压力、组成的变化伴随着质量的传递，等等。传递现象产生于强度性质的梯度，例如热传递来自于温度梯度，扩散现象来自于浓度或压力梯度，动量传递来自于速度梯度等等。人们将这些引起传递现象的梯度称为广义力。而要定量地描述传递过程，就必须引进时间的概念。传递中，单位时间通过单位面积的物理量称为广义通量或广义流（flux）。至于封闭系统和敞开系统，除了系统内的各种传递外，还可能发生系统与环境间的各种传递。在不可逆过程中，广义流与广义力之间存在着耦合作用（coupling），即一个广义流来自于多种广义力，一种广义力同时影响多个广义流。

根据距离平衡态的远近，非平衡态分为近平衡态和远平衡态。在近平衡态，广义流 J 与广义力 X 呈线性关系，若有 n 个广义力，就有 n 个广义流，而且，每个广义流同时受到 n 个广义力的影响，于是，第 i 个广义流可表示为

$$J_i = \sum_j L_{ij} X_j \tag{2-101}$$

式中，J_i 表示系统的任一广义流，X_j 表示影响 J_i 的任一广义力，L_{ij} 称作唯象系数（phenomenological coefficient）。昂萨格（Onsager）于 1931 年证明，在广义流与广义力的线性关系式中，影响第 i 个流的第 j 个力的唯象系数与影响第 j 个流的第 i 个力的唯象系数相等，即

$$L_{ij} = L_{ji} \tag{2-102}$$

式（2－102）称为昂萨格倒易关系式。在式（2－101）成立的范围内，它所反映的不可逆过程中的基本关系不受系统及广义力本性的影响。昂萨格倒易关系在非平衡态热力学中占有极其重要的地位，奠定了非平衡态热力学发展的基础，也使非平衡态热力学得到了重要的实际应用。

二、局部平衡假设

对于一个变化中的系统，无“状态”和“状态函数”可言。为了能继续利用经典

热力学中有关状态和状态函数的一些概念和公式，普里高津等提出了局部平衡（local equilibrium）的假设。

设想将处于非平衡态的系统划分成许多子系统，每个子系统小到可以认为其温度、压力及组成是均匀的，但也不能过小，以至不能用宏观方法处理。这样，每个子系统都处于平衡态，而子系统之间强度性质则不一致，整个系统处于非平衡态，整个系统的不平衡程度是各子系统之间不平衡程度之和。应用局部平衡假设，经典热力学的一些原理就可以用来处理非平衡态问题了。

三、熵产生和熵流

熵增原理指出，孤立系统的自发过程向熵增大的方向进行。普里高津将这一原理推广到封闭系统和敞开系统，将系统的熵变分为两部分，一部分来自系统内部的自发过程，用 d_iS 表示，称为熵产生（entropy production）；另一部分来自系统与环境间能量及物质的传递，用 d_eS 表示，称为熵流（entropy flux），系统的熵变为熵产生与熵流之和。

$$dS = d_iS + d_eS \tag{2-103}$$

熵流 d_eS 可大于零，也可小于零。对于孤立系统，$d_eS = 0$。因而有

$$dS（孤立）= d_iS \geqslant 0$$

上式即熵增原理，只适用于孤立系统。

熵产生 d_iS 则永远不会小于零。对任何系统，总有

$$d_iS \geqslant 0 \tag{2-104}$$

系统发生不可逆过程时，$d_iS > 0$；系统发生可逆过程时，$d_iS = 0$。因此，可以认为式（2-104）是热力学第二定律的最一般表达式。

四、稳定态与耗散结构

稳定态（steady state）简称稳态或定态，指的是物理量不随时间改变的状态。对于孤立系统，稳态即平衡态。处于平衡态的孤立系统，宏观上不发生任何过程，熵产生率 $dS/dt = 0$。对于封闭系统和敞开系统，$dS/dt = 0$ 不意味着 $d_iS/dt = 0$，系统中仍可以发生一些自发过程，使得 $d_iS > 0$，但系统可以通过与环境进行能量及物质交换，获得负熵流，使 $d_eS < 0$，从而 $dS = d_iS + d_eS = 0$。也就是说，系统可以通过从环境获得负熵流维持低熵，从而处于一种较为有序的稳定状态。敞开系统的稳态不同于孤立系统的平衡态。敞开系统达稳态时，内部仍可能进行各种自发过程，系统依赖负熵流有可能维持一种低熵的有序状态。敞开系统从较为无序的结构变为较为有序的稳态结构，以及稳态的维持，都需要消耗环境的物质或能量。普里高津将这样形成和维持的有序结构称为耗散结构（dissipative structure）。

五、熵与生命现象

如果一个生命个体是一个孤立系统，它将因体内各种自发过程而有序性逐渐减小，做功能力逐渐降低，很快达到熵最大，有序性最小，完全丧失做功能力的状态而死亡。

事实上，一个活的生物体是一个敞开系统，其结构是一种耗散结构，处于一种 $dS \approx 0$ 的较为有序的稳态。由于体内不断进行着诸如扩散、渗透、血液流动以及各种生化反应等自发过程，熵产生 $d_iS > 0$，要保持 $dS \approx 0$ 的有序的稳态，生物体就必须从环境获得负熵流。就动物而言，吃的食物是糖、脂肪及蛋白质等高度有序的低熵大分子化合物，排泄的是水、二氧化碳及其他小分子高熵物质，从而保证了 $d_eS < 0$。一个成长的生物个体就是这样以摄入低熵物质，排出高熵物质为代价，维持其耗散结构，进行着从无序到有序的成长过程。人体若因某些原因而变得熵流不通畅，体内将因熵的积累而生病，称为熵病。中暑就是一种典型的熵病。医药学界对熵病已经展开了从理论到实践的广泛研究。

思考题与习题

1. 自发过程有哪些主要特征？

2. 孤立系统的可逆过程与不可逆过程若从同一始态出发是否达到相同终态？

3. 如何正确计算系统发生可逆过程与不可逆过程的熵变？

4. 判断系统变化过程的方向和限度有哪些判据，如何正确使用这些判据？

5. 为什么要引入化学势的概念？如何正确使用化学势的表达式？

6. 指出在下列各过程中系统的 ΔU、ΔH、ΔS、ΔG 和 ΔA 何者为零？

（1）理想气体卡诺循环；

（2）H_2 和 O_2 在绝热钢瓶中发生反应；

（3）H_2O (l) 在100℃，100kPa 下蒸发为气体；

（4）理想气体的等温可逆膨胀；

（5）理想气体的绝热可逆膨胀；

（6）理想气体向真空膨胀。

7. 试计算某理想气体下列过程的 W_{max}、ΔH、ΔU 及 ΔS。在 3000K 时，某理想气体压力为 1519.9kPa，经等温膨胀后体积由 $1dm^3$ 变到 $10dm^3$。

（$W_{max} = -3499.7J$；$\Delta H = 0$；$\Delta U = 0$；$\Delta S = 1.17J \cdot K^{-1}$）

8. 计算下列各物质在不同状态时熵的差值。

（1）1.00g 水（273K，101325Pa）与 1.00g 冰（273K，101325Pa）。已知冰的熔化焓为 335J/g。

（2）1.00mol 水蒸气（373K，101325Pa）与 1.00mol 水（373K，101325Pa）。已知水的蒸发焓为 2258J/g。

（3）1.00mol 水蒸气（373K，0.10MPa）与 1.00mol 水蒸气（373K，1.00MPa）。假定水蒸气看作理想气体。

（$\Delta S = 1.23J \cdot K^{-1}$；$\Delta S = 6.05J \cdot K^{-1}$；$\Delta S = 19.14J \cdot K^{-1}$）

9. 1mol H_2 在 300K 经历二个过程：（1）从体积为 $1dm^3$ 向真空膨胀至体积为 $10dm^3$。（2）该 1mol H_2 从 $1dm^3$ 经等温可逆膨胀至 $10dm^3$。试计算和比较系统熵变，由此得到怎样结论？

10. 已知 1mol 水在 273.15K 结冰时放热 $6007J \cdot mol^{-1}$，水和冰的平均恒压摩尔热容 $C_{p,m}$ 分别为 $75.3J \cdot mol^{-1} \cdot K^{-1}$ 和 $37.6J \cdot mol^{-1} \cdot K^{-1}$。如将 1mol 303.15K 的水变为 273.15K 的冰，计算熵变。

（$\Delta S = -29.84J \cdot K^{-1}$）

11. 已知水的密度为 $1000g \cdot dm^{-3}$，水的 $C_{p,m} = 75.3J \cdot K^{-1} \cdot mol^{-1}$。将 $0.1dm^3$ 303.15K 的水与 $0.5\ dm^3$ 343.15K 的水混合，求熵变。

（$\Delta S = 2.57J \cdot K^{-1}$）

12. 已知锡的 $C_{p,m} = 24.14J \cdot K^{-1} \cdot mol^{-1}$，水的 $C_{p,m} = 75.3J \cdot K^{-1} \cdot mol^{-1}$。若有 473.15K 的锡 250g，落在 283.15K 1kg 水中，略去水的蒸发，求达到平衡时此过程的熵变。

（$\Delta S = 7.82J \cdot K^{-1}$）

13. 1mol 理想气体等温膨胀，若熵变为 $76.07J \cdot K^{-1}$，试计算：

（1）体积由 $0.02m^3$ 变化为终态体积是多少？

（2）若终态体积为 $0.40m^3$，则熵变应为多少？

（$V_2 = 188.22m^3$；$\Delta S = 24.91J \cdot K^{-1}$）

14. 已知在 303.15K 和 100kPa 条件下水的蒸发热为：$\Delta H_m = 40.64kJ \cdot mol^{-1}$。若 1mol 水向真空蒸发变成 303.15K 和 100kPa 的水蒸气，试计算此过程的 $\Delta S_{系统}$、$\Delta S_{环境}$ 和 $\Delta S_{总}$，并判断此过程是否自发。

（$\Delta S_{系统} = 108.91J \cdot K^{-1}$；$\Delta S_{环境} = -100.6J \cdot K^{-1}$；$\Delta S_{总} = 8.31J \cdot K^{-1}$）

15. 若已知水和冰的比热分别为 $75.3J \cdot K^{-1} \cdot mol^{-1}$ 和 $37.6J \cdot K^{-1} \cdot mol^{-1}$，273.15K 时冰的熔化热为 $-6025J \cdot mol^{-1}$。试计算 1mol 水在 263.15K 和 100kPa 下，凝结为冰这一过程的 $\Delta S_{系统}$、$\Delta S_{环境}$ 和 $\Delta S_{总}$，并判断此过程是否自发过程。

（$\Delta S_{系统} = -20.65J \cdot K^{-1}$；$\Delta S_{环境} = 21.46J \cdot K^{-1}$；$\Delta S_{总} = 0.81J \cdot K^{-1}$；自发）

16. 在室温为 300K 时，对某温度为 370K 的恒温槽进行恒温性能测定。经过相当时间后，有 4184J 的热因恒温槽绝热不良而传给室内空气，试求：

（1）恒温槽的熵变；

（2）空气的熵变；

（3）试问此过程是否可逆。

（$\Delta S_1 = -11.31J \cdot K^{-1}$；$\Delta S_2 = 13.94J \cdot K^{-1}$；$\Delta S_{总} = 2.63J \cdot K^{-1}$，不可逆）

17. 将 1.00g、273K 的冰加入到 10.0g 沸腾的水中，求最后温度及此过程的 ΔS。已知冰的熔化焓是 $335J \cdot g^{-1}$，水的热容是 $4.184J \cdot g \cdot K^{-1}$。

（$\Delta S = 0.52J \cdot K^{-1}$）

18. 2mol 氨气（设为理想气体）从 353.15K 冷却到 293.15K，同时压力从 100kPa 变到 6000kPa，求熵变。

（$\Delta S=-81.29J\cdot K^{-1}$）

19. 1mol O_2 于 298.2K 时，（1）由 100kPa 等温可逆压缩到 600kPa，求 Q、W、ΔU、ΔH、ΔS、ΔG、ΔA 和 $\Delta S_{孤立}$；（2）若自始至终用 600kPa 的外压等温压缩到终态，求上述各热力学量的变化。

（$Q=-4442J$，$W=4442J$，$\Delta U=0$，$\Delta H=0$，$\Delta S=-14.9J\cdot K^{-1}$，$\Delta G=4442J$，$\Delta A=4442J$，$\Delta S_{孤立}=0$；$Q=-12396.2J$，$W=12396.2J$，$\Delta U=0$，$\Delta H=0$，$\Delta S=-14.9J\cdot K^{-1}$，$\Delta G=4442J$，$\Delta A=4442J$，$\Delta S_{孤立}=26.67J\cdot K^{-1}$）

20. 利用热力学数据表求反应（1）与（2）之 $\Delta_r S_m$（298K）分别是多少？

（1）FeO（s）+CO（g）==CO_2（g）+Fe（s）

（2）CH_4（g）+$2O_2$（g）==CO_2（g）+$2H_2O$（l）

（$-11.08J\cdot K^{-1}\cdot mol^{-1}$；$-242.67J\cdot K^{-1}\cdot mol^{-1}$）

21. 求反应 C_6H_6（g）+C_2H_2（g）→$C_6H_5C_2H_3$（g）在 298.2K 时的 $\Delta_r G_m^\ominus$ 为多少？已知 $C_6H_5C_2H_3$（g）的 $\Delta_f H_m^\ominus=147.36kJ\cdot mol^{-1}$，$S_m^\ominus=345.1\ J\cdot K^{-1}\cdot mol^{-1}$。

（$\Delta_r G_m^\ominus=-124.9kJ\cdot mol^{-1}$）

22. 298.15K，100kPa 条件下，金刚石与石墨的规定熵分别是 $2.38J\cdot K^{-1}\cdot mol^{-1}$ 和 $5.74J\cdot K^{-1}\cdot mol^{-1}$，其标准燃烧热分别为 $-395.4kJ\cdot mol^{-1}$ 和 $-393.5kJ\cdot mol^{-1}$，计算 298.15K，100kPa 下石墨转变为金刚石 $C_{石墨}\rightarrow C_{金刚石}$ 的 $\Delta_r G_m^\ominus$，并说明在此条件下哪种晶型较为稳定？

（$\Delta_r G_m^\ominus=2902J\cdot mol^{-1}$，金刚石较稳定）

23. 试计算 298.15K，1mol O_2（理想气体）在下列过程中的 ΔG，（1）由 100kPa 等温可逆压缩到 300kPa；（2）由 100kPa 绝热可逆压缩到 300kPa。已知氧气的热容 $C_{p,m}=3.5R$，$S_m^\ominus=205J\cdot K^{-1}\cdot mol^{-1}$。

（$\Delta G=2723.3J$；$\Delta G=-18845.2J$）

24. 某蛋白质由天然折叠态变到张开状态的变性过程的焓变 ΔH 和熵变 ΔS 分别为 $251.04kJ\cdot mol^{-1}$ 和 $753J\cdot K^{-1}\cdot mol^{-1}$，计算：（1）298K 时蛋白变性过程的 ΔG；（2）发生变性过程的最低温度。

（$\Delta G=26646J\cdot mol^{-1}$；$T\geqslant 333K$）

25. 试根据计算结果，讨论氨的合成反应在 298K 与 1000K 时，反应能否自发进行？氨的合成反应如下：$\frac{1}{2}N_2$（g）+$\frac{3}{2}H_2$（g）=NH_3（g）。已知，在 298K 各种气体均处于 100kPa 时，$\Delta_r H_{298}=-46.11kJ$，$\Delta_r G_{298}=-16.45kJ$，试求 1000K 时的 $\Delta_r G_m$ 值。

（$\Delta_r G_{m\ (1000K)}^\ominus=61900J\cdot mol^{-1}$；计算结果说明，在给定条件下，298K 时，合成氨反应可以进行；而在 1000K 时，反应不能自发进行）

26. 298K 有摩尔分数为 0.4000 的甲醇水溶液，若往大量的此种溶液中加 1mol 的水，溶液体积增加 $17.35cm^3$；若往大量的此种溶液中加 1mol 的甲醇，溶液体积增加 $39.01cm^3$。试计算将 0.4mol 的甲醇及 0.6mol 的水混合成溶液时，体积为若干？已知 25℃ 时甲醇和水的密度分别为 0.7911 和 $0.9971g\cdot cm^3$。

（$V=26.01cm^3$）

27. 298K、100kPa 下，HAc（2）溶于 1kg H_2O（1）中所形成溶液的体积 V 与物质的量 n_2 的关系如下：

$$V = 1002.935 + 51.832n_2 + 0.1394n_2^2 \text{cm}^3$$

试将 HAc 和 H_2O 的偏摩尔体积表示为 n_2 函数，并求 $n_2 = 1.000$mol 时 HAc 和 H_2O 的偏摩尔体积。

（$\overline{V}_{2,\text{m}} = 52.111\text{cm}^3 \cdot \text{mol}^{-1}$；$\overline{V}_{1,\text{m}} = 18.0656\text{cm}^3 \cdot \text{mol}^{-1}$）

28. 试求在等温条件下，热力学能随体积的变化。（略）

29. 试求在等温条件下，焓随压力的变化。（略）

30. 证明：$\left(\frac{\partial T}{\partial V}\right)_p \left(\frac{\partial V}{\partial p}\right)_T \left(\frac{\partial p}{\partial T}\right)_V = -1$，并以理想气体验证上式的正确。（略）

参考文献

[1] 傅献彩，沈殿霞，姚天扬，等．物理化学［M］．第五版．北京：高等教育出版社，2005.
[2] 许金熀，刘艳．物理化学［M］．北京：北京大学出版社，2005.
[3] 韩德刚，高执棣，高盘良．物理化学［M］．北京：高等教育出版社，2001.
[4] 印永嘉，王雪琳，奚正楷．物理化学简明教程例题与习题［M］．北京：高等教育出版社，2006.
[5] 侯新朴，李三鸣．物理化学［M］．第六版．北京：人民卫生出版社，2007.

第三章 INTRODUCTION

化学平衡

化学反应进行的方向就是趋于化学平衡的方向。一定条件下化学反应达平衡时，只要条件不变，反应系统的组成就不随时间而改变。这个平衡态，就是该条件下化学反应进行的限度。达平衡时反应物的转化率就是该条件下的最大转化率。反应系统达平衡态后，若条件发生改变，旧的平衡态被破坏，反应将向趋于新平衡态的方向进行。化学平衡是一种动态平衡，一定条件下化学反应达平衡时，反应并未停止，只是在此条件下，正、逆两个方向的反应速率达到了相等。如果反应条件发生了有利于某一方向反应的改变，化学平衡将向该方向移动，直到两个方向的反应速率重新相等，达到新的平衡。这提示，化学反应的方向和限度以及反应系统的平衡组成和反应物的平衡转化率等都与反应条件密切相关。这正是本章所关注的问题。

本章运用热力学的方法，讨论化学反应的方向和限度、化学平衡的条件和平衡组成的计算以及温度、压力、惰性气体等因素对化学平衡的影响。

第一节　化学反应的平衡条件

一、摩尔反应吉布斯函数

对于一个与环境不交换非体积功的化学反应系统，其吉布斯函数的微小变化可表示为

$$\mathrm{d}G = -S\mathrm{d}T + V\mathrm{d}p + \sum_{B}\mu_{\mathrm{B}}\mathrm{d}n_{\mathrm{B}}$$

如果反应在恒温、恒压条件下进行，则

$$\mathrm{d}G_{T,p} = \sum_{\mathrm{B}}\mu_{\mathrm{B}}\mathrm{d}n_{\mathrm{B}} \quad (3-1)$$

式中，μ_{B} 为系统中任一组分 B 的化学势。根据反应进度的定义，$\mathrm{d}n_{\mathrm{B}} = \nu_{\mathrm{B}}\mathrm{d}\xi$，式（3－1）可写作

$$\mathrm{d}G_{T,p} = \sum_{\mathrm{B}}\nu_{\mathrm{B}}\,\mu_{\mathrm{B}}\mathrm{d}\xi \quad (3-2)$$

定义

$$\Delta_r G_m = \left(\frac{\partial G}{\partial \xi}\right)_{T,p} = \sum_B \nu_B \mu_B \qquad (3-3)$$

$\Delta_r G_m$ 称为摩尔反应吉布斯函。其意义是恒温、恒压、没有非体积功条件下，反应系统的吉布斯函数随反应进度的变化率，折合为上述条件下，1mol 反应引起的系统吉布斯函数的改变量。

在化学反应中，随着反应的进行，反应物和产物的浓度随时都在改变，也就是说 μ_B 随 ξ 而改变，因此 $\Delta_r G_m$ 是 ξ 的函数。

二、化学反应的平衡条件

根据热力学第二定律，在恒温、恒压、$W'=0$ 的条件下，若

$$\Delta_r G_m = \sum_B \nu_B \mu_B < 0 \qquad (3-4)$$

则正向反应自发进行，若

$$\Delta_r G_m = \sum_B \nu_B \mu_B = 0 \qquad (3-5)$$

则反应达平衡，若

$$\Delta_r G_m = \sum_B \nu_B \mu_B > 0 \qquad (3-6)$$

则逆向反应自发进行。

化学反应系统的吉布斯函数随反应进度的变化曲线示于图 3-1，任一反应进度时的曲线斜率，即该反应进度时的摩尔反应吉布斯函数 $\Delta_r G_m$。

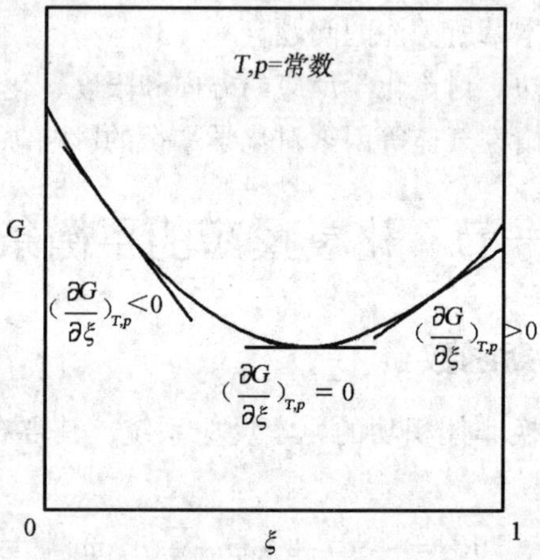

图 3-1 反应系统的 $G-T$ 曲线

第二节 化学反应等温方程

一、化学反应等温方程

对于任一理想气体之间的化学反应

$$aA + dD \rightleftharpoons gG + hH$$

任一反应组分 B 的化学势可表示为

$$\mu_B(T,\ p) = \mu_B^\ominus(T) + RT\ln\frac{p_B}{p^\ominus}$$

代入式（3－3），得

$$\Delta_r G_m = \sum_B \nu_B \mu_B^\ominus + \sum_B \nu_B RT\ln\frac{p_B}{p^\ominus} = \Delta_r G_m^\ominus + \sum_B \nu_B RT\ln\frac{p_B}{p^\ominus}$$

$$= \Delta_r G_m^\ominus + RT\ln\frac{\left(\frac{p_G}{p^\ominus}\right)^g\left(\frac{p_H}{p^\ominus}\right)^h}{\left(\frac{p_A}{p^\ominus}\right)^a\left(\frac{p_D}{p^\ominus}\right)^d} \tag{3-7}$$

令

$$J_p = \frac{\left(\frac{p_G}{p^\ominus}\right)^g\left(\frac{p_H}{p^\ominus}\right)^h}{\left(\frac{p_A}{p^\ominus}\right)^a\left(\frac{p_D}{p^\ominus}\right)^d} \tag{3-8}$$

则式（3－8）变为

$$\Delta_r G_m = \Delta_r G_m^\ominus + RT\ln J_p \tag{3-9}$$

式（3－9）称为化学反应的等温方程，式中，J_P 称为压力商。

二、标准平衡常数

上述反应达平衡时，$\Delta_r G_m = 0$，从而

$$\Delta_r G_m^\ominus = -RT\ln\frac{\frac{p_{G,eq}^g}{p^\ominus}\cdot\frac{p_{H,eq}^h}{p^\ominus}}{\frac{p_{A,eq}^a}{p^\ominus}\cdot\frac{p_{D,eq}^d}{p^\ominus}} \tag{3-10}$$

式中，下标“eq”表示各组分的分压为其平衡分压。

因 $\Delta_r G_m^\ominus$ 仅为温度的函数，所以恒温条件下，平衡时的压力商为一常数，以 $K_p^\ominus$ 表示，则

$$\Delta_r G_m^\ominus = -RT\ln K_p^\ominus \tag{3-11}$$

$$K_p^\ominus = \frac{\frac{p_{G,eq}^g}{p^\ominus}\cdot\frac{p_{H,eq}^h}{p^\ominus}}{\frac{p_{A,eq}^a}{p^\ominus}\cdot\frac{p_{D,eq}^d}{p^\ominus}} \tag{3-12}$$

式中，$K_p^\ominus$ 称为反应的标准平衡常数或热力学平衡常数，其量纲为 1。将式（3－11）代入式（3－9），得

$$\begin{aligned}\Delta_r G_m &= -RT\ln K_p^\ominus + RT\ln J_p \\ &= RT\ln\frac{J_p}{K_p^\ominus}\end{aligned} \tag{3-13}$$

在一定温度、压力下，判断化学反应的方向只需比较 $K_p^{\ominus}$ 与 J_p 的大小。

$J_p < K_p^{\ominus}$ 时，$\Delta_r G_m < 0$，反应向正反应方向自发进行；

$J_p = K_p^{\ominus}$ 时，$\Delta_r G_m = 0$，反应达平衡；

$J_p > K_p^{\ominus}$ 时，$\Delta_r G_m > 0$，反应向逆反应方向自发进行。

例 3-1 已知理想气体反应 N_2（g）+3H_2（g）⇌2NH_3（g），在 298.15K 时的标准平衡常数 $K_p^{\ominus} = 5.97 \times 10^5$。试计算当 N_2，H_2 及 NH_3 的分压分别为 10kPa，10kPa，100kPa 时反应的 $\Delta_r G_m$，并指明反应的方向。当 N_2 及 H_2 的分压不变，NH_3 的分压增大到 1000kPa 时，反应向哪个方向进行？

解：（1）
$$J_p = \frac{(100/100)^2}{(10/100)(10/100)^3} = 1.00 \times 10^4 < K_p^{\ominus}$$

反应向正反应方向自发进行。

（2）
$$J_p = \frac{(1000/10)^2}{(10/100)(10/100)^3} = 1.00 \times 10^6 > K_p^{\ominus}$$

反应向逆反应方向自发进行。

第三节 平衡常数的表示方法

一、理想气体反应的平衡常数

（一）用组分活度表示的平衡常数

对于理想气体反应，活度商就是压力商，标准平衡常数可表示为

$$K^{\ominus} = K^{\ominus}{}_p = \frac{\frac{p_{G,eq}^g}{p^{\ominus}} \cdot \frac{p_{H,eq}^h}{p^{\ominus}}}{\frac{p_{A,eq}^a}{p^{\ominus}} \cdot \frac{p_{D,eq}^d}{p^{\ominus}}} \tag{3-14}$$

其数值与化学方程式的写法有关，如合成氨反应，若反应式写作

（1）N_2（g）+3H_2（g）⇌2NH_3（g），则

$$K_1^{\ominus} = \frac{\left(\frac{p_{NH_3,eq}}{p^{\ominus}}\right)^2}{\left(\frac{p_{H_2,eq}}{p^{\ominus}}\right)^3 \left(\frac{p_{N_2,eq}}{p^{\ominus}}\right)}$$

$$K_1^{\ominus} = (K_2^{\ominus})^2$$

（2）$\frac{1}{2}N_2$（g）+$\frac{3}{2}H_2$（g）⇌NH_3（g），则

$$K_2^{\ominus} = \frac{\left(\frac{p_{NH_3,eq}}{p^{\ominus}}\right)}{\left(\frac{p_{H_2,eq}}{p^{\ominus}}\right)^{3/2} \left(\frac{p_{N_2,eq}}{p^{\ominus}}\right)^{1/2}}$$

$$K_1^{\ominus}=(K_2^{\ominus})^2$$

（二）用组分的分压表示的平衡常数

式（3－14）可写作

$$K^{\ominus}=\frac{\dfrac{p_{\mathrm{G,eq}}^g}{p^{\ominus}}\cdot\dfrac{p_{\mathrm{H,eq}}^h}{p^{\ominus}}}{\dfrac{p_{\mathrm{A,eq}}^a}{p^{\ominus}}\cdot\dfrac{p_{\mathrm{D,eq}}^d}{p^{\ominus}}}=\frac{p_{\mathrm{G,eq}}^g p_{\mathrm{H,eq}}^h}{p_{\mathrm{A,eq}}^a p_{\mathrm{D,eq}}^d}(p^{\ominus})^{-\sum_{\mathrm{B}}\nu_{\mathrm{B}}}=K_p(p^{\ominus})^{-\sum_{\mathrm{B}}\nu_{\mathrm{B}}} \quad (3-15)$$

$$K_p=\frac{p_{\mathrm{G,eq}}^g p_{\mathrm{H,eq}}^h}{p_{\mathrm{A,eq}}^a p_{\mathrm{D,eq}}^d}$$

式中，$\sum_{\mathrm{B}}\nu_{\mathrm{B}}$ 是各组分化学计量数的代数和，ν_{B} 的符号与以前的规定相同，即反应物的 ν_{B} 为负值，产物的 ν_{B} 为正值，以下为书写方便，用 $\Delta\nu$ 表示 $\sum_{\mathrm{B}}\nu_{\mathrm{B}}$，则式（3－15）可表示为

$$K^{\ominus}=K_p(p^{\ominus})^{-\Delta\nu} \quad (3-16)$$

对化学计量式为 $0=\sum_{\mathrm{B}}\nu_{\mathrm{B}}\mathrm{B}$ 的一般反应，K_p 具有如下形式

$$K_p=\prod_{\mathrm{B}}p_{\mathrm{B,eq}}^{\nu_{\mathrm{B}}} \quad (3-17)$$

式中，K_p 为用压力表示的平衡常数，其量纲为［压力］$^{\Delta\nu}$。因为 $K^{\ominus}$ 仅是温度的函数，所以 K_p 也仅是温度的函数。

（三）用组分的摩尔分数表示的平衡常数

对于理想气体混合物，组分 B 的分压 p_{B} 与系统总压 p 的关系为

$$p_{\mathrm{B}}=px_{\mathrm{B}}$$

代入式（3－17），有

$$K_p=\prod_{\mathrm{B}}p_{\mathrm{B,eq}}^{\nu_{\mathrm{B}}}=\prod_{\mathrm{B}}(x_{\mathrm{B,eq}}p_{\mathrm{eq}})^{\nu_{\mathrm{B}}}=\prod_{\mathrm{B}}x_{\mathrm{B,eq}}^{\nu_{\mathrm{B}}}\cdot p_{\mathrm{eq}}^{\Delta\nu}=K_x p_{\mathrm{eq}}^{\Delta\nu} \quad (3-18)$$

$$K_x=\prod_{\mathrm{B}}x_{\mathrm{B,eq}}^{\nu_{\mathrm{B}}} \quad (3-19)$$

K_x 为用摩尔分数表示的平衡常数，其量纲为1。由式（3－18）可知，K_x 是温度与压力的函数。

（四）用组分的物质的量浓度表示的平衡常数

对理想气体混合物中的任一组分 B，

$$p_{\mathrm{B}}=\frac{n_{\mathrm{B}}}{V}RT=c_{\mathrm{B}}RT$$

$$K_p=\prod_{\mathrm{B}}p_{\mathrm{B,eq}}^{\nu_{\mathrm{B}}}=\prod_{\mathrm{B}}(c_{\mathrm{B,eq}}RT)^{\nu_{\mathrm{B}}}=\prod_{\mathrm{B}}c_{\mathrm{B,eq}}^{\nu_{\mathrm{B}}}\cdot(RT)^{\Delta\nu}=K_c(RT)^{\Delta\nu} \quad (3-20)$$

$$K_c=\prod_{\mathrm{B}}c_{\mathrm{B,eq}}^{\nu_{\mathrm{B}}} \quad (3-21)$$

K_c 为用物质的量浓度表示的平衡常数，量纲为［物质的量］$^{\Delta\nu}$·［体积］$^{-\Delta\nu}$。平衡组成用 $c_{\mathrm{B,eq}}/c^{\ominus}$ 表示的平衡常数称为用物质的量浓度表示的标准平衡常数，用 $K_c^{\ominus}$ 表示。其

定义式为

$$K_c^{\ominus} = \prod_B c_{B,eq}^{\nu_B} (c^{\ominus})^{-\Delta\nu} = K_c (c^{\ominus})^{-\Delta\nu} \quad (3-22)$$

式中，$c^{\ominus}$ 为标准浓度。$K_c^{\ominus}$ 的量纲为 1。由式（3-20）和（3-22）可知，K_c 与 $K_c^{\ominus}$ 都只是温度的函数。$K_c^{\ominus}$ 与 $K^{\ominus}$ 的关系如下

$$K^{\ominus} = K_c^{\ominus} \left(\frac{c^{\ominus} RT}{p^{\ominus}} \right)^{\Delta\nu} \quad (3-23)$$

（五）用组分的物质的量表示的平衡常数

将 $p_B = p x_B$，$x_B = n_B / \sum_B n_B$ 代入式（3-17），得

$$K_p = \prod_B p_{B,eq}^{\nu_B} = \prod_B \left(\frac{p_{eq} n_{B,eq}}{\sum_B n_{B,eq}} \right)^{\nu_B} = \prod_B n_{B,eq}^{\nu_B} \cdot \left(\frac{p_{eq}}{\sum_B n_{B,eq}} \right)^{\Delta\nu} = K_n \left(\frac{p_{eq}}{\sum_B n_{B,eq}} \right)^{\Delta\nu}$$

（3-24）

$$K_n = \prod_B n_{B,eq}^{\nu_B} \quad (3-25)$$

K_n 为用物质的量表示的平衡常数，量纲为［物质的量］$^{\Delta\nu}$。由式（3-24）可知，K_n 是温度、压力及物质的量的函数。根据 K_p 与其他平衡常数的关系式，当 $\Delta\nu = 0$ 时，

$$K^{\ominus} = K_p = K_x = K_c = K_n$$

在指定温度下，均为量纲为 1 的常数。

二、液相反应的平衡常数

指定温度和压力下，反应系统中任一组分 B 的化学势均可表示为其活度 a_B 的函数

$$\mu_B = \mu_B^{\ominus} + RT\ln a_B$$

$\mu_B^{\ominus}$ 为组分 B 在其活度 $a_B = 1$ 时的化学势，一般是温度及压力的函数，因压力对凝聚态组分的化学势影响较小，也可近似地认为只是温度的函数。a_B 的定义随浓度表示方法的不同而不同，相应的标准态也不同。将上式代入式（3-3），得

$$\Delta_r G_m = \sum_B \nu_B \mu_B^{\ominus} + RT \sum_B \nu_B \ln a_B$$

$$= \Delta_r G_m^{\ominus} + RT\ln \prod_B a_B^{\nu_B}$$

平衡时，$\Delta_r G_m = 0$，从而有

$$RT\ln \prod_B a_{B,eq}^{\nu_B} = -\Delta_r G_m^{\ominus}$$

式中，$a_{B,eq}$ 为反应达平衡时，组分 B 的活度。指定温度下，$\Delta_r G_m^{\ominus}$ 通常可视为常数，因而

$$K^{\ominus} = \prod_B a_{B.eq}^{\nu_B} \quad (3-26)$$

亦为常数，$K^{\ominus}$ 为以活度表示的平衡常数，也称标准平衡常数。下面分两种情况讨论。

（一）液态混合物各组分间的反应

前一章曾讨论过，液态混合物任一组分 B 的活度可表示为其活度因子与摩尔分数

的乘积，即

$$a_A=\gamma_A x_A,\quad \lim_{x_A\to 1}\gamma_A=1 \tag{2-96}$$

代入式（3-26），得

$$K^{\ominus}=\prod_B \gamma_{B,eq}^{\nu_B}\cdot\prod_B x_{B,eq}^{\nu_B}=K_\gamma\cdot K_x \tag{3-27}$$

$$K_\gamma=\prod_B \gamma_{B,eq}^{\nu_B},\quad K_x=\prod_B x_{B,eq}^{\nu_B}$$

式中，$x_{B,eq}$为反应达平衡时，任一反应组分 B 的摩尔分数，K_x 为以各组分的摩尔分数表示的平衡常数。

若各反应组分形成理想液态混合物，即任一组分 B 的活度因子 $\gamma_B=1$，则

$$K^{\ominus}=K_x=\prod_B x_{B,eq}^{\nu_B} \tag{3-28}$$

（二）溶液中溶质间的反应

溶液中任一溶质 B 的浓度以体积摩尔浓度 c_B 表示时，B 的活度

$$a_B=\gamma_B\frac{c_B}{c^{\ominus}},\quad \lim_{c_B\to 0}\gamma_B=1 \tag{2-100}$$

γ_B 为 B 的活度因子；$c^{\ominus}=1\text{mol}\cdot\text{dm}^{-3}$，称为标准浓度。将上式代入式（3-26），得

$$\begin{aligned}K^{\ominus}&=\prod_B \gamma_{B,eq}^{\nu_B}\cdot\prod_B c_{B,eq}^{\nu_B}\cdot(c^{\ominus})^{-\Delta\nu}\\&=K_\gamma K_c(c^{\ominus})^{-\Delta\nu}=K_\gamma K^{\ominus}_c\end{aligned} \tag{3-29}$$

式中，$K_c^{\ominus}=K_c(c^{\ominus})^{-\Delta\nu}$，为以体积摩尔浓度表示的标准平衡常数。

若溶液为理想稀溶液，则任一溶质 B 的活度因子 $\gamma_B=1$，从而

$$K^{\ominus}=K^{\ominus}_c=K_c(c^{\ominus})^{-\Delta\nu} \tag{3-30}$$

例 3-2　已知 298.2K 时右旋葡萄糖在 80% 乙醇水溶液中，α 型的溶解度为 20g·dm^{-3}，β 型的溶解度为 49g·dm^{-3}，它们的无水固体在 298.2K 时的标准摩尔生成吉布斯函数为 $\Delta_f G^{\ominus}_{m,\alpha}=-902.9\text{kJ}\cdot\text{mol}^{-1}$，$\Delta_f G^{\ominus}_{m,\beta}=-901.2\text{kJ}\cdot\text{mol}^{-1}$。试求 298.2K 时，在该溶液中右旋葡萄糖的 α 型和 β 型之间相互转化的平衡常数 $K^{\ominus}$。

解：可设计如下过程求算

$$\begin{array}{ccc}\text{右旋葡萄糖（}\alpha,\ c^{\ominus}\text{）} & \xrightarrow{\Delta_r G^{\ominus}_m} & \text{右旋葡萄糖（}\beta,\ c^{\ominus}\text{）}\\ \downarrow \Delta G_1 & & \uparrow \Delta G_4\\ \text{右旋葡萄糖（}\alpha\text{，饱和）} & & \text{右旋葡萄糖（}\beta\text{，饱和）}\\ \downarrow \Delta G_2 & & \uparrow \Delta G_3\\ \text{右旋葡萄糖（}\alpha\text{，纯）} & \xrightarrow{\Delta_r G^{\ominus}_{m,1}} & \text{右旋葡萄糖（}\beta\text{，纯）}\end{array}$$

$$\Delta_r G^{\ominus}_m=\Delta G_1+\Delta G_2+\Delta G_3+\Delta G_4+\Delta_r G^{\ominus}_{m,1}$$

$$\Delta G_2=\Delta G_3=0$$

$$\Delta G_1=RT\ln\frac{c_\alpha}{c^{\ominus}},\quad \Delta G_4=-RT\ln\frac{c_\beta}{c^{\ominus}}$$

$$\Delta_r G_m^{\ominus} = \Delta_r G_{m,1}^{\ominus} + RT\ln\frac{c_\alpha}{c_\beta}$$

式中，c_α，c_β 分别为 α，β 型右旋葡萄糖的溶解度即饱和浓度，葡萄糖的摩尔质量为 180，所以

$$c_\alpha = \frac{20}{180} = 0.111\text{mol}\cdot\text{dm}^{-3},\ c_\beta = \frac{49}{180} = 0.272\text{mol}\cdot\text{dm}^{-3}$$

$$\Delta_r G_{m,1}^{\ominus} = \Delta_f G_\beta^{\ominus} - \Delta_f G_\alpha^{\ominus}$$

$$= -901200 - (-902900) = 1700\text{J}$$

$$\Delta_r G_m^{\ominus} = 1700 + RT\ln\frac{0.111}{0.272} = -522\text{J}\cdot\text{mol}^{-1}$$

$$K^{\ominus} = e^{-\Delta_r G_m^{\ominus}/RT} = 1.23$$

三、复相反应的平衡常数

对于有凝聚相参加的复相反应，式（3－26）可表示为

$$K^{\ominus} = \prod_B a_{B,eq}^{\nu_B} = \prod_{B(凝聚)} a_{B,eq}^{\nu_B}\cdot\prod_{B(g)} a_{B,eq}^{\nu_B} \tag{3-31}$$

如果凝聚相均为纯物质，不形成固溶体或溶液，凝聚相各组分化学势受压力的影响可忽略不计，则可认为任一凝聚相组分的活度 $a_B = 1$，上式简化为

$$K^{\ominus} = \prod_{B(g)} a_{B,eq}^{\nu_B}$$

若气体均可视作理想气体，则 $a_B = p_B/p^{\ominus}$。于是，对于凝聚相为纯物质，气相可视作理想气体的复相反应，其标准平衡常数可表示为

$$K^{\ominus} = \prod_B p_{B,eq}^{\nu_B}(p^{\ominus})^{-\Delta\nu} \tag{3-32}$$

表示式中只出现气态组分的分压。

例如反应 $CaCO_3$（s）$\rightleftharpoons$CaO（s）＋CO_2（g），组分 $CaCO_3$ 和 CaO 均为固体，根据式(3－32)，其标准平衡常数

$$K^{\ominus} = \frac{p_{CO_2}}{p^{\ominus}}$$

其数值只与反应温度有关。在一定温度下，不论反应开始时 $CaCO_3$ 和 CaO 的数量如何，达平衡时 CO_2 的分压总是定值，这个平衡分压称为该温度时 $CaCO_3$ 的分解压。若气相产物不止一种，分解压是指在一定温度下固体物质分解达到平衡时，气相产物的总压力，即平衡时气体产物分压之和。根据式（3－13），仅当 $CaCO_3$ 的分解压大于环境中 CO_2 的分压时，分解反应才能正向自发进行。分解压是温度的函数，$CaCO_3$ 的分解压等于环境中 CO_2 分压时的温度称为该压力下 $CaCO_3$ 的分解温度。

第四节　平衡常数的测定和平衡转化率的计算

一、化学平衡的特征

如果测得反应系统达平衡时的组成，即可据其计算反应的平衡常数。测得的组成是

否为平衡组成，可根据化学平衡特征加以判断。在条件不变的情况下，化学平衡表现出如下特征。

（1）平衡组成不随时间而改变；

（2）不论由反应物开始还是由产物开始进行反应，达平衡时组成相同；

（3）改变原料配比不影响平衡组成。

二、平衡组成的测定

测定平衡浓度的方法有物理法和化学法。

物理法通过测定与浓度密切相关的物理量，如折射率、电导率、吸光度、电动势等，间接得到反应组分的浓度。它的优点在于测定时不干扰系统的平衡。

化学法通过化学分析方法直接测定反应组分的平衡浓度，这也是它的优点，缺点是分析试剂的加入会扰乱平衡。所以，采用化学法时应设法使平衡状态“冻结”。可根据反应特点采用骤冷、稀释、移去催化剂等方法使反应停止，以保持平衡组成不变。

三、平衡转化率的计算

平衡转化率也称理论转化率或最大转化率，任一反应物 B 的平衡转化率可按式（3－33）计算。

$$\text{B 的平衡转化率}=\frac{\text{平衡时 B 的消耗量}}{\text{B 的原始量}}\times 100\% \qquad (3-33)$$

若反应物不止一种，则仅当它们初始的物质的量之比等于其化学计量数之比时，有相同的平衡转化率。例如反应 $a\text{A}+b\text{B}\rightleftharpoons\text{R}$，仅当 $n_{\text{A},0}/n_{\text{B},0}=a/b$ 时，A 与 B 的平衡转化率相等，否则，A 与 B 的平衡转化率不相等。

实验和生产中还常应用平衡产率的概念，平衡产率也称最大产率或理论产率，其定义为

$$\text{平衡产率}=\frac{\text{转化为指定产物的某反应物的量}}{\text{原料中该反应物的量}}\times 100\% \qquad (3-34)$$

若只有一种产物，则平衡产率等于平衡转化率。若产物不止一种，则两者不等。一定条件下的平衡转化率是该条件下理论上可达到的最大转化率。欲获取更高转化率，只有设法改变反应条件，才有可能实现。

例 3－3　400K、100kPa 时，由 1mol 乙烯与 1mol 水反应生成乙醇气体，测得标准平衡常数为 0.099，试求在该条件下乙烯的转化率，并计算平衡系统中各物质的浓度。（设平衡系统中的气体可视为理想气体）

解：设乙烯的转化率为 α，则

	C_2H_4（g）	$+H_2O$（g）	$\rightleftharpoons C_2H_5OH$（g）
开始	1	1	0
平衡	$1-\alpha$	$1-\alpha$	α

平衡后混合物的摩尔数为 $(1-\alpha)+(1-\alpha)+\alpha=2-\alpha$，所以平衡常数为

$$K^{\ominus}=\frac{\left(\frac{\alpha}{2-\alpha}\right)\left(\frac{p}{p^{\ominus}}\right)}{\left(\frac{1-\alpha}{2-\alpha}\right)^2\left(\frac{p}{p^{\ominus}}\right)^2}=0.099$$

$$\alpha=29.3\%$$

平衡系统中以摩尔分数表示的各物质的浓度为

$$x_{C_2H_4}=\frac{1-\alpha}{2-\alpha}=\frac{0.707}{1.707}=0.414$$

$$x_{H_2O}=\frac{1-\alpha}{2-\alpha}=\frac{0.707}{1.707}=0.414$$

$$x_{C_2H_4}=\frac{\alpha}{2-\alpha}=\frac{0.293}{1.707}=0.172$$

例 3－4 800K、100kPa 时，正戊烷异构化为异戊烷的反应中存在生成新戊烷的副反应，其平衡常数分别为

C_5H_{12}（正）$\rightleftharpoons C_5H_{12}$（异）　　$K_{p1}=1.795$

C_5H_{12}（正）$\rightleftharpoons C_5H_{12}$（新）　　$K_{p2}=0.137$

试求 1mol 正戊烷生成异戊烷和新戊烷的量。

解：设平衡时异戊烷和新戊烷的量分别为 $x$mol 和 $y$mol，则正戊烷的量为 $(1-x-y)$，两个平行反应均 $\Delta\nu=0$，$K_n=K_p$，因此

$$\frac{x}{1-x-y}=1.795$$

$$\frac{y}{1-x-y}=0.137$$

两式联立，解得

$$x=0.612\text{mol}，y=0.0467\text{mol}。$$

设正戊烷的平衡转化率为 α，则

$$\alpha=\frac{x+y}{1}\times100\%=\frac{0.612+0.0467}{1}\times100\%=65.9\%$$

$$\text{异戊烷的平衡产率}=\frac{0.612}{1}\times100\%=61.2\%$$

可见，有副反应时，主产物的平衡产率低于反应物的平衡转化率。

第五节 标准摩尔反应吉布斯函数的计算

标准摩尔反应吉布斯函数 $\Delta_r G_m^{\ominus}$ 是研究化学平衡问题的重要数据，常用下述方法计算。

一、利用标准摩尔生成焓和标准摩尔熵数据计算

通过热化学方法测定或查表获得各反应组分的标准摩尔生成焓 $\Delta_f^{\ominus} H_m(B)$ 及标准摩

尔熵 $S_m^\ominus(B)$，利用下式可计算温度 T 时的标准摩尔反应吉布斯函数。

$$\Delta_r G_m^\ominus(T) = \sum_B \nu_B \Delta_f H_m^\ominus(B,T) - T\sum_B \nu_B S_m^\ominus(B,T) \qquad (3-35)$$

查表所得 $\Delta_f^\ominus H_m(B)$ 和 $S_m^\ominus(B)$ 一般是 298.15K 时的数据，利用式（3－35）计算时，需换算成 T 时的 $\Delta_f^\ominus H_m(B)$ 和 $S_m^\ominus(B)$。

二、利用标准摩尔生成吉布斯函数计算

在温度 T，标准状态下，由温度 T 时最稳定的单质生成 1mol 物质 B 的摩尔反应吉布斯函数，称为 B 在该温度下的标准摩尔生成吉布斯函数，用 $\Delta_f G_m^\ominus(B)$ 表示。根据定义，T 时最稳定单质的标准摩尔生成吉布斯函数为零。$\Delta_f G_m^\ominus(B)$ 是温度的函数，手册所给数据通常是 298.15K 时的数据。通过查表获得各反应组分 $\Delta_f G_m^\ominus(B)$，即可方便地根据公式

$$\Delta_r G_m^\ominus = \sum_B \nu_B \Delta_f G_m^\ominus(B) \qquad (3-36)$$

求算 298.15K 时的标准摩尔反应吉布斯函数 $\Delta_r G_m^\ominus$，从而计算 298.15K 时的标准平衡常数 $K^\ominus$。其他温度下的 $K^\ominus$，则可根据下面即将讨论的范特霍夫方程计算。

例 3－5　计算乙苯脱氢反应在 298.15K 时的 $\Delta_r G_m^\ominus$ 和平衡常数 $K^\ominus$。已知 298.15K 时，$\Delta_f G_m^\ominus$（乙苯）$=130.6\text{kJ}\cdot\text{mol}^{-1}$，$\Delta_f G_m^\ominus$（苯乙烯）$=213.8\text{kJ}\cdot\text{mol}^{-1}$。

解：根据乙苯脱氢反应方程式

$$C_6H_5C_2H_5\text{（g）} \rightleftharpoons C_6H_5CH=CH_2\text{（g）}+H_2\text{（g）}$$

$$\begin{aligned}\Delta_r G_m^\ominus(298.15\text{K}) &= \Delta_f G_m^\ominus(298.15\text{K},\ H_2) + \Delta_f G_m^\ominus(298.15\text{K，苯乙烯})\\ &\quad - \Delta_f G_m^\ominus(298.15\text{K，乙烯}) = (0+213.8-130.6)\ \text{kJ}\cdot\text{mol}^{-1}\\ &= 83.2\text{kJ}\cdot\text{mol}^{-1}\end{aligned}$$

代入公式 $\Delta_r G_m^\ominus = -RT\ln K^\ominus$，得 $K^\ominus = 2.7\times10^{-15}$。

三、利用相关反应的标准摩尔反应吉布斯函数计算

某些反应的标准摩尔吉布斯函数 $\Delta_r G_m^\ominus$ 很难用实验的方法直接测定，但可根据已知反应的 $\Delta_r G_m^\ominus$ 来求未知反应的 $\Delta_r G_m^\ominus$。

例 3－6　已知温度 1000K 时，下列反应

$$\text{（1）}\ C\text{（s）}+O_2\text{（g）}\longrightarrow CO_2\text{（g）}$$

$$\text{（2）}\ CO\text{（g）}+\frac{1}{2}O_2\text{（g）}\longrightarrow CO_2\text{（g）}$$

的标准平衡常数分别为 $K_1^\ominus = 4.731\times10^{20}$，$K_2^\ominus = 1.648\times10^{10}$，求 1000K 时反应

$$\text{（3）}\ C\text{（s）}+\frac{1}{2}O_2\text{（g）}\longrightarrow CO\text{（g）}$$

的标准平衡常数 $K_3^\ominus$。

解：因为（3）＝（1）－（2），所以

$$\Delta_r G_{m,3}^\ominus = \Delta_r G_{m,1}^\ominus - \Delta_r G_{m,2}^\ominus$$

$$-RT\ln K_3^\ominus = -RT\ln K_1^\ominus - (-RT\ln K_2^\ominus)$$

$$K_3^\ominus = \frac{K_1^\ominus}{K_2^\ominus} = \frac{4.731\times10^{20}}{1.648\times10^{10}} = 2.871\times10^{10}$$

四、电化学方法

根据化学反应设计可逆电池，使反应在可逆电池中进行，则该化学反应的 $\Delta_r G_m^\ominus$ 与该可逆电池的标准电动势 $E^\ominus$ 有如下简单关系

$$\Delta_r G_m^\ominus = -zFE^\ominus$$

式中，F 是法拉第常数，z 为电极反应式中电子的计量系数。该公式将在电化学一章中介绍。

第六节 影响化学平衡的因素

一、温度对化学平衡的影响

（一）吉布斯—亥姆霍兹方程

在第二章讨论热力学函数之间关系时，曾得出如下关系式

$$\left(\frac{\partial G}{\partial T}\right)_p = -S \qquad (2-58)$$

因 G 与 S 均为状态函数，所以应有

$$\left(\frac{\partial \Delta G}{\partial T}\right)_p = -\Delta S \qquad (3-37)$$

指定温度 T 时

$$-\Delta S = \frac{\Delta G - \Delta H}{T}$$

代入式（3－37），得

$$\left(\frac{\partial \Delta G}{\partial T}\right)_p = \frac{\Delta G - \Delta H}{T} \qquad (3-38)$$

因为

$$-R\ln K^\ominus = \frac{\Delta_r G_m^\ominus}{T}$$

欲考察温度对 $K^\ominus$ 的影响，需求 $\Delta G/T$ 随 T 的变化率。恒压下，$\Delta G/T$ 对 T 微分

$$\left(\frac{\partial \frac{\Delta G}{T}}{\partial T}\right)_p = \frac{1}{T}\left(\frac{\partial \Delta G}{\partial T}\right)_p - \frac{\Delta G}{T^2}$$

将式（3－38）代入上式，得

$$\left(\frac{\partial \frac{\Delta G}{T}}{\partial T}\right)_p = -\frac{\Delta H}{T^2} \qquad (3-39)$$

式（3－38）和（3－39）称为吉布斯－亥姆霍兹（Gibbs－Helmholtz）方程。

将式（3－39）移项并积分

$$\int d\left(\frac{\Delta G}{T}\right)=-\int\frac{\Delta H}{T^2}dT \qquad (3-40)$$

若温度变化范围不大，ΔH 可近似看作不随温度变化的常数，则上式定积分后得

$$\frac{\Delta G_2}{T_2}-\frac{\Delta G_1}{T_1}=\Delta H\left(\frac{1}{T_2}-\frac{1}{T_1}\right) \qquad (3-41)$$

例3－7 298K时，$2SO_3$（g）⇌$2SO_2$（g）＋O_2（g）反应的 $\Delta_r G_m=1.400\times10^5 J\cdot mol^{-1}$，已知该反应的 $\Delta_r H_m=1.966\times10^5 J\cdot mol^{-1}$，且不随温度变化，求该反应在873K进行时的 $\Delta_r G_m$。

解：将已知条件代入式（3－41），可得

$$\frac{\Delta_r G_m（873K）}{873}-\frac{1.400\times10^5}{298}=1.966\times10^5\left(\frac{1}{873}-\frac{1}{298}\right)$$

$$\Delta_r G_m(873K)=3.082\times10^4 J\cdot mol^{-1}$$

若温度变化范围大，ΔH 随温度而变化，则根据 ΔH 与 C_p 的关系，将 ΔH 写作温度的函数，然后进行积分。

因为 $$C_p=a+bT+cT^2+\cdots$$

产物与反应物的恒压热容之差可写作

$$\Delta C_p=\Delta a+\Delta bT+\Delta cT^2+\cdots$$

则

$$\begin{aligned}\Delta_r H&=\Delta H_0+\int_0^T\Delta C_p dT\\&=\Delta H_0+\int_0^T(\Delta a+\Delta bT+\Delta cT^2+\cdots)dT\\&=\Delta H_0+\Delta aT+1/2\Delta bT^2+1/3\Delta cT^3+\cdots\end{aligned} \qquad (3-42)$$

ΔH_0 为积分常数，代入式（3－39），可得

$$\left(\frac{\partial\frac{\Delta G}{T}}{\partial T}\right)_p=-\frac{\Delta H_0+\Delta aT+1/2\Delta bT^2+1/3\Delta cT^3+\cdots}{T^2} \qquad (3-43)$$

移项积分后得

$$\frac{\Delta G}{T}=\frac{\Delta H_0}{T}-\Delta a\ln T-\frac{1}{2}\Delta bT-\frac{1}{6}\Delta cT^2+\cdots+I \qquad (3-44)$$

I 为积分常数。式（3－44）也可改写为

$$\Delta G=\Delta H_0-\Delta aT\ln T-\frac{1}{2}\Delta bT^2-\frac{1}{6}\Delta cT^3+\cdots+IT \qquad (3-45)$$

例3－8 298K时，反应 $\frac{1}{2}N_2$（g）＋$\frac{3}{2}H_2$（g）⇌NH_3（g）的 $\Delta_r H_m^{\ominus}=-46.11kJ\cdot mol^{-1}$，$\Delta_r G_m^{\ominus}=-16.45kJ\cdot mol^{-1}$，试求1000K时的 $\Delta_r G_m^{\ominus}$。

解：

查得各气体的恒压摩尔热容常数如表3－1。

表3-1　例3-8的数据

物质	a/J·mol^{-1}·K^{-1}	b/10^{-3}J·mol^{-1}·K^{-2}	c/10^{-7}J·mol^{-1}·K^{-3}
N_2	28.58	3.76	-0.5
H_2	27.28	3.26	0.5
NH_3	29.75	25.1	-1.55
	$\Delta a=-25.46$	$\Delta b=18.33$	$\Delta c=-2.05$

$$\Delta C_p=[-25.46+18.33\times10^{-3}T/\mathrm{K}-2.05\times10^{-7}(T/\mathrm{K})^2]\ \mathrm{J\cdot mol^{-1}\cdot K^{-1}}$$

将298K时的$\Delta_r H_m$代入式（3-42），得

$$-46.11\mathrm{kJ\cdot mol^{-1}}=[\Delta H_0-25.46T/K+\frac{1}{2}\times18.33\times10^{-3}(T/\mathrm{K})^2-\frac{1}{3}\times2.05\times10^{-7}(T/\mathrm{K})^3]\ \mathrm{J\cdot mol^{-1}\cdot K^{-1}}$$

将$T=298\mathrm{K}$代入得　　$\Delta H_0=-39.34\mathrm{kJ\cdot mol^{-1}}$

代入式（3-45）得

$$\Delta_r G_m^{\ominus}=[-39340+25.46(T/\mathrm{K})\ln(T/\mathrm{K})-\frac{1}{2}\times18.33(T/\mathrm{K})^2+\frac{1}{6}\times2.05\times10^{-7}(T/\mathrm{K})^3+IT/\mathrm{K})]\ \mathrm{J\cdot mol^{-1}}$$

将298K时的$\Delta_r G_m^{\ominus}$代入上式可计算得：$I=-65.5\mathrm{J\cdot mol^{-1}\cdot K^{-1}}$

将$T=1000\mathrm{K}$代入上式，得$\Delta_r G_m^{\ominus}(1000\mathrm{K})=61.9\mathrm{kJ\cdot mol^{-1}}$

（二）范特霍夫方程

将吉布斯-亥姆霍兹方程应用于化学反应，有

$$\left(\frac{\partial\frac{\Delta_r G_m^{\ominus}}{T}}{\partial T}\right)_p=-\frac{\Delta_r H_m^{\ominus}}{T^2}$$

将式$\Delta_r G_m^{\ominus}=-RT\ln K_p^{\ominus}$代入，得

$$\left(\frac{\partial\ln K^{\ominus}}{\partial T}\right)_p=\frac{\Delta_r H_m^{\ominus}}{RT^2}\qquad(3-46)$$

此式称为范特霍夫（Van't Hoff）方程，也称化学反应的等压方程。

由式（3-46）可知，温度对化学平衡的影响方式与反应的热效应密切相关。

对于吸热反应，$\Delta_r H_m^{\ominus}>0$，$K^{\ominus}$随温度升高而增大，升高温度将导致平衡向正反应方向移动，即有利于正向反应；

对于放热反应，$\Delta_r H_m^{\ominus}<0$，$K^{\ominus}$随温度升高而减小，升高温度将导致平衡向逆反应方向移动，即有利于逆向反应；

若温度变化范围不大，$\Delta_r H_m^{\ominus}$可近似看作不随温度变化的常数，对式（3-46）进行定积分，得

$$\ln\frac{K_2^{\ominus}}{K_1^{\ominus}}=\frac{\Delta_r H_m^{\ominus}}{R}\left(\frac{1}{T_1}-\frac{1}{T_2}\right) \tag{3-47}$$

若已知 $\Delta_r H_m^{\ominus}$ 和一个温度下的平衡常数，可利用式（3－47）计算另一温度下的平衡常数。

对式（3－46）进行不定积分，可得

$$\ln K^{\ominus}=-\frac{\Delta_r H_m^{\ominus}}{RT}+C \tag{3-48}$$

可见，$\ln K^{\ominus}$ 与 $1/T$ 呈线性关系，其斜率为 $-\frac{\Delta_r H_m^{\ominus}}{R}$，截距为 C，利用该直线的斜率可计算标准摩尔反应焓。

若温度变化范围大，$\Delta_r H_m^{\ominus}$ 随温度变化而变化时，首先应确定 $\Delta_r H_m^{\ominus}$ 与 T 的关系，然后再进行积分。将式（3－42）代入（3－46），得

$$\frac{d\ln K^{\ominus}}{dT}=\frac{\Delta H_0}{RT^2}+\frac{\Delta a}{RT}+\frac{\Delta b}{2R}+\frac{\Delta c}{3R}T+\cdots \tag{3-49}$$

积分后，得

$$\ln K^{\ominus}=-\frac{\Delta H_0}{RT}+\frac{\Delta a}{R}\ln T+\frac{\Delta b}{2R}T+\frac{\Delta c}{6R}T^2+\cdots+I \tag{3-50}$$

式中，I 为积分常数。将式 $\Delta_r G_m^{\ominus}=-RT\ln K_p^{\ominus}$ 代入（3－50）式，可得 $\Delta_r G_m^{\ominus}$ 与温度的关系式

$$\Delta_r G_m^{\ominus}=\Delta H_0-\Delta aT\ln T-\frac{\Delta b}{2}T^2-\frac{\Delta c}{6}T^3+\cdots-IRT \tag{3-51}$$

将式（3－23）

$$K^{\ominus}=K_c^{\ominus}\left(\frac{c^{\ominus}RT}{p^{\ominus}}\right)^{\Delta\nu}$$

两边取对数，并对 T 微分

$$\frac{d\ln K^{\ominus}}{dT}=\frac{d\ln K_c^{\ominus}}{dT}+\frac{\Delta\nu}{T}$$

将范特霍夫方程（3－46）代入上式，得

$$\frac{d\ln K_c^{\ominus}}{dT}=\frac{\Delta_r H_m^{\ominus}-\Delta\nu RT}{RT^2}$$

$$\Delta_r H_m^{\ominus}-\Delta\nu RT=\Delta_r U_m^{\ominus}$$

$$\frac{d\ln K_c^{\ominus}}{dT}=\frac{\Delta_r U_m^{\ominus}}{RT^2} \tag{3-52}$$

式（3－52）称为化学反应的等容方程。

二、压力对化学平衡的影响

反应系统在温度、压力保持恒定，且不与环境交换非体积功的条件下达平衡时，摩尔反应吉布斯函数 $\Delta_r G_m=\sum_B \nu_B\mu_B=0$。$\Delta_r G_m$ 是温度和压力的函数，因此化学平衡势必

受到温度和压力的影响。温度如何影响化学平衡，已由范特霍夫方程从理论上给出了明确的回答。系统温度改变将引起平衡常数 $K^{\ominus}$ 的改变，从而导致平衡发生移动。系统温度不变时，$K^{\ominus}$ 将保持不变。在这种情况下，反应组分的化学势也可能因压力的改变而改变，进而导致化学平衡的移动。组分因聚集状态的不同，其化学势受压力的影响程度也不同。下面分理想气体反应系统及凝聚相反应系统两种情况，讨论系统总压对平衡的影响。

（一）理想气体反应系统

由式（3－17）和式（3－18）可得

$$K^{\ominus}=K_x\left(\frac{p_{eq}}{p^{\ominus}}\right)^{\Delta\nu} \tag{3-53}$$

$K^{\ominus}$ 仅是温度的函数，温度一定时，系统平衡总压对平衡的影响表现为对 K_x 的影响。恒温条件下，上式（3－53）对 p_{eq} 微分，得

$$\left(\frac{\partial K_x}{\partial p_{eq}}\right)_T=-\frac{\Delta\nu}{T} \tag{3-54}$$

式（3－54）表明，在恒定温度下：

若 $\Delta\nu>0$，平衡总压增大，将使 K_x 减小，导致平衡向反应物方向移动；

若 $\Delta\nu<0$，平衡总压增大，将使 K_x 增大，导致平衡向产物方向移动；

若 $\Delta\nu=0$，平衡总压的改变不会对平衡产生影响。

例3－9 在601.2K、100kPa 条件下，N_2O_4 有50.2%解离为 NO_2，当压力增至1000kPa时，计算 N_2O_4 解离度为多少？

解：设反应开始时，N_2O_4 的物质的量为1mol，N_2O_4 的解离度为 α。

$$N_2O_4(g) \rightleftharpoons 2NO_2(g)$$

	$N_2O_4(g)$	$2NO_2(g)$	
开始	1	0	
平衡	$1-\alpha$	2α	$\sum_B n_B=1+\alpha$

$$K^{\ominus}=\frac{\left(\frac{p_{NO_2}}{p^{\ominus}}\right)^2}{\left(\frac{p_{N_2O_4}}{p^{\ominus}}\right)}=\frac{\left(\frac{2\alpha}{1+\alpha}\right)^2\left(\frac{p}{p^{\ominus}}\right)^2}{\left(\frac{1-\alpha}{1+\alpha}\right)\left(\frac{p}{p^{\ominus}}\right)}=\frac{4\alpha^2 p}{(1-\alpha^2)p^{\ominus}}$$

将 $p=100$kPa，$\alpha=50.2\%$ 代入上式，得

$$K^{\ominus}=\frac{4\times0.502^2}{1-0.502^2}=1.348$$

当 $p=1000$kPa 时，

$$1.348=\frac{4\times\alpha^2}{1-\alpha^2}\times\frac{1000}{100}$$

$$\alpha=18\%$$

该反应的 $\Delta\nu>0$，增大压力时，平衡向逆反应方向移动，解离度减小。

（二）凝聚相反应系统

根据热力学基本关系式 $(\frac{\partial G}{\partial p})_T = V$，可得

$$(\frac{\partial \Delta_r G_m}{\partial p})_T = \Delta_r V_m \tag{3-55}$$

$\Delta_r V_m$ 表示系统进行了 1mol 反应前后体积的变化。凝聚相反应的 $\Delta_r V_m$ 受压力影响很小，可视为常数。积分上式

$$\int_{\Delta_r G_{m,1}}^{\Delta G_{m,2}} d\Delta_r G_m = \int_{p_1}^{p_2} \Delta_r V_m dp$$

$$\Delta_r G_{m,2} - \Delta_r G_{m,1} = \Delta_r V_m(p_2 - p_1) \tag{3-56}$$

当系统压力变化不是很大时，$\Delta_r V_m(p_2 - p_1)$数值较小，$\Delta_r G_{m,2} \approx \Delta_r G_{m,1}$，可近似认为压力对平衡没有影响。若 $p_1 = p^\ominus$，p_2 为任意状态的压力，则有

$$\Delta_r G_m = \Delta_r G_m^\ominus + \Delta_r V_m(p - p^\ominus) \tag{3-57}$$

当系统压力变化不是很大时，$\Delta_r V_m(p - p^\ominus)$的数值较小，$\Delta_r G_m$ 是大于零还是小于零将只取决于 $\Delta_r G_m^\ominus$，此时可用 $\Delta_r G_m^\ominus$ 判断反应的方向。当系统压力改变很大时，$\Delta_r V_m(p_2 - p_1)$不再是很小的量，压力将有可能使平衡发生移动，甚至改变反应的方向。若 $\Delta_r V_m > 0$，压力增大，$\Delta_r G_m$ 将随之增大，平衡将向逆反应方向移动，若 $\Delta_r V_m < 0$，压力增大将导致 $\Delta_r G_m$ 减小，有利于正向反应的进行。

例 3-10　298.2K，100kPa 时，石墨和金刚石的标准摩尔吉布斯函数分别为 0 和 2.900kJ·mol⁻¹，密度分别为 2.26kg·dm⁻³和 3.515kg·dm⁻³，试问：

（1）298.2K，100kPa 时，石墨能否制成金刚石？

（2）298.2K 时，压力增加到多少时能制成金刚石？

解：

（1）298.2K，100kPa 时，由石墨变为金刚石的

$$\Delta_r G_m^\ominus = 2.900 - 0 = 2.900\text{kJ}\cdot\text{mol}^{-1} > 0$$

所以该条件下石墨不能转变为金刚石。

（2）反应能够发生的条件是 $\Delta_r G_m \leqslant 0$

根据式（3-57），可得

$$\Delta_r G_m(p) - \Delta_r G_m^\ominus = (p - p^\ominus)\Delta_r V_m$$

当 $\Delta_r G_m(p) = 0$ 时，

$$p = -\frac{\Delta_r G_m^\ominus}{\Delta_r V_m} + 100000 = -\frac{2900}{(\frac{12}{3.515} - \frac{12}{2.260}) \times 10^{-6}} + 100000 = 1.5298 \times 10^9 \text{Pa}$$

$$\approx 1.53 \times 10^6 \text{kPa}$$

所以，当压力增加到 1.53×10^6kPa 以上时，石墨才有可能转变为金刚石。

三、惰性组分对化学平衡的影响

惰性组分指反应系统中不参加化学反应的组分。向反应系统中加入惰性组分的作

用，是使系统的总物质的量，即 $\sum_B n_{B,eq}$ 增加。

根据式（3-24）

$$K_p = K_n\left(\frac{p_{eq}}{\sum_B n_{B,eq}}\right)^{\Delta\nu}$$

在指定温度下，K_p 为常数，惰性组分对理想气体化学平衡的影响体现在对 K_n 的影响。若同时保持系统的温度与压力不变，惰性组分的影响可分如下几种情况：

对 $\Delta\nu>0$ 的反应，增加惰性组分使 K_n 增大，平衡向生成产物方向移动，平衡转化率增大；

对 $\Delta\nu<0$ 的反应，增加惰性组分使 K_n 减小，平衡向反应物方向移动，平衡转化率减小；

对 $\Delta\nu=0$ 的反应，$K_n=K_p$。惰性组分对平衡没有影响。

例如，合成氨反应中，N_2（g）$+3H_2$（g）$\rightleftharpoons 2NH_3$（g），$\Delta\nu<0$，惰性组分的存在，对反应不利。实际生产中，未反应完全的原料气 N_2、H_2 要循环使用。在循环中，惰性组分如甲烷、氩气等因不参与反应而不断地积累，含量逐渐增高。为了维持转化率，要定期放空一部分旧的原料气，以减少惰性组分的含量。

例 3-11 常压下，乙苯脱氢制备苯乙烯，已知 873K 时，$K^\ominus$ 为 0.178，若原料气中乙苯和水蒸气的比例为 1∶9，求（1）乙苯的平衡转化率。（2）若不通水蒸气，乙苯的转化率为多少？

解：

（1）假设通入的乙苯为 1mol，则水蒸气为 9mol，乙苯的转化率为 x，则

	$C_6H_5C_2H_5$（g） $\rightleftharpoons$	$C_6H_5C_2H_3$（g）	$+H_2$（g）	H_2O（g）
开始	1	0	0	9
平衡	1-x	x	x	9

平衡后物质总量 $n_{总}=10+x$

$$K^\ominus=\frac{\left(\frac{x}{10+x}\right)^2\left(\frac{p}{p^\ominus}\right)^2}{\left(\frac{1-x}{10+x}\right)\left(\frac{p}{p^\ominus}\right)}=\frac{x^2}{(10+x)(1-x)}\left(\frac{p}{p^\ominus}\right)=0.178$$

$$x=0.728$$

（2）若不通入水蒸气，平衡后物质总量为 $n_{总}=1+x$，则

$$K^\ominus=\frac{\left(\frac{x}{1+x}\right)^2\left(\frac{p}{p^\ominus}\right)^2}{\left(\frac{1-x}{1+x}\right)\left(\frac{p}{p^\ominus}\right)}=\frac{x^2}{(1+x)(1-x)}\left(\frac{p}{p^\ominus}\right)=0.178$$

$$x=0.389$$

乙苯脱氢制备苯乙烯为 $\Delta\nu>0$ 的反应，加入惰性组分水蒸气后使乙苯的转化率从 38.9% 增加到 72.8%。

第七节 反应的耦合

一、反应的耦合

假设系统中同时发生两个反应，如果一个反应中的产物在另一个反应中是反应物的话，称这两个反应是耦合反应。耦合反应可以影响反应平衡位置，即改变平衡点，甚至使一般情况下不能自发进行的反应，经过耦合后得以进行。例如下列两个耦合反应

$$(1)\ A + B \rightleftharpoons C + D$$

$$(2)\ C + E \rightleftharpoons F + H$$

如果反应（1）的 $\Delta_r G_m^{\ominus}(1) \gg 0$，则平衡常数 $K_1^{\ominus} \ll 1$，若D为目标产物，仅由反应（1）得到的D必然很少。如果反应（2）的 $\Delta_r G_m^{\ominus}(2) \ll 0$，且 $\Delta_r G_m^{\ominus}(1) + \Delta_r G_m^{\ominus}(2) < 0$，则反应

$$(3)\ A + B + E \rightleftharpoons D + F + H$$

的标准摩尔反应吉布斯函数 $\Delta_r G_m^{\ominus}(3) = \Delta_r G_m^{\ominus}(1) + \Delta_r G_m^{\ominus}(2) < 0$，平衡系统中D物质的含量会有较大增加，也就是说反应（2）将反应（1）带动起来了。

例如，甲醇氧化反应 $CH_3OH(l) \rightleftharpoons HCHO(l) + H_2(g)$，在298K时，几乎没有甲醛生成，和反应 $H_2(g) + \frac{1}{2}O_2(g) \rightleftharpoons H_2O(l)$ 耦合后，平衡组成中可以明显检测到甲醛。原因是第一步反应的 $\Delta_r G_m^{\ominus}$ 大于零，298K时为 $52.57kJ \cdot mol^{-1}$，而第二步反应的 $\Delta_r G_m^{\ominus}$ 小于零，298K时为 $-228.5kJ \cdot mol^{-1}$，耦合后 $\Delta_r G_m^{\ominus} = -175.9kJ \cdot mol^{-1}$。可见，$H_2$ 的氧化反应可明显带动甲醇氧化为甲醛的反应。

耦合反应原理在设计新的合成路线时常常用到，而且在生化反应系统中占有重要的地位。如活细胞内谷酰胺的生物合成反应

$$谷氯酸盐 + NH_4^+ \rightleftharpoons 谷酰胺 + H_2O$$

在310K、pH为7的水溶液中，$\Delta_r G_m^{\ominus} = 15.69kJ \cdot mol^{-1}$，一般情况下不能自发进行，但在ATP的参与和谷酰胺合成酶的催化下，该反应能够进行。

ATP水解生成ADP是个放能反应

$$ATP + H_2O \rightleftharpoons ADP + p_i \qquad \Delta_r G_m^{\ominus} = -30.54kJ \cdot mol^{-1}$$

将上述两反应耦合

$$谷氯酸盐 + NH_4^+ + ATP \rightleftharpoons 谷酰胺 + ADP + P_i \qquad \Delta_r G_m^{\ominus} = 15.39kJ \cdot mol^{-1}$$

耦合后的摩尔反应吉布斯函数小于零，使谷酰胺的生物合成反应得以进行。

又比如，细胞膜的主动转运，可使物质从低浓度区转运到高浓度区。从热力学观点分析，这是一个吉布斯函数增高的过程，应该是非自发的。但若与糖磷酸化变为6-磷酸葡萄糖反应耦合后，这一过程能够自发进行。

多种不可逆过程耦合进行是生命体系的显著特点。许多生命体系的自由能转化效率异常高，是体外任何条件下都不可能达到的，就是由于生物体的每个细胞中同时进行着上千个不同的生化过程所产生的。

二、生物体内的化学平衡

生物化学反应大多在稀溶液中进行，人体中的大部分反应在 pH 为 7 左右的溶液中进行，因此，在研究生物体内的平衡问题时，规定氢离子的标准态为 $[H^+] = 10^{-7} mol \cdot dm^{-3}$。

生物物理化学中，涉及氢离子的反应的标准摩尔吉布斯函数用符号 $\Delta_r G_m^{\oplus}$ 表示，以与常规符号 $\Delta_r G_m^{\ominus}$ 区别。在有氢离子参加的生化反应中，$\Delta_r G_m^{\oplus}$ 和 $\Delta_r G_m^{\ominus}$ 有时相差很大，甚至出现 $\Delta_r G_m^{\oplus} > 0$ 而 $\Delta_r G_m^{\ominus} < 0$ 的情况。

设有生化反应：$A + B \rightleftharpoons C + xH^+$

各反应组分的标准态为 $[A] = [B] = [C] = 1 mol \cdot dm^{-3}$，$[H^+] = 10^{-7} mol \cdot dm^{-3}$。由化学反应等温方程，有

$$\begin{aligned}\Delta_r G_m^{\oplus} &= \Delta_r G_m^{\ominus} + RT\ln\left(\frac{c_{H^+}}{c^{\ominus}}\right)^x \\ &= \Delta_r G_m^{\ominus} + xRT\ln 10^{-7} \end{aligned} \qquad (3-58)$$

当 $x = 1$，$T = 298.15$ 时，有

$$\Delta_r G_m^{\oplus} = \Delta_r G_m^{\ominus} - 39.95 kJ \cdot mol^{-1}$$

此时，$\Delta_r G_m^{\oplus} < \Delta_r G_m^{\ominus}$。

如果 H + 出现在反应物一方，在上述条件下

$$\Delta_r G_m^{\oplus} = \Delta_r G_m^{\ominus} + 39.95 kJ \cdot mol^{-1}$$

$\Delta_r G_m^{\oplus} > \Delta_r G_m^{\ominus}$。但如果反应中没有 H^+ 的话，$\Delta_r G_m^{\oplus} = \Delta_r G_m^{\ominus}$，两者就没有区别了。

根据生化反应标准态的规定，生化反应中的平衡常数为

$$\Delta_r G_m^{\oplus} = -RT\ln K^{\oplus} \qquad (3-59)$$

如生化反应 $A + B \rightleftharpoons C + xH^+$ 的平衡常数应表示为

$$K^{\oplus} = \frac{\dfrac{a_{C,eq}}{c^{\ominus}} \cdot \left(\dfrac{a_{H^+,eq}}{c^{\oplus}}\right)^x}{\dfrac{a_{A,eq}}{c^{\ominus}} \cdot \dfrac{a_{B,eq}}{c^{\ominus}}} \qquad (3-60)$$

标准态规定的不同只会影响标准吉布斯函数变化的数值，不会改变 $\Delta_r G_m$，而判断恒温、恒压、没有非体积功的化学反应（包括生化反应）的方向与限度，只能依据 $\Delta_r G_m$。

思考题与习题

1. 请判断下列说法是否正确，为什么？

（1）某确定的化学反应的平衡常数是一个不变的常数。

（2）$\Delta_r G_m^{\ominus}$ 是平衡状态时吉布斯函数的变化。因为 $\Delta_r G_m^{\ominus} = -RT\ln K_a^{\ominus}$。

(3) $\Delta_r G_m$ 的大小表示了反应体系处于该反应进度时反应的趋势。

(4) 在一定的温度和压力条件下，某化学反应的 $\Delta_r G_m$ 就是在一定量体系中进行 1mol 的化学反应时产物与反应物之间的吉布斯函数的差值。

(5) 在等温、等压条件下，$\Delta_r G_m > 0$ 的反应一定不能进行。

(6) 在等温、等压、只作体积功的条件下，体系总是向着吉布斯函数减小的方向进行。若某化学反应在给定的条件下 $\Delta_r G_m < 0$，则反应物将完全变成产物，反应将进行到底。

(7) 在等温、等压、只作体积功的条件下，反应的 $\Delta_r G_m < 0$ 时，若其数值越小，反应自发进行的趋势也越强，反应进行得越快。

(8) 标准平衡常数的数值不仅与方程式的写法有关，而且还与标准态的选择有关。

(9) 某反应的 $\Delta_r G_m$ 若大于零，则 $K^\ominus$ 一定小于1。

(10) 反应 $CO(g) + H_2O(g) \rightleftharpoons CO_2(g) + H_2(g)$ 因为反应前后分子数相等，所以无论压力如何变化，对平衡均无影响。

(11) 在一定温度压力下，某反应的 $\Delta_r G_m^\ominus > 0$，所以要选用合适的催化剂，使反应得以进行。

2. 为什么对凝聚态化学反应可忽略压力对反应平衡的影响？

3. 压力增高有利于什么类型的反应？

4. 若选择不同的标准态，化学反应的 $\Delta_r G^\ominus$ 就会不同，那么反应的 $\Delta_r G$ 也会改变吗？为什么？

5. 已知 298.15K 时，反应 $H_2(g) + \frac{1}{2}O_2(g) = H_2O(g)$ 的 $\Delta_r G_m^\ominus$ 为 $-228.57kJ \cdot mol^{-1}$。298.15K 时水的饱和蒸气压为 3.1663kPa，水的密度为 $997.0kg \cdot m^{-3}$。求 298.15K 反应 $H_2(g) + \frac{1}{2}O_2(g) = H_2O(l)$ 的 $\Delta_r G_m^\ominus$。

($-237.13kJ \cdot mol^{-1}$)

6. 1000K 时，反应 $C(s) + 2H_2(g) \rightleftharpoons CH_4(g)$ 的 $\Delta_r G_m^\ominus = 19290J \cdot mol^{-1}$。现有与碳反应的气体，其中含有 $CH_4(g)$ 10%，$H_2(g)$ 80%，$N_2(g)$ 10%（体积%）。试问：

(1) $T = 1000K$，$p = 100kPa$ 时，甲烷能否形成？

(2) 在 (1) 的条件下，压力需增加到若干，上述合成甲烷的反应才可能进行？

（甲烷不能形成；$p > 159.03kPa$）

7. 在一个抽空的容器中引入氯和二氧化硫，若它们之间没有发生反应，则在 375.3K 时的分压分别为 47.836kPa 和 44.786kPa。将容器保持在 375.3K，经一定时间后，压力变为常数，且等于 86.096kPa。求反应 $SO_2Cl_2(g) \rightleftharpoons SO_2(g) + Cl_2(g)$ 的 $K_p^\ominus$。

($K_p^\ominus = 2.42$)

8. 718.2K 时，反应 $H_2(g) + I_2(g) = 2HI(g)$ 的标准平衡常数为 50.1。取 5.3mol I_2 与 7.94molH_2，使之发生反应，计算平衡时生产的 HI 的量。

(9.48mol)

9. 300K 时，反应 $A(g) + B(g) = AB(g)$ 的 $\Delta_r G_m^\ominus = -8368J \cdot mol^{-1}$，欲使等

摩尔的 A 和 B 有 40% 变成 AB，需多大总压力？

(6202Pa)

10. 298.15K 时，反应 A（g）= B（g），在 A 和 B 的分压分别为 1.0×10^6Pa 和 1.0×10^5Pa 时达到平衡，计算 $K_p^\ominus$ 和 $\Delta_r G_m^\ominus$。当 A 和 B 的分压分别为 2.0×10^5Pa 和 1.0×10^5Pa 及 A 和 B 的分压分别为 1.0×10^7Pa 和 5.0×10^5Pa 时反应的 $\Delta_r G_m^\ominus$，并指出反应能否自发进行？

($\Delta_r G_m$ = 3990J，不能；$\Delta_r G_m$ = −1718J，可以)

11. 合成氨时所用的氢和氮的比例为 3∶1，在 673K、1000kPa 压力下，平衡混合物中氨的摩尔分数为 3.85%。

(1) 求 N_2（g）+ $3H_2$（g）= $2NH_3$（g）的 $K_p^\ominus$。

(2) 在此温度时，若要得到 5% 氨，总压力为多少？

($K_p^\ominus$ = 1.64 × 10 − 4；p = 1348kPa)

12. 298.15K 时丁二酸（$C_4H_6O_4$）在水中的溶解度为 0.715mol · kg^{-1}，从热力学数据表中得知，$C_4H_6O_4$（s）、$C_4H_5O_4^-$（m = 1）和 H^+（m = 1）的标准生成吉布斯函数 $\Delta_f G_B^\ominus$ 分别为 −748.099、−723.037 和 0kJ · mol^{-1}，试求 298.2K 时丁二酸在水溶液中的第一电离常数。

($K^\ominus = 5.6952\times10^{-5}$)

13. 设在某一定温度下，有一定量的 PCl_5（g）在标准压力 $p^\ominus$ 下的体积为 1dm^3，在该情况下 PCl_5（g）的离解度设为 50%，用计算说明在下列几种情况中，PCl_5（g）的离解度是增大还是减小。

(1) 使气体的总压力减低，直到体积增加到 2dm^3；

(2) 通入氮气，使体积增加到 2dm^3，而压力仍为 101.325kPa；

(3) 通入氮气，使压力增加到 202.65kPa，而体积仍为 1dm^3；

(4) 通入氯气，使压力增加到 202.65kPa，而体积仍为 1dm^3；

(增大；增大；不变；下降)

14. 在 448 ~ 688K 的温度区间内，用分光光度法研究了下面的气相反应：

$$I_2 + \text{环戊烯} \rightleftharpoons 2HI + \text{环戊二烯}$$

得到 $K_p^\ominus$ 与温度（K）的关系为

$$\ln K_p^\ominus = 17.39 - \frac{51034}{4.575T}$$

(1) 计算在 573K 时，反应的 $\Delta_r G_m^\ominus$、$\Delta_r H_m^\ominus$ 和 $\Delta_r S_m^\ominus$

(2) 若开始时用等量的 I_2 和环戊烯混合，温度为 573K，起始总压为 100kPa，试求平衡后 I_2 的分压。

(3) 若起始压力为 1000kPa，试求平衡后 I_2 的分压。

(9.88kJ · mol^{-1}，92.74kJ · mol^{-1}，144.6J · mol^{-1} · K^{-1}；34.49kPa；418.3kPa)

15. 反应 $2SO_2$（g）+ O_2（g）= $2SO_3$（g）在 1000K 时的 $K_p^\ominus = 3.4\times10^{-5}$，计算 1100K 时的 $K_p^\ominus$。已知该反应的 $\Delta_r H_m^\ominus$ = −189kJ · mol^{-1}，并设在此温度范围内 $\Delta_r H_m^\ominus$ 为常数。

($K^{\ominus}_{p,2}=4.3\times10^{-6}$)

16. CO_2 与 H_2S 在高温下有如下反应：

$$CO_2(g)+H_2S(g)=COS(g)+H_2O(g)$$

今在 610K 时，将 4.4×10^{-3}kg 的 CO_2 加入 2.5dm^3 体积的空瓶中然后再充入 H_2S 使总压为 1000kPa。平衡后水的摩尔分数为 0.02。同上试验，在 620K，平衡后水的摩尔分数为 0.03（计算时可假定气体为理想气体）。

(1) 计算 610K 时的 $K^{\ominus}_p$。

(2) 求 610K 时的 $\Delta_r G^{\ominus}_m$。

(3) 计算反应的热效应 $\Delta_r H^{\ominus}_m$。

($K^{\ominus}_p=2.78\times10^{-3}$；$\Delta_r G^{\ominus}_m=29.87\text{kJ}\cdot\text{mol}^{-1}$；$\Delta_r H^{\ominus}_m=276.6\text{kJ}\cdot\text{mol}^{-1}$)

17. (1) 在 1393K 下用 H_2(g) 还原 FeO(s) 平衡时混合气体中 H_2(g) 的摩尔分数为 0.54，求 FeO(s) 的分解压。已知同温度下，反应 $2H_2O(g)=2H_2(g)+O_2(g)$ 的 $K^{\ominus}=3.4\times10^{-13}$；(2) 在炼铁炉中，氧化铁按如下反应还原：

$$FeO(s)+CO(g)=Fe(s)+CO_2(g)$$

求 1393K 下，还原 1mol FeO 需要 CO 多少摩尔？已知同温度下反应 $2CO_2(g)=2CO(g)+O_2(g)$ 的 $K^{\ominus}=1.4\times10^{-12}$

($p_{o_2}=2.47\times10^{-11}$kPa；$n=3.38$)

18. 今有某气相反应，证明

$$\left(\frac{\partial \ln K_c}{\partial T}\right)_p=\frac{\Delta_r U^{\ominus}_m}{RT^2}$$

19. 已知反应 $(CH_3)_2CHOH(g)=(CH_3)_2CO(g)+H_2(g)$ 的 $\Delta C_{p,m}=16.72\text{J}\cdot\text{K}^{-1}\cdot\text{mol}^{-1}$。在 457.4K 时的 $K_p=0.36$，在 298.15K 时的 $\Delta_r H_m=61.5\text{kJ}\cdot\text{mol}^{-1}$。

(1) 写出 $\ln K^{\ominus}_p=f(T)$ 的函数关系；

(2) 求 500K 时的 $K^{\ominus}_p$ 值。

$$\left[\ln K^{\ominus}_p=-\frac{6798}{T}+2.011\ln\left(\frac{T}{K}\right)+1.522;\ K^{\ominus}_p(500\text{K})=1.53\right]$$

20. 已知 Br_2(g) 的标准生成热 $\Delta_f H^{\ominus}_m$(298.15K) 和标准生成自由能 $\Delta_f G^{\ominus}_m$(298.15K) 分别为 30.71 和 $3.14\text{kJ}\cdot\text{mol}^{-1}$。

(1) 计算液态溴在 298K 时的蒸气压；

(2) 近似计算溴在 323K 时的蒸气压；

(3) 近似计算标准压力下液态溴的沸点。

(28.18kPa；73.09kPa；332.5K)

21. 在 723K 时，将 0.1molH_2 和 0.2molCO_2 通入抽空的瓶中，发生如下的反应：

(1) $H_2(g)+CO_2(g)=H_2O(g)+CO(g)$

平衡后的总压力为 50.66kPa，经分析其中水蒸气的摩尔百分数为 10%。今在容器中加入过量的 CoO(s) 和 Co(s)，在容器中又增加了如下的平衡：

(2) $CoO(s)+H_2(g)=Co(s)+H_2O(g)$

(3) CoO (s) + CO (g) = Co (s) + CO_2 (g)

经分析此时容器中水蒸气的摩尔百分数为30%。试计算 K_1、K_2 和 K_3。

($K_1 = 7.56 \times 10^{-2}$; $K_2 = 9$; $K_3 = 119$)

22. 一个可能大规模制 H_2 的方法是使 $CH_4 + H_2O$ 的混合气体通过热的催化床，设用5∶1的 H_2O∶CH_4 的混合气体，$T = 873K$，$p = 101.325kPa$，若只有下列反应发生：

(1) CH_4 (g) + H_2O (g) = CO (g) + $3H_2$ (g)，$\Delta_r G_m^{\ominus}(1) = 4435 J \cdot mol^{-1}$

(2) CO (g) + H_2O (g) = CO_2 (g) + H_2 (g)，$\Delta_r G_m^{\ominus}(2) = -6633 J \cdot mol^{-1}$

求放出的干平衡气体（即除去 H_2O 气后的气体）的组成。

[$x(CH_4) = 0.02$; $x(CO) = 0.059$; $x(CO_2) = 0.149$; $x(H_2) = 0.772$]

参考文献

[1] 石朝周. 物理化学 [M]. 北京：中国医药科技出版社，2002.
[2] 侯新朴. 物理化学 [M]. 第六版. 北京：人民卫生出版社，2007.
[3] 詹先成. 物理化学 [M]. 北京：高等教育出版社，2008.

第四章 INTRODUCTION

相 平 衡

恒温、恒压，没有非体积功的条件下，可以用化学势判断相变过程的方向和限度，而化学势是温度、压力及组成的函数。本章讨论相平衡系统的温度、压力及组成等强度性质的相互关系及其图形表示——相图，进而研究指定条件下的相平衡关系，以及条件改变时这种平衡关系变化的方向和限度。这是化学、化工及药学等领域选择分离方法、确定分离条件、设计分离装置的理论基础。在药物生产、贮存、运输、剂型设计、配伍以及稳定性研究等方面，相平衡理论也常常能提供有益的参考。

第一节 相 律

一、相

相（phase）：系统中物理性质和化学性质完全均匀的部分。同一个相可以是连续的，也可以是非连续的，如浮在水中的大大小小的碎冰是一个相。

在多相系统中，不同的相之间有明显的界面。越过界面时，相的物理性质和化学性质将发生突变。多相平衡系统中相的数目叫相数，用符号“Φ”表示。

在通常情况下，因气体分子都能均匀地混合，故气体系统不管有多少种气体只有一个相。液体系统根据互溶程度不同可以是一个相也可以是多相共存，一般不超过三相。对于固体系统，只要组分之间不是以分子、原子那样小的粒子相混合，一般是有几个组分就有几个相，与它们的分散度无关，组分之间以分子、原子的形式均匀混合，形成的固体溶液（也称固溶体）为一个相。

二、物种数与组分数

平衡系统中所含的化学物质的种类数称为物种数（number of chemical species），用符号“S”表示。

确定平衡系统中所有各相的组成所需的最少物种数，称为独立组分数，简称组分数

(number of components)，用符号“K”表示。

物种数 S 和组分数 K 的关系式是

$$K = S - R - R'$$

式中，R 为系统中独立的化学平衡数，R' 为浓度等其他限制条件数。下面分三种情况加以讨论。

（1）系统中不存在化学反应，也不存在其他限制条件时，物种数与组分数相等，即 $K = S$。例如 NaCl 的水溶液，有 NaCl 和 H_2O 两个物种，$S = K = 2$。

（2）系统中存在化学反应时，物种数与组分数不等，$K < S$。若系统中各物质间发生化学反应并建立了化学平衡，例如 $N_2 + 3H_2 \rightleftharpoons 2NH_3$，物种数为 3。此时若知道三种物质中任意两种物质的量，就可根据平衡常数求得第三种物质的量，在无其他限制条件的情况下，组分数 $K = S - R = 3 - 1 = 2$。

应该强调，R 指的是独立的化学平衡数。例如一个平衡系统中有下列三个化学平衡

$$H_2(g) + \frac{1}{2}O_2(g) = H_2O$$

$$CO(g) + \frac{1}{2}O_2(g) = CO_2(g)$$

$$H_2(g) + CO_2(g) = CO(g) + H_2O(g)$$

其中任何一个都可以看作是其他两个的耦合，因而独立的化学平衡数是 2，而不是 3。

（3）系统中存在浓度限制条件。如在合成氨反应中，若反应开始时，N_2 与 H_2 的物质的量之比为 1∶3，或反应开始时只有 NH_3，则平衡系统中，N_2 与 H_2 将始终维持 1∶3的摩尔浓度之比。这就是浓度限制条件。这时，平衡系统的组分数就不是 $K = 2$，而是 $K = S - R - R' = 3 - 1 - 1 = 1$。

应该注意，浓度限制条件要求不同物种的浓度之间存在确定的关系式，除特殊情况外，一般，在同一相中才能应用，不同相间不存在浓度限制条件。

例如：$CaCO_3$ 的分解反应

$$CaCO_3\ (s) \rightleftharpoons CaO\ (s) + CO_2\ (g)$$

虽然分解产生的 CaO（s）与 CO_2（g）的物质的量相同，但因一个是固相，另一个是气相，其间不存在浓度关系，故组分数是 2 而不是 1。

过量的 NH_4Cl（s）在真空容器中分解达平衡

$$NH_4Cl\ (s) \rightleftharpoons NH_3\ (g) + HCl\ (g)$$

NH_3 和 HCl 的摩尔分数相等，并且它们都在同一相中，浓度限制条件数 $R' = 1$。物种数 $S = 3$，化学平衡数 $R = 1$，独立组分数 $K = 3 - 1 - 1 = 1$。

三、自由度数

一个平衡系统中，在不引起旧相消失或新相产生的条件下，可以独立改变的强度性质（如温度、压力和组成）称为自由度（degrees of freedom），自由度的数目称为自由度数，用符号“f”表示。

例如单一液相的水，可在一定范围内任意改变温度和压力，仍然能保持单一的液

相，此时$f=2$。水和水蒸气呈两相平衡时，系统的可变因素仍是温度和压力，但这二者之间存在函数关系，其中只有一个是独立可变的，因此$f=1$。

四、相律

相律是描述多相平衡系统中相数（Φ）、组分数（K）、自由度数（f）之间关系的规律。相律的数学表达式是吉布斯（Gibbs）借助于热力学理论推导出来的。

假设在温度T、压力p下，一个多组分多相平衡系统共有Φ个相，S种物质分配在每一相中。若用1、2、3 …S代表各种物质，以α、β、γ…Φ代表各个相，该系统达平衡时的强度变量有：

（1）一个温度变量　$T^{\alpha}=T^{\beta}=T^{\gamma}=\cdots=T^{\Phi}=T$

（2）一个压力变量　$p^{\alpha}=p^{\beta}=p^{\gamma}=\cdots p^{\Phi}=p$

达平衡时，系统中所有各相都具有相同的温度和压力，因此只需要指定一个温度和一个压力就可确定整个系统的温度和压力。

（3）浓度变量　每一相中有S种物质，就有S个浓度，S个浓度中，只需确定（$S-1$）个，另一个也就随之确定了。系统中共有Φ个相，因此，系统的浓度变量总数为$\Phi(S-1)$个。

系统的强度变量总数为$\Phi(S-1)+2$。

上述变量不全是独立的，因为达平衡时，这些变量间存在某些函数关系：

（1）化学势确定的函数关系　不同相中同一种物质的化学势相同

$$\mu_B^{\alpha}=\mu_B^{\beta}=\mu_B^{\gamma}=\cdots=\mu_B^{\Phi}$$

一种物质同时存在于Φ个相中，有$\Phi-1$个化学势相等的方程式，因为假定S种物质分布在Φ个相的每一相中，所以总共有$S(\Phi-1)$个化学势相等的关系式。

（2）化学平衡确定的函数关系　若系统中有R个独立的化学平衡，就有R个化学平衡确定的物种间化学势相等的函数关系。

（3）其他限制条件确定的函数关系　系统中还可能有R'个浓度限制条件以及电中性条件等。

这样，关联各个变量的关系式总数为$S(\Phi-1)+R+R'$。

自由度数是在一定范围内可独立改变而不会引起相态变化的强度性质的数目，应等于系统的强度变量总数减去这些变量间的关系式数，即

$$f=\text{平衡系统的强度变量总数}-\text{平衡时变量间的关系式数}$$

$$\begin{aligned} f&=[\Phi(S-1)+2]-[S(\Phi-1)+R+R'] \\ &=[S-R-R']-\Phi+2 \end{aligned}$$

$S-R-R'$即组分数K，从而有

$$f=K-\Phi+2 \tag{4-1}$$

式（4-1）称为吉布斯相律。式中的2是指温度和压力两个变量。相律是自然界最准确的定律之一，适用于一切平衡系统。

例4-1　说明下列平衡系统的自由度数为若干？

（1）298K及标准压力下，NaCl（s）与其水溶液平衡共存；

(2) I_2 (s) 与 I_2 (g) 呈平衡;

(3) 开始时用任意量的 HCl (g) 和 NH_3 (g) 组成的系统中，反应 HCl (g) + NH_3 (g) $\rightleftharpoons$ NH_4Cl (s) 达平衡。

解: (1) 系统中共有氯化钠与水两种物质，$K=2$，依题意系统中有两相，为固体氯化钠与水溶液，$\Phi=2$，温度、压力固定，则 $f=K-\Phi+0=2-2=0$。

指定温度和压力，系统已无自由度，饱和食盐水的浓度为定值，说明在一定温度、压力下，氯化钠有确定的溶解度。

(2) 此系统 $K=1$，$\Phi=2$，$f=K-\Phi+2=1-2+2=1$。$f=1$ 表明变量 p 和 T 之中只有一个可独立改变，p 和 T 之间有函数关系，也就是说，I_2 (s) 的饱和蒸气压是温度的函数，或者说，I_2 (s) 与 I_2 (g) 的平衡温度是压力的函数。

(3) $S=3$，$R=1$，$R'=0$，$K=3-1=2$，$\Phi=2$。$f=K-\Phi+2=2-2+2=2$。温度及总压、或者温度及任一气体的浓度可独立变动。

对于相律，还需要作以下几点说明:

(1) S 种物质即使不同时存在于每一相中，相律仍然成立。原因是当某相中不存在某一种物质时，则总变量会减少一个，相应地，限制条件中化学势相等的关系式也少了一个，组分数不变。

(2) 相律 $f=K-\Phi+2$ 中的 2 表示变量温度和压力。当指定了温度或压力时，相律变为 $f^*=K-\Phi+1$，f^* 为条件自由度。此式常用于指定温度或压力的系统，或压力影响很小的凝聚系统。

(3) 除组成外，当系统状态受到 n 个强度性质 (如温度、压力、磁场、电场、重力场等) 的影响时，相律应为 $f=K-\Phi+n$。

(4) 相律仅适用于相平衡系统，包括存在化学平衡的相平衡系统。

第二节 单组分系统

单组分系统仅存在一种物质。对于单组分系统，相律可表示为: $f=K-\Phi+2=1-\Phi+2=3-\Phi$。

当 $f=0$ 时，$\Phi=3$。自由度数最小为零，因此单组分系统最多能有三个相平衡共存。组分数确定时，相数越少，自由度数越大。任何系统至少有一个相，根据相律，对任一单组分相平衡系统，最大自由度数 $f_{max}=K-1+2=K+1$。单组分系统的组分数 $K=1$，$f_{max}=2$。因此，单组分系统最多有两个独立变量，即温度和压力，故单组分系统可以用 $p-T$ 平面图来全面描述系统的相平衡关系。

一、水的相图

水的相图是最为常见的单组分系统相图。

水在一般温度和压力下，有三种聚集状态: 水蒸气 (气态)、水 (液态)、冰 (固态)。在封闭系统中，严格单组分的条件下，测定不同温度下水及冰的饱和蒸气压，以及不同压力下水与冰的平衡温度，将所得数据绘成 $p-x$ 图，即得水的相图。图 4-1 是其示意图。

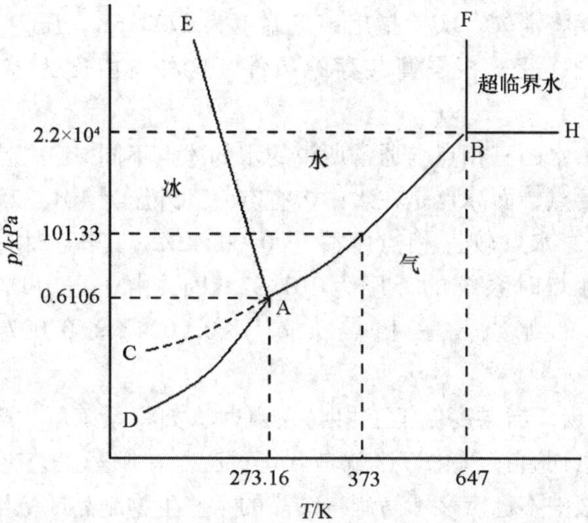

图4－1　水的相图

图4－1中，AB、AD及AE三条曲线交于A点，将平面分成BAE、EAD及DAB三个区域，分别是液、固、气的单相区。在单相区内：$\Phi=1$，$f=2$，温度和压力可以独立改变，而不引起相变。这种具有二个自由度的系统称为为双变量系统。

图中AB、AD及AE三条实线是两相平衡线。线上：$\Phi=2$，$f=1$，p与T之间呈函数关系，如指定温度和压力两个变量中的任何一个，另一个也随着确定。这种具有一个自由度的系统称为单变量系统。

AB线为水的饱和蒸气压曲线，这条曲线上的任意一点都表示液态水和水蒸气平衡。AB线可向高温区延伸，但不能任意延长，它终止于临界点B（647K，2.2×10^4kPa）。在临界点，液体密度和蒸气的密度相等。BF以右、BE以上的区域为超临界流体区，此区内，水不再有气体与液体之分。超临界流体有着类似于液体的密度和类似于气体的流动性，超临界流体萃取在有机物提纯中有重要的应用。临界点对应的温度称为临界温度，温度超过临界温度时，液态水将不复存在。

AD线是冰的饱和蒸气压曲线。这条曲线上的任意点所表示的状态，都是冰和水蒸气共存的平衡态。AD线的上面为固相区。AD线的下面为气相区。AD线在理论上可延长到绝对零度附近。AC线是AB线的延长线，是过冷水和水蒸气的介稳平衡线。由于AC线在AD线的上面，它的蒸气压大于同温度下处于稳定状态的冰的蒸气压，因此过冷水处于不稳定状态，如外界对系统稍有干扰，就很容易回到AD线上。

AE线为水的凝固点线。这条线上的任意点都表示水和冰的平衡状态。此线不能无限向上延伸，延伸到压力为2.0265×10^5kPa时，状态图变得较复杂，有六种不同晶形结构的冰生成。AE线的斜率为负值，说明当压力增高时冰的熔点将降低，这与大多数其他物质不同，主要是由于冰的密度比水小的缘故，冰融化时体积缩小。后面将要介绍的克拉佩龙方程可以从理论上解释这一现象。

图中 A 点是 AB、AD 及 AE 三条曲线的交点，称为三相点。在该点，系统中三相共存，$\Phi=3$，$f=0$，温度和压力均有确定值，不能任意改变。温度和压力只要有一个改变，就至少有一个相将消失。实验指出该点温度为 273.16K，压力为 0.6105kPa。三相点严格规定了气、固、液三相平衡共存的条件。这种自由度为零的系统称为无变量系统。

需要说明的是，水的三相点与通常所说的水的冰点不同。三相点是在严格单组分条件下测得的三相平衡点，而冰点是在水中溶有空气和外压为 101.325kPa 时测得的数据。由于水中溶有空气，冰点较三相点下降了 0.00242K。其次三相点时系统蒸气压是 0.61016kPa，而测冰点时系统的外压为 101.325kPa，由于压力增大，冰点又下降了 0.00747K，所以水的冰点比三相点下降了 $0.00242+0.00747\approx0.01$K，即等于 273.15K。

从图 4-1 可看出，当温度低于三相点 A 点时，如将系统压力降至 AD 线以下，固态冰可不经过液态水而直接气化，这就是升华过程。在制药工艺上升华有着重要的应用。例如，在水溶液中不稳定又不易制得结晶的某些生物制品或抗生素等，在制备粉针注射剂时，可先将这类药物水溶液在短时间内用快速深度冷冻方法，使溶剂全部凝结成冰，同时降低压力，使冰升华除去溶剂，密封后便得到可长时间储存的疏松的海绵状粉针剂。这种干燥方法称为冷冻干燥。由于该法是在低温下操作，药物不致受热分解，并能使溶质变成疏松的海绵状固体以利于使用时快速溶解。

二、克劳修斯-克拉佩龙方程

根据相律，单组分系统处于任何两相平衡状态时只有一个自由度（T 或 p），如指定了温度，则压力随之被确定；如指定了压力，则温度随之被确定。因此，两相平衡时的温度（称平衡温度）和压力（称平衡压力）之间有一定的函数关系。这种关系可由相平衡条件导出。

在一定温度和压力时，单组分系统两相平衡的条件是两相的摩尔吉布斯函数相等，即

$$G_m^\alpha(T,p)=G_m^\beta(T,p)$$

若在保持两相平衡的前提下，系统的温度由 T 变至 $T+dT$，压力由 p 变至 $p+dp$，则系统的状态也随之发生变化，α 相的摩尔吉布斯函数从 G_m^α 变至 $G_m^\alpha+dG_m^\alpha$，β 相的摩尔吉布斯函数将从 G_m^β 至 $G_m^\beta+dG_m^\beta$，此时 α 相与 β 相达到新的平衡，所以两相的摩尔吉布斯函数仍然相等，即

$$G_m^\alpha+dG_m^\alpha=G_m^\beta+dG_m^\beta$$

$$G_m^\alpha(T,p)=G_m^\beta(T,p)$$

$$dG_m^\alpha=dG_m^\beta$$

根据热力学基本方程

$$dG=-SdT+Vdp$$

得

$$dG_m^\alpha=-S_m^\alpha dT+V_m^\alpha dp$$

$$dG_m^{\beta} = -S_m^{\beta}dT + V_m^{\beta}dp$$

$$-S_m^{\alpha}dT + V_m^{\alpha}dp = -S_m^{\beta}dT + V_m^{\beta}dp$$

移项，得

$$(V_m^{\beta} - V_m^{\alpha})\ dp = (S_m^{\beta} - S_m^{\alpha})\ dT$$

$$\frac{dp}{dT} = \frac{S_m^{\beta} - S_m^{\alpha}}{V_m^{\beta} - V_m^{\alpha}} = \frac{\Delta_{\alpha\to\beta}S_m}{\Delta_{\alpha\to\beta}V_m} \tag{4-2}$$

式中，S_m^{α}、S_m^{β} 分别为 α、β 相的摩尔熵，V_m^{α}、V_m^{β} 分别为 α、β 相的摩尔体积。

可逆相变时摩尔相变熵为

$$\Delta_{\alpha\to\beta}S_m = \frac{\Delta_{\alpha\to\beta}H_m}{T}$$

代入式（4－2）得

$$\frac{dp}{dT} = \frac{\Delta_{\alpha\to\beta}H_m}{T\cdot\Delta_{\alpha\to\beta}V_m} \tag{4-3}$$

式（4－3）即为克拉佩龙（Clapeyron）方程。

克拉佩龙方程定量地反映了单组分系统两相平衡时的温度和压力的关系。由于该方程在导出过程中，除了单组分条件外，没有作其他假设，α 相和 β 相也没有指定是何种相，所以它适用于任何纯物质的两相平衡。

将方程应用到气－固和或气－液两相平衡系统时，因液相或固相的摩尔体积远小于气相的摩尔体积，所以 $\Delta_{\alpha\to\beta}V_m \approx V_m(g)$，假设蒸气遵守理想气体状态方程，则

$$\frac{dp}{dT} = \frac{\Delta_{\alpha\to\beta}H_m}{T\cdot\Delta_{\alpha\to\beta}V_m} \approx \frac{\Delta_{\alpha\to\beta}H_m}{T\cdot V_m(g)} = \frac{\Delta_{\alpha\to\beta}H_m}{T\left(\dfrac{RT}{p}\right)} = \frac{p\cdot\Delta_{\alpha\to\beta}H_m}{RT^2}$$

或

$$\frac{d\ln p}{dT} = \frac{\Delta_{\alpha\to\beta}H_m}{RT^2} \tag{4-4}$$

式（4－4）称为克劳修斯－克拉佩龙（Clausius－Clapeyron）方程。该方程不仅适用于气、液两相平衡，也适用于气、固两相平衡。由于克劳修斯－克拉佩龙方程不需要 $\Delta_{\alpha\to\beta}V_m$ 数据，比克拉佩龙方程使用方便，但精确度比克拉佩龙方程低。

式（4－4）不定积分得

$$\ln p = -\frac{\Delta_{\alpha\to\beta}H_m}{R}\cdot\frac{1}{T} + I \tag{4-5}$$

式中 I 为积分常数。在温度变化不是很大的区间内，$\ln p$ 与 $1/T$ 呈线性关系，测得不同温度下的饱和蒸气压，通过作图或回归得式（4－5）型直线方程后，由直线的斜率可求纯物质的摩尔蒸发焓或摩尔升华焓，并可求在该温度区间内任一温度下的饱和蒸气压。

式（4－4）定积分得

$$\ln\frac{p_2}{p_1} = -\frac{\Delta_{\alpha\to\beta}H_m}{R}\left(\frac{1}{T_2} - \frac{1}{T_1}\right) \tag{4-6}$$

或
$$\ln\frac{p_2}{p_1}=\frac{\Delta_{\alpha\to\beta}H_m\ (T_2-T_1)}{RT_1T_2}$$

若已知 $\Delta_{\alpha\to\beta}H_m$ 和一个温度下的饱和蒸气压，利用上式可求另一温度下的饱和蒸气压。导出式（4-5）和式（4-6）时，将 $\Delta_{\alpha\to\beta}H_m$ 看作常数，因此，应用这两个公式时，温度区间不能过大。

当缺少液体的摩尔蒸发焓数据时，可以用以下经验规则进行近似估计。对于在气、液两种状态下均不发生分子间缔合的非极性液体，其正常沸点时的摩尔蒸发焓 $\Delta_{l\to g}H_m^{\ominus}$ 与正常沸点 T_b（101325Pa 下的沸腾温度）有如下近似关系

$$\frac{\Delta_{l\to g}H_m}{T_b}\approx 88\text{J}\cdot\text{mol}^{-1}\cdot\text{K}^{-1} \tag{4-7}$$

此关系称为特鲁顿（Trouton）规则。

例 4-2 正己烷的沸点为 342.15K。计算 333.15K 时的蒸气压。

解:

$$\frac{\Delta_{l\to g}H_m}{T_b}\approx 88\text{J}\cdot\text{mol}^{-1}\cdot\text{K}^{-1}$$

$$\Delta_{l\to g}H_m=(88\text{J}\cdot\text{mol}^{-1}\cdot\text{K}^{-1})\times(342.15\text{K})=30.1\text{kJ}\cdot\text{mol}^{-1}$$

$$\ln\frac{p_2}{p_1}=\frac{\Delta_{\alpha\to\beta}H_m\ (T_2-T_1)}{RT_1T_2}=\frac{30.1\times10^3\times9}{8.314\times333.15\times342.15}=0.2859$$

将 $p_2=101325\text{Pa}$ 代入，求得正己烷在 333.15K 时的蒸气压为

$$p_1=76126\text{Pa}$$

第三节 二组分气-液平衡系统

对二组分系统，$f=K-\Phi+2=2-\Phi+2=4-\Phi$。当 $f=0$ 时，$\Phi=4$，即二组分系统最多有 4 相共存。最大自由度数 $f_{max}=K+1=2+1=3$，因此要完整地描述二组分系统的状态，须用三个变量，分别为温度、压力和组成（浓度）。它们之间的关系要用三维空间的立体图才能表达。因三维立体图的绘制和应用都不方便，通常固定一个变量，将相图绘成平面图，这相当于立体图中的一个截面。这种平面图有三种类型：$p-x$ 图（恒温相图），$T-x$ 图（恒压相图）和 $T-p$ 图。常用的是前两种。在平面图上最大自由度是 2，同时共存的相数最多是 3。

二组分系统相图的类型很多，这里只介绍一些典型的类型。在双液系统中主要介绍完全互溶的双液系统、部分互溶的双液系统和完全不互溶的双液系统。

一、理想液态混合物

一般来说，两种结构相似和极性（或偶极矩）相似的化合物（如苯和甲苯等），大都能以任意比例混合，并形成接近于理想的液态混合物。

（一）理想液态混合物的恒温相图（$p-x$ 图）

设液体 A 和液体 B 在一定温度下完全互溶形成理想液态混合物，根据拉乌尔定律

$$p_A = p_A^* \cdot x_A \tag{4-8}$$

$$p_B = p_B^* \cdot x_B \tag{4-9}$$

式中，p_A^*、p_B^* 分别为该温度下纯 A 和纯 B 的饱和蒸气压，x_A 和 x_B 分别为液相中组分 A 和组分 B 的摩尔分数。设溶液的总蒸汽压为 p，则

$$\begin{aligned} p &= p_A + p_B = p_A^* \cdot x_A + p_B^* \cdot x_B \\ &= p_A^* (1 - x_B) + p_B^* \cdot x_B \\ &= p_A^* + (p_B^* - p_A^*) x_B \end{aligned} \tag{4-10}$$

若 $p_B^* > p_A^*$，当 $x_B = 0$，总蒸气压有最小值，$p = p_A^*$；当 $x_B = 1$，总蒸气压有最大值，$p = p_B^*$。当 $0 < x_B < 1$，则有 $p_A^* < p < p_B^*$。

在定温下，以 x_B 为横坐标，以蒸气压 p 为纵坐标，在 $p-x$ 图上可分别表示出分压和总压。根据式（4－8）、（4－9）和式（4－10），p_A、p_B 和 p 与液态混合物组成的关系均为直线，见图 4－2。

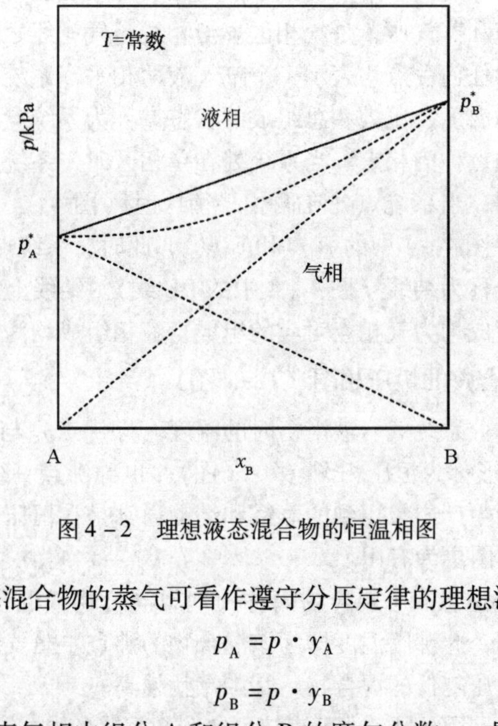

图 4－2　理想液态混合物的恒温相图

一般情况下，液态混合物的蒸气可看作遵守分压定律的理想混合气体

$$p_A = p \cdot y_A$$

$$p_B = p \cdot y_B$$

式中，y_A 和 y_B 分别代表气相中组分 A 和组分 B 的摩尔分数，p 是液态混合物的总蒸气压，将式（4－7）和式（4－8）分别代入前两式得

$p \cdot y_A = p_A^* \cdot x_A$，　　$p \cdot y_B = p_B^* \cdot x_B$

或

$$\frac{y_A}{x_A} = \frac{p_A^*}{p}, \qquad \frac{y_B}{x_B} = \frac{p_B^*}{p} \tag{4-11}$$

$$y_A = \frac{p_A}{p} = \frac{p_A^* \cdot x_A}{p}, \qquad y_B = \frac{p_B}{p} = \frac{p_B^* \cdot x_B}{p} \tag{4-12}$$

若液体 B 比液体 A 易挥发，则 $p_B^* > p_A^*$，又因 $p_A^* < p < p_B^*$，可得

$$y_A < x_A, \ y_B > x_B \tag{4-13}$$

这说明，在相同温度下有较高蒸气压的易挥发组分 B，在气相中的浓度大于它在液相中的浓度，对于有较低蒸气压的难挥发组分 A 则相反。这个规律称为柯诺瓦洛夫（Konowalov）第一定律。气－液平衡时两相组成不同，是精馏操作所以能分离液体混合物的根据。

将式（4－9）代入式（4－12）得

$$y_B = \frac{p_B^* x_B}{p_A^* + (p_B^* - p_A^*) x_B} \tag{4-14}$$

式（4－14）描述了理想液态混合物的气相组成 y_B 与液相组成 x_B 的关系。如要全面描述液态混合物的蒸气压与气、液两相平衡组成的关系，应先根据式（4－10）先画出图 4－2 中上方曲线即液相线，再从液相线上取不同的值 x_B 代入式（4－14），求出相应的 y_B 值，将它们连接起来就可构成下方曲线即气相线。如果把平衡压力与气、液相组成的关系表示在同一张图上，就得到图 4－2。该图中气相线在液相线的下面。液相线以上的区域，系统的压力高于溶液的饱和蒸气压，是液相区。气相线以下的区域，系统的压力低于溶液的饱和蒸气压，是气相区。液相线与气相线之间则是气、液平衡共存的两相区。两相区中的任何一点均表示一个气、液两相平衡系统的状态。

相图中表示系统的温度、压力和总组成的状态点称为系统点或物系点；表示一个相的温度、压力和组成的点称为相点。当系统处在单相区时，系统点与相点一致，系统总组成与该相的组成相同；当系统点处在两相平衡区时（图 4－4 中的 C 点），就有与系统点对应的两个相点（图 4－4 中的 D 点和 E 点），此时，系统点 C 与相点 D 和 E 不一致。两个相点的连接线称为结线（图 4－4 中的 DE 线）。结线上所有系统点所代表的两相平衡系统，其气相组成均为气相点对应的组成，液相组成均为液相点对应的组成。

（二）理想液态混合物的恒压相图（$T-x$ 图）

在定压下，将二组分系统气－液平衡时的温度（即沸点）与组成的数据描绘在 $T-x$ 坐标系中，得到的图形称为恒压相图（$T-x$ 图），也称沸点－组成图。

在药物研究和制药生产中常用到的蒸馏和精馏通常是在恒压下进行的，因此在实际工作中 $T-x$ 图比 $p-x$ 图更为有用。

当混合物（以下将理想液态混合物简称为理想混合物或混合物）的蒸气压等于外压时，混合物开始沸腾，此沸腾温度即为该混合物的沸点。蒸气压越高的混合物，其沸点就越低，反之，蒸气压越低的混合物，其沸点就越高。

$T-x$ 图可通过 $p-x$ 图绘制，也可直接由实验数据来绘制。

绘制方法：图 4－5 是常用的测定恒压相图的沸点仪示意图。实验时先配制不同组成的液态混合物，分别放置于沸点仪中加热至沸，记录沸点，同时分别从冷凝管下端球形小室 D 中和圆底烧瓶的支管 L 中取样分析沸腾时气、液两相的组成，然后将沸点和组成数据描绘在 $T-x$ 坐标系中，便得到如图 4－4 所示的 $T-x$ 相图。

图 4－4 中，上方曲线为气相线，下方曲线为液相线，分别表示溶液的沸点与气相组成及液相组成的关系。气相线以上的区域为气相区，液相线以下的区域是液相区。在气相、液相两个单相区域内，系统的 $\Phi=1$，$f=2$。在气相线和液相线所围成的梭形区

内为气、液两相平衡区，系统的 $\Phi=2$，$f=1$。$T-x$ 图与 $p-x$ 图不同之处在于即使是理想溶液，在图 $T-x$ 上的液相线也不是直线，而是曲线。

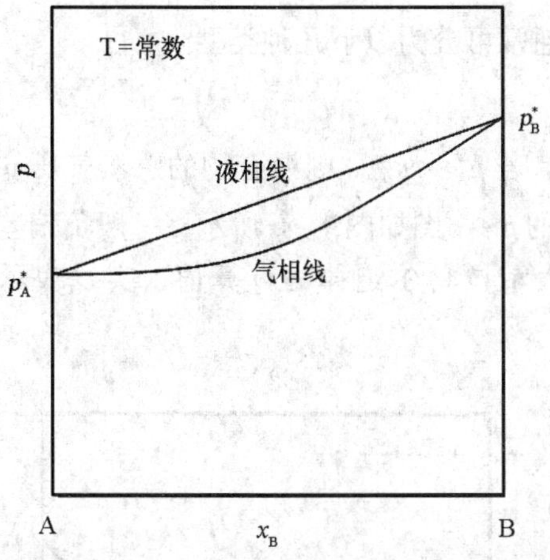

图 4－3　理想液态混合物的 $p-x$ 图

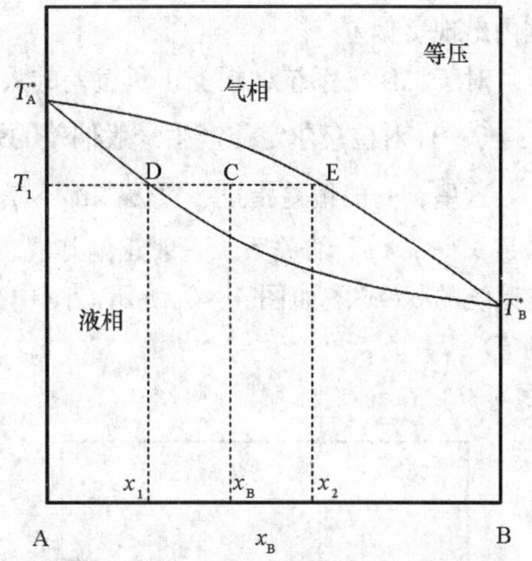

图 4－4　理想液态混合物的 $T-x$ 图

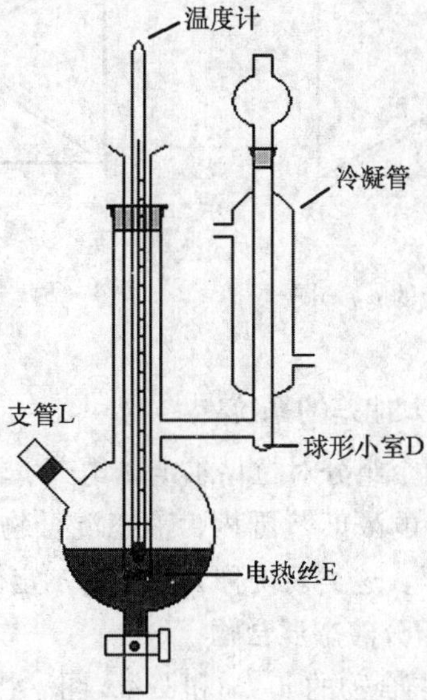

图 4－5　沸点仪示意图

二、非理想完全互溶系统

前面讨论的是理想液态混合物，但实际中遇到的液态混合物大多是非理想液态混合物，也称真实液态混合物。所谓非理想液态混合物，指的是对拉乌尔定律产生偏差的液态混合物。若任一组分 i 的蒸气压 $p_i > p_i^* x_i$，则称该组分对拉乌尔定律产生正偏差，反之，若 $p_i < p_i^* x_i$，则称为负偏差。实际液态混合物中两种组分或均为正偏差，或均为负偏差。但在某些情况下，有可能一个或两个组分在一定范围内出现正偏差，而在另一范围内出现负偏差。

对于二组分系统，根据正负偏差的大小，通常可分为以下几种类型。

（一）对拉乌尔定律产生一般偏差的系统

这里，一般偏差指正、负偏差都不是很大，若 $p_A^* < p_B^*$，则混合物的总蒸气压 p 仍满足 $p_A^* < p < p_B^*$ 的关系。一般正偏差液态系统的 $p-x$ 图如图 4－6 所示；一般负偏差液态系统的 $p-x$ 图如图 4－7 所示。图中虚线表示拉乌尔定律的计算值，实线表示实测值。

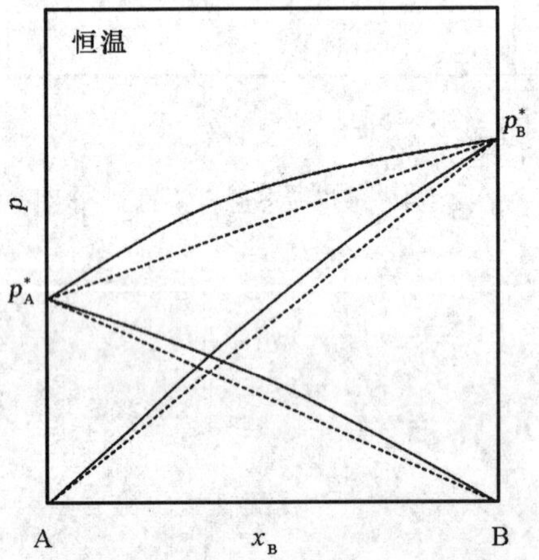

图 4－6 一般正偏差液态系统的 $p-x$ 图

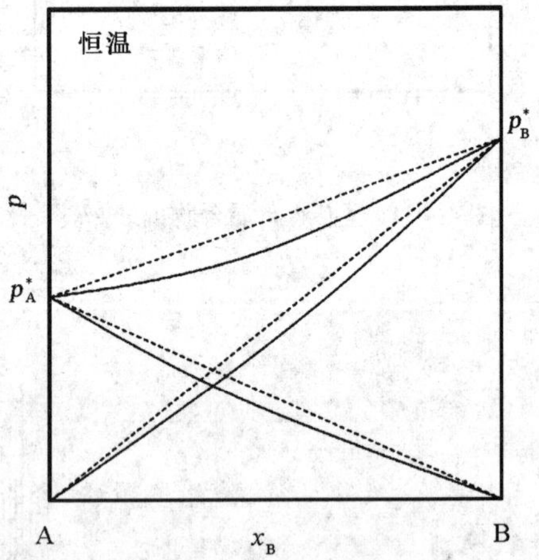

图 4－7 一般负差偏液态系统的 $p-x$ 图

（二）对拉乌尔定律有最大偏差的系统

当二组分液态混合物的两个组分对拉乌尔定律均产生较大偏差，且两个组分的饱和蒸气压相差不太大时，在一定的浓度范围内，液态混合物的总蒸气压可能大于（或小于）任一纯组分的饱和蒸气压。这类系统称为对拉乌尔定律有最大偏差的系统。

1. 具有最大正偏差的二组分液态混合物

图 4－8 给出了这类液态混合物的 $p-x$ 和 $T-x$ 图。在某一浓度范围内，混合物的总蒸气压大于任何一个纯组分的蒸气压，所以在 $p-x$ 相图上出现最高点，见图 4－8a；在 $T-x$ 图上出现最低点，见图 4－8b。

2. 具有最大负偏差的二组分液态混合物

图 4－9 给出了这类液态混合物的 $p-x$ 和 $T-x$ 图。在一定浓度范围内，液态混合物的总蒸气压小于任何一个纯组分的蒸气压，所以在 $p-x$ 相图上出现最低点见图 4－9a；在 $T-x$ 图上出现最高点，见图 4－9b。

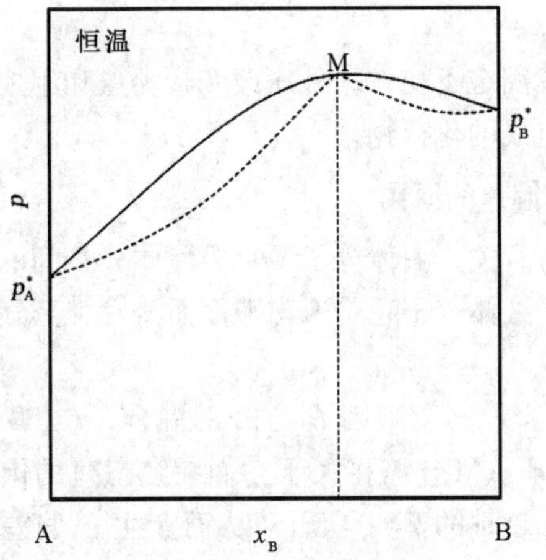

图4-8a　最大正偏差液态混合物 $p-x$ 图

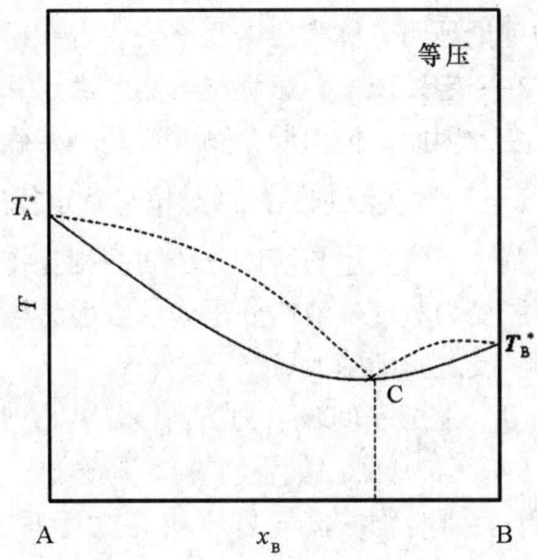

图4-8b　最大正偏差液态混合物 $T-x$ 图

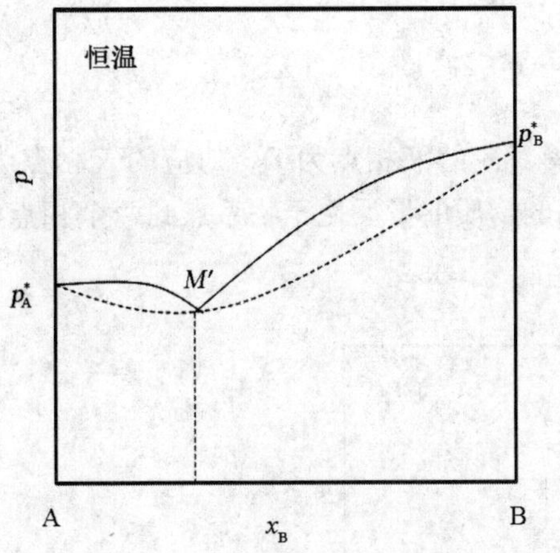

图4-9a　最大负偏差液态混合物 $p-x$ 图

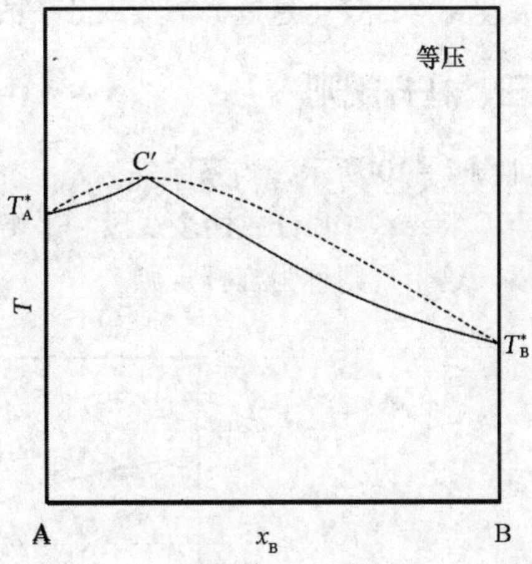

图4-9b　最大负偏差液态混合物 $T-x$ 图

3. 对拉乌尔定律有最大偏差系统的特点

（1）在 $p-x$ 图上出现最高点或最低点。在该点，气相线和液相线相切，气、液两相的平衡组成相同，$y_A=x_A$。

（2）在 $T-x$ 图上曲线出现最低 C 点或最高点 C′。在 C 点和 C′点处，$y_A=x_A$。C 点和 C′点分别称为最低恒沸点和最高恒沸点，对应于该点的混合物叫做恒沸混合物，恒沸混合物的组成称为恒沸组成。

（3）对于具有最低恒沸点的液态混合物，当溶液中组分 B 的浓度小于恒沸混合物中 B 的浓度时，$y_B>x_B$。当溶液中组分 B 的浓度大于恒沸混合物中 B 的浓度时，$y_B<x_B$。对于具有最高恒沸点的液态混合物，情形正好相反。柯诺瓦洛夫在大量实验的基础上，总结出如下规律：若增加液态混合物某组分的含量，导致一定温度下混合物蒸气总压增大，或一定压力下混合物沸点降低，则平衡时该组分的气相含量大于液相含量；在

$p-x$ 图和 $T-x$ 图的最高点或最低点，液相组成与气相组成相同。这一规律得到了吉布斯的理论证明，称为柯诺瓦洛夫－吉布斯定律。

在一定外压下，恒沸混合物的沸点和组成固定不变，若外压改变，沸点和组成也随之改变。因此，恒沸混合物并不是具有确定组成的化合物。

（三）真实液态混合物对拉乌尔定律出现偏差的原因

蒸气压的大小与液体分子间的相互作用力有关。液体分子要克服液体分子间的吸引力才能变为蒸气。液体分子间的吸引力越大，液体分子越难逸出液面而蒸发，蒸气压就越小。反之，则越大。

（1）若分子间吸引力 $F_{A-B}<F_{A-A}$，$F_{A-B}<F_{B-B}$，则因 A 与 B 的混合，A、B 分子受到的吸引力都将减小，变得较易逸出，A、B 蒸气分压将大于它们在纯态时的饱和蒸气压，其混合物的蒸气总压也将大于理想混合时的蒸气总压，从而产生正偏差。若 $F_{A-B}>F_{A-A}$，$F_{A-B}>F_{B-B}$，则情形刚好相反，产生负偏差。

（2）若某组分原为缔合分子，在形成液态混合物后缔合分子发生离解或缔合度减少，液态混合物中分子数目增加，蒸气压增大，因而产生正偏差。如两组分混合后，分子间发生缔合或产生氢键，溶液中分子数减少，因而产生负偏差。

三、杠杆规则

如图 4－10 所示，当系统点为 C 点时，其对应的液相点为 D，对应的气相点为 E，系统点 C 将结线 DE 分成两个线段。平衡两相的物质的量反比于物系点到两个相点的线段长度。这个规则称为杠杆规则。

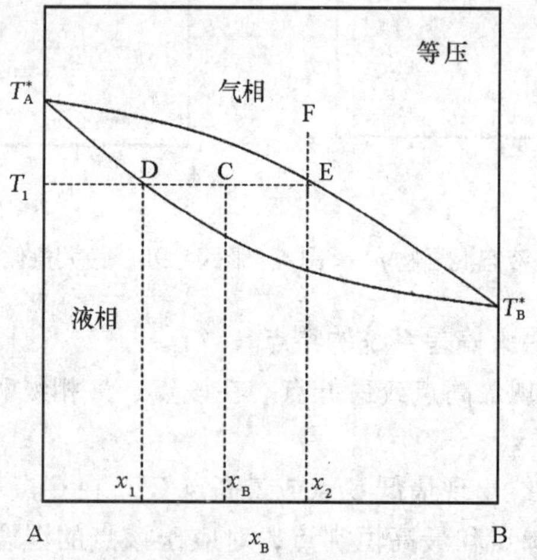

图 4－10　杠杆规则

设 A 和 B 的液态混合物中 B 的摩尔分数为 x_B。当温度为 T_1 时，物系点 C 处于气－液两相平衡区内。设此时液相中 B 的摩尔分数为 x_1，气相中 B 的摩尔分数为 x_2，系统的物质的量为 $n$mol，液相的物质的量为 $n_1$mol，气相的物质的量为 $n_2$mol。整个平衡系

统中B组分的物质的量必等于其在气相中和液相中物质的量之和

$$nx_B = n_1x_1 + n_2x_2$$

$$n = n_1 + n_2$$

$$(n_1 + n_2)\ x_B = n_1x_1 + n_2x_2$$

整理后得

$$n_1\ (x_B - x_1)\ = n_2\ (x_2 - x_B)$$

$$\frac{n_1}{n_2} = \frac{x_2 - x_B}{x_B - x_1} = \frac{\overline{CE}}{\overline{CD}} \tag{4-15}$$

$$n_1\ \overline{CD} = n_2\ \overline{CE} \tag{4-16}$$

式（4-15）与式（4-16）称为杠杆规则，对于任意两相平衡区都适用。应注意的是，当组成用摩尔分数表示时，平衡两相的量应该用物质的量表示；当组成用质量分数表示时，平衡两相的量应该用质量表示。

四、精馏原理

将液态混合物进行多次的部分气化和部分冷凝，使其组分达到分离的操作，称为精馏（fractional distillation）。精馏是分离液体混合物的重要方法，在工厂和实验室应用很广。

图4-11是精馏塔的示意图。精馏塔主要由以下三部分组成：①底部的加热釜，一般用蒸汽加热釜中的物料，使之沸腾并部分气化。②塔身（实验室中称精馏柱），其外壳用保温物质隔热，塔身内上下排列着多块塔板。例如筛板塔，上面有很多小孔，供上升气流通过，并有溢流管以便回流冷凝液进入下层塔板。③顶部的冷凝器，其作用是使低沸点的蒸气最后自塔顶进入冷凝器，冷凝液部分回流入塔内以保证精馏塔的稳定操作，其余部分收集为低沸点产品。高沸点产品则流入加热釜并从釜底排出。加料口的位置有选择地置于某层塔板上，以使原料与该层液体的浓度一致。

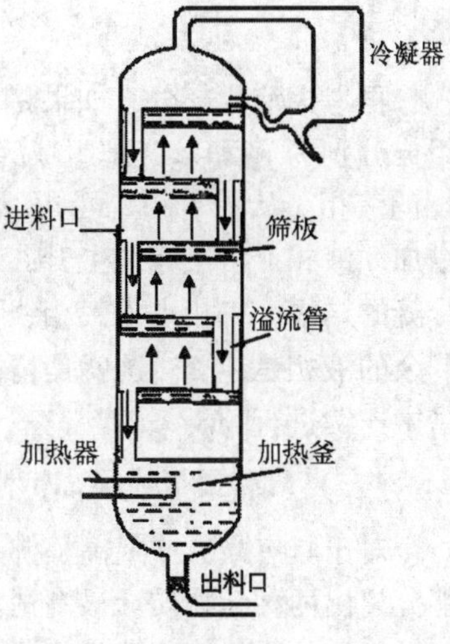

图4-11　精馏塔示意图

精馏塔在稳定操作时，每块塔板上的温度是恒定的，且自下而上温度逐渐降低，精馏过程中，易挥发组分愈来愈富集于塔顶，难挥发组分愈来愈浓缩于塔底。

精馏操作均在定压下进行，故用沸点-组成图来讨论精馏原理较为合适。根据溶液沸点情况不同分别讨论如下：

（一）无最高和最低恒沸点的溶液

精馏原理见图4-12。设组成为 x 的原始溶液在恒压下达到温度 T_4。此时物系点为 O 点，液气两相的组成分别为 x_4 和 y_4。先考虑气相部分，如果把组成为 y_4 的气相冷却到 T_3，则气相将部分地冷却为液体。得到组成为 x_3 的液相和组成为 y_3 的气相。将组成

为 y_3 的气相再部分冷凝到 T_2，就得到组成为 x_2 的液相和组成为 y_2 的气相，依此类推。从图 4-12 可见，气相中 B 的含量 $y_4 < y_3 < y_2 < y_1$，如果继续下去，反复把气相部分冷凝，最后得到的蒸气组成将接近于纯 B。

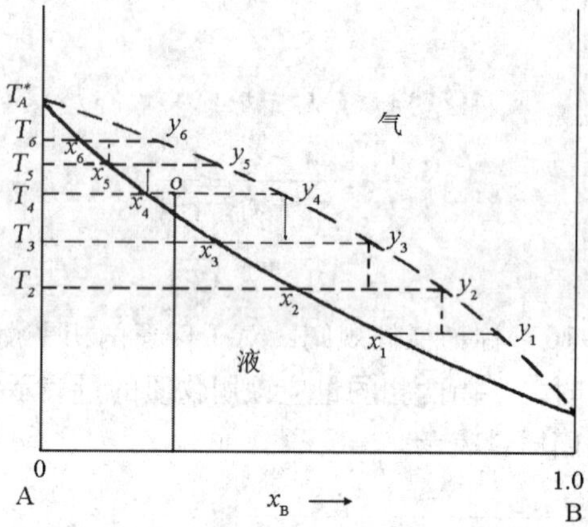

图 4-12 精馏原理

再考虑液相部分，如果将 x_4 的液相加热到 T_5，液相部分气汽化，此时气、液相的组成分别为 y_5 和 x_5，把组成为 x_5 的液相再部分气化，则得到组成为 y_6 的气相和组成为 x_6 的液相。从图 4-12 可见，液相中 B 的含量 $x_6 < x_5 < x_4 < x_3$，即液相中 A 的含量不断增加，液相点沿液相线上升，最后趋近于纵轴，得到纯 A。总之，多次部分蒸发和部分冷凝的结果，气相点沿气相线下降，最后蒸出来的是纯 B；液相点沿液相线上升，最后剩余的液相是纯 A。这就是精馏的基本原理。上述部分冷凝和部分气化的过程是在精馏塔中连续进行的。

（二）具有最低或最高恒沸点的溶液

对于具有最低或最高恒沸点的溶液，精馏只能得到一个纯组分和恒沸混合物，而不能分离出两种纯物质。最高恒沸混合物一定在塔釜，最低恒沸混合物一定在塔顶。对于这类系统，可将恒沸点作为分界，将图分为两个简单相图，再分别加以讨论，研究其精馏过程和产物。

第四节　液态部分互溶和完全不互溶系统

一、液态部分互溶系统的溶解度图

如果两种液体由于极性等性质有显著的差别，在一定温度范围内，两种液体只能有条件的相互溶解，浓度超过一定范围就要分层，形成互相饱和的两个液相。这对平衡共存的液相称为共轭溶液。根据温度对这类系统的影响，可区分为下面几种情况。

（一）具有最高临界溶解温度的系统

水-苯酚系统属于具有最高临界溶解温度的系统，其溶解度图见图 4-13。图中，曲线以内是二相平衡共存区，指定压力下，自由度数 $f=1$。曲线以外为单相区，指定压力下，自由度数为2，温度和组成可独立改变。

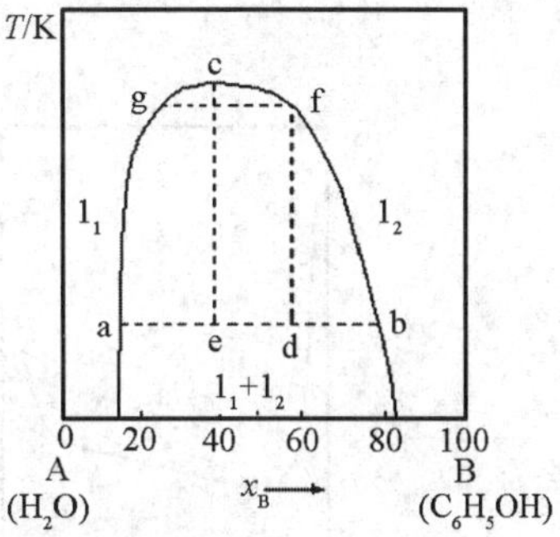

图 4－13　水－苯酚系统的溶解度图

在图中 a 点对应的温度，将苯酚滴加到水中，开始苯酚完全溶解，形成澄清的苯酚水溶液 l_1。继续滴加，溶液中苯酚的浓度逐渐增大，溶液保持澄清，直至 a 点。a 点的苯酚浓度即该温度下苯酚在水中的溶解度。继续滴加苯酚时，系统变得浑浊，静置后出现两个液层。一层是苯酚在水中的饱和溶液，简称水层；另一层是水在苯酚中的饱和溶液，简称酚层，这一对溶液称为共轭溶液。再继续滴加苯酚，直到 b 点，系统始终为一对共轭溶液平衡共存。在 b 点，系统重新变得澄清，成为一个单相系统，为水在苯酚中的溶液 l_2。b 点对应的水含量即该温度下水在苯酚中的溶解度。结线 ab 上任一点所代表的系统，自由度数均为零，温度与两相的组成均确定，两相的组成分别为两个相点 a 与 b 对应的组成。当系统点在结线上移动时，两相的组成不变，两相物质的相对量则按杠杆规则发生变化。

图 4－13 表明，升高温度时，两液体的相互溶解度会逐渐增加。若从图中 d 点升温，当温度升高到 f 点时，水层消失，整个系统成为一相。若自 e 点升温，升到一定温度时，两个液层的组成变为相等，此时系统成为一相，两个液相的相点会聚为一点，即为图中的 c 点。c 点的温度称为临界溶解温度（critical solution temperature），也称会溶温度（consolute temperature）。上例为有最高临界溶解温度的系统，当温度高于最高临界溶解温度时，苯酚和水可以完全互溶。

图中曲线 acb 表示定压下苯酚和水两液体的相互溶解度与温度的关系，称为溶解度曲线。

具有最高临界溶解温度的系统除了苯酚－水以外，还有苯胺－水，正丁醇－水，正己烷－硝基苯等。

（二）具有最低临界溶解温度的系统

图 4－13 所示的水与三乙基胺系统溶解度图。与苯酚－水系统的情况相反，当温度降低时，两个组分的相互溶解度反而增大，当温度降到一定温度以下，两种液体可以任意比例互相溶解。该温度称为最低临界溶解温度，或称低会溶温度。

从图中可以看出，水与三乙基胺系统的最低临界溶解温度为 291K。

（三）同时具有最高、最低临界溶解温度的系统

这类系统在温度高于最高临界溶解温度，或低于最低临界溶解温度时，两个组分完全互溶；当系统温度在两个临界溶解温度之间时，两个组分部分互溶，形成一对共轭溶液。水－烟碱系统属于这类系统，其溶解度曲线为一封闭曲线。如图 4－15 所示。

（四）无会溶温度的系统

这类系统的两个组分在其溶液能够存在的温度范围内始终是部分互溶的，不存在能使其完全互溶的会溶温度。水 - 乙醚系统即属于此类系统。

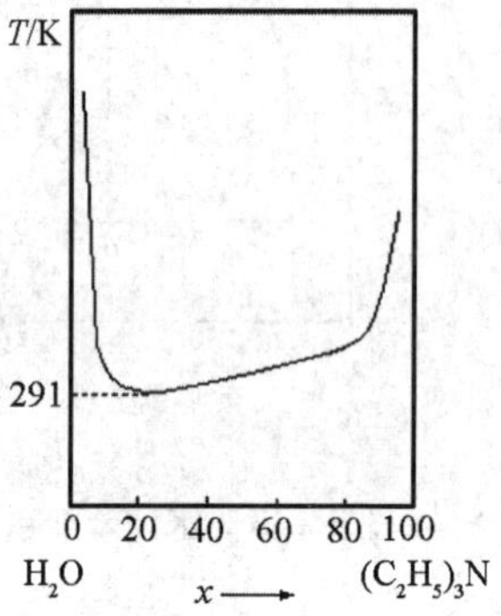

图 4 - 14 水 - 三乙基胺的溶解度图

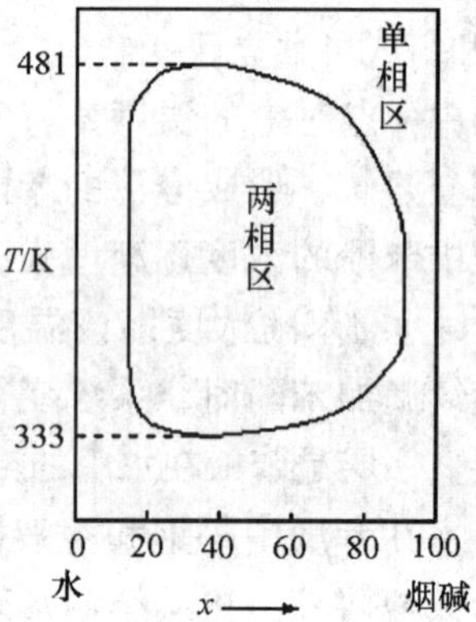

图 4 - 15 水 - 烟碱相图

二、液态部分互溶系统的 *T* - *x* 图

外压降低时，液体的沸点将降低。在适当低的压力下，具有最高会溶温度的部分互溶系统在升高温度时，会出现未达会溶温度即开始沸腾的现象。这类二组分混合物的 *T* - *x* 图示例于图 4 - 16。

图中，FEG 线以上为气相区。FDH 线以左为 B 在 A 中的溶液（l_1），单相区。GCK 线以右为 A 在 B 中的溶液（l_2），单相区。HDCK 区为 l_1 与 l_2 两相共存区；FDE 区为 l_1 与蒸气两相平衡区；GEC 区为 l_2 与蒸气两相平衡区。

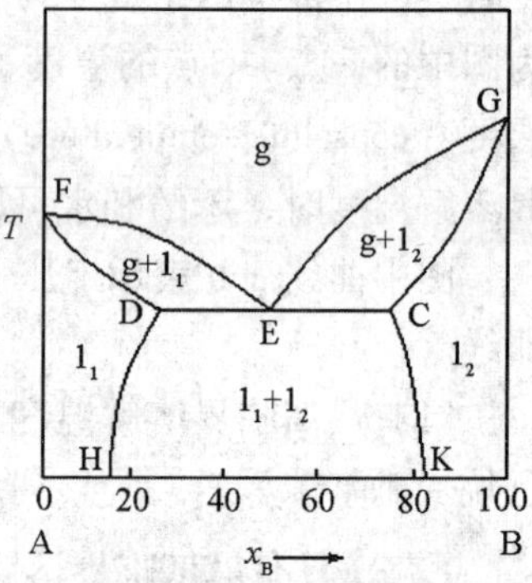

图 4 - 16 二组分混合物的 *T* - *x* 图

F 点和 G 点分别为 A 组分和 B 组分的沸点。DH 线为组分 B 在 A 中的溶解度曲线，CK 线为组分 A 在 B 中的溶解度曲线。FD 线为 B 溶于 A 的溶液与气相平衡共存时的液相线，亦即沸点曲线，FE 线为该溶液与气相平衡共存时的气相线。GC 线为 A 溶于 B 的溶液与气相平衡共存时的液相线，也是 B 在 A 中的溶液的沸点曲线，GE 线为该溶液与气相平衡共存时的气相线。DC 线为一对共轭溶液与气相平衡共存的三相平衡线，三相线上三个相的状态分别由 D、C、E 确定。E 点为三相平衡共存时的气相点。D 点为三相平衡共存时 l_1 相的相点。C 为三相平衡共存时 l_2 相的相点。三相线所对应的温度为两个液层同时沸腾的温度。

三、液态完全不互溶系统

严格讲，完全不互溶液体是不存在的，仅是互相溶解度很小而已。如两液体 在性质上差别很大，彼此间的相互溶解度小至可忽略不计，则可认为彼此不互溶，例如水与烷烃，水与芳香烃等。对于这种不互溶的液体混合物，每种组分的蒸气分压与单独存在时相同，不受另一组分的存在及其量多少的影响。因此，不互溶的液体混合物的蒸气总压，等于同温度下各纯组分的蒸气压之和。

$$p = p_A^* + p_B^*$$

由于总蒸气压比任何一纯组分的蒸气压高，所以混合物的沸点比任何一纯组分的沸点都低。

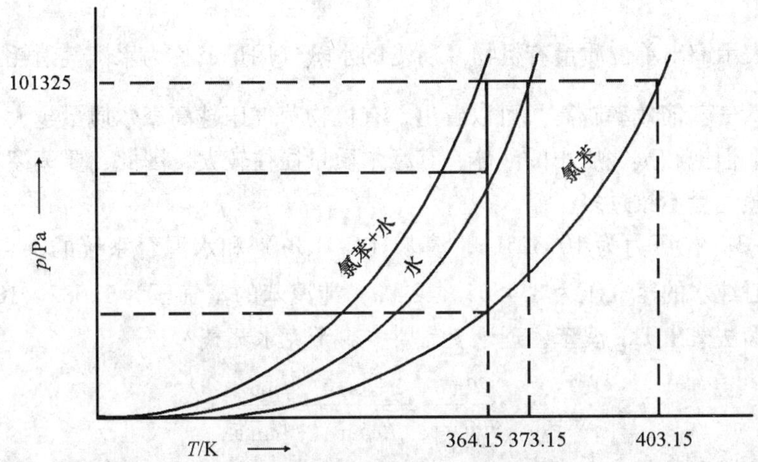

图 4－17　水－氯苯混合物的蒸气压曲线

图 4－17 是水、氯苯以及氯苯－水混合物的蒸气压曲线。当外压为 101. 3kPa 时水的沸点为 373. 15K，氯苯的沸点为 403. 15K，而水和氯苯混合物的沸点为 364. 15K。混合物的沸点比两种纯物质的沸点都低。利用上述原理，可将不溶于水的高沸点物质，常压下易分解的有机物或有大量固体存在不适宜一般常压或减压蒸馏的有机物用水蒸气蒸馏分离。方法是将不溶于水的高沸点液体与水一起蒸馏，使其在低温下沸腾，以保证高沸点液体不致因温度过高而分解，并达到提纯的目的。这一过程称为水蒸气蒸馏。馏出物只包含高沸点液体和水，因二者不相溶，所以很容易分开。实际进行水蒸气蒸馏时，常使水蒸气以气泡的形式通过高沸点液体，可以起到供热和搅拌的作用，水蒸气蒸馏特别适用于从植物药中提取挥发性的有效成分。

设水蒸气蒸馏时的蒸汽为理想气体，根据分压定律，蒸气中各组分与蒸气中的摩尔分数有以下关系

$$p_{H_2O}^* = px_{H_2O} = p\frac{n_{H_2O}}{n_B + n_{H_2O}}$$

$$p_B^* = px_B = p\frac{n_{H_2O}}{n_B + n_{H_2O}}$$

将上两式相除得

$$\frac{p_{H_2O}^*}{p_B^*}=\frac{n_{H_2O}}{n_B}=\frac{m_{H_2O}/M_{H_2O}}{m_B/M_B}=\frac{M_B\cdot m_{H_2O}}{M_{H_2O}\cdot m_B}$$

$$\frac{m_{H_2O}}{m_B}=\frac{p_{H_2O}^*M_{H_2O}}{p_B^*M_B} \tag{4-17}$$

式中，p 是系统的总蒸气压；$p_{H_2O}^*$、p_B^* 分别表示纯水和纯有机物 B 的饱和蒸气压；M_{H_2O}、M_B 分别表示 H_2O 和有机物 B 的摩尔质量；m_{H_2O}、m_B 分别表示馏出物中水和有机物的质量。

$\frac{m_{H_2O}}{m_B}$表示馏出单位质量有机物 B 所需的水蒸气用量，称为水蒸气消耗系数。该系数越小则水蒸气蒸馏效率越高。可以看出，有机物蒸气压越高摩尔质量越大，水蒸气消耗系数越小。但饱和蒸气压小的液体，其摩尔质量往往较大，因此，要蒸馏单位质量液体所需的水蒸气量不致过多。

例 4-3　在压力为 101325Pa，溴苯（C_6H_5Br）和水混合系统的沸点为 368.15K，在此温度时纯水的蒸气压为 8.4505×10^4Pa，纯溴苯的蒸气压为 1.682×10^4Pa，如欲用水蒸气蒸馏法蒸出 1kg 溴苯，理论上需要多少千克水蒸气？

解：

$$\frac{m_{H_2O}}{m_{C_6H_5Br}}=\frac{p_{H_2O}^*\cdot M_{H_2O}}{p_{C_6H_5Br}^*\cdot M_{C_6H_5Br}}$$

$$m_{H_2O}=1\text{kg}\times\frac{18.02\times10^{-3}\text{kg}\times8.4505\times10^4\text{Pa}}{157\times10^{-3}\text{kg}\times(101325-84505)\text{ Pa}}$$
$$=0.577\text{kg}$$

理论上蒸馏 1kg 溴苯需要水蒸气 0.577kg。

第五节　二组分固－液平衡系统

二组分固－液系统属于凝聚系统，压力对平衡的影响可以忽略，相图一般为温度－组成图。金属和盐类在通常情况下其蒸气压很低，可以不考虑气相的存在，仅考虑固－液平衡。简单低共溶系统相图是这类相图中最简单与普遍的一种。

一、简单低共熔系统

简单低共熔系统（simple eutectic systems）指固态完全不互溶，液态完全互溶的系统。

绘制固－液系统相图的方法有热分析法和溶解度法，下面分别介绍这两种方法。

（一）热分析法

热分析法也称步冷曲线法，具体操作如下。

将组分 A 与 B 定量配制成若干样品，其组成从 $x_B=0$ 到 $x_B=1$。将样品熔化，然后缓慢而均匀地冷却，记录冷却过程中样品温度随时间的变化，绘制温度－时间曲线即步冷曲线，将步冷曲线上转折点和相应的组成描绘成 $T-x$ 坐标系中的点，再将这些点连成曲线，即得 A、B 二组分固-液平衡系统的 $T-x$ 相图。

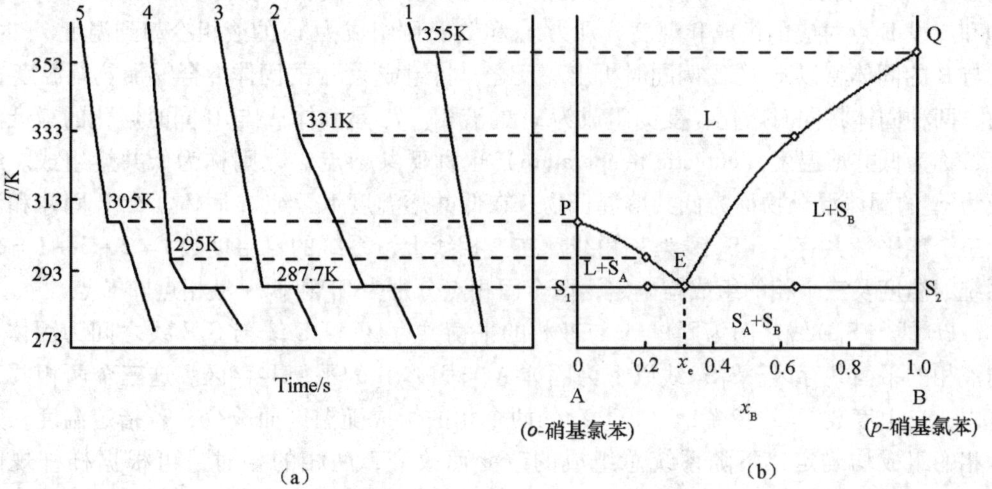

图 4-18 邻硝基氯苯（A）与对硝基氯苯（B）二组分系统步冷曲线及固-液平衡系统的 $T-x$ 相图

1. $x_B=1$；2. $x_B=0.7$；3. $x_B=0.33$；4. $x_B=0.20$；5. $x_B=0$

图 4-18 给出了对硝基氯苯与邻硝基氯苯的步冷曲线和固-液平衡系统的 $T-x$ 相图。

纯组分冷却时，未析出固体之前，系统自由度数 $f=1-1+1=1$，样品温度随时间单调下降。析出固体时系统自由度数 $f=1-2+1=0$，样品温度不再随温度改变，相应地，步冷曲线上出现平台，直到样品完全凝固，自由度数重新变为 1，温度又开始单调下降。步冷曲线 1 和 5 属于这种情况。

组成确定的二组分样品，因有一个浓度限制条件，其组分数 $K=S-R'=2-1=1$。冷却过程中样品不发生相变化时，自由度数 $f=1-1+1=1$，样品温度随时间单调下降。样品冷却到析出固相时，液相浓度开始变化，浓度限制条件消失，组分数为 2，自由度数 $f=2-2+1=1$，温度虽然可以变化，但因凝固放热，冷却速率变慢，步冷曲线出现转折。当第二个固相开始析出时，系统中三个相共存，相数 $\Phi=3$，系统自由度数 $f=2-3+1=0$，温度不再随时间变化，冷却曲线上出现平台，直至样品完全凝固，自由度数变为 1，温度又开始下降。步冷曲线 2 和 4 属于这种情况。

步冷曲线 3 属于一种特殊情况，该液态样品冷却时，不发生 A 固体或 B 固体单独析出的现象，而是冷却到一定温度，A 与 B 的固体同时析出。因此，其步冷曲线上不出现转折点，而只有一个平台。

将上述五条步冷曲线上的转折点温度、平台温度和相应的组成绘成 $T-x$ 坐标系中的点，将这些点连成曲线，即得对硝基氯苯与邻硝基氯苯固-液平衡系统的 $T-x$ 相图，如图 4-18（b）所示。

图中 P 点为 A 的凝固点，Q 为 B 的凝固点。PE 线是纯 A 固相与液相平衡共存时的液相线。该线表明，液相中 B 的含量增加时，A 的凝固点随之下降，因此 PE 线称为 A

的凝固点降低曲线。QE 线则是 B 的凝固点降低曲线，也是纯 B 固相与液相平衡共存时的液相线。E 点是 PE 线与 QE 线的交点，因此，在该点代表的状态，溶液对 A 与 B 均饱和。设 E 点对应的组成和温度分别为 x_e 和 T_e，则组成为 x_e 的液相冷却到温度 T_e 时，A 与 B 的固体将以 x_e 的比例同时析出。反之，将组成为 x_e 的固体混合物加热至温度 T_e 时，两种固体将同时熔化，变为组成为 x_e 的液相。T_e 是固体 A 与 B 同时熔化的最低温度，称为低共熔温度（eutectic temperature）也称低共熔点，x_e 则称为低共熔组成。组成为 x_e 的固体混合物称为低共熔混合物。在低共熔温度下，纯 A 固体、纯 B 固体和液相三个相平衡共存，S_1S_2 线为三相线。在三相线上，系统的自由度数 $f=2-3+1=0$，系统的温度及三个相的组成均确定，两个固相点分别为 S_1 和 S_2，液相点即 E 点。

PE 线与 S_1E 线之间为固体 A 与液相的平衡共存区。QE 线与 S_2E 线之间为固体 B 与液相的平衡共存区。S_1S_2 线以下为固体 A 与固体 B 的平衡共存区。这三个两相共存区内，自由度数 $f=2-2+1=1$，共存的两个相的组成随温度而改变，若指定温度，则两相的组成均确定，不随系统总组成的改变而改变，两相的相对量可根据杠杆规则计算。

（二）溶解度法

水－盐系统也属于简单低共熔系统，其相图常用溶解度法绘制。测定不同浓度的盐水溶液析出冰的温度、冰与盐同时析出的温度，以及不同温度下盐在水中的溶解度，即可得水－盐平衡系统的相图。图 4－19 为水－硫酸铵系统的温度－组成图。

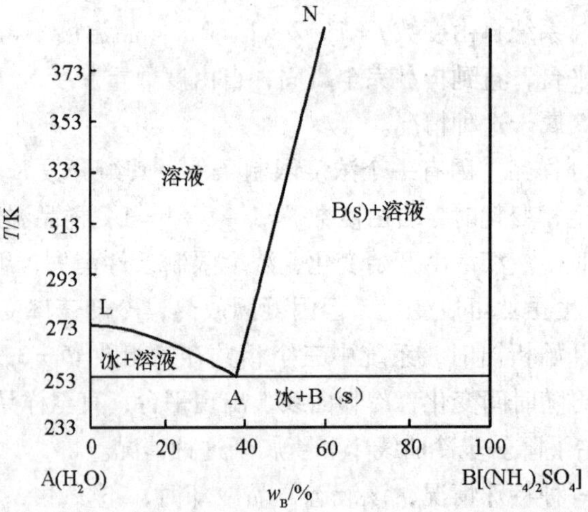

图 4－19　H_2O－$(NH_4)_2SO_4$ 系统相图

LA 线为冰与溶液平衡共存时的液相线，表明随溶液中硫酸铵浓度增大，水的凝固点降低，因此也称为水的凝固点降低曲线。NA 线是硫酸铵固体与溶液平衡共存时的液相线，描述了硫酸铵溶解度与温度的关系，因此也称为硫酸铵的溶解度曲线。NA 线不能向上延伸到与表示纯硫酸铵的右侧边线相交，因为温度上升到一定程度，溶液将不复存在。LA 线与 NA 线的交点 A 代表的系统状态为溶液、冰和硫酸铵固体三相平衡共存的状态。A 点对应的温度即低共熔温度，对应的组成即低共熔组成。具有低共熔组成的溶液降温到低共熔温度时，冰和硫酸铵固体同时析出。过 A 点的水平线为溶液、冰和硫酸铵固体三相平衡共存的三相线。组成在 A 点左侧的溶液降温时，先析出冰，直至降至三相线，硫酸铵固体方开始析出；组成在 A 点右侧的溶液降温时，则先析出硫酸铵固体，继续降温至三相线，开始析出冰。因此，提纯硫酸铵时，需将粗盐溶液浓缩到 A 点右侧，再降温使固体析出，但应注意，温度不能降低到使系统点落在三相线上，否则冰将析出。图中文字标出了各相区稳定存在的相。

（三）低共熔相图在药学中的应用

1. 药物的配制

若两种固体药物有低共熔点，且低共熔点接近室温或在室温以下，便不宜混在一起配方，否则将形成糊状物或呈液态，这是药物调剂配伍中应该注意的问题。

2. 利用熔点变化检查样品纯度

测定熔点是估计样品纯度的常用方法。若样品含有杂质，其熔点将偏低。为检测样品的纯度，可把样品与标准品混合后测熔点，如果所测熔点与标准品相同则证明样品纯度高，如果熔点降低较多，证明样品不纯。这种鉴别方法称为混合熔点法。

3. 改进剂型提高药效

显微镜观察发现，当简单低共熔系统的组成接近低共熔组成时，液态混合物冷却析出的固体混合物是均匀的微晶。微晶因颗粒小，分散度大，其溶解速率和溶解度都高于大颗粒药物。通过绘制相图的方法，筛选出能与药物形成低共熔混合物，且低共熔点符合要求的药用辅料，确定药物与辅料混合物的低共熔组成，制成药物与该辅料的低共熔混合物，是提高难溶药物药效的有效方法。

二、形成化合物的系统

某些二组分系统可以生成一种或多种化合物。例如，$a\text{A}+b\text{B}=\text{A}_a\text{B}_b$，系统中物种数增加 1，但同时增加一独立的化学反应，因此仍然是二组分系统。这种系统又可以分为形成稳定化合物和生成不稳定化合物的两种类型。

（一）形成稳定化合物的系统

稳定化合物是指在固态和液态均稳定存在的化合物。图 4-20 是这类相图中最简单的一种。相图中的 R 点对应的温度是化合物 C 的熔点。在 R 点，C 的液相和固相平衡共存，且两相组成相同。这是稳定化合物的特征。这种相图相当于 A 与 C 和 C 与 B 两个简单低共熔系统相图的拼合，可仿照简单低共溶系统进行相图分析。图中，过 E_1 点的平行线为固体 A、固体 C 与液态混合物的三相平衡共存线，E_1 点为此三相平衡共存时的液相点，它所对应的组成是 A 与 C 的低共熔混合物的组成；过 E_2 点的平行线为固体 B、固体 C 与液态混合物的三相平衡共存线，E_2 点为此三相平衡共存时的液相点，它所对应的组成是 B 与 C 的低共熔混合物的组成。各相区稳定存在的相如图中符号所示。

一些二组分系统可以形成多种稳定化合物，例如能形成多种水合盐的水-盐系统、形成多种金属化合物的系统等。这类系统的相图相当于多个简单低共熔系统相图的拼合。例如 H_2O 能与 H_2SO_4 形成 $H_2SO_4 \cdot H_2O$ 、$H_2SO_4 \cdot 2H_2O$、$H_2SO_4 \cdot 4H_2O$ 等稳定的水合物。其相图如图 4－21 所示。

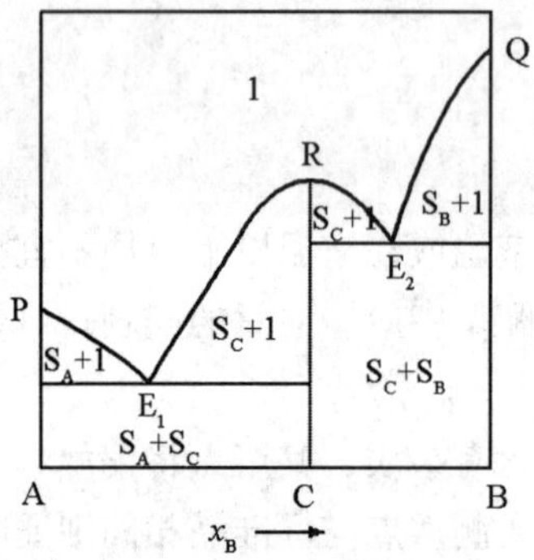

图 4－20　形成稳定化合物的二组分系统 $T-x$ 图

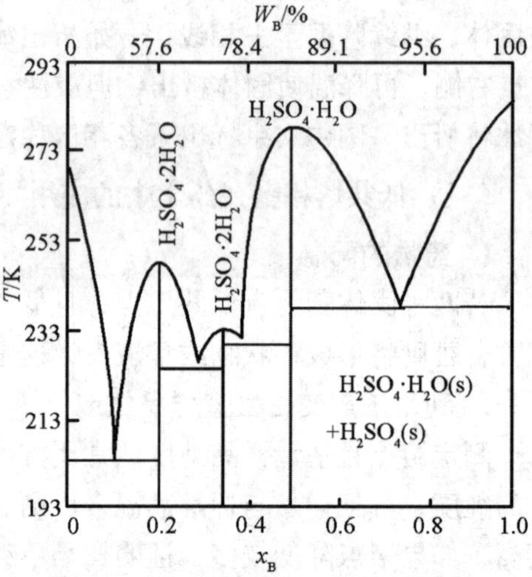

图 4－21　H_2SO_4 和 H_2O 的 $T-x$ 相图

（二）形成不稳定化合物的相图

不稳定化合物指在固态时稳定，熔化时即分解的化合物。其特点是熔化后的液相组成与熔化前的固相组成不同。熔化分解时的温度称为转熔温度或不相合熔点。这种形成不稳定化合物的二组分凝聚系统的温度－组成图如图 4－22 所示。

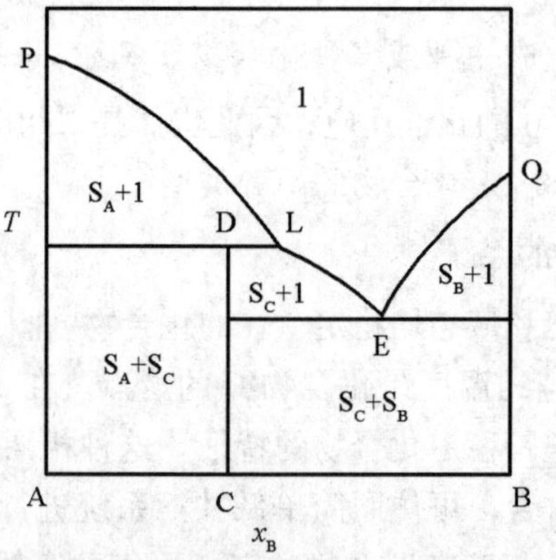

图 4－22　形成不稳定化合物二组分系统 $T-x$ 图

将化合物 C 加热，物系点 C 向上移动，达到 D 点的温度时，化合物分解为固体 A 和溶液，溶液的组成为液相点 L 对应的组成。此时系统呈三相平衡。根据相律，自由度数为零，系统的温度和各相组成都不改变，直到化合物全部分解，系统呈一个液相，温度才继续上升。

三、固态完全互溶和部分互溶的系统

（一）固态完全互溶的系统

如果系统中的两个组分在液相和固相都完全互溶，其 $T-x$ 图与简单低共熔系统的 $T-x$ 图有较大差异，却与完全互溶液态混合物的 $T-x$ 图相似。见图4－23。

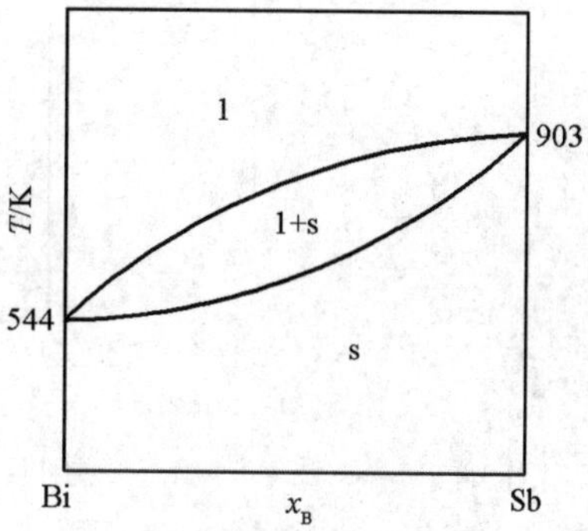

图4－23　二组分固态完全互溶系统相图

图4－23中上方曲线为液相线或凝固点线，下方曲线为固相线或熔点线。两条曲线将相区分为三个区域。上方区域为液相区，下方区域为固相区，中间为液、固两相平衡共存区。图4－23的特点是固态混合物的熔点处于两纯组分的熔点之间。

二组分固态完全互溶系统相图还有具最高熔点和最低熔点的类型，如图4－24。这类相图与具有最高恒沸点或最低恒沸点的气－液相图相类似。

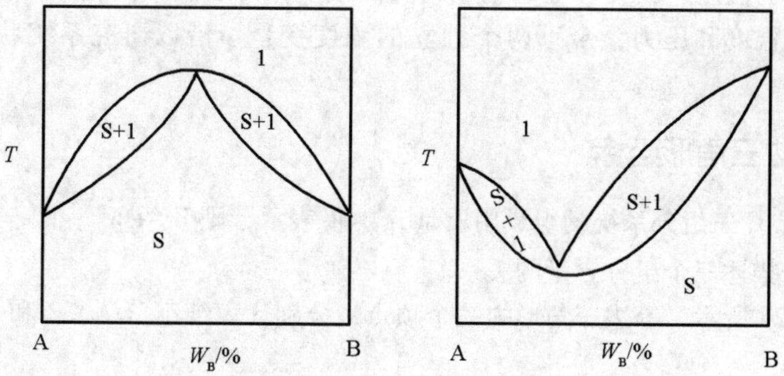

图4－24　具有最高和最低熔点的二组分固态完全互溶系统相图

（二）固态部分互溶的系统

两个组分在液态完全溶，在固态部分互溶的二组分凝聚系统的 $T-x$ 相图如图4－25所示。

图4－25中，l区为均匀液态混合物的单相区；α为B溶于A的固溶体的单相区，β为A溶于B的固溶体的单相区；α＋l区为固溶体α与液相l的平衡共存区；β＋l区为固溶体β与液相l的平衡共存区；α＋β区为两种固溶体的平衡共存区；PE线为α与l平衡共存时的液相线；QE线为β与l平衡共存时的液相线；PC为α与l平衡共存时的固相线；QD线为β与l平衡共存时的固相线；CD线为三相线。三相线上，固溶体α、β与液相l平衡共存，α相的相点为C，β相的相点为D，液相点为E。

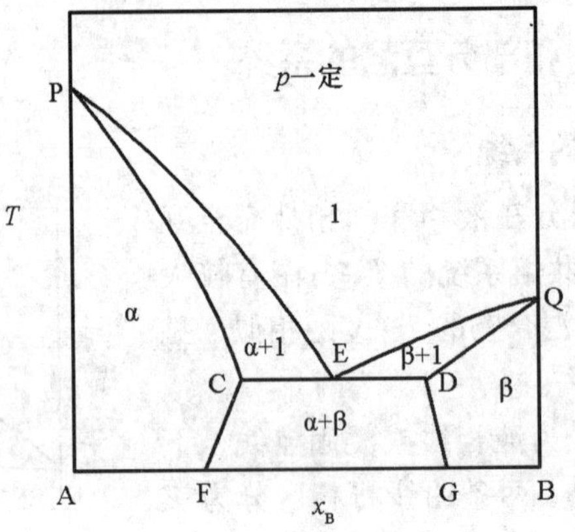

图 4-25 二组分固态部分互溶的相图

第六节 三组分系统相图

在三组分系统中，按照相律 $f = K - \Phi + 2 = 3 - \Phi + 2 = 5 - \Phi$，其最大自由度数为 4。这 4 个自由度为温度、压力和任意两个组分的浓度。为绘制平面相图，需固定两个变量，通常固定温度和压力，余下两个独立的浓度变量，借以研究系统状态与组成的关系。

一、等边三角形坐标

若 A、B、C 三组分系统的组成用质量分数 W 表示，则 $W_A + W_B + W_C = 1$，可用等边三角形坐标来描述三个组分含量的关系。

如图 4-26 所示，等边三角形的三个顶点，分别代表纯组分 A、B 和 C；AB、BC、

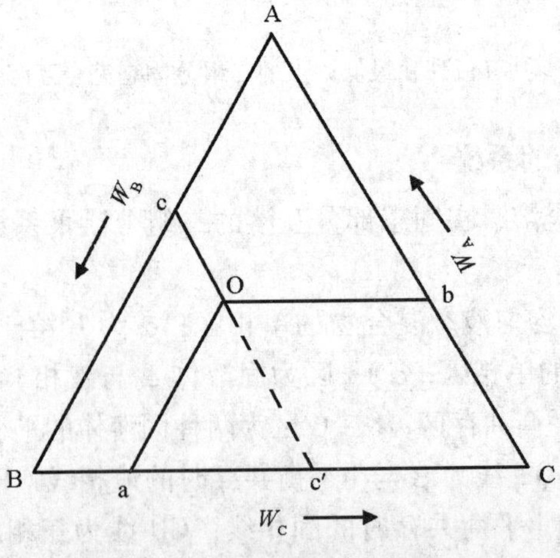

图 4-26 三组分系统组成表示法

CA 三条边上的点各代表 A 和 B、B 和 C、C 和 A 所组成的二组分系统；三角形中任何一点都表示一个三组分系统。将三角形的每一条边分为 100 等分，过三角形内任一点 O，引平行于各边的平行线，分别与三边交于点 a、b、c，则线段 Cb 的长度表示 O 点代表的系统中 A 的含量 W_A；线段 Ac 的长度表示 B 的含量 W_B；线段 Ba 的长度表示 C 的含量 W_C。由图中显示的几何关系可以看出，三组分系统的组成还可以用 BC 边上的三个线段的长度表示：Ba 表示 W_C，ac′表示 W_A，c′C 表示 W_B。

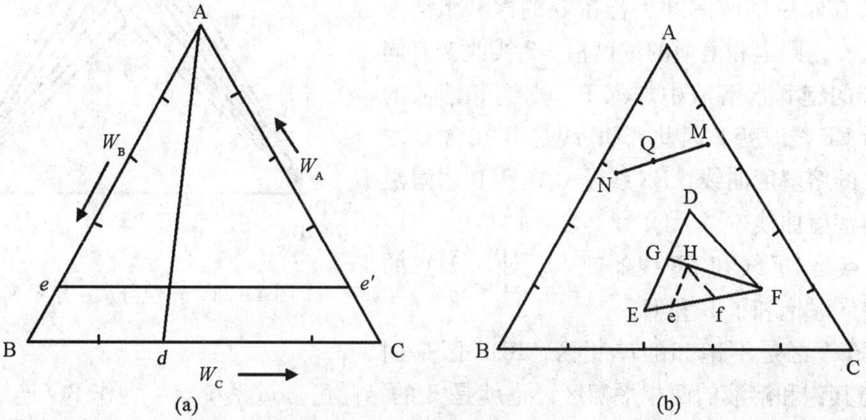

图 4－27　三角形相图的特点

二、等边三角形相图的特点

(1) 从顶点向对边作一直线 Ad，见图 4－27 (a)。直线上任一点代表的系统，其中 B 与 C 的含量比一定相同。例如，系统点沿 Ad 线向 d 移动，A 的含量减少，而 B 与 C 的含量比始终是 6∶4。

(2) 与三角形某边平行的直线上各点所代表的三组分系统中，与此线相对的顶点所代表的组分含量相同。例如图 4－27 (a) 中 ee′线上各点代表的系统均含 20 % 的 A。

(3) 两个三组分系统混合所得新系统的系统点必在两个原系统点的连线上，且遵守杠杆规则。如图 4－27 (b)，M 与 N 为原系统点，新系统点 Q 在它们的连线 MN 上，Q 点在 MN 上的位置决定于两个原系统的相对量，即

$$W_M/W_N = \overline{NQ}/\overline{MQ}$$

类似地，若三组分系统中存在一对互不相溶的共轭相，则系统点一定在两个相点的连线上，且遵守杠杆规则。

(4) 如果由 D、E、F 三个三组分系统合成一新系统见图 4－27 (b)，可由杠杆规则先求出 DE 二个系统合并后的系统点 G，再用同样方法求出 G 与 F 混合后的系统点 H。H 就是 D、E、F 三个三组分系统混合所得新系统的系统点。可以看出 H 是三角形 DEF 的重心，所以上述规则又称为重心规则。

三、三组分水－盐系统

属于此类的系统很多，这里仅讨论几种简单类型。

（一）固体是纯盐的系统

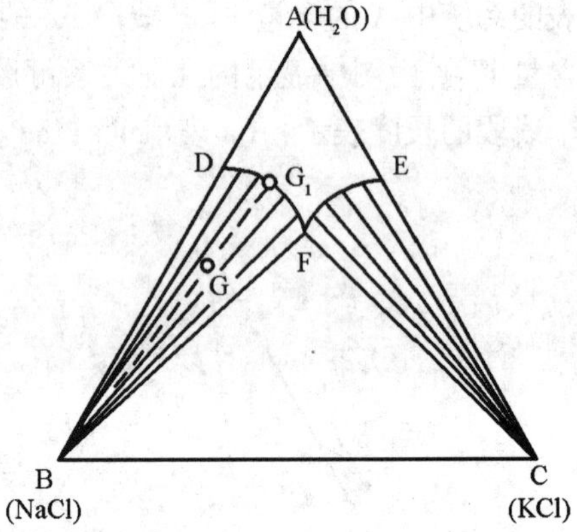

图 4－28　三组分水－盐系统

如图 4－28，A 代表 H_2O，B 和 C 分别代表两种固体盐，D 和 E 分别代表 B 在水中的溶解度和 C 在水中的溶解度。若在 B 的饱和水溶液中加入 C，则饱和溶液的浓度沿 DF 线改变，同样在 C 的饱和水溶液中加入 B，则饱和溶液的浓度沿 EF 线改变。因此，DF 线是 B 在含 C 水溶液中的溶解度曲线，EF 线是 C 在含 B 水溶液中的溶解度曲线。

F 点是 DF 线和 EF 线的交点。处于 F 点的溶液中同时饱和了 B 和 C。

DFEA 区是不饱和的单相区，BDF 区是固体 B 与其饱和溶液的两相平衡区，也就是 B 的结晶区。过系统点 G，作 BG 连线交 DF 线于 G_1 点，G_1 是与固体 B 平衡的饱和溶液的组成，系统 G 中固体 B 的量 W_B 与 G_1 的量 W_{G_1} 遵守杠杆规则

$$\frac{W_B}{W_{G_1}} = \frac{\overline{GG_1}}{\overline{BG}}$$

同理，CEF 区是 C 的结晶区。

BFC 区是固体 B、固体 C 和组成为 F 的共饱和溶液三相共存的区域。此区域内系统的自由度为零。

（二）生成复盐的系统

如果 S_1、S_2 二种盐能生成复盐，其相图如图 4－29 所示。

图中 M 点为复盐的组成，曲线 FG 为复盐的溶解度曲线。F 点表示同时饱和了 S_1 和复盐 M 的溶液的组成。G 点表示同时饱和了 S_2 和复盐 M 的溶液的组成。如果 M 点在 I 与 J 之间，则复盐加水后系统点沿 M 与 A 的连线上升，进入 FGM 区可得到稳定的复盐及溶液。如果 M 点在 S_1 与 I 或 J 与 S_2 之间，则当复盐逐渐加水时，系统点沿 M 与 A 的连线上升，在未进入不饱和区以前，必将与 S_1F 线或 GS_2 线相遇，复盐将分解，只能得到固体 S_1 或 S_2。

（三）生成水合物的系统

如图 4－30 所示，盐 S_2 与水能形成水合物 B。图中，B 点表示水合物的组成，E 点是水合物在纯水中的溶解度，EF 线是水合物在含 S_1 盐水溶液中的溶解度曲线，其他情况与图 4－28 三组分水－盐系统相似，仅在 BS_1S_2 区域中为水合物 B、S_1、S_2 三种固态同时共存。

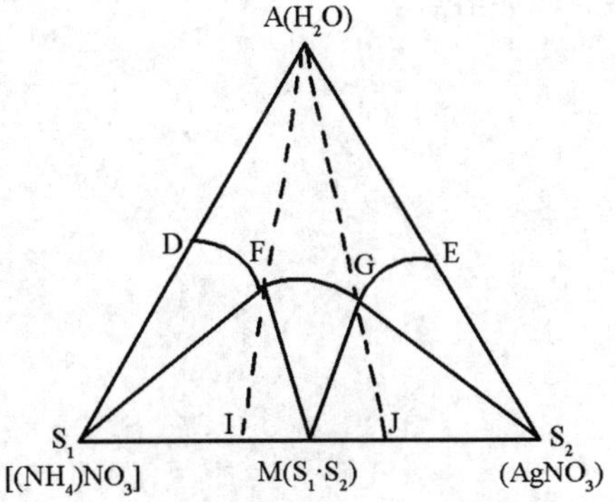

图 4－29　三组分复盐系统

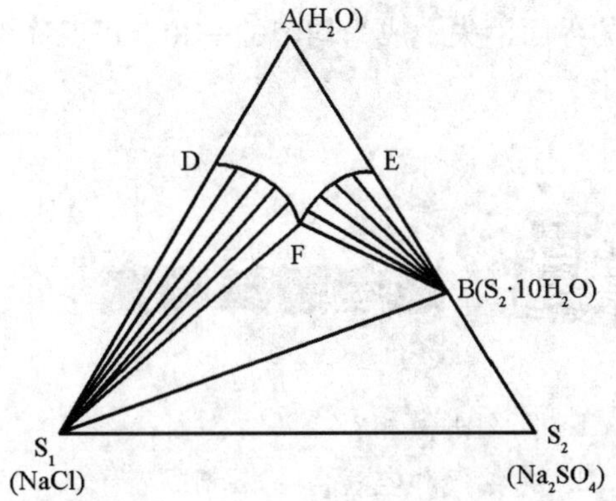

图 4－30　有水合物生成的系统

四、部分互溶系统

这类系统中，三对液体间可以是一对部分互溶、二对部分互溶、三对部分互溶。现以最简单的一种，即只有一对部分互溶的系统为例来讨论。由乙酸（A），三氯甲烷（B）和水（C）三种液体组成的三组分系统在一定的温度下的液－液平衡相图如图 4－30 所示。

三种组分中，A 和 B、A 和 C 可以任何比例互溶，而 B 与 C 则分互溶。图中，帽形区外为单相区，自由度数为 2，有两个可以独立改变的浓度变量，三组分互溶；帽形区内为两相平衡共存区，一相是 C 在 B 中的饱和溶液，另一相是 B 在 C 中的饱和溶液。两相平衡共存区的自由度数为 1，只有一个可以独立改变的浓度变量，如果指定一个相的浓度，另一相的浓度也随之确定。例如，若系统点是 d，则系统中有二个液层平衡共存。一层的相点为 b；另一层的相点为 c。如果向此系统中逐渐加入 A，系统点将沿 dA 线向上移动，相应地，两个相的相点将分别沿 $b_1b_2b_3$…线和 $c_1c_2c_3$…线向上移动。与系统点对应的两个相点的连线，如 bc、b_1c_1 等也称为结线，但由于 A 在两层溶液中非等量分配，因此结线 b_1c_1、b_2c_2等和底边 BC 线并不平行。系统点上移的过程中，结线越来越短，两个相点越来越靠近，表明两层共轭溶液的组成越来越接近。当系统点到达 c_4 时，共轭溶液之一的三氯甲烷层消失。

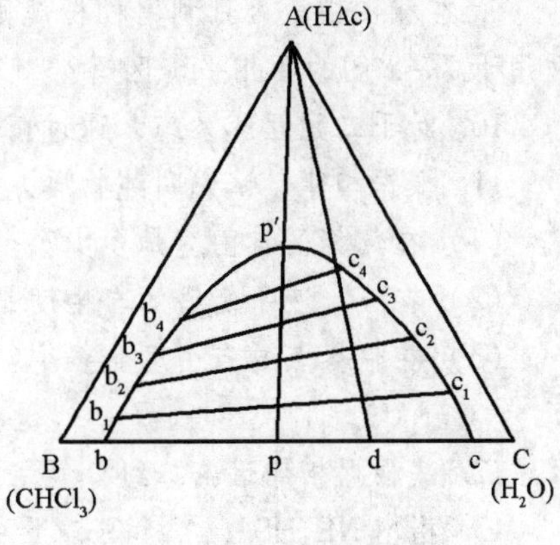

图 4－31　乙酸、三氯甲烷、水三液系统相图

在结线上可以应用杠杆规则，若已知系统点为 d_1，并且知道系统的总量，可在结线 b_1c_1 上利用杠杆规则求得每个共轭溶液的量。

向系统点为P的样品中加入A，系统点将沿PA线向A点移动，移到P′时，两液相间的界面消失，成为均匀的一相。P′点称为临界点或会溶点。

思考题与习题

1. 什么叫做相？

2. 纯氮气和空气算一个相吗？

3. 当两个相在温度相同但压力不同时，两个相能达到平衡吗？如果两相的压力相同而温度不同，两相能达到平衡吗？

4. 相律是什么？

5. 问在等温等压下各相的平衡条件是什么？

6. 物系点和相点是同一个概念吗？说明物系点和相点的区别，何时物系点和相点是统一的？

7. 什么是自由度？

8. 根据二元液系的 $p-x$ 可以准确的判断该系统的液相是否是理想液体混合物，为什么？

9. 在相图中是否可利用杠杆规则来计算两相平衡区时两相的相对量？杠杆规则只适用于 $T-x$ 图的两相平衡区吗？

10. 对于二元互溶系统，通过精馏方法总可以得到两个纯组分吗？

11. 根据相律，试说明纯物质，

(1) 在气相区自由度是多少？

(2) 在气、液平衡线的自由度是多少？

(3) 在临界点的自由度是多少？

($f=2$；$f=1$；$f=0$)

12. 试根据相律讨论二组分气－液平衡系统相图中各相区和各线条的意义。

13. 指出 NH_4HS (s) 和任意量的 NH_3 (g) 及 H_2S (g) 的平衡系统的组分数，自由度各为多少？

($K=2$；$f=2$)

14. C (s)，CO (g)，CO_2 (g)，O_2 (g) 在1273K时达到平衡时系统的组分数，自由度为多少？

($K=2$；$f=1$)

15. 把 N_2、H_2 和 NH_3 三种气体充进773.15K、3.2×10^7Pa的塔中，分别指出下列情况时的物种数和组分数。

(1) 常温、常压下；

(2) 三种气体任意比在773.15K、3.2×10^7Pa的塔中达平衡；

(3) 若只充 NH_3 气入塔，待平衡后，情况又如何？

(3，3；3，2；3，1)

16. 将5g 氨气通入1L 水中，在常温常压与其蒸气共存，试用相律分析此系统的自由度。

($f=2$)

17. 试确定 H_2（g）$+I_2$（g）$\rightleftharpoons$ 2HI（g）的平衡系统中，在下述情况下的（独立）组分数。

(1) 反应前只有 HI（g）；

(2) 反应前 H_2（g）及 I_2（g）两种气体的物质量相等；

(3) 反应前有任意量的 H_2（g）及 I_2（g）。

($K=1$；$K=1$；$K=2$)

18. 水和酚是部分互溶的，在293K 时酚总组成的质量分数为0.5，此系统形成的共轭溶液，一层中含酚的质量分数为0.084，另一层中含酚的质量分数为0.722，问在0.5kg 混合物中水层和酚层的质量各为多少，两层中各含酚多少千克？

(0.174kg；0.326kg；0.015kg；0.235kg)

19. 碳酸钠和水可形成下列几种含水化合物：$Na_2CO_3 \cdot H_2O$，$Na_2CO_3 \cdot 7H_2O$ $Na_2CO_3 \cdot 10H_2O$。问

(1) 在101325Pa 下能与 Na_2CO_3 水溶液和冰共存的含水盐最多可有几种？

(2) 在293K 能与水蒸气平衡共存的含水盐最多可有几种？

(一种；两种)

20. 在一个真空容器中，NH_4Cl（s）部分分解，求系统的（独立）组分数。

($K=1$)

21. 已知水在373K 时饱和蒸气压为 1.013×10^5Pa，气化热为 $2260J\cdot g^{-1}$。试计算：(1) 水在368K 时的饱和蒸气压；(2) 水在 1.10×10^5Pa 时的沸点。

($p_2=8.48\times10^4$Pa；$T_2=375$K)

22. 263.2K 时，水（A）和异丁醇（B）部分互溶，其中水相 $x_B=0.021$，已知水相异丁醇服从亨利定律，亨利常数 $K_H=1.583$MPa，正常沸点时 H_2O 的摩尔蒸发焓为 $40.66kJ\cdot mol^{-1}$。试计算平衡气相中水和异丁醇的分压。设蒸气可视为理想气体，H_2O 的摩尔蒸发焓不随温度而变。

($p_A=70.64$kPa；$p_B=33$kPa)

23. 汞的正常沸点为630.05K，假定汞服从特鲁顿规则，试计算298.15K 时的蒸气压。

($p_2=0.774$Pa)

24. 由甲苯和苯组成的理想液态混合物含30%（w/w）的甲苯，在303K 时纯甲苯和纯苯的蒸气压分别为4.89kPa 和15.76kPa，问303K 时液态混合物上方的总蒸气压和各组分的分压各为多少？

(12.88kPa；1.31kPa；11.57kPa)

25. 氯苯与水为完全不互溶液体，其共沸温度为363.3K，已知在该温度下。氯苯

与水的蒸气压分别为 2.889×10^4Pa 和 7.245×10^4Pa，某车间用水蒸气蒸馏方法提纯氯苯，计算每提纯 1000kg 氯苯要消耗多少千克水蒸气。

(401.8kg)

26. 苯乙烯的标准沸点 418K，摩尔气化焓为 $40.3\text{kJ}\cdot\text{mol}^{-1}$。计算 303K 时苯乙烯的蒸气压。

(1.23kPa)

27. 下列数据是乙醇和乙酸乙酯的液态混合物的标准压力 $p^{\ominus}$ 及不同温度时，乙醇在平衡的气、液两相中的摩尔分数：

T/K	350.3	348.2	345.0	344.8	346.0	349.6	351.4
x（乙醇）	0.00	0.100	0.360	0.462	0.710	0.940	1.00
y（乙醇）	0.00	0.164	0.398	0.462	0.600	0.880	1.00

（1）以乙醇的 $T-x$ 数据作恒压相图，画出气＝液平衡曲线；

（2）当溶液的组成为 $x=0.75$ 时，最初馏出物的组成是什么，经分馏后在瓶底剩下液体的组成是什么？上述液态混合物能否用分馏法得到纯乙醇和纯乙酸乙酯？

（略）

28. 293K 时，某有机酸在水和乙醚中的分配系数为 0.4。

（1）该有机酸 5g 溶于 0.1L 水中构成溶液，若每次用 0.02L 的乙醚萃取两次，求水中剩余有机酸多少克？

(2.22g；3.33g)

参考文献

[1] 侯新朴．物理化学［M］．第六版．北京：人民卫生出版社，2007.

[2] 侯新朴．物理化学［M］．第五版．北京：人民卫生出版社，2004.

[3] 葛华才，葛高清，彭程．物理化学（多媒体版）［M］．北京：高等教育出版社，2008.

[4] 沈文霞编．物理化学［M］．北京：科学出版社，2004.

[5] 刘幸平．物理化学［M］．北京：中国中医药出版社，2005.

[6] 王光信，刘澄凡，张积树．物理化学［M］．第二版．北京：化学工业出版社，2001.

第五章 INTRODUCTION

电 化 学

电化学是研究电极与溶液的界面间所发生的化学反应以及相关现象的科学。如今，随着科学技术的发展，电化学已渗透到环境科学、能源科学、材料科学和生命科学等领域，形成了诸如电化学分析、催化电化学、生物电化学、光电化学等新的研究领域，其中的生物电化学已经成为21世纪的前沿学科。电化学在生命科学领域也得到了广泛的应用，如采用电化学方法测定药物的一些热力学数据，可为药物合成、分离提取提供参考；有关药物稳定性、药物在体内的吸收、分布和代谢等动力学参数的测定也常采用电化学的方法；细胞膜电势、心电、脑电等生物电现象都涉及电极——溶液界面所发生的化学反应，都要应用电化学的基本原理。本章从电解质溶液和可逆电池两方面阐述电化学的基础知识。

第一节 电化学基本概念

一、电子导体与离子导体

导体是指能够导电的物体，一般分为以下两类。

(1) 第一类导体，或称电子导体，包括金属和部分非金属，靠自由电子的定向迁移而导电。当电流通过时，导体本身不发生化学变化。这类导体温度升高时，导电能力降低。

(2) 第二类导体，或称离子导体，包括电解质溶液、熔融状态的电解质和固体电解质，靠离子的定向迁移而导电。这样的导体导电时，在电极与溶液的界面上发生化学变化，同时在溶液中正、负离子分别向两极移动。与第一类导体相反，温度升高时，电解质溶液导电能力增大。

二、原电池与电解池

用以实现电解质溶液导电的电化学装置有两类：①图5-1a所示的电解池，是将电能转化为化学能的装置；②图5－1b所示的原电池，是将化学能转化为电能的装置。电解池和原电池均含两个电极，电化学中规定：发生氧化反应的电极为阳极，发生还原反应的电极为阴极。物理学中则规定电势高的电极为正极，电势低的电极为负极。按上述规定，原电池中的正极为阴极，负极为阳极；电解池中的正极为阳极，负极为阴极。

以电解HCl为例（图5－1a）。将两个铂电极与外电源连接，并插入HCl溶液中。如果外电源电势足够高，接通电源后，电流流入正极（阳极），而电子则由正极流到外电路，再流进负极（阴极）。与此同时，溶液中的H^+向负极迁移，从电极表面得到电子，发生还原反应；而Cl^-向正极迁移，在电极表面释放电子，发生氧化反应。即

负极　$2H^+(aq) + 2e^- \longrightarrow H_2(g)$

正极　$2Cl^-(aq) \longrightarrow Cl_2(g) + 2e^-$

两电极上发生的氧化或还原反应称为电极反应，两电极反应的总结果称电池反应。上述电解池的电池反应为

$$2HCl(aq) \longrightarrow H_2(g) + Cl_2(g)$$

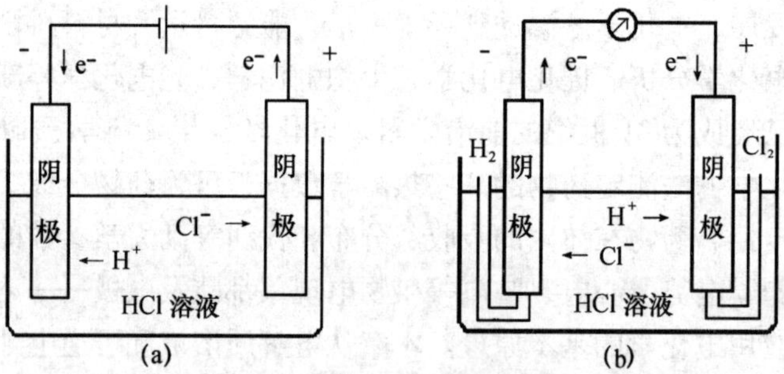

图5－1　电化学装置示意图

（a）电解池　（b）原电池

综上所述，电解质溶液的导电机理是：①电流通过溶液由正、负离子的定向迁移完成；②内、外电路中的电流在电极与溶液界面处的连续，通过两电极上分别发生氧化还原反应发生电子的得失而实现。

三、法拉第定律

1833年，法拉第（Faraday）在研究电解作用时，归纳实验结果得出了法拉第定律。

电化学中，通常以含有单位元电荷e（即一个质子或一个电子的电荷绝对值）的物质作为物质的量的基本单元，如H^+、$\frac{1}{2}Mg^{2+}$、$\frac{1}{3}PO_4^{3-}$等。1mol元电荷所具有的电量称为法拉第常数，用F表示，以e代表一个元电荷的电量，L为阿伏伽德罗（Avogadro）常数，则

$$\begin{aligned} F &= e \times L \\ &= 1.6022 \times 10^{-19} \times 6.0221 \times 10^{23} \\ &= 96486C \cdot mol^{-1} \approx 96500C \cdot mol^{-1} \end{aligned}$$

即1mol元电荷所具有的电量是96500C，又称为1F（法拉第）。1mol的H^+、1mol的

$\frac{1}{2}Mg^{2+}$和1mol 的$\frac{1}{3}PO_4^{3-}$ 的导电电量都为1F。

法拉第定律的内容为：发生电极反应的物质的量 n 与通过电极的电量 Q 成正比，即

$$n = \frac{Q}{zF} \tag{5-1}$$

式中，z 为电极反应式中电子的计量系数。

法拉第定律是根据电解实验结果总结出来的，但对原电池中的反应也同样适用。法拉第定律不受温度、压力、电解质浓度、电极材料和溶剂性质等因素的影响，是自然界中最准确的定律之一。

例5-1 通电于 $Au(NO_3)_3$ 溶液，电流强度为0.025A，通电时间为7.05×10^4s，计算沉积在电极上的金的质量 m 为多少。金的摩尔质量 $M = 197g \cdot mol^{-1}$。

解：通入的电量 Q 为

$$Q = It = 0.025 \times 7.05 \times 10^4 = 1763C$$

阴极的电极反应为 $Au^{3+} + 3e \longrightarrow Au$，由式（5-1）

$$n = \frac{Q}{zF} = \frac{1763}{3 \times 96500} = 6.09 \times 10^{-3}mol$$

沉积在电极上的金的质量

$$m = nM = 6.09 \times 10^{-3} \times 197 = 1.20g$$

四、离子迁移数

将1F 电量通入 HCl 溶液后，一定有1mol H^+ 在阴极发生还原反应，1mol Cl^- 在阳极发生氧化反应，两电极上均有1F 电量通过。同时，溶液中的阴、阳离子分别向阳、阴极做定向移动。由于电路中各个截面上所通过的电量一定相等，所以在电解质溶液中，与电流方向垂直的任何一个截面上通过的电量必然也是1F。而这1F 电量是由向阴极方向迁移的阳离子 H^+ 和向阳极方向迁移的阴离子 Cl^- 共同传输的。因此通过该截面的 H^+ 和 Cl^- 都不是1mol，而是两者之和为1mol。若每种离子的迁移速率不同，则它们输运的电量也不相同，但两种离子迁移的电量之和必等于通过溶液的总电量。将某种离子 B 迁移的电量与通过溶液的总电量的比称为该离子的迁移数，用 t_B 表示。若离子 B 迁移的电量为 Q_B，则

$$t_B = \frac{Q_B}{\sum_B Q_B} \tag{5-2}$$

若以 t_+，t_- 分别表示同一电解质溶液中阳离子和阴离子的迁移数，则有

$$t_+ = \frac{Q_+}{Q_+ + Q_-},\ t_- = \frac{Q_-}{Q_+ + Q_-} \tag{5-3}$$

$$t_+ + t_- = 1$$

离子所迁移的电量与离子的运动速度成正比，而离子的运动速度除了与离子的本性、溶剂的性质、浓度及温度等因素有关外，还与其所处电场的强度有关。离子在单位

电场强度下的运动速度称为离子的电迁移率（也称离子淌度）。同一溶液中的离子，受到同样电场的作用，因此，它们的运动速度之比应等于其电迁移率之比。若以 u_+, u_- 分别表示阳离子和阴离子的电迁移率，则

$$t_+ = \frac{u_+}{u_+ + u_-}, \quad t_- = \frac{u_-}{u_+ + u_-} \tag{5-4}$$

离子的迁移数与溶液中正、负离子的迁移速率有关。因此，凡是影响离子迁移速率的因素都会影响离子的迁移数。离子的迁移数的测定方法有希托夫（Hittorf）法、界面移动法和电动势法，其中以希托夫法最为常用。

第二节　电解质溶液的电导

一、电导

电导是导体导电能力大小的量度，为电阻的倒数。用符号 G 表示。

$$G = \frac{1}{R} \tag{5-5}$$

电导的单位为 S（西门子，semens）。

二、电导率

根据欧姆定律，导体的电阻 R 与导体长度 l 成正比，与导体的横截面积 A 成反比，比例系数为电阻率 ρ。

$$R = \rho \frac{l}{A}$$

代入式（5-5），得

$$G = \frac{1}{\rho} \cdot \frac{A}{l} = \kappa \frac{A}{l} \tag{5-6}$$

式中

$$\kappa = \frac{1}{\rho}$$

称为电导率，其意义是单位长度，单位横截面积导体的电导，单位是 $S \cdot m^{-1}$。对电解质溶液，电导率是单位距离，单位横截面积的两平行板电极间充满的电解质溶液的电导。其数值与电解质的种类、溶液浓度及温度等因素有关。

三、摩尔电导率

指定温度下，电解质溶液的电导率不仅与电解质及溶剂的性质有关，而且与溶液的浓度有关。为了比较在给定条件下不同电解质的导电能力，需要规定溶液中电解质的物质的量。为此，引进了摩尔电导率的概念。

摩尔电导率用 Λ_m 表示，定义为

$$\Lambda_m = \frac{\kappa}{c} = \kappa V_m \qquad (5-7)$$

相当于放置在相距为1m的两平行电极间的含有1mol电解质的溶液的电导。$V_m = 1/c$，为含1mol电解质的溶液的体积。Λ_m的单位为$S \cdot m^2 \cdot mol^{-1}$。

需要注意的是，Λ_m的值随物质的量的计量单元不同而不同，举例如下。

例5-2　在温度为291K时，测得浓度为$0.01mol \cdot dm^{-3}$的$CuSO_4$水溶液的电导率为$0.1434 \times 10^{-3} S \cdot m^2 \cdot mol^{-1}$。求291K时，$CuSO_4$水溶液的$\Lambda_m(CuSO_4)$和$\Lambda_m(\frac{1}{2}CuSO_4)$。

解：$\Lambda_m(CuSO_4) = \frac{\kappa}{c(CuSO_4)} = \frac{0.1434}{0.01 \times 10^3} = 14.34 \times 10^{-3} S \cdot m^2 \cdot mol^{-1}$

$$\Lambda_m(\frac{1}{2}CuSO_4) = \frac{\kappa}{c\left(\frac{1}{2}CuSO_4\right)} = \frac{0.1434}{2 \times 0.01 \times 10^3} = 7.17 \times 10^{-3} S \cdot m^2 \cdot mol^{-1}$$

此例在计算中，把以$mol \cdot dm^{-3}$为单位的浓度换算成了以$mol \cdot m^{-3}$为单位的浓度，原因是浓度、电导率及摩尔电导率应使用相同的单位制，否则，计算将出现错误。

利用Λ_m可以方便地比较荷电量相同［如Λ_m（KCl），Λ_m（$1/2MgCl_2$），Λ_m（$1/3 H_3PO_4$）］的电解质的导电能力。

四、电导率、摩尔电导率与浓度的关系

1. 电导率与浓度的关系

一些电解质在298.15K时的电导率与电解质溶液浓度间的关系曲线见图5-2。由图可知，强电解质溶液的电导率随浓度的增大而升高，但浓度增加到一定程度后，正、负离子间的相互吸引力增大，使离子的运动速率降低，电导率随浓度增大反而降低，在电导率与浓度的关系曲线上出现极值点。弱电解质溶液浓度增大时，电离度相应减小，使离子数目变化不大，电导率随浓度的变化不显著。对于溶解度有限的盐类而言，将其饱和溶液稀释，电导率值是单调降低的。

2. 摩尔电导率与浓度的关系

电解质溶液的摩尔电导率Λ_m与浓度的关系如图5-3所示。

科尔劳许（Kohlrausch）根据大量的实验结果归纳出极稀溶液（通常浓度小于$0.001mol \cdot dm^{-3}$）中，强电解质摩尔电导率Λ_m与c之间的经验关系为

$$\Lambda_m = \Lambda_m^\infty (1 - \beta\sqrt{c}) \qquad (5-8)$$

式中，Λ_m^∞是电解质溶液在无限稀释时的摩尔电导率，也叫极限摩尔电导率；β为经验常数，与电解质、溶剂的性质及温度有关。由于摩尔电导率的定义中指定了电解质的物质的量为1mol，对于在溶液中完全电离的强电解质，相当于指定了溶液中离子的数目，稀释的结果是削弱了离子间的相互作用力，使离子运动速率增加，摩尔电导率增大。在低浓度时，图5-3中强电解质的曲线接近一条直线，将直线外推至纵轴，所得截距即为无限稀释摩尔电导率Λ_m^∞。

对弱电解质而言，溶液稀释时，虽然电极间的电解质的物质的量未变，但电离度随稀释而增大，稀释到一定程度时，溶液中离子数目随稀释急剧增加，使其摩尔电导率迅速上升，Λ_m 与 $\sqrt{c}$ 之间不存在式（5－8）所示的线性关系，无法用外推法求得其 Λ_m^∞。

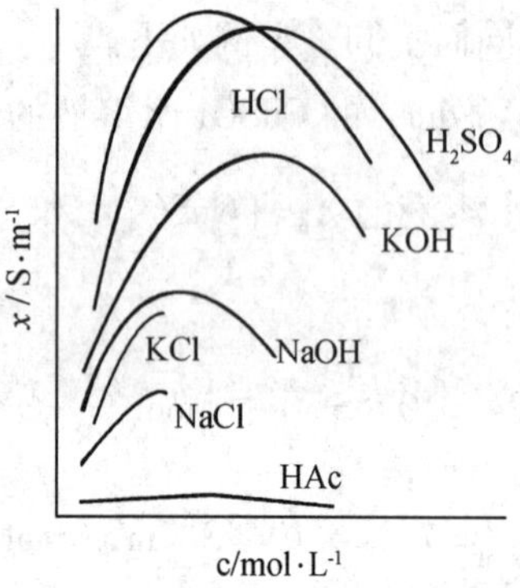

图 5－2　电解质溶液的电导率与浓度的关系

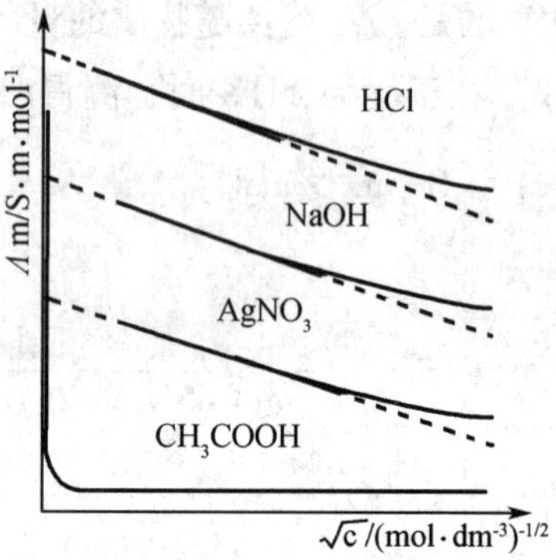

图 5－3　电解质溶液的摩尔电导率与浓度的关系

五、离子独立运动定律

表 5－1 给出了一些电解质在 298.15K 时的无限稀释摩尔电导率。

表 5－1　298.15K 时一些强电解质的无限稀释摩尔电导率 Λ_m^∞

电解质	Λ_m^∞/S·m^2·mol^{-1}	电解质	Λ_m^∞/S·m^2·mol^{-1}
KCl	0.01499	KOH	0.02715
LiCl	0.01150	LiOH	0.02367
KNO_3	0.01450	HCl	0.04262
$LiNO_3$	0.01101	HNO_3	0.04213

比较表中数据可以发现一些规律，例如

$$\Lambda_m^\infty(\text{KCl}) - \Lambda_m^\infty(\text{LiCl})$$
$$= \Lambda_m^\infty(\text{KNO}_3) - \Lambda_m^\infty(\text{LiNO}_3)$$
$$= 3.49 \times 10^{-3}\text{S}\cdot\text{m}^2\cdot\text{mol}^{-1}$$

具有相同阴离子的钾盐和锂盐溶液的 Λ_m^∞ 之差相同，与阴离子的种类无关。

$$\Lambda_m^\infty(\text{KCl}) - \Lambda_m^\infty(\text{KNO}_3)$$
$$= \Lambda_m(\text{LiCl}) - \Lambda_m^\infty(\text{LiNO}_3)$$
$$= 0.49 \times 10^{-3}\text{S}\cdot\text{m}^2\cdot\text{mol}^{-1}$$

具有相同阳离子的氯化物和硝酸盐溶液的 Λ_m^∞ 之差也相同，与阳离子的种类无关。其他电解质也有类似的规律。根据大量的这类事实，科尔劳许提出了离子独立运动定律：在无限稀释的溶液中，所有电解质全部电离，离子间彼此独立运动，互不影响，因而电解质的无限稀释摩尔电导率 Λ_m^∞ 为正、负离子无限稀释摩尔电导率之和。对 $M_{\nu_+}A_{\nu_-}$ 型电解质，其无限稀释摩尔电导率为

$$\Lambda_m^\infty = \nu_+\Lambda_{m,+}^\infty + \nu_-\Lambda_{m,-}^\infty \quad (5-9)$$

式中，$\Lambda_{m,+}^\infty$ 及 $\Lambda_{m,-}^\infty$ 分别为正、负离子无限稀释摩尔电导率。可见无限稀释摩尔电导率 Λ_m^∞ 反映的是离子间没有相互作用力时电解质所具有的导电能力，用其比较导电能力最为合理。

一些离子在298.15K时的无限稀释摩尔电导率见表5-2。

表5-2　298.15K时一些离子在无限稀释水溶液中的摩尔电导率

正离子	$\Lambda_{m,+}^\infty \times 10^4/S\cdot m^2\cdot mol^{-1}$	负离子	$\Lambda_{m,-}^\infty \times 10^4/S\cdot m^2\cdot mol^{-1}$
H_3^+O	349.8	OH^-	198.0
Li^+	38.7	F^-	55.4
Na^+	50.1	Cl^-	76.3
K^+	73.5	Br^-	78.4
NH_4^+	73.4	I^-	76.8
Ag^+	61.9	NO_3^-	71.5
$1/2Ca^{2+}$	59.5	CH_3COO^-	40.9
$1/2Cu^{2+}$	54.0	$1/2CO_3^{2-}$	83.0
$1/2Zn^{2+}$	54.0	$1/2SO_4^{2-}$	80.0
$1/3La^{3+}$	69.6	$1/3\ [Fe\ (CN)_6]^{3-}$	99.1

显然，根据离子独立运动定律，由各种离子的无限稀释摩尔电导率可计算任意强、弱电解质的无限稀释摩尔电导率，或者由已知强电解质的无限稀释摩尔电导率间接地计算弱电解质的无限稀释摩尔电导率。

例5-3　已知298.15K时 NH_4Cl、$NaOH$、$NaCl$ 的无限稀释摩尔电导 Λ_m^∞ 分别为：1.499×10^{-2}、2.487×10^{-2}、$1.265\times10^{-2}S\cdot m^2\cdot mol^{-1}$。求 NH_4OH 的无限稀释摩尔电导率 Λ_m^∞ (NH_4OH)。

解：根据式（5-6），可得

$$\Lambda_m^\infty(NH_4OH) = \Lambda_m^\infty(NH_4^+) + \Lambda_m^\infty(OH^-)$$

$$= [\Lambda_m^\infty(NH_4^+) + \Lambda_m^\infty(Cl^-)] + [\Lambda_m^\infty(Na^+) + \Lambda_m^\infty(OH^-)] - [\Lambda_m^\infty(Na^+) + \Lambda_m^\infty(Cl^-)]$$

$$= \Lambda_m^\infty(NH_4Cl) + \Lambda_m^\infty(NaOH) - \Lambda_m^\infty(NaCl)$$

$$= 1.499\times10^{-2} + 2.487\times10^{-2} - 1.265\times10^{-2}$$

$$= 2.721\times10^{-2}S\cdot m^2\cdot mol^{-1}$$

第三节　电解质溶液电导的测定及其应用

一、溶液电导率的测定

电导和电导率测定的原理在各种物理学及物理化学教材中多有介绍，有兴趣的读者可以参看，这里不再赘述，仅介绍其测定方法。测定时使用的仪器有电导仪和电导率仪两种。实际测定时，电导仪表头上显示的是电导数据，电导率仪表头显示的是电导率数据。不论使用电导仪还是电导率仪，都必须配备电导电极。电导电极一端有导线与仪器相连，另一端为一对固定在玻璃框内的平行铂片，测定时须浸没在被测溶液中。铂片间距与铂片面积之比 l/A 称为电导电极常数，或称电导池常数。根据式（5－6），可得

$$G=\kappa\frac{A}{l},\ \kappa=G\frac{l}{A} \tag{5-10}$$

当电导池常数已知时，电导 G 与电导率 κ 可互相换算。电导率仪配备的电导电极上通常已标明电导池常数，使用时据进行仪器的校正。使用电导仪进行测定时，所用电导电极一般没有这种标记，需使用者自行标定。方法是先测定电导率已知溶液（通常是一定浓度的 KCl 水溶液，其电导率见表 5－3 的电导），再根据式（5－10）计算其电导池常数，就可以用来计算样品溶液的电导率了。如果仅想监测溶液的某种与电导有线性关系的量的变化（例如浓度的变化），不标定电导池常数也是完全可以的。

表 5－3　298.15K 时不同浓度 KCl 水溶液的电导率

$c/\mathrm{mol\cdot dm^{-3}}$	1.0	0.1	0.01
$\kappa/\mathrm{S\cdot m^{-1}}$	11.173	1.2886	0.1411

二、电导测定的应用

（一）检验水的纯度

理论上可求得纯水的电导率为 $5.5\times10^{-5}\mathrm{S\cdot m^{-1}}$，但一般的自来水因含有多种离子，电导率在 $1.0\times10^{-1}\mathrm{S\cdot m^{-1}}$左右，普通蒸馏水的电导率在 $1.0\times10^{-3}\mathrm{S\cdot m^{-1}}$左右，电导水（在石英器皿盛的水中加入 $KMnO_4$ 和 KOH，去除 CO_2 及有机杂质，二次蒸馏所得）和去离子水（用不同离子交换树脂分别除去阴离子和阳离子所得）的电导率可小于 $1\times10^{-4}\mathrm{S\cdot m^{-1}}$。因此测定水的电导率可检验水的纯度，电导率越小，水中所含杂质离子越少，水的纯度越高。药用去离子水的电导率不得超过 $1\times10^{-4}\mathrm{S\cdot m^{-1}}$。

（二）求弱电解质的电离度和电离常数

因弱电解质部分电离，对电导有贡献的仅是其已电离的部分，又因溶液中离子浓度很小，可以认为电离出的离子独立运动，故有

$$\Lambda_\mathrm{m}=a\Lambda_\mathrm{m}^\infty,\ a=\frac{\Lambda_\mathrm{m}}{\Lambda_\mathrm{m}^\infty} \tag{5-11}$$

由 a 可进一步求得电离平衡常数 $K^\ominus$。

以 AB 型弱电解质为例，在溶液中存在下面的电离平衡

$$AB \longrightarrow A^+ + B^-$$

起始时：　c　0　0

平衡时：　$c(1-a)$　ca　ca

$$K_c^\ominus=\frac{a^2}{1-a}\cdot\frac{c}{c^\ominus}$$

将式（5－11）代入，得

$$K_c^{\ominus}=\frac{\Lambda_m^2\cdot\frac{c}{c^{\ominus}}}{\Lambda_m^{\infty}\ (\Lambda_m^{\infty}-\Lambda_m)} \tag{5-12}$$

式（5－12）称为奥斯特瓦尔德（Ostwald）稀释定律，适用于1－1型的弱电解质。

例5－3　298.15K时，测得浓度为0.01mol·dm^{-3}的醋酸溶液的电导率为0.01653S·m^{-1}，H^+和Ac^-的无限稀释摩尔电导率分别为349.8×10^{-4}和40.9×10^{-4}S·m^2·mol^{-1}，计算该条件下醋酸溶液的电离度和电离平衡常数。

解：

$$\Lambda_m^{\infty}(HAc)=\Lambda_m^{\infty}(H^+)+\Lambda_m^{\infty}(Ac^-)=349.8\times10^{-4}+40.9\times10^{-4}$$

$$=390.7\times10^{-4}S\cdot m^2\cdot mol^{-1}$$

$$\Lambda_m=\frac{\kappa}{c}=\frac{0.01653}{0.01\times10^3}=16.53\times10^{-4}S\cdot m_2\cdot mol^{-1}$$

$$a=\frac{\Lambda_m}{\Lambda_m^{\infty}}=\frac{16.53\times10^{-4}}{390.7\times10^{-4}}=4.23\%$$

$$K_c^{\ominus}=\frac{a^2}{1-a}\cdot\frac{c}{c^{\ominus}}=\frac{0.0423^2}{1-0.0423}\cdot\frac{0.01}{1}=1.87\times10^{-5}$$

（三）求难溶盐的溶解度和溶度积

一些难溶盐（如AgCl、$BaSO_4$等）的溶解度很难直接测定，但利用测量电导的方法可方便地求得。

根据式（5－7），电解质溶液的浓度为

$$c=\frac{\kappa}{\Lambda_m}$$

对于难溶盐溶液，因溶液浓度极稀，且溶解的部分完全电离，故有

$$\Lambda_m=\Lambda_m^{\infty}=\nu_+\Lambda_{m,+}^{\infty}+\nu_-\Lambda_{m,-}^{\infty}$$

对于极稀的溶液，用于配制样品的水对溶液电导率的贡献不可忽略，难溶盐的电导率应等于溶液电导率减去配制溶液时所用水的电导率。

$$\kappa=\kappa（溶液）-\kappa（水）$$

测得难溶盐饱和溶液及水的电导率，即可根据下式计算难溶盐饱和溶液的浓度。

$$c=\frac{\kappa（溶液）-\kappa（水）}{\nu_+\Lambda_{m,+}^{\infty}+\nu_-\Lambda_{m,-}^{\infty}} \tag{5-13}$$

进而可计算难溶盐的溶解度S及溶度积K_{sp}。计算时，应注意Λ_m^{∞}和c所取的基本单元要一致。例如$BaSO_4$，可取Λ_m（$BaSO_4$）和c（$BaSO_4$），或Λ_m（$\frac{1}{2}BaSO_4$）和c（$\frac{1}{2}BaSO_4$）。

例5－4　298.15K时，测得AgCl饱和溶液的电导率κ为3.41×10^{-4}S·m^{-1}，所用水的电导率κ为1.60×10^{-4}S·m^{-1}。试求该温度下AgCl的溶度积。

解：查表得

$$\Lambda_m^{\infty}（Ag^+）=6.192\times10^{-3}S\cdot m^2\cdot mol^{-1}$$

$$\Lambda_m^\infty(Cl^-) = 7.634 \times 10^{-3} S \cdot m^2 \cdot mol^{-1}$$

$$\Lambda_m^\infty(AgCl) = \Lambda_m^\infty(Ag^+) + \Lambda_m^\infty(Cl^-)$$

$$= (6.192 + 7.634) \times 10^{-3} = 1.383 \times 10^{-2} S \cdot m^2 \cdot mol^{-1}$$

$$c(AgCl) = \frac{\kappa(溶液) - \kappa(水)}{\Lambda_m^\infty(AgCl)} = \frac{(3.41 - 1.60) \times 10^{-4}}{1.383 \times 10^{-2}}$$

$$= 1.31 \times 10^{-2} mol \cdot m^{-3} = 1.31 \times 10^{-5} mol \cdot dm^{-3}$$

$$K_{SP} = \frac{c_{Ag^+}}{c^\ominus} \cdot \frac{c_{Cl^-}}{c^\ominus} = (1.31 \times 10^{-5})^2 = 1.72 \times 10^{-10}$$

（四）电导滴定

利用滴定终点前后溶液电导变化的转折来确定终点的方法称为电导滴定。电导滴定常用于测定溶液中电解质的浓度。当溶液浑浊、溶液本身有颜色或没有合适的指示剂指示滴定终点时，可选用电导滴定法。如沉淀反应中 $BaCl_2$ 溶液滴定 Tl_2SO_4 溶液的滴定曲线如图 5－4。

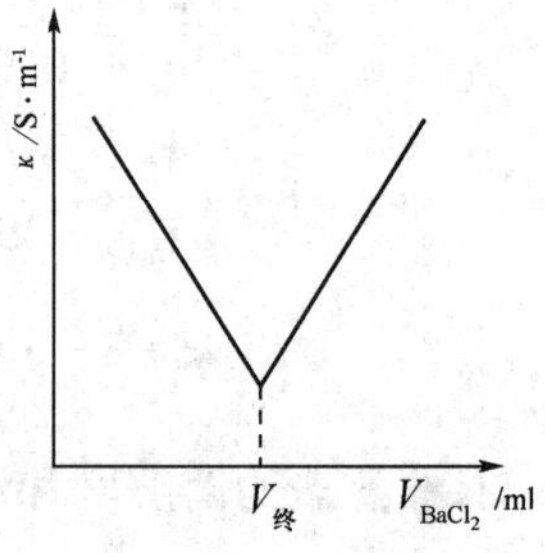

图 5－4 $BaCl_2$ 溶液滴定 Tl_2SO_4 溶液的电导滴定曲线

用 $BaCl_2$ 溶液滴定 Tl_2SO_4 溶液，产物 TlCl 和 $BaSO_4$ 均为沉淀，滴定过程中离子的浓度减小，电导率降低，终点后由于过量的盐存在，溶液的电导率出现较快的增加，可由滴定曲线的转折点确定滴定终点。

第四节 强电解质溶液中电解质的活度和活度系数

一、溶液中离子的活度和活度系数

在第二章讨论各种系统的组分化学势时曾提到，若以溶质 B 的活度 a_B 代替其浓度 m_B，则 B 的化学势 μ_B 与 B 的活度 a_B 的关系可以表示成如下简单形式

$$\mu_B = \mu_B^\ominus(T) + RT \ln a_B \qquad (2-98)$$

以质量摩尔浓度表示 B 的浓度时，a_B 的定义为

$$a_B = \gamma_B \frac{m_B}{m^\ominus}, \ \lim_{m_B \to 0} \gamma_B = 1 \qquad (2-99)$$

式中，$m^\ominus = 1 mol \cdot kg^{-1}$，为标准质量摩尔浓度。

强电解质溶于水后全部电离为阳离子和阴离子。按照上述办法，两种离子的化学势可分别表示为

$$\mu_+ = \mu_+^{\ominus}(T) + RT\ln a_+ \qquad (5-14a)$$

$$\mu_- = \mu_-^{\ominus}(T) + RT\ln a_- \qquad (5-14b)$$

$$a_+ = \gamma_+ \frac{m_+}{m^{\ominus}},\ \lim_{m_+\to 0}\gamma_+ = 1 \qquad (5-15a)$$

$$a_- = \gamma_- \frac{m_-}{m^{\ominus}},\ \lim_{m_-\to 0}\gamma_- = 1 \qquad (5-15b)$$

式中，a_+和a_-、γ_+和γ_-、m_+和m_-分别表示正、负离子的活度、活度因子及质量摩尔浓度。

二、离子的平均活度、平均活度因子及平均浓度

对于任意强电解质$M_{\nu_+}A_{\nu_-}$，在溶液中按下式完全电离

$$M_{\nu_+}A_{\nu_-} \longrightarrow \nu_+ M^{z+} + \nu_- A^{z-}$$

式中，$z+$和$z-$分别是阳离子和阴离子的电荷数。强电解质的化学势可以表示为其离子化学势的代数和

$$\mu_B = \nu_+\mu_+ + \nu_-\mu_-$$

标准态时，

$$\mu_B^{\ominus} = \nu_+\mu_+^{\ominus} + \nu_-\mu_-^{\ominus}$$

$$\begin{aligned}\mu_B &= \nu_+\mu_+ + \nu_-\mu_- \\ &= \nu_+[\mu_+^{\ominus} + RT\ln a_+] + \nu_-[\mu_-^{\ominus} + RT\ln a_-] \\ &= [\nu_+\mu_+^{\ominus} + \nu_-\mu_-^{\ominus}] + RT\ln(a_+^{\nu_+}\cdot a_-^{\nu_-}) \\ &= \mu_B^{\ominus}(T) + RT\ln(a_+^{\nu_+}\cdot a_-^{\nu_-})\end{aligned}$$

与式（2－98）对照应有

$$a_B = a_+^{\nu_+}\cdot a_-^{\nu_-} \qquad (5-16)$$

溶液中不存在单独的正离子或负离子，而且目前也没有任何严格的实验方法可以直接测得单个离子的活度。为此引入电解质的离子平均活度$a_\pm$的概念，其定义为

$$a_\pm = (a_+^{\nu_+}\cdot a_-^{\nu_-})^{1/\nu} \qquad (5-17)$$

式中，$\nu = \nu_+ + \nu_-$。将式（5－15）代入上式，得

$$a_\pm = (\gamma_+^{\nu_+}\gamma_-^{\nu_-})^{1/\nu}\cdot(m_+^{\nu_+}m_-^{\nu_-})^{1/\nu}/m^{\ominus}$$

上式一般表示为

$$a_\pm = \gamma_\pm\cdot m_\pm/m^{\ominus} \qquad (5-18)$$

式中，

$$\gamma_\pm = (\gamma_+^{\nu_+}\cdot\gamma_-^{\nu_-})^{1/\nu} \qquad (5-19)$$

称为离子的平均活度因子，

$$m_\pm = (m_+^{\nu_+}\cdot m_-^{\nu_-})^{1/\nu} \qquad (5-20)$$

称为离子的平均浓度。

联合式（5－16）、(5－17)、(5－18)，得

$$a_B = a_\pm^{\nu} = (\gamma_\pm\cdot m_\pm/m^{\ominus})^{\nu} \qquad (5-21)$$

由式（5－21）可知，若知道了某电解质溶液的离子平均活度因子 $\gamma_{\pm}$ 及平均质量摩尔浓度 $m_{\pm}$，即可求得该溶液中电解质的活度 a 及离子平均活度 $a_{\pm}$。$\gamma_{\pm}$ 可通过依数性、电池电动势、溶解度等方法测得，$m_{\pm}$ 可以由电解质的质量摩尔浓度直接算出。设强电解质 $M_{\nu_+}A_{\nu_-}$ 的浓度为 m，则

$$m_+ = \nu_+ m,\ m_- = \nu_- m$$

$$m_{\pm} = \left[(\nu_+ m)^{\nu_+} \cdot (\nu_- m)^{\nu_-}\right]^{1/\nu}$$

$$m_{\pm} = (\nu_+^{\nu_+} \cdot \nu_-^{\nu_-})^{1/\nu} \cdot m \tag{5-22}$$

例 5－5 0.1mol·kg^{-1} $CaCl_2$ 水溶液的离子平均活度因子 $\gamma_{\pm} = 0.219$，求溶液中 $CaCl_2$ 的活度。

解： $\nu_+ = 1$，$\nu_- = 2$，$\nu = 3$

$$m_{\pm} = (m_+^{\nu_+} \cdot m_-^{\nu_-})^{\frac{1}{\nu}} = (\nu_+^{\nu_+} \cdot \nu_-^{\nu_-})^{\frac{1}{\nu}} \cdot m = \sqrt[3]{4}m$$

$$a_{\pm} = \gamma_{\pm} \cdot m_{\pm}/m^{\ominus} = \sqrt[3]{4}\gamma_{\pm}\, m/m^{\ominus} = \sqrt[3]{4} \times 0.219 \times 0.1 = 3.476 \times 10^{-2}$$

$$\alpha = \alpha_{\pm}^{\nu} = (3.476 \times 10^{-2})^3 = 4.201 \times 10^{-5}$$

三、离子强度

一些电解质离子在 298.15K 时的平均活度因子 $\gamma_{\pm}$ 列于表 5－4。从表中所列数据可以看出：一般情况下，离子的平均活度因子 $\gamma_{\pm}$ 小于 1，在稀溶液范围内，随着溶液浓度的降低而增大；而当溶液浓度增加到一定程度后，$\gamma_{\pm}$ 可能随浓度的增加而变大，有的甚至可以超过 1。在溶液浓度相同的情况下，相同价型电解质的 $\gamma_{\pm}$ 值近似相等；不同价型电解质的 $\gamma_{\pm}$ 不相等，且价型越高，$\gamma_{\pm}$ 越小。

表 5－4　298.15K 时一些电解质离子的平均活度因子 $\gamma_{\pm}$

m/mol·kg^{-1}	0.001	0.005	0.01	0.05	0.10	0.50	1.0	4.0
HCl	0.965	0.928	0.904	0.830	0.796	0.757	0.819	1.762
NaCl	0.966	0.929	0.904	0.823	0.778	0.682	0.658	0.783
KCl	0.965	0.927	0.901	0.815	0.769	0.650	0.605	0.582
HNO_3	0.965	0.927	0.902	0.823	0.785	0.715	0.720	0.982
NaOH			0.899	0.818	0.766	0.693	0.679	0.890
$CaCl_2$	0.887	0.783	0.724	0.574	0.518	0.448	0.500	2.934
K_2SO_4		0.781	0.715	0.529	0.441	0.262	0.210	
H_2SO_4	0.830	0.639	0.544	0.340	0.265	0.154	0.130	0.171
$BaCl_2$		0.781	0.725	0.556	0.496	0.396	0.399	
$CuSO_4$		0.560	0.444	0.230	0.164	0.066	0.044	
$ZnSO_4$	0.734	0.477	0.387	0.202	0.148	0.063	0.043	

可见，恒温时在稀溶液范围内，影响离子平均活度因子 $\gamma_{\pm}$ 的主要因素是离子浓度和离子价数。1921 年，路易斯（Lewis）根据大量实验数据，提出了离子强度 I 的概念，其定义为

$$I = \frac{1}{2}\sum_{B} m_B z_B^2 \tag{5-23}$$

式中，m_B 与 z_B 分别代表电解质溶液中 B 离子的质量摩尔浓度与该离子的电荷数。I 的单位为 $mol \cdot kg^{-1}$。离子强度是度量由溶液中的离子电荷所形成的静电场强度的物理量。

四、德拜－休克尔极限定律

1923 年，德拜—休克尔（Debye-Hückel）提出强电解质溶液的离子互吸理论和离子氛的概念。他们认为，强电解质在溶液中是完全电离的，强电解质溶液与理想溶液的偏差，主要是由于正、负离子之间的静电引力所引起的。众多离子之间错综复杂的相互作用可通过离子氛模型简化。从统计学的角度看，强电解质溶液中每一个离子（称为中心离子）的周围，带相反电荷的离子相对集中，中心离子好像被一层异号电荷包围着，形成了一个球形氛围，称为离子氛。离子氛的总电荷在数值上等于中心离子的总电荷。根据静电理论和玻兹曼（Boltzmann）分布定律，他们导出了稀溶液离子活度因子公式为

$$\lg\gamma_B = -Az_B^2\sqrt{I} \tag{5-24}$$

$$\lg\gamma_{\pm} = -A|z_+z_-|\sqrt{I} \tag{5-25}$$

式中，A 在温度和溶剂一定时为定值，可由相关数据手册中查得。298.15K 的水溶液中，$A = 0.509 mol^{-1/2} \cdot kg^{1/2}$。(5－24)、(5－25) 称为德拜－休克尔极限定律。实验证明，对离子强度小于 $0.01 mol \cdot kg^{-1}$ 的稀溶液，德拜－休克尔极限定律预测的结果与实验结果能较好地符合。

第五节 可逆电池

一、可逆电池的意义

将化学能转化为电能的装置称为原电池，简称电池。若这种转化是以热力学可逆方式进行的，则称为可逆电池。在恒温恒压条件下，可逆电池的电动势 E 与电池反应的摩尔反应吉布斯函数 $\Delta_r G_m$ 有如下简单关系

$$\Delta_r G_m = W'_R = -zFE \tag{5-26}$$

式中，zF 为电池中可逆地发生了 1mol 反应时，通过电池的电量；z 为电极反应式中电子的计量系数。

式 (5－26) 是一个重要公式，是联系热力学与电化学的主要桥梁。根据这一关系式，可以通过测定可逆电池电动势的方法，求算化学反应的 $\Delta_r G_m$，进而得到化学反应的 $\Delta_r H_m$ 以及 $\Delta_r S_m$ 等其他热力学数据。此外，可逆电池对外所做电功是将化学能转变为电能的最高限度，研究可逆电池可以为研制高性能化学电源提供理论依据。

二、可逆电池的条件

按照热力学上的可逆概念，可逆电池必须同时满足下列条件：

(1) 电池内进行的化学反应必须是可逆的，即充电反应和放电反应互为逆反应。

例如，图5-5所示的丹尼尔（Daniell）电池：电池的电动势为E，在外电路并联一可调节电动势的工作电池，工作电池电动势为E'，当$E > E'$，电池将放电，电极反应为

负极（锌电极） $Zn(s) \longrightarrow Zn^{2+}(a_1) + 2e^-$

正极（铜电极） $Cu^{2+}(a_2) + 2e^- \longrightarrow Cu(s)$

电池反应为 $Zn(s) + Cu^{2+}(a_2) \longrightarrow Cu(s) + Zn^{2+}(a_1)$

当$E < E'$，电池将充电，电极反应则为

阴极（锌电极） $Zn^{2+}(a_1) + 2e^- \longrightarrow Zn(s)$

阳极（铜电极） $Cu(s) \longrightarrow Cu^{2+}(a_2) + 2e^-$

电池反应为 $Cu(s) + Zn^{2+}(a_1) \longrightarrow Zn(s) + Cu^{2+}(a_2)$

可见，充、放电反应互为逆反应。

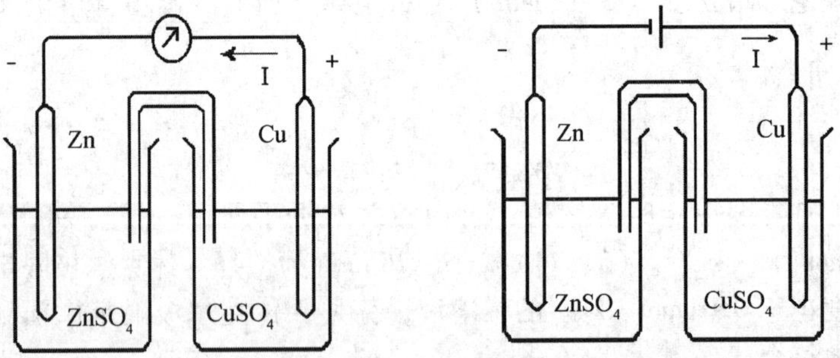

图5-5 铜-锌电池（丹尼尔电池）示意图

也有一些电池，它们充、放电时的反应不是可逆关系，如将铜和锌片插入稀硫酸溶液中构成的伏打（Volta）电池（图5-6）。放电时，电极反应和电池反应为

负极 $Zn(s) \longrightarrow Zn^{2+}(a_{Zn^{2+}}) + 2e^-$

正极 $2H+(a_{H+}) + 2e^- \longrightarrow H_2(p)$

电池反应 $Zn(s) + 2H^+(a_{H+}) \longrightarrow Zn^{2+}(a_{Zn^{2+}}) + H_2(p)$

充电时，电极反应和电池反应为

负极 $2H^+(a_{H+}) + 2e^- \longrightarrow H_2(p)$

正极 $Cu(s) \longrightarrow Cu^{2+}(a_{Cu^{2+}}) + 2e^-$

电池反应 $2H^+(a_{H+}) + Cu(s) \longrightarrow H_2(p) + Cu^{2+}(a_{Cu^{2+}})$

显然，这种电池不能通过充、放电的循环恢复原状，故不可能是可逆电池。

(2) 能量的转换必须可逆。即无论充电或放电，E和E'只相差无限小，充电时$E' = E + dE$，放电时，$E' = E - dE$，使通过电池的电流为无限小，才能使电池在接近平衡状态下工作。这样，若作为电池则能做出最大功，若作为电解池则消耗的电能最小。或者说，若能把电池放电产生的能量全部储存起来用于充电，则恰好使系统和环境恢复到原态。

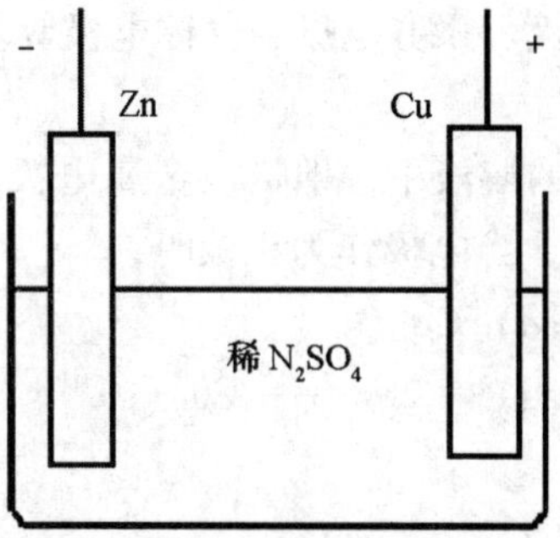

图 5-6 伏打电池示意图

(3) 电池中所进行的其他过程（如离子的扩散等）也必须可逆。

如果考虑这一点，则丹尼尔电池不是严格意义上的可逆电池，因为在浓度梯度的作用下，丹尼尔电池放电时，Zn^{2+} 向正极扩散，充电时，则 Cu^{2+} 向负极扩散。只是在忽略离子扩散的影响时，才将丹尼尔电池近似看作可逆电池。将离子扩散的影响消除到尽可能低的办法是使用盐桥，有关问题将在后面讨论。

三、电池的书写方式

为了方便而科学地书面表达电池组成和结构，1953 年，IUPAC 作了以下具体的书写规定。

(1) 发生氧化反应的负极写在左边，发生还原反应的正极写在右边。

(2) 用符号"|"表示两相界面，同一相中的不同物质之间可用逗号","分开。

(3) 为了消除电池中两种溶液的界面电势差，实验上常用盐桥将两溶液隔开，书写上用双垂线"‖"表示盐桥。

(4) 应标明各物质的相态物态（气、液、固），注明压力或活度。此外还应注明电池工作的温度、压力。若不写明，则通常为 298.15K，100kPa。

(5) 气体和液体，如 H_2 (g)、O_2 (g)、Br_2 (l)，不能直接作为电极，需吸附在惰性金属（如 Pt、Au）上，一般也应标明。

例如，图 5-5 所示铜锌电池可表示为

$$Zn\ (s)\ |ZnSO_4\ (a_1)\ \|CuSO_4\ (a_2)\ |Cu\ (s)$$

根据电池表示式可以写出电极反应和电池反应。

例 5-6 写出下列电池的电极反应和电池反应。

$$Ag\ (s)\ |AgI\ (s)\ |\ I^-\ (a_1)\ \|Cl-\ (a_2)\ |\ AgCl\ (s)\ |Ag\ (s)$$

解: 负极 $Ag\ (s)\ + I^-\ (a_1) \longrightarrow AgI\ (s)\ + e^-$

正极 $AgCl\ (s)\ + e^- \longrightarrow Ag + Cl^-\ (a_2)$

电池反应 $AgCl\ (s)\ + I^-\ (a_1) \longrightarrow AgI\ (s)\ + Cl^-\ (a_2)$

四、可逆电极的类型

可逆电池由可逆电极构成，常见的可逆电极可分为以下几种类型。

(一) 第一类电极

这类电极主要包括金属电极、汞齐电极、气体电极等。

1. 金属电极

金属插入含有该金属离子的溶液中，即构成金属电极。其特点是对金属离子可逆。如 Cu (s) 插在 $CuSO_4$ 溶液中，当电极作为正极时，

电极表示式为　Cu^{2+} (aq) | Cu (s)

电极反应为　Cu^{2+} (aq) $+2e^- \longrightarrow$ Cu (s)

当电极作为负极时，

电极表示式为　Cu (s) | Cu^{2+} (aq)

电极反应为　Cu (s) $\longrightarrow Cu^{2+}$ (aq) $+2e^-$

2. 汞齐电极

钾、钠等活泼金属，不能直接与水溶液接触。制备活泼金属电极时，可以把金属溶于汞，做成汞齐电极。如钠汞齐电极，其电极表示式为

$$Na^+ (a_{Na^+}) | Na(Hg) (a_{Na})$$

电极反应为

$$Na^+ (a_{Na^+}) + Hg(l) + e^- \longrightarrow Na(Hg) (a_{Na})$$

3. 气体电极

气体是非导体，需借助铂等惰性金属起导电作用。将铂片插入含某种气体对应离子的溶液中，用该气体的气流冲击铂片，即可构成一种气体电极。常见的气体电极有氢电极、氧电极、氯电极等。

(1) 氢电极

在酸性溶液中：

电极表示式　$H^+ (a_{H^+}) | H_2 (g, p_{H_2}) | Pt$

电极反应　$H^+ (a_{H^+}) + e^- \longrightarrow \frac{1}{2}H_2 (g, p_{H_2})$

在碱性溶液中：

电极表示式　$OH^- (a_{OH^-}) | H_2 (g, p_{H_2}) | Pt$

电极反应　$H_2O + e^- \longrightarrow OH^- (a_{OH^-}) + \frac{1}{2}H_2 (g, p_{H_2})$

(2) 氧电极

在碱性溶液中：

电极表示式　$OH^- (a_{OH^-}) | O_2 (g, p_{O_2}) | Pt$

电极反应　$\frac{1}{2}O_2 (g, p_{O_2}) + H_2O + 2e \longrightarrow 2OH^- (a_{OH^-})$

在酸性溶液中：

电极表示式　$H^+ (a_{H^+}) | O_2 (g, p_{O_2}) Pt$

电极反应　$O_2 (g, p_{O_2}) + 4H^+ (a_{H^+}) + 4e^- \longrightarrow 2H_2O$

(3) 氯电极

电极表示式 Cl^- (a_{Cl^-}) | Cl_2 (g, p_{Cl_2}) | Pt

电极反应 Cl_2 (g, p_{Cl_2}) $+2e^- \longrightarrow 2Cl^-$ (a_{Cl^-})

(二) 第二类电极

这类电极包括金属－难溶盐电极和金属－难溶氧化物电极，它们在电化学中较重要。第二类电极容易制备，电极电势较稳定，故常被用作标准电极或参比电极。

1. 金属－难溶盐电极

该类电极是在金属表面覆盖一层该金属的难溶盐，然后浸入含有该难溶盐阴离子的溶液中构成。例如，

(1) 甘汞电极

电极表示式 Cl^- (a_{Cl^-}) | Hg_2Cl_2 (s) | Hg (l)

电极反应 Hg_2Cl_2 (s) $+2e^- \longrightarrow 2Hg$ (l) $+2Cl^-$ (a_{Cl^-})

(2) 银－氯化银电极

电极表示式 Cl^- (a_{Cl^-}) | AgCl (s) | Ag (s)

电极反应 AgCl (s) $+e^- \longrightarrow$ Ag (s) $+Cl^-$ (a_{Cl^-})

甘汞电极和银－氯化银电极是最常用的参比电极。

2. 金属－难溶氧化物电极

该类电极是在金属表面覆盖一层该金属的难溶氧化物，然后浸在含有 H^+ 或 OH^- 的溶液中构成的。

例如汞－氧化汞电极。电极液为碱性溶液时，

电极表示式为 OH^- (a_{OH^-}) | HgO (s) | Hg (l)

电极反应为 HgO (s) $+H_2O+2e^- \longrightarrow$ Hg (l) $+2OH^-$ (a_{OH^-})

电极液为酸性溶液时，

电极表示式为 H^+ (a_{H^+}) | HgO (s) | Hg (l)

电极反应为 HgO (s) $+2H^+$ (a_{H^+}) $+2e^- \longrightarrow$ Hg (l) $+H_2O$

(三) 第三类电极

这类电极又称为氧化还原电极，由惰性金属（如 Pt）插入含有不同氧化态离子的溶液中构成，惰性金属仅起导电作用。例如将铂电极插入含 Fe^{2+} 与 Fe^{3+} 的溶液中，即构成一氧化还原电极：

电极表示式 Fe^{3+} (a_1), Fe^{2+} (a_2) | Pt

电极反应 Fe^{3+} (a_1) $+e^- \longrightarrow Fe^{2+}$ (a_2)

其他一些电极表示式和电极反应可参看表 5－5。

(四) 离子选择电极

离子选择电极系对特定离子敏感的电极。用于测定溶液 pH 的玻璃电极就是对氢离子敏感的离子选择电极。

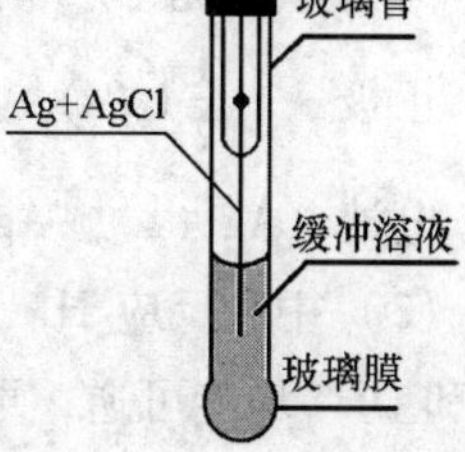

图 5－7 玻璃电极

玻璃电极的主要构成部分（见图 5－7）是一个球形的玻璃膜泡，膜的组成一般是 72% SiO_2、22% Na_2O 和 6% CaO，膜

泡内装入 pH 一定的缓冲溶液（$0.1\ mol\cdot kg^{-1}\ HCl + 0.1 mol$（$kg^{-1}\ NaCl$），并插入一根 Ag - AgCl 电极作为内参比电极。玻璃膜可允许溶液中的氢离子但不允许其他离子透过，也就是说，玻璃电极对氢离子有选择性。玻璃电极的电极表示式为

$$Ag(s)\,|\,AgCl(s)\,|\,H^+(a_{H^+})\,|\,\text{玻璃膜}\,|\,\text{待测溶液}$$

玻璃电极不受溶液中氧化剂和还原剂的作用，适用于较大的 pH 范围（一般 pH = 1 ~ 9），若改变玻璃膜的组成，可使用范围扩大至 pH = 1 ~ 14。

五、根据化学反应设计电池

将一个化学反应或某一过程（例如扩散）设计成电池，在理论和实践两方面都很重要，其基本原则就是将一个反应或一个过程分解成两个电极反应，只需注意一个反应组分是反应物还是产物、是氧化态还是还原态（如果是一个过程，可将始态看作反应物，终态看作产物）即可。下面以几种典型反应（包括过程）为例讨论原电池的设计。

（1）氧化还原反应 $H_2(g) + \frac{1}{2}O_2(g) \longrightarrow H_2O(l)$。可选择氢电极和氧电极。$H_2$ 是还原态，作为反应物，只能是发生氧化反应的负极（阳极）物质；O_2 是氧化态作为反应物，只能是发生还原反应的正极（阴极）物质。

电极反应：

负极　$H_2(g) \longrightarrow 2H^+(a_{H^+}) + 2e^-$

正极　$\frac{1}{2}O_2(g) + 2e^- + 2H^+(a_{H^+}) \longrightarrow H_2O(l)$

电池：$Pt\,|\,H_2(g, p_{H_2})\,|\,H^+(a_{H^+})\,|\,O_2(g, p_{O_2})\,|\,Pt$

或，电极反应：

负极　$H_2(p_1) + 2OH^-(a) \longrightarrow 2H_2O(l) + 2e^-$

正极　$\frac{1}{2}O_2(p_2) + H_2O(l) + 2e^- \longrightarrow 2OH^-(a_{OH^-})$

电池：$Pt\,|\,H_2(p_1)\,|\,OH-(a)(O_2(p_2)\,|\,Pt$

（2）氧化还原反应 $Ag(s) + \frac{1}{2}I_2(s) \longrightarrow AgI(s)$。可考虑使用 Ag - AgI 电极和碘电极。AgI 为氧化态，作为产物，应是负极物质，也就是说，Ag - AgI 电极应该作负极。此反应中，I_2 被还原，因此碘电极应是正极。

电极反应：

负极　$Ag(s) + I^-(a_{I^-}) \longrightarrow AgI(s) + e^-$

正极　$\frac{1}{2}I_2(s) + e^- \longrightarrow I^-(a_{I^-})$

电池：$Ag(s)\,|\,AgI(s)\,|\,I^-(a_{I^-})\,|\,I_2(s)\,|\,Pt$

（3）中和反应 $H^+(a_{H^+}) + OH^-(a_{OH^-}) \longrightarrow H_2O$。氢电极的特点是对溶液中的 H^+ 和 OH^- 均能可逆，可以考虑使用氢电极。H^+ 为氧化态，作为反应物，只能是正极物质。为了使电池反应与所给反应一致，H^+ 在正极的还原产物 H_2 应在负极氧化为水，因而负极可以用碱液中的氢电极。

电极反应：

负极　$\frac{1}{2}H_2\ (p)\ + OH^-\ (a_{OH^-})\ \longrightarrow H_2O\ (l)\ + e^-$

正极　$H^+\ (a_{H^+})\ + e^- \longrightarrow \frac{1}{2}H_2\ (p)$

电池：$Pt|H_2\ (p)|OH\ (a_{OH^-})\quad H^+\ (a_{H^+})\ |H_2\ (p)|Pt$

(4) 沉淀反应 $Ag^+(a_{Ag^+}) + Br^-(a_{Br^-}) \longrightarrow AgBr(s)$。可以考虑使用银－溴化银电极和银电极。AgBr（s）中的 Ag^+ 为氧化态，作为产物只能是负极物质，因此，银－溴化银电极应作负极。游离的氧化态 Ag^+ 作为反应物，只能是正极物质，因此，银电极应是正极。

电极反应：

负极　$Ag(s) + Br^-(a_{Br^-}) \longrightarrow AgBr(s) + e^-$

正极　$Ag^+(a_{Ag^+}) + e^- \longrightarrow Ag(s)$

电池：$Ag(s)|AgBr(s)|Br^-(a_{Br^-})|Ag^+(a_{Ag^+})|Ag(s)$

(5) 扩散过程，例如 $Cl_2\ (p_1) \longrightarrow Cl_2\ (p_2)$。可以考虑使用氯电极。氯电极的一对电极物质中，$Cl_2$ 为氧化态。氧化态的 Cl_2（p_1 作为反应物，只能是正极物质，氧化态的 Cl_2（p_2）作为产物，则只能是负极物质。

电极反应：

负极　$2Cl^-(a) \longrightarrow Cl_2\ (p_2)\ + 2e^-$

正极　$Cl_2\ (p_1)\ + 2e^- \longrightarrow 2Cl^-\ (a)$

电池：$Pt|Cl_2(g,\ p_2)|Cl^-\ (a)\ |Cl_2\ (g,\ p_1)|Pt$

第六节　电池电动势与电极电势

一、电池电动势的构成

电池的电动势是电池中各相间界面电势差的代数和。电池中，相界面电势差主要有以下几种。

1. 电极－溶液界面电势差

金属浸入含该金属离子的水溶液时，金属晶格中的部分离子将与极性很大的水分子相互作用而水化，与晶格中其他金属离子的相互作用减弱，有离开金属进入水中的趋势。金属离子 B 自发迁移的方向取决于其电化学势。电化学势 $\mu_{B,e}$ 的定义为

$$\mu_{B,e} = \mu_B + z_B F\phi \tag{5-27}$$

式中，μ_B 为 B 的化学势，F 为法拉第常数，ϕ 为系统中任一点处的电势，$z_B F\phi$ 为将 1mol 电荷为 z_B 的离子自 $\phi=0$ 处迁移至 ϕ 处所需可逆功。如果金属与溶液两相中的金属离子电化学势不相等，则必然会发生离子的相间转移，金属离子将从电化学势较高的相转移到电化学势较低的相。可能发生的情况有两种，或者金属离子溶于液相，使金属表面带负电，液相带正电；或者溶液中的金属离子吸附到金属表面，使金属表面带正

电，液相带负电。带电的金属表面吸引溶液中电荷与其相反的离子（称为反离子），使其在金属表面附近相对集中，从而在金属－溶液界面形成双电层结构。双电层起着一种促使金属离子的溶解与吸附达平衡的作用。在无外电场的情况下，达平衡时金属表面与溶液 $\phi=0$ 处的电势差称为热力学电势，亦即电极－溶液界面电势差。

2. 接触电势

电子逸出金属表面所需功称为逸出功。两种金属紧密接触时，因逸出功的不同，电子在接触界面的两侧将形成不均匀分布，导致界面两侧带有不同符号的电荷，产生电势差。这种电势差称为接触电势。电极金属与外接导线间的电势差即接触电势。导线一般均为铜导线，若电池的两个电极所用金属相同，则两极的接触电势数值相同，符号相反，接触电势对电池电动势没有影响。接触电势一般很小，计算电动势时可忽略。

3. 液体接界电势

两种不同的电解质溶液或电解质相同但浓度不同的溶液相互接触时，由于离子迁移速率不同，使接触界面上形成双电层而产生的电势差，称为液体接界电势或扩散电势。

例如两种不同浓度 HCl 溶液的接界面上，HCl 将会从浓溶液一侧向稀溶液一侧扩散。由于 H^+ 扩散比 Cl^- 快，在稀溶液的一边有过剩 H^+ 而使之带正电，同时在浓溶液的一边因留下过剩的 Cl^- 而带负电，这样，界面上便形成了双电层。双电层的存在，使离子扩散通过界面的速率发生改变，速率快者减慢，速率慢者加快，最后达到稳态，离子以相同的速率通过界面，在界面处形成稳定的电势差。

液体接界电势不是很大，一般在 30mV 左右。但是，由于液体的扩散是不可逆的，故它的存在将使电池的可逆性遭到破坏。所以，在实际工作中常在两种溶液之间连接一个盐桥来尽量减小液体接界电势。盐桥是一 U 型管，其中装满用琼脂凝胶固定的、正负离子迁移速率相近的电解质溶液（一般为 KCl 的饱和溶液），在常温下呈冻胶状。当盐桥与两个浓度不太大的溶液接触时，由于浓度差的缘故，KCl 将向两边电极溶液中扩散。而 K^+ 与 Cl^- 的迁移速率非常接近，在单位时间内，通过 U 型管的两个端面向外扩散的 K^+ 与 Cl^- 的数目几乎相等，在两个接触面上所产生的液体接界电势很小，且符号相反，其代数和一般约为 1～2mV，故基本上可消除液体接界电势。如果组成电池的电解质溶液中含有 Ag^+、Hg_2^{2+} 等，须用 NH_4NO_3 或 KNO_3 代替 KCl。

综上所述，若以 $\varepsilon_{接触}$ 表示接触电势；$\varepsilon_{液接}$ 表示液体接界电势；ε_+ 和 ε_- 分别为两电极与溶液界面间的电势差。则电池的电动势为

$$E=\varepsilon_{接触}+\varepsilon_-+\varepsilon_{液接}+\varepsilon_+$$

$\varepsilon_{接触}$ 可忽略，$\varepsilon_{液接}$ 用盐桥基本消除后，电池的电动势可表示为

$$E=\varepsilon_-+\varepsilon_+ \tag{5-28}$$

二、电极电势

根据式（5－28），若测得两个电极与溶液的界面电势差 ε_- 与 ε_+，即可求算电池电动势 E。遗憾的是目前尚无法得到单个电极的电极电势绝对值，而只能测得由两个电极构成的电池的电动势。但如果选择某个电极作为标准电极，以其电极电势作为计算基准，将其他电极与标准电极组成电池，测定其电动势，则可得到任一电极的相对电极电

势。如果所有电极的相对电极电势均采用同一计算基准，则用相对电极电势计算的电池电动势应与用绝对电极电势算得的结果相同。

1. 标准氢电极

1953 年，IUPAC 建议选用标准氢电极作为标准电极，并规定在任意温度下其电极电势为零。

将镀有铂黑的铂片浸入氢离子活度为 1 的溶液中，然后通入标准压力的纯净氢气，使其不断冲击铂片，并被铂黑吸附直到饱和，即构成标准氢电极（见图 5－8）。标准氢电极作为负极时的电极表达式和电极反应分别为

$$\mathrm{Pt}|\mathrm{H_2}\,(\mathrm{g},\ p^{\ominus})|\mathrm{H^+}\,(a_{\mathrm{H^+}}=1)$$

$$\frac{1}{2}\mathrm{H_2}\,(\mathrm{g},\ p^{\ominus}) \longrightarrow \mathrm{H^+}\,(a_{\mathrm{H^+}}=1)\ +\mathrm{e^-}$$

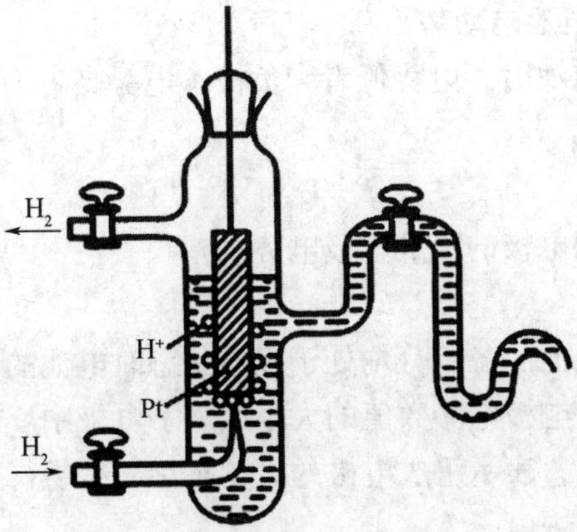

图 5－8　标准氢电极

2. 任意电极的电极电势

以标准氢电极为负极，给定电极为正极，组成电池

$$(\mathrm{Pt})\ \mathrm{H_2}\,(\mathrm{g},\ p^{\ominus})\ |\mathrm{H^+}\,(a_{\mathrm{H^+}}=1)\ \|\text{给定电极}$$

则该电池电动势就是给定电极的电极电势。由于将给定电极规定为发生还原反应的正极，所以按此规定所得的电极电势称为还原电势，用 $\varphi_{\text{电极}}$ 表示。当给定电极处在标准状态下，即参加电极反应各物质的活度都等于 1 时的电极电势称为标准电极电势，用 $\varphi^{\ominus}_{\text{电极}}$ 表示。一些电极 298.15K 时的标准电极电势数值见表 5－5。

例如，要确定铜电极 $\mathrm{Cu^{2+}}\,(a_{\mathrm{Cu^{2+}}}=1)\ |\mathrm{Cu}$ 的电极电势，可组成如下电池：

$$\mathrm{Pt}|\mathrm{H_2}\,(\mathrm{g},\ p^{\ominus})|\mathrm{H^+}\,(a_{\mathrm{H^+}}=1)\ \|\mathrm{Cu^{2+}}\,(a_{\mathrm{Cu^{2+}}}=1)|\mathrm{Cu}\,(\mathrm{s})$$

电极反应为

负极　$\mathrm{H_2}\,(p^{\ominus}) \longrightarrow 2\mathrm{H^+}\,(a_{\mathrm{H^+}}=1)\ +2\mathrm{e^-}$

正极　$\mathrm{Cu^{2+}}\,(a_{\mathrm{Cu^{2+}}}=1)\ +2\mathrm{e^-} \longrightarrow \mathrm{Cu}\,(\mathrm{s})$

电池反应为　$\mathrm{H_2}\,(p^{\ominus})\ +\mathrm{Cu^{2+}}\,(a_{\mathrm{Cu^{2+}}}=1) \longrightarrow \mathrm{Cu}\,(\mathrm{s})\ +2\mathrm{H^+}\,(a_{\mathrm{H^+}}=1)$

298.15K 时，测得此电池的电动势为 0.337V，由于 $\mathrm{Cu^{2+}}\,(a_{\mathrm{Cu^{2+}}}=1)$ 比 $\mathrm{H^+}$

（$a_{H^+}=1$）更易获得电子，电池工作时电极上发生的反应与电池表达式一致，即为自发反应，据式（5－26），该电池的电动势应为正值。即 $\varphi^{\ominus}_{Cu^{2+}/Cu}=0.337V$。

再以确定锌电极 Zn Zn^{2+}（$a_{Zn^{2+}}=1$）的电极电势为例，可组成电池

$$Pt|H_2(g, p^{\ominus})|H^+(a_{H^+}=1)\|Zn^{2+}(a_{Zn^{2+}}=1)|Zn(s)$$

电极反应为

负极 $H_2(p^{\ominus}) \longrightarrow 2H^+(a_{H^+}=1)+2e^-$

正极 $Zn^{2+}(a_{Zn^{2+}}=1)+2e^- \longrightarrow Zn(s)$

电池反应为 $H_2(p^{\ominus})+Zn^{2+}(a_{Zn^{2+}}=1) \longrightarrow Zn(s)+2H^+(a_{H^+}=1)$

298.15K 时，实验测得此电池的电动势为 0.763V。由于 Zn 比 H_2 更易失去电子，作为正极的锌电极实际上进行的是氧化反应，即按电池书写方式写出的电池反应是非自发的，据式（5－26），该电池的电动势应为负值。因此 $\varphi^{\ominus}_{Zn^{2+}/Zn}=-0.763V$。

3. 由电极电势计算电池电动势

任意两个电极组成电池时，电势低者为负极，电势高者为正极。电池电动势为两个电极的还原电势之差

$$E=\varphi_+-\varphi_- \tag{5-29}$$

电池的标准电动势则为两电极的标准电极电势之差

$$E^{\ominus}=\varphi^{\ominus}_+-\varphi^{\ominus}_- \tag{5-30}$$

标准电动势指的是组成电池的各组分均处于标准状态时电池的电动势。

根据以上讨论可知，电极电势数值的大小反映了电极中反应物质得到或失去电子能力的大小。电极电势越正，表示组成电极的氧化态物质越易得到电子；反之，电极电势越负，还原态物质越易失去电子。

表 5－5 298.15K 时水溶液中一些电极的标准电极电势

电极	电极反应	$\phi^{\ominus}/V$
Li^+/Li	$Li^++e^- \rightleftharpoons Li$	－3.045
K^+/K	$K^++e^- \rightleftharpoons K$	－2.924
Ba^{2+}/Ba	$Ba^{2+}+2e^- \rightleftharpoons Ba$	－2.906
Ca^{2+}/Ca	$Ca^{2+}+2e^- \rightleftharpoons Ca$	－2.866
Na^+/Na	$Na^++e^- \rightleftharpoons Na$	－2.714
Mg^{2+}/Mg	$Mg^{2+}+2e^- \rightleftharpoons Mg$	－2.363
Mn^{2+}/Mn	$Mn^{2+}+2e^- \rightleftharpoons Mn$	－1.180
OH^-/H_2, Pt	$2H_2O+2e^- \rightleftharpoons H_2+2OH^-$	－0.828
Zn^{2+}/Zn	$Zn^{2+}+2e^- \rightleftharpoons Zn$	－0.7628
Cr^{3+}/Cr	$Cr^{3+}+3e^- \rightleftharpoons Cr$	－0.744
SbO_2^-/Sb	$SbO_2^-+2H_2O+3e^- \rightleftharpoons Sb+4OH^-$	－0.67
Fe^{2+}/Fe	$Fe^{2+}+2e^- \rightleftharpoons Fe$	－0.4402
Cr^{3+}, Cr^{2+}/Pt	$Cr^{3+}+e^- \rightleftharpoons Cr^{2+}$	－0.408
Cd^{2+}/Cd	$Cd^{2+}+2e^- \rightleftharpoons Cd$	－0.4029

续表

电极	电极反应	$\phi^{\ominus}/V$
$Cd^{2+}/Cd(Hg)$	$Cd^{2+}+2e^- \rightleftharpoons Cd(Hg)$	-0.3521
Co^{2+}/Co	$Co^{2+}+2e^- \rightleftharpoons Co$	-0.277
Ni^{2+}/Ni	$Ni^{2+}+2e^- \rightleftharpoons Ni$	-0.250
$I^-/AgI, Ag$	$AgI+e^- \rightleftharpoons Ag+I^-$	-0.152
Sn^{2+}/Sn	$Sn^{2+}+2e^- \rightleftharpoons Sn$	-0.136
Pb^{2+}/Pb	$Pb^{2+}+2e^- \rightleftharpoons Pb$	-0.126
Fe^{3+}/Fe	$Fe^{3+}+3e^- \rightleftharpoons Fe$	-0.036
$H^+/H_2, Pt$	$2H^++2e^- \rightleftharpoons H_2$	±0.000
$Br^-/AgBr, Ag$	$AgBr+e^- \rightleftharpoons Ag+Br$	+0.07103
$Sn^{4+}, Sn^{2+}/Pt$	$Sn^{4+}+2e^- \rightleftharpoons Sn^{2+}$	+0.15
$Cu^{2+}, Cu^+/Pt$	$Cu^{2+}+e^- \rightleftharpoons Cu^+$	+0.153
$Cl^-/AgCl, Ag$	$AgCl+e^- \rightleftharpoons Ag+Cl^-$	+0.2224
$Cl^-/Hg_2Cl_2, Hg$	$Hg_2Cl_2+2e^- \rightleftharpoons 2Hg+2Cl^-$	+0.2682
Cu^{2+}/Cu	$Cu^{2+}+2e^- \rightleftharpoons Cu$	+0.337
$OH^-/Ag_2O, Ag$	$Ag_2O+H_2O+2e^- \rightleftharpoons 2Ag+2OH^-$	+0.344
$OH^-/O_2, Pt$	$1/2O_2+H_2O+2e^- \rightleftharpoons 2OH^-$	+0.401
Cu^+/Cu	$Cu^++e^- \rightleftharpoons Cu$	+0.521
$I^-/I_2, Pt$	$I_2+2e^- \rightleftharpoons 2I^-$	+0.5355
$MnO_4^-, MnO_4^{2-}/Pt$	$MnO_4^-+e- \rightleftharpoons MnO_4^{2-}$	+0.564
H^+，醌，氢醌/Pt	$C_6H_4O_2+2H^++2e^- \rightleftharpoons C_6H_4(OH)_2$	+0.6993
Fe^{3+}/Fe^{2+}	$Fe^{3+}+e^- \rightleftharpoons Fe^{2+}$	+0.771
Hg_2^{2+}/Hg	$Hg_2^{2+}+2e^- \rightleftharpoons 2Hg$	+0.788
Ag^+/Ag	$Ag^++e^- \rightleftharpoons Ag$	+0.7991
Hg^{2+}/Hg	$Hg^{2+}+2e^- \rightleftharpoons Hg$	+0.854
$Hg^{2+}, Hg^+/Pt$	$Hg^{2+}+e^- Hg^+$	+0.91
Pd^{2+}/Pd	$Pd^{2+}+2e^- \rightleftharpoons Pd$	+0.987
$Br^-, Br_2/Pt$	$Br_2+2e^- \rightleftharpoons 2Br^-$	+1.0652
Pt^{2+}/Pt	$Pt^{2+}+2e^- \rightleftharpoons Pt$	+1.2
$H^+/O_2, Pt$	$O_2+4H^++4e^- \rightleftharpoons 2H_2O$	+1.229
$Mn^{2+}, H^+/MnO_2, Pt$	$MnO_2+4H^++2e^- \rightleftharpoons Mn^{2+}+2H_2O$	+1.23
$Cr^{3+}, Cr_2O_7^{2-}, H^+/Pt$	$Cr_2O_7^{2-}+14H^++6e^- \rightleftharpoons 2Cr^{3+}+7H_2O$	+1.33
$Cl^-/Cl_2, Pt$	$Cl_2+2e^- \rightleftharpoons 2Cl^-$	+1.3595
$Pb^{2+}, H^+/PbO_2, Pt$	$PbO_2+4H^++2e^- \rightleftharpoons Pb^{2+}+H_2O$	+1.455
Au^{3+}/Au	$Au^{3+}+3e^- \rightleftharpoons Au$	+1.498
$MnO_4^-, H^+/MnO_2, Pt$	$MnO_4^-+4H^++3e^- \rightleftharpoons MnO_2+2H_2O$	+1.695
$Ce^{4+}, Ce^{3+}/Pt$	$Ce^{4+}+e^- \rightleftharpoons Ce^{3+}$	+1.61
$SO_4^{2-}, H^+/PbSO_4 \cdot PbO_2$	$PbO_2+SO_4^{2-}+4H^++2e^- PbSO_4+2H_2O$	+1.682
Au^+/Au	$Au^++e^- \rightleftharpoons Au$	+1.691
$S_2O_8^{2-}, SO_4^{2-}/Pt$	$S_2O_8^{2-}+2e^- \rightleftharpoons 2SO_4^{2-}$	+2.05
$F^-/F_2, Pt$	$F_2+2e^- 2F^-$	+2.87

第七节　电池中各物质活度对电池电动势的影响

一、电池反应的能斯特方程

根据化学反应的等温方程，在恒温、恒压、在 $W'=0$ 的条件下，对任一化学反应，有

$$\Delta_r G_m = \Delta_r G_m^{\ominus} + RT\ln\prod_B a_B^{\nu_B}$$

根据 G 的状态函数性质，上式同样适用于电池反应。将 $\Delta_r G_m = -zFE$ 代入上式，得

$$E = -\frac{\Delta_r G^{\ominus}{}_m}{zF} - \frac{RT}{zF}\ln\prod_B a_B^{\nu_B}$$

令

$$E^{\ominus} = -\frac{\Delta_r G_m^{\ominus}}{zF} \tag{5-31}$$

则

$$E = E^{\ominus} - \frac{RT}{zF}\ln\prod_B a_B^{\nu_B} \tag{5-32}$$

式（5－32）即电池反应的能斯特（Nernst）方程，它描述了在恒定温度下，可逆电池电动势与电池反应各组分活度间的定量关系。当 B 为固态或液态纯物质时，$a_B=1$；若 B 可视为理想气体，则 $a_B=p_B/p^{\ominus}$。$E^{\ominus}$ 称为可逆电池的标准电动势，由式（5－32）可知，其物理意义为：电池反应各组分活度均为 1，即均处于标准态时，可逆电池的电动势。式（5－31）给出了化学反应的标准摩尔反应吉布斯函数与可逆电池标准电动势的关系，通常写作

$$\Delta_r G^{\ominus}{}_m = -zFE^{\ominus} \tag{5-33}$$

这也是一个重要关系式，因为根据这一关系式，可以通过测定可逆电池标准电动势的方法，求得化学反应的标准平衡常数。

例 5－8　试计算电池

$$Pt\,|\,H_2\,(p^{\ominus})\,|\,H_2SO_4\,(m=0.5)\,|\,Hg_2SO_4\,(s)\,|\,Hg\,(l)$$

在 298.15K 时的电动势。已知 H_2SO_4 在溶液中的离子平均活度因子为 0.1572，$\varphi^{\ominus}_{Hg_2SO_4/Hg}$ 为 0.6158V。

解：

$$a_{H_2SO_4} = a_{\pm}^3 = \gamma_{\pm}^3\cdot\left(\frac{m_{\pm}}{m^{\ominus}}\right)^3 = 4\gamma_{\pm}^3\cdot\left(\frac{m}{m^{\ominus}}\right)^3$$

$$=4\times 0.1572^3\times(0.5)^3 = 0.001942$$

电池反应　$Hg_2SO_4\,(s) + H_2\,(p^{\ominus}) \longrightarrow H_2SO_4\,(m=0.5) + 2Hg\,(l)$

$$E = E^{\ominus} - \frac{RT}{2F}\ln\frac{a_{H_2SO_4}}{p_{H_2}/p^{\ominus}}$$

$$=(0.6158-0)-\frac{8.314\times298.15}{2\times96500}\ln0.001942=0.6960\text{V}$$

二、电极反应的能斯特方程

下面以铜电极为例说明电极反应组分活度对电极电势的影响。

今有电池：$Pt|H_2(p)|H^+(a_{H^+})\|Cu^{2+}(a_{Cu^{2+}})|Cu(s)$

负极　$H_2(p)\longrightarrow 2H^+(a_{H^+})+2e^-$

正极　$Cu^{2+}(a_{Cu^{2+}})+2e^-\longrightarrow Cu(s)$

电池反应　$H_2(p)+Cu^{2+}(a_{Cu^{2+}})\longrightarrow 2H^+(a_{H^+})+Cu(s)$

电池电动势的计算式为

$$E=E^{\ominus}-\frac{RT}{2F}\ln\frac{a_{H^+}^2\cdot a_{Cu}}{a_{H_2}\cdot a_{Cu^{2+}}}$$

将式（5-29）和式（5-30）代入并整理得

$$E=\varphi_{Cu^{2+}/Cu}-\varphi_{H^+/H_2}$$

$$=(\varphi^{\ominus}_{Cu^{2+}/Cu}-\frac{RT}{2F}\ln\frac{a_{Cu}}{a_{Cu^{2+}}})-(\varphi^{\ominus}_{H^+/H_2}-\frac{RT}{2F}\ln\frac{a_{H_2}}{a_{H^+}^2})$$

可见

$$\varphi_{Cu^{2+}/Cu}=\varphi^{\ominus}_{Cu^{2+}/Cu}-\frac{RT}{2F}\ln\frac{a_{Cu}}{a_{Cu^{2+}}}$$

$$\varphi_{H^+/H_2}=\varphi^{\ominus}_{H^+/H_2}-\frac{RT}{2F}\ln\frac{a_{H_2}}{a_{H^+}^2}$$

推广到任意还原电极，其电极反应通式可写成

$$\text{氧化态}+ze^-\longrightarrow\text{还原态}$$

电极电势与电极反应组分活度的关系可表示为

$$\varphi=\varphi^{\ominus}-\frac{RT}{zF}\ln\prod_B a_B^{\nu_B}\tag{5-34}$$

式（5-34）称为电极反应的能斯特方程。从式中可以看出，电极电势与组成电极的物质、活度及温度有关。

例5-9　试为下述反应设计电池，写出电极反应，并求算298.15K时电池的电动势。

$$Pb(s)+Cu^{2+}(a=0.5)\longrightarrow Pb^{2+}(a=0.1)+Cu(s)$$

解：根据电池反应，可写出如下电极反应。

负极　$Pb(s)\longrightarrow Pb^{2+}(a=0.1)+2e^-$

正极　$Cu^{2+}(a=0.5)+2e^-\longrightarrow Cu(s)$

根据电极反应，所求电池为 $Pb(s)|Pb^{2+}(a=0.1)\|Cu^{2+}(a=0.5)|Cu(s)$

查表得，$\varphi^{\ominus}_{Cu^{2+}/Cu}=0.337\text{V}$，$\varphi^{\ominus}_{Pb^{2+}/Pb}=-0.126\text{V}$

$$\varphi_{Pb^{2+}/Pb}=\varphi^{\ominus}_{Pb^{2+}/Pb}-\frac{RT}{2F}\ln\frac{a_{Pb}}{a_{Pb^{2+}}}=-0.126-\frac{8.314\times298.15}{2\times96500}\ln\frac{1}{0.1}=-0.156\text{V}$$

$$\varphi_{Cu^{2+}/Cu}=\varphi^{\ominus}_{Cu^{2+}/Cu}-\frac{RT}{2F}\ln\frac{a_{Cu}}{a_{Cu^{2+}}}=0.337-\frac{8.314\times298.15}{2\times96500}\ln\frac{1}{0.5}=0.328V$$

$$E=\varphi_{+}-\varphi_{-}=0.328-(-0.156)=0.484V$$

也可直接代入电池电动势的能斯特方程中计算。

$$E=E^{\ominus}-\frac{RT}{zF}\ln\frac{a_{Pb^{2+}}\cdot a_{Cu}}{a_{Cu^{2+}}\cdot a_{Pb}}$$

$$=\varphi^{\ominus}_{Cu^{2+}/Cu}-\varphi^{\ominus}_{Pb^{2+}/Pb}-\frac{RT}{zF}\ln\frac{a_{Pb^{2+}}}{a_{Cu^{2+}}}$$

$$=[0.337-(-0.126)]-\frac{8.314\times298.15}{2\times96500}\ln\frac{0.1}{0.5}$$

$$=0.484V$$

第八节　浓 差 电 池

根据电池中物质所发生的变化，将电池分为两大类：物质变化总结果为一化学反应的电池称为化学电池，如前面所讨论的铜锌电池等；物质变化总结果相当于物质扩散的电池称为浓差电池。浓差电池可分为单液浓差电池和双液浓差电池，此外还有双联浓差电池。

一、单液浓差电池

单液浓差电池，亦称电极浓差电池。它是在同一电解质溶液中插入材料相同但活度不同的两个电极而构成的电池。例如电池

$$Pt|H_2(p_1)|HCl(m)|H_2(p_2)|Pt$$

电极反应如下：

负极　　$H_2(p_1)\longrightarrow 2H^+(m)+2e^-$

正极　　$2H^+(m)+2e^-\longrightarrow H_2(p_2)$

电池中变化的总结果是

$$H_2(p_1)\longrightarrow H_2(p_2)$$

电池电动势

$$E=E^{\ominus}-\frac{RT}{2F}\ln\frac{p_2/p^{\ominus}}{p_1/p^{\ominus}}=\frac{RT}{2F}\ln\frac{p_1/p^{\ominus}}{p_2/p^{\ominus}}$$

$$E=\frac{RT}{zF}\ln\frac{p_1}{p_2}$$

在温度一定时，这类电池的电动势只与两电极上物质的活度有关。当总变化为自发过程时，电池的电动势为正值，则 $p_1>p_2$，即气体由高压向低压的扩散为自发过程。

二、双液浓差电池

双液浓差电池，亦称电解质浓差电池，它是在种类相同但活度不同的两个电解质溶

液中插入相同的两电极构成的电池。例如电池

$$Ag(s)\ |AgNO_3(\alpha_1)\|AgNO_3(\alpha_2)\quad Ag(s)$$

电极反应：

负极　　$Ag(s)\longrightarrow Ag^+(\alpha_1)+e^-$

正极　　$Ag^+(\alpha_2)+e^-\longrightarrow Ag(s)$

总变化：　　$Ag^+(\alpha_2)\longrightarrow Ag^+(\alpha_1)$

电池电动势

$$E=E^{\ominus}-\frac{RT}{F}\ln\frac{a_1}{a_2}=\frac{RT}{F}\ln\frac{a_2}{a_1}$$

$$E=\frac{RT}{zF}\ln\frac{a_2}{a_1}$$

这类电池的电动势在温度一定时仅与两电解质溶液的活度有关。当 $a_2>a_1$ 时，上述电池的电动势为正值，即电池的电动势是由于物质从高浓度向低浓度的迁移而产生的。

三、膜电势

膜电势也称唐南电势（Donnan potential），系由膜两侧同种离子的浓度不同所引起。设指定温度和压力下，某离子 B 在膜一侧的活度为 $a_{B,1}$，在另一侧的活度为 $a_{B,2}$。根据式（5-27），在溶液浓度较小，可忽略渗透压对化学势的影响时，B 的电化学势为

$$\mu_{B,e}=\mu_B+z_BF\phi=\mu_B^{\ominus}+RT\ln a_B+z_BF\phi \tag{5-35}$$

达渗透平衡时，B 离子在膜两侧的电化学势 $\mu_{B,e}$ 相等，有

$$\mu_{B,e,1}=\mu_{B,e,2}$$

将式（5-35）代入上式，得

$$RT\ln a_{B,1}+z_BF\phi_1=RT\ln a_{B,2}+z_BF\phi_2$$

$$\phi_2-\phi_1=\frac{RT}{z_BF}\ln\frac{a_{B,1}}{a_{B,2}}$$

式中，$\phi_2-\phi_1$ 即膜电势，以 E_m 表示，则

$$E_m=\frac{RT}{z_BF}\ln\frac{a_{B,1}}{a_{B,2}} \tag{5-36}$$

当 B 的浓度较小时，式中活度可用浓度代替。

正常生物细胞内的 K^+ 浓度远大于细胞外的 K^+ 浓度，膜内外因 K^+ 浓度不同而产生一稳定的电势差，这个电势差就是生物膜电势。

在生物学及医学上，K^+ 产生的膜电势习惯用式（5-37）表示。

$$E_m=\phi_{内}-\phi_{外}=\frac{RT}{F}\ln\frac{a_{K^+}(外)}{a_{K^+}(内)} \tag{5-37}$$

实验测得神经细胞膜电势值为 -70mV，在通常静息状态时，神经细胞内 K^+ 离子的浓度是细胞外的 35 倍左右，若假定活度因子均为 1，则可用式（5-37）计算出 298.15K 时膜电势（或静息电位）为 -91mV，这是因为细胞膜的可渗透性常常由于活细胞内的化学作用而变化，生命体中溶液并非处于平衡态。维持了细胞膜内外的电势

差，就维持了生命。

当心脏收缩时，心脏细胞的膜电势同步变化。这种变化导致人体表面一些对称点之间电势差随时间而改变，其变化曲线即心电图，可用于判断心脏工作是否正常。根据类似的原理还可测绘脑电图、肌电图，用于判断人体的健康状况。

膜电势的研究在生命科学中有重要意义，是当前生物电化学研究中的一个十分活跃的领域。

第九节　电池电动势的测定及其应用

一、电池电动势的测定

（一）对消法测可逆电池电动势

可逆电池的一个基本条件是通过电池的电流接近于零。为了作到这一点，常用波根多夫（Poggendoff）法测可逆电池的电动势，其原理是用一个方向相反，数值相同的外加电动势对抗待测电池的电动势，使电路中通过的电流趋于零。波根多夫法的线路图如图 5－9 所示。

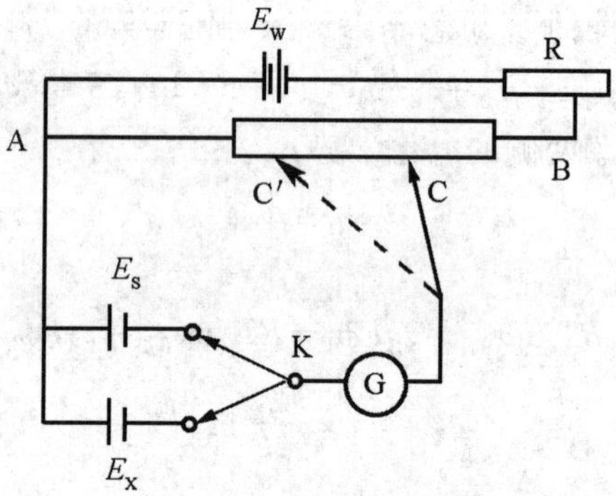

图 5－9　对消法测电动势示意图

图 5－9 中 C 为滑动接头，AB 为均匀滑线电阻，通过可调电阻 R 与工作电池 E_W 构成通路，在 AB 上可产生均匀的电势降。E_S 为标准电池，E_X 为待测电池，G 为检流计。K 为双向电键。测定时，将电键 K 先与 E_S 相连，改变滑动接头 C 的位置，直至检流计 G 中无电流通过，此时 AC 段的电势差数值与 E_S 的电动势数值相等而方向相反。再将电键 K 与 E_X 联通，改变滑动接头的位置，找到另一个使检流计中无电流测出的接触点 C′，此时 AC′段上产生的电势差数值与 E_X 值恰好相等而方向相反。由于电势差正比于电阻线的长度，所以，待测电池的电动势

$$E_X = E_S \cdot \frac{AC'}{AC}$$

（二）韦斯顿标准电池

常用的标准电池是韦斯顿（Weston）电池，其构造如图5-10所示。韦斯顿电池的正极为Hg（l）和Hg_2SO_4（s）的糊状体，在糊状体下部有少许Hg（l），以使正极能与导线接触紧密，负极为含Cd 12.5%的镉汞齐。正极和负极均浸入含有$CdSO_4 \cdot 8/3H_2O$晶体的饱和溶液中。其电池表示式及反应为

$$Cd-Hg|(12.5\%Cd)|CdSO_4 \cdot \frac{8}{3}H_2O(s)|CdSO_4\text{饱和溶液}|Hg_2SO_4(s)|Hg(l)$$

电极反应如下：

负极　$Cd(\text{汞齐}) + SO_4^{2-} + \frac{8}{3}H_2O(l) \longrightarrow CdSO_4 \cdot \frac{8}{3}H_2O(s) + 2e$

正极　$Hg_2SO_4(s) + 2e^- \longrightarrow 2Hg(l) + SO_4^{2-}$

电池反应$Cd(\text{汞齐}) + Hg_2SO_4(s) + \frac{8}{3}H_2O(l) \longrightarrow 2Hg(l) + CdSO_4 \cdot \frac{8}{3}H_2O(s)$

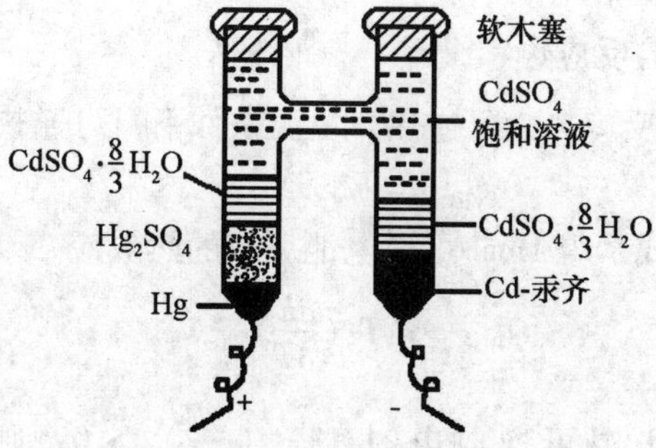

图5-10　韦斯顿标准电池示意图

在293.15K时，$E_S = 1.01845V$，其他温度时，电动势可由下式计算。

$$E_S(T) = 1.01845 - 4.05 \times 10^{-5}(T-293.15) - 9.5 \times 10^{-7}(T-293.15)^2 + 1 \times 10^{-8}(T-293.15)^3$$

韦斯顿标准电池的优点是电动势稳定，随温度变化很小。

二、可逆电池热力学的应用

利用电化学数据可以较精确地计算化学反应的$\Delta_r G_m$、$\Delta_r H_m$、$\Delta_r S_m$等热力学数据，进而计算化学反应平衡常数等。前已述及，可逆电池电动势与电池反应的$\Delta_r G_m$有简单关系

$$(\Delta_r G_m)_{T,p} = -zFE \qquad (5-26)$$

$$\Delta_r G_m^{\ominus} = -zFE^{\ominus} \qquad (5-33)$$

下面讨论其他热力学函数的变化与可逆电池电动势的关系。

（一）电池反应的熵变

将式（5-26）代入吉布斯-亥姆霍兹公式

$$\left[\frac{\partial(\Delta_r G_m)}{\partial T}\right]_p = -\Delta_r S_m$$

得

$$\Delta_r S_m = zF\left(\frac{\partial E}{\partial T}\right)_p \tag{5-38}$$

式中，$\left(\frac{\partial E}{\partial T}\right)_p$ 称为电池电动势的温度系数，可由实验测定。其物理意义是恒压下电池电动势随温度的变化率。

（二）电池反应的焓变

恒温条件下

$$\Delta_r G_m = \Delta_r H_m - T\Delta_r S_m$$

将式（5-26）及（5-38）代入上式，得

$$\Delta_r H_m = -zFE + zFT\left(\frac{\partial E}{\partial T}\right)_p \tag{5-39}$$

只要测出电池电动势和电动势的温度系数，就可利用式（5-39）计算出电池反应的焓变，亦即该化学反应在普通反应器中进行时的恒温恒压热效应。

（三）可逆电池放电时的反应热

电池可逆放电时，电池反应热为可逆热，恒温条件下，可逆热

$$Q_{R,m} = T\Delta_r S_m$$

将式（5-38）代入上式，得 1mol 可逆电池反应的热效应

$$Q_{R,m} = zFT\left(\frac{\partial E}{\partial T}\right)_p \tag{5-40}$$

式（5-40）表明，电池恒温可逆放电时，若 $\left(\frac{\partial E}{\partial T}\right)_p > 0$，则电池反应吸热；若 $\left(\frac{\partial E}{\partial T}\right)_p < 0$，则电池反应放热；若 $\left(\frac{\partial E}{\partial T}\right)_p = 0$，则电池反应没有热效应。

由式（5-39）和（5-40）可得

$$\Delta_r H_m = -zFE + Q_{R,m} = W'_R + Q_{R,m} \tag{5-41}$$

可见，系统与环境有电功交换时，$\Delta_r H_m$ 并不等于 Q_R，其值等于可逆热与可逆电功之和。

例 5-10　测得电池 Ag（s）|AgCl（s）|KCl（m）|Hg_2Cl_2（s）|Hg（l）的电动势在 298.15K 为 0.04595V，温度系数 $\left(\frac{\partial E}{\partial T}\right)_p$ 为 $3.430\times10^{-4}\,V\cdot K^{-1}$，试计算 2F 电量通过电池时电池反应的 $\Delta_r G_m$、$\Delta_r S_m$、$\Delta_r H_m$ 及电池的可逆热 $Q_{R,m}$。

解： $\Delta_r G_m = -zFE = -2\times96500\times0.04595 = -8868.4\,J\cdot mol^{-1}$

$$\Delta_r S_m = zF\left(\frac{\partial E}{\partial T}\right)_p = 2\times96500\times3.430\times10^{-4} = 66.20\,J\cdot K^{-1}\cdot mol^{-1}$$

$$Q_{R,m} = T\cdot\Delta_r S_m = 19.74\,kJ\cdot mol^{-1}$$

$$\Delta_r H_m = \Delta_r G_m + T\cdot\Delta_r S_m = -8868.4 + 298.15\times66.2 = 10.87\,kJ\cdot mol^{-1}$$

例 5-11　将反应 Pb（s）$+ Hg_2SO_4$（s）$= 2Hg$（l）$+ PbSO_4$（s）设计成电池，试计算在 298.15K 时的电动势及电池温度系数。［已知 $HgSO_4$（s）和 $PbSO_4$（s）的 $\Delta_f G_m^{\ominus}$ 分别为 $-623.92kJ \cdot mol^{-1}$ 和 $-811.24kJ \cdot mol^{-1}$，$\Delta_f H_m^{\ominus}$ 分别为 $-741.99kJ \cdot mol^{-1}$ 和 $-918.40kJ \cdot mol^{-1}$］

解： 题给反应可以分解为如下电极反应

负极　　Pb（s）$+ SO_4^{2-}$（a）$= PbSO_4$（s）$+ 2e^-$

正极　　Hg_2SO_4（s）$+ 2e^- = 2Hg$（l）$+ SO_4^{2-}$（a）

根据电极反应，所求电池为

$$Pb(s)\ |PbSO_4(s)|K_2SO_4(a)\ |Hg_2SO_4(s)|Hg(l)$$

此电池反应的物质都为纯固体或纯液体，即都为标准状态，所以该反应的

$$\Delta_r G_m = \Delta_r G_m^{\ominus} = \sum \nu_B \Delta_f G_m^{\ominus}(B)$$

$$= -811.24 - (-623.92)$$

$$= -187.32kJ \cdot mol^{-1}$$

$$\Delta_r G_m = -zFE$$

$$E = -\frac{\Delta_r G_m}{zF} = -\frac{-187.32 \times 10^3}{2 \times 96500} = 0.970V$$

$$\Delta_r H_m = \Delta_r H_m^{\ominus} = \sum \nu_B \Delta_f H_m^{\ominus}(B)$$

$$= -918.40 - (-741.99)$$

$$= -176.41kJ \cdot mol^{-1}$$

$$\Delta_r H_m = \Delta_r G_m + T\Delta_r S_m$$

$$\Delta_r S_m = \frac{\Delta_r H_m - \Delta_r G_m}{T} = \frac{[-176.41 - (-187.32)] \times 10^3}{298.15}$$

$$= 36.59J \cdot . K^{-1} \cdot mol^{-1}$$

$$\Delta_r S_m = zF\left(\frac{\partial E}{\partial T}\right)_P$$

$$\left(\frac{\partial E}{\partial T}\right)_P = \frac{\Delta_r S_m}{zF} = \frac{36.59}{2 \times 96500} = 1.90 \times 10^{-4} V \cdot K^{-1}$$

三、判断化学反应的方向

判断一个恒温恒压化学反应的方向时，可将该反应设计成可逆电池，在指定条件下，测定其电动势 E。因为 $(\Delta_r G_m)_{T,p} = -zEF$，根据化学反应的吉布斯函数判据，当 $E > 0$时，反应正向自发进行；$E < 0$ 时，反应逆向自发进行；$E = 0$ 时，反应达到平衡。

例 5-12　298.15K 时，某溶液中 Sn^{2+}、Pb^{2+} 离子的活度分别为 $a_{Sn^{2+}} = 0.1$、$a_{Pb^{2+}} = 0.01$，试判断将金属 Pb 放入该溶液时，能否从溶液中置换出金属 Sn。

解： 此题意即为判断反应

$$Pb(s) + Sn^{2+}(a = 0.1) \longrightarrow Pb^{2+}(a = 0.01) + Sn(s)$$

能否自发进行。可将其设计成电池，根据电池电动势进行判断。

根据得失电子情况，两个电极反应分别为

负极　$Pb\ (s) \longrightarrow Pb^{2+}\ (a=0.01)\ +2e^-$

正极　$Sn^{2+}\ (a=0.1)\ +2e^- \longrightarrow Sn\ (s)$

电池为　$Pb\ (s)\ |Pb^{2+}\ (a=0.01) \| Sn^{2+}\ (a=0.1)|Sn\ (s)$

查表得 $\varphi^{\ominus}_{Pb^{2+}/Pb} = -0.126V$，$\phi^{\ominus}_{Sn^{2+}/Sn} = -0.136V$。

题中所给活度下的电极电势分别为

$$\phi_{Pb^{2+}/Pb} = \varphi^{\ominus}_{Pb^{2+}/Pb} - \frac{RT}{2F}\ln\frac{a_{Pb}}{a_{Pb^{2+}}} = -0.126 - \frac{8.314\times 298.15}{2\times 96500}\ln\frac{1}{0.01} = -0.185V$$

$$\varphi_{n^{2+}/Sn} = \varphi^{\ominus}_{Sn^{2+}/Sn} - \frac{RT}{2F}\ln\frac{a_{Sn}}{a_{Sn^{2+}}} = -0.136 - \frac{8.314\times 298.15}{2\times 96500}\ln\frac{1}{0.1} = -0.166V$$

$$E = \varphi_+ - \varphi_- = -0.166 - (-0.185) = 0.019V > 0$$

反应正向自发进行，因此 Pb 可以从该溶液中置换出金属 Sn。

四、求化学反应的标准平衡常数

由下列两式

$$\Delta_r G^{\ominus}_m = -RT\ln K^{\ominus} \qquad (3-11)$$

$$\Delta_r G^{\ominus}_m = -zFE^{\ominus} \qquad (5-33)$$

可得

$$\ln K^{\ominus} = \frac{zFE^{\ominus}}{RT} \qquad (5-42)$$

测定或根据标准电极电势计算出电池的标准电动势，即可利用式（5-42）得到电池反应的标准平衡常数。

例 5-16　求 298.15K 时反应 $Zn + Fe^{2+}\ (a_{Fe^{2+}}) = Zn^{2+}\ (a_{Zn^{2+}}) + Fe$ 的平衡常数。

解：该反应对应的电池为

$$Zn\ (s)\ |Zn^{2+}\ (a_{Zn^{2+}}) \| Fe^{2+}\ (a_{Fe^{2+}})|Fe\ (s)$$

查表得 298.15K 时 $\varphi^{\ominus}_{Fe^{2+}/Fe} = -0.4402V$，$\varphi^{\ominus}_{Zn^{2+}/Zn} = -0.7628V$，所以

$$E^{\ominus} = \varphi^{\ominus}_{Fe^{2+}/Fe} - \varphi^{\ominus}_{Zn^{2+}/Zn} = -0.4402 - (-0.7628) = 0.3226V$$

$$\ln K^{\ominus} = \frac{zFE^{\ominus}}{RT} = \frac{2\times 96500\times 0.3226}{8.314\times 298.15} = 25.118$$

$$K^{\ominus} = 8.102\times 10^{10}$$

五、求难溶盐的活度积

将难溶盐的活度积 K_{sp} 看作难溶盐溶解平衡的标准平衡常数，即可根据式（5-42）计算其活度积。

例 5-17　试用标准电极电势数据计算难溶盐 AgBr 在 298.15K 时的活度积。

解：将 AgBr 溶解过程设计成电池。

电池反应　　$AgBr(s) \longrightarrow Ag^+(\alpha_1) + Br^-(\alpha_2)$

负极　　$Ag(s) \longrightarrow Ag^+(\alpha_1) + e^-$

正极　　$AgBr(s) + e^- \longrightarrow Br^-(\alpha_2) + Ag(s)$

电池　　$Ag(s) | Ag^+(\alpha_1) \| Br^-(\alpha_2) | AgBr(s) | Ag(s)$

查表得 298.15K 时，$\varphi^{\ominus}_{Br^-/AgBr/Ag} = 0.0711V$，$\varphi^{\ominus}_{Ag^+/Ag} = 0.7991V$。则

$$E^{\ominus} = \varphi^{\ominus}_{Br^-/AgBr/Ag} - \varphi^{\ominus}_{Ag^+/Ag} = 0.0711 - 0.7991 = -0.728V$$

$$\ln K_{sp} = \ln K^{\ominus} = \frac{zFE^{\ominus}}{RT} = \frac{1 \times 96500 \times (-0.728)}{8.314 \times 298.15} = -28.34$$

$$K_{sp} = 4.92 \times 10^{-13}$$

AgBr 的活度积 K_{sp} 为 4.92×10^{-13}。

六、测定溶液的 pH

用电动势法测定溶液的 pH 时，通常选用对氢离子可逆的电极（称为指示电极）和另一个电极电势已知的参比电极组成电池。最常用的参比电极是甘汞电极，其电极电势稳定，温度系数小，容易制备。常用的甘汞电极有三种，见表 5－6。指示电极则有氢电极、醌－氢醌电极和玻璃电极等。由于氢电极的使用条件十分严格，又极易中毒，因此，实际测定时，常用醌－氢醌电极和玻璃电极。而醌－氢醌电极易被氧化又易被还原，也不能在碱性溶液中使用，故目前使用最普遍的是玻璃电极。

表 5－6　常用甘汞电极的电极电势以及与温度的关系

c (KCl) /mol·dm^{-3}	φ (298.15K) /V	φ_T/V
0.1	0.3338	$0.3338 - 7.0 \times 10^{-5}(T-298)$
1.0	0.2802	$0.2802 - 2.4 \times 10^{-4}(T-298)$
饱和	0.2415	$0.2415 - 7.6 \times 10^{-4}(T-298)$

玻璃电极的电极电势

$$\varphi_{玻} = \varphi^{\ominus}_{玻} - \frac{RT}{F}\ln\frac{1}{a_{H^+}} = \varphi^{\ominus}_{玻} - \frac{2.303RT}{F}pH$$

具体测量时，将玻璃电极与甘汞电极（外参比电极）组成电池

玻璃电极 | 待测溶液（a_{H^+}）‖甘汞电极

电池电动势为

$$E = \varphi_{甘汞} - \varphi^{\ominus}_{玻璃} + \frac{2.303RT}{F}pH$$

不同的玻璃电极通常有不同的标准电极电势 $\varphi^{\ominus}_{玻璃}$，测定时需事先用 pH 已知的标准缓冲液进行标定，标定过程即实测溶液 pH 时的校正过程。通过下面的讨论可知，实测时并不需要真正计算 $\varphi^{\ominus}_{玻璃}$。

校正和实测时，玻璃电极与甘汞电极构成的电池分别为

玻璃电极 | 标准缓冲液（pH_s）‖甘汞电极

玻璃电极 | 待测溶液（pH_x）‖甘汞电极

设其电动势分别为 E_s 和 E_x，则有

$$E_s = \varphi_{甘汞} - \varphi^{\ominus}_{玻璃} + \frac{2.303RT}{F}pH_s$$

$$E_x = \varphi_{甘汞} - \varphi^{\ominus}_{玻璃} + \frac{2.303RT}{F}pH_x$$

两式联立可得

$$pH_x = pH_s + \frac{(E_x - E_s)\ F}{2.303RT} \qquad (5-43)$$

式（5－43）称为 pH 的操作定义，国际上和我国国家标准均采用此定义。之所以规定 pH 的操作定义，是因为 pH 的理论定义为

$$pH = -\lg a_{H^+} = \lg\left(\frac{\gamma_{H^+}c_{H^+}}{c^{\ominus}}\right)$$

而 γ_{H^+} 实际上不可测。

七、测定电池的标准电动势 $E^{\ominus}$ 及离子平均活度因子 $\gamma_{\pm}$

以下列电池为例

$$Pt|H_2\ (p^{\ominus})|HCl\ (m)\ |AgCl\ (s)|Ag\ (s)$$

电池反应为 $\frac{1}{2}H_2\ (p^{\ominus})\ + AgCl\ (s) \longrightarrow Ag\ (s)\ + H^+\ (m)\ + Cl^-\ (m)$

$$E = E^{\ominus} - \frac{RT}{F}\ln\frac{a_{H^+}a_{Cl^-}a_{Ag}}{(p_{H_2}/p^{\ominus})^{1/2}\cdot a_{AgCl}} = E^{\ominus} - \frac{RT}{F}\ln\ (a_{H^+}a_{Cl^-})$$

又

$$a_{H^+}\cdot a_{Cl^-} = a_{\pm}^2 = \gamma_{\pm}^2\cdot\ \left(\frac{m}{m^{\ominus}}\right)^2$$

所以

$$E = E^{\ominus} - \frac{RT}{F}\ln\ \left(\gamma_{\pm}\cdot\frac{m}{m^{\ominus}}\right)^2 = E^{\ominus} - \frac{2RT}{F}\ln\ \left(\frac{m}{m^{\ominus}}\right) - \frac{2RT}{F}\ln\gamma_{\pm}$$

$$E + \frac{2RT}{F}\ln\ \left(\frac{m}{m^{\ominus}}\right) = E^{\ominus} - \frac{2RT}{F}\ln\gamma_{\pm} \qquad (5-44)$$

例如，$m = 0.1\text{mol}\cdot\text{kg}^{-1}$，298.15K 时测得电动势 $E = 0.3523\text{V}$，通过查表可求得 $E^{\ominus}$ 值为 0.2223V，将这些值代入式（5－44）即可算出 $0.1\text{mol}\cdot\text{kg}^{-1}$ HCl 的离子平均活度系数 $\gamma_{\pm} = 0.795$。

如果 $E^{\ominus}$ 无法从表中查得，可用实验方法获得。根据德拜－休克尔极限公式，对 1－1型电解质，在稀溶液范围内，$\lg\gamma_{\pm}$ 与 $\sqrt{m}$ 之间呈直线关系，所以

$$E + \frac{2RT}{F}\ln\ \left(\frac{m}{m^{\ominus}}\right) = E^{\ominus} - \frac{2RTA'}{F}\sqrt{m}$$

$E + \frac{2RT}{F}\ln\ \left(\frac{m}{m^{\ominus}}\right)$ 与 $\sqrt{m}$ 呈直线关系，将直线外推至 $m = 0$，则所得的截距为 $E^{\ominus}$。

用上述方法求出 $E^{\ominus}$ 后，可根据不同 m 时的电池电动势，按式（5－44）求出不同浓度 HCl 溶液的离子平均活度系数 $\gamma_{\pm}$。

八、电势滴定

以待分析离子的溶液为电池液，以对该离子可逆的电极和一个参比电极组成电池，

然后进行滴定。在滴定过程中，随着滴定液的加入，溶液中待分析离子的浓度不断变化，电池电动势也随之改变，在接近滴定终点时，少量滴定液就可引起电动势的突变。记录滴入的滴定液体积 V 及对应的电池电动势 E，作 $E-V$ 曲线，或 $\frac{\Delta E}{\Delta V}-V$ 曲线，由曲线的转折点可确定滴定终点。

这种以滴定过程中电动势的突变来指示滴定终点的分析方法称为电势滴定。电势滴定操作十分简便，特别适用于用指示剂难于确定滴定终点的情况。

思考题与习题

1. 用 Λ_m 对 $\sqrt{c}$ 作图外推的方法求 Λ_m^∞ 的条件是什么？可否用此法求 HAC 的无限稀释摩尔电导，为什么？

2. 摩尔电导率的定义式为：$\Lambda_m=\frac{\kappa}{c}$，试问对弱电解质，$c$ 应用总计量浓度，还是解离部分的浓度？

3. 恒温下电解质溶液的浓度改变时，其摩尔电导和比电导值如何变化？

4. 组成原电池的两电极，正极电位高于负极电位，那么是否可由此推断出正极电位一定为正，负极电位一定为负呢？

5. 为什么盐桥可基本消除液体接界电势？

6. 将下列两个反应设计成电池，此两电池的 $E^\ominus$、$\Delta_r G_m^\ominus$ 及 $K^\ominus$ 是否相同，为什么？

$$Fe(s)+2Fe^{3+}(a_1)\longrightarrow 3Fe^{2+}(a_2) \quad ①$$

$$2Fe(s)+4Fe^{3+}(a_1)\longrightarrow 6Fe^{2+}(a_2) \quad ②$$

7. 恒温恒压下，指定原电池分三种情况放电①电流等于零；②电流大于零；③电池短路。问上述三种情况下，电池的电动势是否相同，开路电压是否相同？

8. $\Delta_r G_m^\ominus=-zFE^\ominus$ 的使用条件是什么？

9. 化学反应在电池中进行与在普通反应器中进行有何不同？

10. “化学电池的电动势，决定于电池内所发生的氧化还原反应，只要这个反应是确定的，便对应着一定的电动势数值。”这个说法是否正确。

11. 298.15K 时，实验测得 $0.010mol\cdot dm^{-3}$ 的磺胺（$C_6H_8O_2N_2S$）水溶液的电导率为 $1.103\times10^{-3}S\cdot m^{-1}$，已知磺胺钠盐、盐酸及氯化钠的无限稀释摩尔电导率分别为

$$\Lambda_m^\infty(SN-Na)=10.3\times10^{-3}S\cdot m^2\cdot mol^{-1}$$

$$\Lambda_m^\infty(HCl)=42.62\times10^{-3}S\cdot m^2\cdot mol^{-1}$$

$$\Lambda_m^\infty(NaCl)=12.65\times10^{-3}S\cdot m^2\cdot mol^{-1}$$

试求 $0.010mol\cdot dm^{-3}$ 的磺胺水溶液中磺胺的电离度及其电离平衡常数。

（$K_c^\ominus=7.53\times10^{-8}$）

12. AgBr 的溶度积为 6.3×10^{-13}，Ag^+ 和 Br^- 的 Λ_m^∞ 分别为 0.00619 和 $0.00784S\cdot m^2\cdot mol^{-1}$。求 AgBr 饱和溶液的电导率，298.2K 时纯水的电导率为 $5.497\times10^{-6}S\cdot m^{-1}$。

[$\kappa_{AgBr(aq)}=1.664\times10^{-5}S\cdot m^{-1}$]

13. 298.2K 时，测得 $SrSO_4$ 饱和水溶液电导率为 $1.482\times10^{-2}S\cdot m^{-1}$，该温度时水的电导率为 $1.5\times10^{-4}S\cdot m^{-1}$，$\Lambda_m^\infty$（$1/2Sr^{2+}$）为 $5.946\times10^{-3}S\cdot m^2\cdot mol^{-1}$，$\Lambda_m^\infty$（$1/2SO_4^{2-}$）为 7.98×10（3 $S\cdot m^2\cdot mol^{-1}$，计算该温度下 $SrSO_4$ 在水中的溶解度。

($c=5.265\times10^{-4}mol\cdot kg^{-1}$)

14. 298.2K 时 H^+ 及 OH^- 的无限稀释摩尔电导率分别为 $349.8\times10^{-4}S\cdot m^2\cdot mol$ -1及 $198.0\times10^{-4}S\cdot m^2\cdot mol^{-1}$，纯水电导率 $\kappa=5.50\times10^{-6}S\cdot m^{-1}$，密度 $\rho=997.1kg\cdot m^{-3}$，水的摩尔质量 $M_{H_2O}=18.01\times10^{-3}kg\cdot mol^{-1}$，试求水的离子积。

($K_w=1.008\times10^{-14}$)

15. 溶液中 NaCl 的浓度为 $0.001mol\cdot kg^{-1}$，Na_2SO_4 的浓度为 $0.003mol\cdot kg^{-1}$，试计算 298.2K 时该溶液的：(1) 离子强度；(2) 各离子的活度因子；(3) 各电解质的平均活度。

[$I=0.01mol\cdot kg^{-1}$；$\gamma_{Na^+}=0.8894$，$\gamma_{Cl^-}=0.8894$，$\gamma_{SO_4^{2-}}=0.6257$；
$a_{\pm(NaCl)}=2.353\times10^{-3}$；$a_{\pm(Na_2SO_4)}=4.175\times10^{-3}$]

16. 试写出下列各电池的电极反应和电池反应。

(1) Cu (s) $|CuSO_4$ (a_1) $\|AgNO_3$ (a_2) $|$Ag (s)

(2) Pb (s) $|PbSO_4$ (s) $|K_2SO_4$ (a_1) $\|$HCl (a_2) $|$AgCl (s) $|$Ag (s)

(3) Pt $|H_2$ (p) $|H^+$ (a) $|Sb_2O_3$ (s) $|$Sb (s)

(4) Pt $|H_2$ (p_1) $|H_2SO_4$ (m) $|H_2$ (p_2) $|$Pt

17. 将下列化学反应设计成原电池。

(1) Pb (s) $+Hg_2Cl_2$ (s) $\longrightarrow PbCl_2$ (s) +2Hg (l)

(2) HgO (s) $+H_2$ (p) $\longrightarrow$Hg (l) $+H_2O$

(3) $2Ag^+$ (a_1) $+H_2$ (p) $\longrightarrow$ 2Ag (s) +2H+ (a_2)

(4) Fe^{2+} (a_1) +Ag+ (a_3) $\longrightarrow Fe^{3+}$ (a_2) +Ag (s)

18. 298.15K 时，电池 Cd (s) $|CdCl_2$ ($0.01mol\cdot kg^{-1}$) $|$AgCl (s) $|$Ag (s) 的电动势为 0.7588V，标准电动势为 0.5732V。试计算该 $CdCl_2$ 溶液的离子平均活度因子。

($\gamma_\pm=0.51$)

19. 电池 Zn (s) $|ZnCl_2$ ($a=0.5$) $|$ AgCl (s) $|$Ag (s)，已知 $\varphi^\ominus_{Zn^{2+}|Zn}=-0.7628V$，$\varphi^\ominus_{AgCl(s)/Ag(s)/Cl}=0.2223V$。

(1) 写出电池反应；(2) 求 298.15K 时的 $E^\ominus$ 及 E；(3) 计算 298.15K 时 $\Delta_rG_m^\ominus$ 及 Δ_rG_m。

($E^\ominus=0.9851V$，$E=0.9940V$；$\Delta_rG_m^\ominus=-190.12kJ\cdot mol^{-1}$；$\Delta_rG_m=-191.84$ $kJ\cdot mol^{-1}$)

20. 反应 Zn (s) $+CuSO_4$ ($a=1$) $=$ Cu (s) $+ZnSO_4$ ($a=1$)，在电池装置中进

行，288K 时测得 $E=1.0934\mathrm{V}$，电池的 $\left(\frac{\partial E}{\partial T}\right)_p=-4.29\times10^{-4}\mathrm{V\cdot K^{-1}}$。

(1) 写出电池的书面表达式。

(2) 求 288K 时电池反应的 $\Delta_r G_m$，$\Delta_r S_m$，反应在电池中可逆进行时的摩尔可逆热及 Zn 与 $CuSO_4$ 在普通反应器内直接发生摩尔反应时的等压热效应。

($Q_{r,m}=-23846\mathrm{J\cdot mol^{-1}}$；$\Delta_r H_m=-2.35\times10^2\mathrm{kJ\cdot mol^{-1}}$)

21. 298.2K 时将 1F 的电量通过某一短路的可逆电池，此时放出的热量恰好等于该电池可逆操作时所吸收热量的 43 倍，试计算此电池的电动势。已知此电池电动势的温度系数 $(\frac{\partial E}{\partial T})_p$ 为 $1.40\times10^{-4}\mathrm{V\cdot K^{-1}}$。

($E=1.838\mathrm{V}$)

22. 试计算电池 Ag (s) |AgCl (s)|KCl (m) |Hg_2Cl_2 (s)|Hg (l) 在 298.15K 时电池的电动势 E 及电池电动势的温度系数 $(\frac{\partial E}{\partial T})_p$。已知 298.2K 时，将 1$F$ 电量通过电池时其焓变 $\Delta_r H_m=5.435\mathrm{kJ\cdot mol^{-1}}$，各物质的规定熵数据为：

物质	Ag (s)	AgCl (s)	Hg (l)	Hg_2Cl_2 (s)
$S_m^{\ominus}/\mathrm{J\cdot K^{-1}\cdot mol^{-1}}$	42.7	96.2	77.4	195.6

($E=0.046\mathrm{V}$；$(\frac{\partial E}{\partial T})_p=3.43\times10^{-4}\mathrm{V\cdot K^{-1}}$)

23. 298.2K 时，测得电池

Pt|H_2 (100 kPa)|NaOH (aq) |PbO (s)|Pb (s)

的电动势为 0.250V，已知水的标准生成吉布斯函数 $\Delta_f G_m^{\ominus}=-237.2\mathrm{kJ\cdot mol^{-1}}$。有关物质的规定熵数据如下。

物质	PbO (s)	Pb (s)	O_2 (g)
$S^{\ominus}(\mathrm{J\cdot K^{-1}\cdot mol^{-1}})$	67.4	64.9	205

求：反应 PbO (s) =Pb (s) $+\frac{1}{2}O_2$ (g) (1) 298.2K 时 PbO 的分解压；(2) 298.2K 时 $\Delta_r H_m^{\ominus}$。

[$p(O_2)=6.13\times10^{-62}\mathrm{Pa}$；$\Delta_r H_m^{\ominus}=2.19\times10^5\mathrm{J\cdot mol^{-1}}$]

24. 在电池 Zn (s) |Zn^{2+} ($a_{Zn^{2+}}$)‖Cu^{2+} ($a_{Cu^{2+}}$)|Cu (s) 中，当 $a_{Zn^{2+}}/a_{Cu^{2+}}$ 的比值为多大时电池才停止工作？已知 $\varphi^{\ominus}_{Cu^{2+}/Cu}=0.34\mathrm{V}$，$\varphi^{\ominus}_{Zn^{2+}/Zn}=-0.76\mathrm{V}$。

($\frac{a_{Zn^{2+}}}{a_{Cu^{2+}}}=1.54\times10^{37}$)

25. 写出下列电池的化学反应。计算 298.15K 时的电极电势和电池电动势，并指出此电池反应能否自发进行？已知：$\varphi^{\ominus}_{Cl_2/Cl^-}=1.3583\mathrm{V}$，$\varphi^{\ominus}_{Cd^{2+}/Cd}=-0.4026\mathrm{V}$，$\varphi^{\ominus}_{Zn^{2+}/Zn}=-0.7628\mathrm{V}$。

(1) Pt|H_2 ($p^{\ominus}$) |HCl ($a_{HCl}=1$) |Cl_2 ($p^{\ominus}$) |Pt

(2) Zn (s) |Zn^{2+} ($a_{Zn^{2+}}=0.0004$‖Cd^{2+} ($a_{Cd^{2+}}=0.2$|Cd (s)

($\varphi_{Cl_2/Cl^-}=1.3583V$; $\varphi_{H^+/H_2}=0$; $E=1.3583V$; 能自发进行)

($\varphi_{Zn^{2+}/Zn}=-0.8633V$; $\varphi_{Cd^{2+}/Cd}=-0.4233V$; $E=0.440V$; 能自发进行)

26. 298.2K 时，$\varphi^{\ominus}_{Ce^{4+}/Ce^{3+}}=1.61V$，反应 Ce4 + ($\alpha=1$) + Fe^{2+} ($\alpha=1$) $\longrightarrow$ Fe^{3+} ($\alpha=1$) + Ce^{3+} ($\alpha=1$) 的平衡常数 $K^{\ominus}=1.52\times1014$，试求 $\varphi^{\ominus}_{Fe^{3+}/Fe^{2+}}$。

($\varphi^{\ominus}_{Fe^{3+}/Fe^{2+}}=0.771V$)

27. 试计算 298K 时 AgBr 的标准生成吉布斯函数。已知 298K 时 AgBr 的溶度积为 4.88×10^{-13}，$\varphi^{\ominus}_{Ag^+/Ag}=0.7996V$，$\varphi^{\ominus}_{Br_2/Br}=1.065V$。

($\Delta_f G^{\ominus}_{AgBr(s)}=-95.88kJ\cdot mol^{-1}$)

28. (1) 写出电池 (Pt) O_2 ($p^{\ominus}$) |NaOH (1mol (kg$^{(1}$) |HgO (s) Hg (l) 电极反应和电池反应。

(2) 求此电池可逆地产生 2F 电量时，该电池反应的 $\Delta_r H^{\ominus}_m$，设 $\Delta_r H^{\ominus}_m$ 与温度无关。(已知：298.2K 时 $\varphi^{\ominus}_{OH^-,HgO/Hg}=0.098V$，$\varphi^{\ominus}_{O_2/OH^-}=0.401V$；HgO (S) 在空气中的分解温度为 791K，空气中氧的分压为 $0.21p^{\ominus}$。)

($\Delta_r H^{\ominus}_m=90.4kJ$ (mol^{-1})

参考文献

[1] 天津大学物理化学教研室．物理化学 [M]. 第四版．北京：高等教育出版社，2001.

[2] 侯新朴．物理化学 [M]. 第六版．北京：人民卫生出版社，2007.

[3] 印永嘉，奚正楷，张树永，等．物理化学简明教程 [M]. 第四版．北京：高等教育出版社，2007.

[4] 傅献彩，沈文霞，姚天扬，等．物理化学 [M]. 第五版．北京：高等教育出版社，2005.

第六章 INTRODUCTION

化学动力学

化学动力学（chemical kinetics）是研究化学反应速率及反应机理的一门科学。

化学热力学解决了化学反应的方向和限度问题，预言了反应发生的可能性。其研究方法的特点是只考虑反应的始态和终态，而不考虑反应进行的快慢，经历的具体步骤等细节问题。然而在实际生产和科研中，常常需要在已知反应的可能性的基础上，通过控制反应条件，使化学反应以适当的速率，向生成预期产物的方向进行。这就是化学动力学要解决的问题。

化学动力学的应用非常广泛，涉及到化学化工生产及药物研究各个领域。就药学领域而言，药物合成路线的选择、药物稳定性的预测以及药物制剂在体内的吸收、分布、代谢、排泄等问题的研究都离不开化学动力学的基本知识。

本章将从化学动力学的基本概念开始，以反应速率为中心，讨论浓度、温度、介质、催化剂等因素对反应速率的影响，继而介绍化学动力学理论及其应用。

第一节　化学反应速率

一、反应速率的定义和表示方法

（一）消耗速率与生成速率

在均相反应中，反应速率一般定义为单位时间单位体积内反应物减少的量，或产物增加的量，其量纲为［浓度］·［时间］$^{-1}$。

$$r_B = \pm\frac{dn_B}{Vdt} \tag{6-1}$$

反应速率的意义是单位体积的反应系统中，任一组分 B 的物质的量随时间的变化率。对于恒容反应，V 是常数，$dn_B/V = c_B$，r_B 可表示为浓度随时间的变化率，即

$$r_B = \pm\frac{dc_B}{dt} \tag{6-2}$$

B 为反应物时，r_B 称为 B 的消耗速率。因为在反应过程中，反应物的浓度逐渐降低，$dc_B<0$，为了保持反应速率为正值，在消耗速率的表示式中，等式右端取负号；B 为产物时，r_B 称为 B 的生成速率。反应中，产物的浓度逐渐增大，$dc_B>0$，因而，在生成速率的表示式中，等式右端取正号。在 B 物质的浓度 c 时间 t 曲线上，找到任一时刻 t 所对应的点，在该点作曲线的切线，该切线的斜率的绝对值就是 B 物质在时刻 t 的反应速率 r_B，如图 6－1 所示。

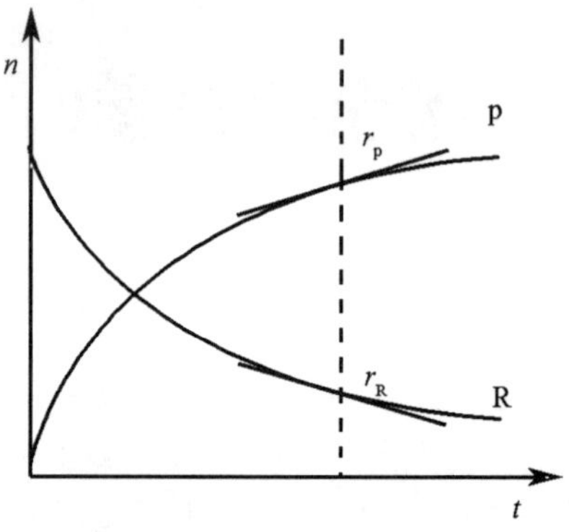

图 6－1　化学反应各组分的物质的量随时间的变化

B 为反应物时，r_B 称为 B 的消耗速率。因为在反应过程中，反应物的浓度逐渐降低，$dc_B<0$，为了保持反应速率为正值，在消耗速率的表示式中，等式右端应取负号；B 为产物时，r_B 称为 B 的生成速率。反应中，产物的浓度逐渐增大，$dc_B>0$，因而，在生成速率的表示式中，等式右端应取正号。在 B 物质的浓度 c 时间 t 曲线上，找到任一时刻 t 所对应的点，在该点作曲线的切线，该切线的斜率的绝对值就是 B 物质在时刻 t 的反应速率 r_B，如图 6－1 所示。

（二）以反应进度表示的反应速率

以反应进度定义的反应速率为

$$r=\frac{d\xi}{Vdt} \tag{6-3}$$

其意义是单位体积的反应系统内反应进度随时间的变化率。因

$$d\xi=\frac{dn_B}{\nu_B}$$

从而有

$$r=\frac{dn_B}{V\nu_B dt}=\frac{dc_B}{\nu_B dt}=\frac{r_B}{\nu_B} \tag{6-4}$$

对于指定条件下的指定反应，在指定的时刻，不同组分的 r_B 可能不同，但 r 有唯一确定的值。这是用反应进度的变化表示反应速率的优点。

（三）各组分的反应速率之间的关系

对于一般反应

$$aA + dD \longrightarrow gG + hH$$

各组分的反应速率为

$$r_A = -\frac{dc_A}{dt},\ r_D = -\frac{dc_D}{dt},\ r_G = \frac{dc_G}{dt},\ r_H = \frac{dc_H}{dt}$$

若各组分的化学计量数不等，即 $a \neq d \neq g \neq h$，则在同一时刻各组分的物质的量变化不等，即 $-dn_A \neq -dn_D \neq dn_G \neq dn_H$，因此各组分的反应速率不等。但因各组分的物质的量严格按照其化学计量数成比例地变化，不论用哪一个反应组分的浓度变化来表示反应速率都是等效的。由式（6-4）可知，各组分反应速率之间的关系是

$$\frac{r_A}{a} = \frac{r_D}{d} = \frac{r_G}{g} = \frac{r_H}{h}$$

二、反应速率的测定

根据反应速率的定义式（6-4），为测定任一反应组分 B 的反应速率，需测出不同时刻 B 的浓度 c_B，作 $c_B \sim t$ 曲线。B 在任一时刻 t 的反应速率即 $c_B \sim t$ 曲线在 t 时刻切线的斜率。测定浓度的方法可分为化学法和物理法两大类。

化学法采用化学分析方法测定不同反应时刻的反应物或产物的浓度。因为反应组分的浓度随反应进行而改变，所以测定时必须使样品中的反应立即停止，或使其速率骤降至可以忽略的程度。为此常采用骤冷、冲淡、加入阻化剂或移出催化剂等方法“冻结反应”。此法的优点是能直接测得各时刻浓度的绝对值，但操作较繁琐，往往由于需要分离而导致较大的误差。

物理法通过测量与浓度有单值对应关系的物理量间接地测定样品浓度。若所测物料量与样品浓度呈线性关系则最为理想。这些物理量可以是反应系统的压力、体积、折射率、旋光度、吸光度、电导率、电动势、黏度、导热率、介电常数等，有时也可借助于吸收光谱、质谱、色谱等信号。物理法的优点是方便、迅速，通常不必中止反应，可进行连续测定，易于实现自动记录，因而在动力学研究中广泛应用。缺点是由于测量浓度是通过间接关系，如果反应系统有副反应或少量杂质对所测量的物理量有较灵敏的影响时，易造成较大的误差。

第二节　化学反应速率方程

浓度是影响化学反应速率的主要因素之一。反映化学反应速率与浓度之间关系的方程称为微分速率方程；反映浓度与时间的关系的方程称为积分速率方程。两者统称为化学反应速率方程，也称动力学方程。速率方程的具体形式随反应而异，必须由实验来确定。基元反应的速率方程有简单的形式。

一、总反应与基元反应

人们常把一个宏观化学反应称为一个总反应。例如，由氢气和碘蒸气合成碘化氢，

其总反应方程式为

$$H_2 + I_2 \longrightarrow 2HI$$

总反应方程式一般只能代表反应的总结果及总的计量关系，而不能告诉人们反应过程中反应物分子是如何形成产物分子的。实验研究发现，上述反应并不是一步完成的。事实上，这一总反应包括了下述三个步骤：

（1）$I_2 + M \longrightarrow 2I \cdot + M$

（2）$H_2 + 2I \cdot \longrightarrow 2HI$

（3）$2I \cdot + M \longrightarrow I_2 + M$

式中，I 表示有一个未配对价电子的自由碘原子，M 是不参与反应，仅起能量传递作用的某些粒子，也可能是反应器壁。在第一个步骤中，I_2 分子与一个高能量的 M 相碰撞，生成两个 I（自由原子，M 则失去能量。在第二个步骤中，两个 I·再与一个 H_2 分子碰撞，生成两个 HI 分子。第三个步骤则是第一步骤的逆反应。

上述各步反应均是由反应物分子直接作用而生成产物分子，这种由反应物分子（或离子、原子、自由基等）一步生成产物分子的反应，称为基元反应（elementary reaction）。

一般情况下，一个总反应经过若干个基元反应步骤才能完成。这些基元反应步骤代表了反应所经过的途径，动力学上称之为反应机理或反应历程（reaction mechanism）。因此，基元反应方程式又称为机理方程式。机理方程式不同于总反应的计量方程式。计量方程式只反映反应物和产物之间的转化和计量关系，其化学计量数可以根据具体情况而放大或缩小，而机理方程式反映的是反应物分子生成产物分子的实际过程，各分子前的系数不能像计量方程一样人为扩大或减小。例如，前述基元反应（1）不能写作

$$2I_2 + 2M \longrightarrow 4I \cdot + 2M$$

或

$$\frac{1}{2}I_2 + \frac{1}{2}M \longrightarrow I \cdot + \frac{1}{2}M$$

一个化学反应的反应历程，一般要经过大量的实验研究，利用先进的实验技术和理论计算，经过实验 - 理论 - 实验的反复过程才能确定。反应机理的确定对于人们掌控反应具有一定的指导意义。

二、反应分子数

基元反应中，反应物分子（包括离子、原子、自由基等）的数目之和，称为反应分子数。从微观的角度来看，反应分子数只可能是 1、2 或 3，不可能为分数或 0。

分子数为 1 的基元反应又称为单分子反应，多为分解反应和异构化反应，例如：

分解反应　$C_4H_8 \longrightarrow 2C_2H_4$

异构化反应

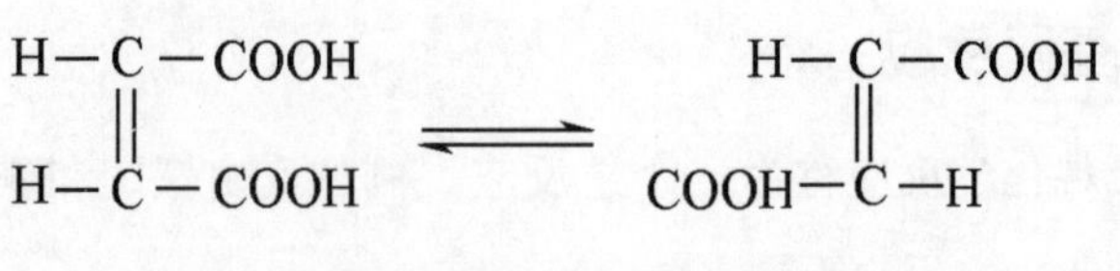

分子数为 2 的双分子反应较为常见，例如 $H\cdot + Cl_2 \longrightarrow HCl + Cl$。

分子数为 3 的三分子反应较为少见，一般只出现在有自由基或自由原子参加的反应中，例如 $H_2 + 2I\cdot \longrightarrow 2HI$。

分子数大于 3 的基元反应迄今未发现过。借助统计力学的知识可以推知，在一般实验条件下，多于 3 个的分子同时碰撞在一起的几率很小，几乎不可能。

三、基元反应的速率方程——质量作用定律

基元反应是构成总反应的基本单元。经验证明，只有基元反应的速率方程可以根据方程式直接写出。在恒温条件下，基元反应的速率正比于各反应物浓度幂的乘积，各浓度幂中的指数就是基元反应式中各相应反应物的系数。这个规律称作质量作用定律，它仅适用于基元反应。

设反应

$$aA + dD \longrightarrow \text{产物}$$

是一个基元反应，则由质量作用定律可直接写出任一组分 B 的反应速率方程为

$$r_B = k_B c_A^a c_D^d \tag{6-5}$$

式中，k_B 为比例系数，称作速率常数。

例如下述三个基元反应，根据质量作用定律，其反应速率方程可写作：

（1）$I_2 \longrightarrow 2I\cdot$，$r_{I_2} = k_{I_2} c_{I_2}$

（2）$H\cdot + Cl_2 \longrightarrow HCl + Cl\cdot$，$r_{HCl} = k_{HCl} c_H . c_{Cl_2}$

（3）$2Cl\cdot + M_{(\text{高能})} \longrightarrow Cl_2 + M_{(\text{低能})}$，$r_{Cl_2} = k_{Cl_2} c_{Cl}^2 . c_M$

质量作用定律在探求反应历程中是必不可少的根据和手段。

四、经验反应速率方程与反应级数

一个化学反应（总反应）的速率方程是不能直接根据其计量方程式写出的，而应由实验确定，因此称作经验速率方程。其形式各不相同，有的具有浓度幂乘积的形式，即反应速率正比于各组分浓度幂的乘积，但各浓度幂中的指数不一定等于计量方程中相应组分的化学计量数；有的则完全没有这种幂乘积的形式。例如氢与氯、溴、碘三种卤素的气相反应，具有相似的计量方程：

（1）$H_2 + I_2 \longrightarrow 2HI$

（2）$H_2 + Br_2 \longrightarrow 2HBr$

（3）$H_2 + Cl_2 \longrightarrow 2HCl$

但实验得到的反应速率方程却完全不同。反应（1）的速率方程为

$$r_{HI} = k_{HI} c_{H_2} c_{I_2} \tag{6-6}$$

反应（2）的速率方程为

$$r_{HBr} = \frac{k c_{H_2} c_{Br_2}^{1/2}}{1 + \dfrac{k' c_{HBr}}{c_{Br_2}}} \tag{6-7}$$

反应（3）的速率方程为

$$r_{HCl}=k_{HCl}c_{H_2}c_{Cl_2}^{1/2} \tag{6-8}$$

反应（1）和（3）的速率方程具有反应物浓度幂乘积的形式，反应（2）则没有这一形式。这三个反应的速率方程形式之所以不同，是由于它们的反应机理不同所致。由实验确立的速率方程虽然是经验性的，却有着很重要的作用。一方面可以由此而知哪些组分以怎样的关系影响反应速率，为化学合成提供依据；另一方面也可以为研究反应机理提供线索。

在化学反应速率方程中，各组分浓度项的幂指数之和称作该反应的级数（order of reaction）。各组分浓度幂中的指数，称为该组分的级数。例如，根据实验结果得到的某反应的速率方程为

$$aA+dD+\cdots\rightarrow gG+hH+\cdots$$

$$r_B=k_Bc_A^{\alpha}c_D^{\delta}\cdots \tag{6-9}$$

则该反应的反应级数 $n=\alpha+\delta+\cdots$，该反应对组分 A 而言是 α 级，对组分 D 而言是 δ 级，……

例如，光气的合成反应

$$CO(g)+Cl_2(g)\longrightarrow COCl_2(g)$$

若以 B 表示任一组分，实验表明该反应的速率方程为

$$r_B=k_Bc_{co}c_{Cl_2}^{3/2}$$

则该反应对 CO 为一级，对 Cl_2 是 $\frac{3}{2}$ 级，总反应级数是 2.5 级。

由上面的讨论可以看出，各反应物的级数及反应的总级数都须由实验确定，其值与计量方程中各反应物的系数及系数之和无必然联系。反应级数可以是正数，负数，甚至可以为零；可以是整数，也可以是分数。有些反应具有简单的级数，如反应（1）和（3）；有些反应没有简单的级数，如反应（2）。

同一化学反应在不同的反应条件下可表现出不同的反应级数。例如在含有维生素 A、B_1、B_2、B_6、B_{12}、C、叶酸、烟酰胺等的复合维生素制剂中，叶酸的热降解反应在 323K 以下为零级反应，在 323K 以上为一级反应；维生素 C 在 323 ~ 343K 的热降解反应，浓度大于 $14mg\cdot ml^{-1}$ 时为零级反应，小于 $14mg\cdot ml^{-1}$ 时为一级反应。

对于基元反应，通常其反应级数与反应分子数相等，但也有例外。例如蔗糖水解通常认为是双分子反应，但在水溶液中进行时，因水是过量的，在反应过程中水的浓度几乎不变，可将其视为常数而合并在速率常数 k 中，因此由实验得到的速率方程为

$$r_{蔗糖}=kc_{蔗糖}$$

因而表观上是一级反应，称之为假一级反应。这类由于某些组分的浓度保持恒定或近似恒定，从而反应速率只与其他组分浓度有关的反应，称为假级数反应或准级数反应（pseudo orders reaction）。

五、速率常数

速率方程中的比例系数 k，是一个与浓度无关的量，称作速率常数（rate constant）

或速率系数（rate coefficient），一般前者用于基元反应，后者用于非基元反应，但现在很少有人作这种区分，有一律称为速率常数的趋势。k 与反应条件，例如温度、催化剂、反应介质（溶剂）等有关，有时甚至还与反应容器的材料、表面状态及表面积有关。

将式（6－9）变形，得

$$k=\frac{r}{c_A^{\alpha}c_D^{\delta}\cdots},\quad n=\alpha+\delta+\cdots$$

式中，速率 r 的量纲为［浓度］·［时间］$^{-1}$，因而速率常数 k 的量纲为［浓度］$^{1-n}$·［时间］$^{-1}$。可见，速率常数的量纲与反应级数有关。

若一化学反应 $aA+dD \longrightarrow gG+hH$ 的经验速率方程为

$$r=-\frac{dc_A}{a dt}=kc_A^{\alpha}c_D^{\delta} \tag{6-10}$$

则 k 称作此反应的速率常数。A 的消耗速率方程为

$$r_A=-\frac{dc_A}{dt}=k_Ac_A^{\alpha}c_D^{\delta} \tag{6-11}$$

k_A 称为组分 A 的消耗速率常数。比较式（6－10）和（6－11），可知，反应速率常数 k 与组分 A 消耗速率常数 k_A 之间的关系为

$$k=\frac{1}{a}k_A$$

推广到任一组分，有

$$k=\frac{1}{a}k_A=\frac{1}{d}k_D=\frac{1}{g}k_G=\frac{1}{h}k_H \tag{6-12}$$

例 6－1 总反应 $A+3B \longrightarrow C$，经研究由以下基元反应组成。

$$A+B \xrightarrow{k_1} G$$

$$2B+G \underset{k_{-2}}{\overset{k_2}{\rightleftharpoons}} C$$

写出组分 B 的反应速率表达式。

解：根据质量作用定律有

$$r_1=-\frac{dc_B}{dt}=k_1c_Ac_B$$

$$r_2=-\frac{dc_B}{2dt}=k_2c_B^2c_G$$

$$r_{-2}=\frac{dc_B}{2dt}=k_{-2}c_C$$

所以

$$\frac{dc_B}{dt}=-k_1c_Ac_B-2k_2c_B^2c_G+2k_{-2}c_C$$

例 6－2 298K 时蔗糖在 1.5mol·L^{-1}的盐酸溶液中，水解的速率方程为 $r=kc_{蔗糖}$。已知在反应开始时，即 $t=0$min，蔗糖起始浓度 c_0 为 0.05mol·L^{-1}，此刻反应速率为

1.275×10 -3mol·L^{-1}·min^{-1}。问：(1) 此反应速率常数为多少？(2) 当反应进行到10min时，测得蔗糖的浓度为0.039mol·L^{-1}，则此时反应速率为多大？

解：

$$r_0 = kc_{蔗糖,0}$$

$$k = \frac{r_0}{c_{蔗糖,0}} = \frac{1.275 \times 10^{-3}}{0.05} = 2.55 \times 10^{-2}\text{min}^{-1}$$

当 $t = 10\text{min}$ 时，$c_{蔗糖} = 0.039\text{mol} \cdot \text{L}^{-1}$，

$$r = kc_{蔗糖} = 2.55 \times 10^{-2} \times 0.039 = 9.95 \times 10^{-4}\text{mol} \cdot \text{L}^{-1} \cdot \text{min}^{-1}$$

第三节　简单级数反应

反应级数为简单正整数及零的反应，称为具有简单级数的反应。需要说明的是，基元反应具有简单的级数，但具有简单级数的反应并不一定就是基元反应，只要某反应具有简单的级数，它就有该级数的所有特征。

一、一级反应

反应速率与反应物浓度的一次方成正比的反应称为一级反应。一般放射性元素的蜕变反应，分解反应（如五氧化二氮分解反应）以及分子重排反应（如顺丁烯二酸转化为反丁烯二酸）、水过量时的蔗糖水解反应等都是一级反应。许多药物在生物体内的吸收、分布、代谢和排泄过程，也常近似地被看作一级反应。

假设反应 $A \xrightarrow{k} P$ 为一级反应，其速率方程微分式为

$$r_A = -\frac{dc_A}{dt} = k_A c_A \tag{6-13}$$

式中，c_A 为反应物在t时刻的浓度。将上式移项并积分

$$\int_{c_{A,0}}^{c_A} -\frac{dc_A}{c_A} = \int_0^t k_A dt$$

式中，$c_{A,0}$为反应物的初浓度（$t=0$ 时）。积分后得

$$\ln\frac{c_{A,0}}{c_A} = k_A t \quad 或 \quad \ln c_A = \ln c_{A,0} - k_A t \tag{6-14}$$

上述积分式也可写成指数形式

$$c_A = c_{A,0} \cdot e^{-k_A t}$$

一级反应具有以下特征：

(1) 速率常数 k 的量纲为［时间］$^{-1}$。

(2) $\ln c_A$ 与 t 呈线性关系。

根据一级反应的速率方程积分式

$$\ln c_A = \ln c_{A,0} - k_A t$$

可以看出以 $\ln c_A$ 对 t 作图，可得直线，直线的斜率为 $-k_A$，截距为 $\ln c_{A,0}$。

(3) 半衰期与反应物起始浓度无关。

通常将反应物消耗一半所需的时间称为半衰期（half life），记作 $t_{1/2}$。将$c_A = 0.5c_{A,0}$

代入式（6－14），可得

$$t_{1/2}=\frac{\ln 2}{k_A}=\frac{0.6932}{k_A} \qquad (6-15)$$

由此可见，恒温下，一级反应的半衰期为定值，与反应物的初始浓度无关。

设 A 的转化率达 x_A 所需时间为 t，则 t 时 A 的浓度为

$$c_A=c_{A,0}\ (1-x_A)$$

代入式（6－14），得

$$t_{1-x_A}=\frac{1}{k_A}\ln\frac{1}{1-x_A} \qquad (6-16)$$

例如研究药物分解反应时，常将分解 10% 所需时间作为一个特征参数，记作 $t_{0.9}$。

$$t_{0.9}=\frac{1}{k_A}\ln\frac{10}{9}=\frac{0.105}{k_A}$$

可见，对一级反应，恒温条件下反应物消耗掉任何分数所需时间均与初始浓度无关。

由于 k_A 是定值，在相同的时间间隔内，反应物浓度变化的分数相同。如图 6－2 所示。

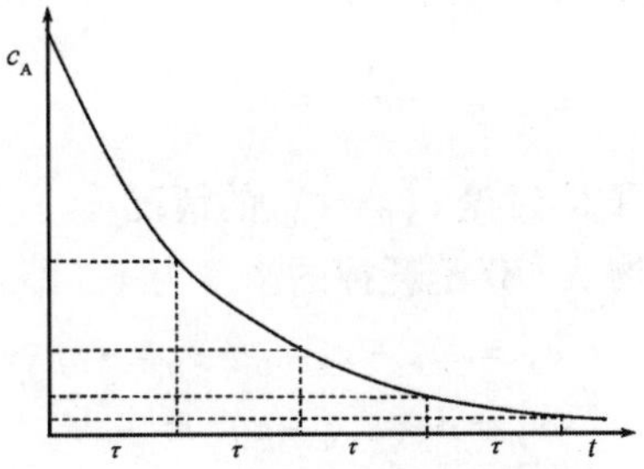

图 6－2　一级反应动力学曲线特征

例 6－3　某药物的有效期（分解 10% 时间）为 18 月，已知其分解反应符合一级动力学，求其分解 20% 所需的时间。

解： 根据一级反应特点，先求出速率常数

$$k_A=\frac{0.105}{t_{0.9}}=\frac{0.105}{18}=5.83\times10^{-3}\text{月}^{-1}$$

再根据一级反应速率方程

$$\ln\frac{c_{A,0}}{c_A}=k_A t$$

药物分解 20%，则系统中还剩药物 $c_A=80\%$，将数据代入方程，得

$$t_{0.8}=\frac{1}{k_A}\ln\frac{1}{0.8}=\frac{0.223}{5.83\times10^{-3}}=38.3\ \text{月}$$

二、二级反应

反应速率与一种反应物浓度的二次方成正比，或与两种反应物浓度的乘积成正比的

反应称作二级反应（second order reaction）。二级反应是一类常见的反应，溶液中的许多有机反应都符合二级反应规律，例如加成、取代和消除反应等。

二级反应的微分速率方程为

$$r_A = -\frac{dc_A}{dt} = k_A c_A^2 \tag{6-17}$$

或

$$r_A = -\frac{dc_A}{dt} = k_A c_A c_D \tag{6-18}$$

将式（6-17）整理后对等式两端作定积分，得

$$\int_{c_{A,0}}^{c_A} -\frac{dc_A}{c_A^2} = \int_0^t k_A dt$$

$$\frac{1}{c_A} - \frac{1}{c_{A,0}} = k_A t \tag{6-19}$$

此式即为符合式（6-17）的二级反应的积分速率方程。

对于式（6-18）的积分处理，比较繁琐，此处只讨论其中一种较简单的情况，即两种反应物的化学计量数均为1，化学反应计量式为

$$A + D \longrightarrow G$$

若 $c_{A,0} = c_{D,0}$，则在任意时刻，必有 $c_A = c_D$，式（6-18）可简化为

$$-\frac{dc_A}{dt} = k_A c_A^2$$

可按上述第一种情况处理。下面讨论 $c_{A,0} \neq c_{D,0}$ 的情况

设经过 t 时间后，反应物A、D消耗掉的浓度为 x，即

$$c_A = c_{A,0} - x,\quad c_D = c_{D,0} - x$$

则

$$dc_A = d(c_{A,0} - x) = -dx$$

代入式（6-18），得

$$\frac{dx}{dt} = k_A (c_{A,0} - x)(c_{D,0} - x)$$

移项后对等式两端作定积分

$$\int_0^x \frac{dx}{(c_{A,0} - x)(c_{D,0} - x)} = \int_0^t k_A dt$$

得

$$\frac{1}{c_{A,0} - c_{D,0}} \ln \frac{c_{D,0}(c_{A,0} - x)}{c_{A,0}(c_{D,0} - x)} = k_A t \tag{6-20a}$$

或

$$\frac{1}{c_{A,0} - c_{D,0}} \ln \frac{c_{D,0} \cdot c_A}{c_{A,0} \cdot c_D} = k_A t \tag{6-20b}$$

以上两式即为符合式（6-18）的二级反应的积分速率方程。

两种反应物的初浓度之比等于其化学计量数之比的二级反应，其微分速率方程（6-18）可简化为式（6-17），积分速率方程同式（6-14）。

二级反应具有如下特征：

（1）速率常数k的量纲为［浓度］$^{-1}$·［时间］$^{-1}$。

（2）$1/c_A$ 与 t 呈线性关系。

将式（6－19）改写为

$$\frac{1}{c_A}=\frac{1}{c_{A,0}}+k_At$$

可看出，以 $1/c_A$ 对 t 作图得直线，直线的斜率为 k_A，截距为 $1/c_{A,0}$。

（3）半衰期与反应物初浓度成反比。

将 $c_A=c_{A,0}/2$ 代入式（6－19），得

$$t_{1/2}=\frac{1}{k_A\cdot c_{A,0}} \tag{6-21}$$

可见，$t_{1/2}$与 $c_{A,0}$成反比。这是微分速率方程为式（6－17）的二级反应的特征。
将 $c_A=c_{A,0}$（$1-x_A$）代入式（6－19），得 A 的转化率达 x_A 的时间为

$$t_{1-x_A}=\frac{x_A}{k_Ac_{A,0}(1-x_A)} \tag{6-22}$$

对于其微分速率方程具有式（6－17）形式的反应，式（6－22）可用于计算其反应物达任一转化率所需时间。显然，达到指定转化率所需时间与反应物的初始浓度成反比。

对于速率方程为式（6－20）的反应，A 和 D 由于起始浓度不同，其半衰期也不同，很难说总反应的半衰期，只能针对 A 和 D 单独计算。

例 6－4　乙酸乙酯皂化为二级反应

$$CH_2COOC_2H_5+NaOH\longrightarrow CH_3COONa+C_2H_5OH$$

NaOH 的初浓度为 $c_{A,0}=$ 0.00980mol·L^{-1}，$CH_3COOC_2H_5$ 的初浓度为 $c_{D,0}=$ 0.00486mol·L^{-1}。298K 温度下用酸碱滴定法测得如下数据，求速率常数 k。

t/s	0	178	273	531	866	1510	1918	2401
$c_A\times10^3$/mol·L^{-1}	9.80	8.92	8.64	7.92	7.24	6.45	6.03	5.74
$c_D\times10^3$/mol·L^{-1}	4.86	3.98	3.70	2.97	2.30	1.51	1.09	0.80

解： 由于 NaOH 和 $CH_3COOC_2H_5$ 起始浓度不同，因此应用式（6－20），先由上列数据计算出 $\ln\frac{c_{D,0}\cdot c_A}{c_{A,0}\cdot c_D}$，以 $\ln\frac{c_{D,0}\cdot c_A}{c_{A,0}\cdot c_D}$对 t 作直线，见图 6－3。直线的斜率为（$c_{A,0}$－

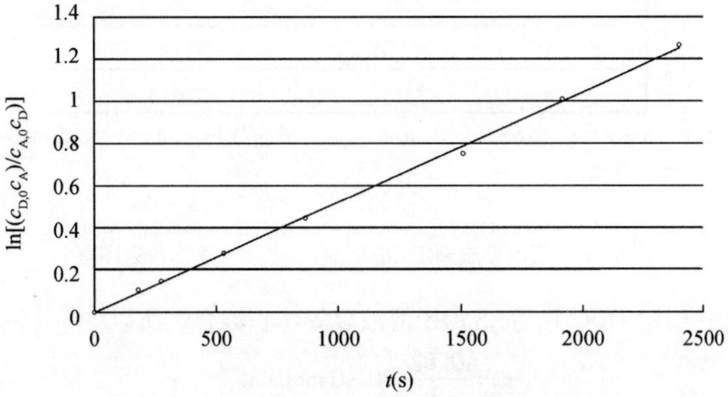

图 6－3　乙酸乙酯皂化反应图解（例 6－4 图）

$c_{D,0}$) $k=5.21\times10^{-4}s^{-1}$，则 $k=0.106mol\cdot L\cdot s^{-1}$。

例 6-5 298K 时浓度都为 $0.0200mol\cdot L^{-1}$ 的 $CH_3COOC_2H_5$ 和 NaOH 溶液以等体积混合，在不同时刻测得混合后溶液的电导率 κ 如下，求反应速率常数 k。

t/min	0	5	9	15	20	25
κ/mS · cm^{-1}	2.400	2.024	1.836	1.637	1.530	1.454

解: 随着反应的进行，溶液中电导率较大的 OH^- 离子逐渐被电导率较小的 CH_3COO^- 离子取代，溶液的电导率值逐渐减小。在稀溶液中，反应物浓度的减小与溶液电导率值的减小成正比。

$$(c_0-c_t)=A(\kappa_0-\kappa_t)$$

$$(c_t-0)=A(\kappa_t-\kappa_\infty)$$

κ_0 为 $t=0$ 时溶液的电导率；κ_t 为 t 时刻溶液的电导率；κ_∞ 为 $t=\infty$ 时完全反应后溶液的电导率。

本题为反应物 NaOH 和 HAc 浓度相等的二级反应，因此应用式（6-19）

$$\frac{1}{c_t}-\frac{1}{c_0}=kt$$

整理后得

$$\kappa_t=\frac{\kappa_0-\kappa_t}{c_0kt}+\kappa_\infty$$

以 κ_t 对 $\frac{\kappa_0-\kappa_t}{t}$ 作图，得线性较好的直线，见图 6-4，斜率为 $\frac{1}{c_0k}$，截距为 κ_∞。

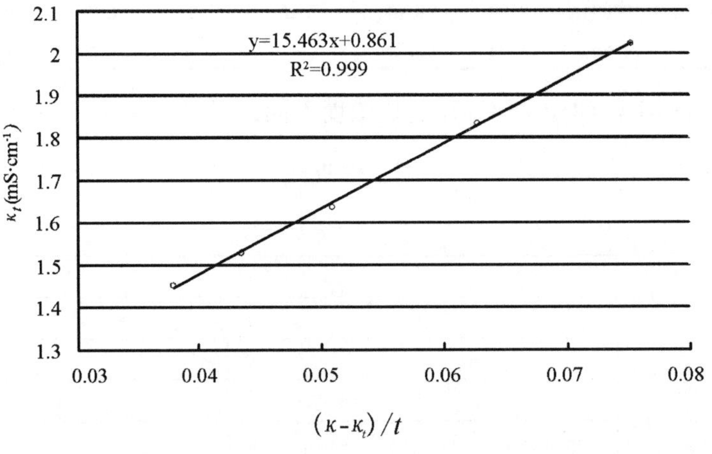

图 6-4 用电导法测定乙酸乙酯皂化反应速率常数图解

因为反应系统中 $CH_3COOC_2H_5$ 和 NaOH 溶液以等体积混合，所以

$$c_0=\frac{0.02}{2}=0.01mol\cdot L^{-1}$$

$$k=\frac{1}{c_0\times斜率}=\frac{1}{0.01\times15.463}=6.467mol^{-1}\cdot L\cdot min^{-1}=0.1078mol^{-1}\cdot L\cdot s^{-1}$$

与上例中所求得的 k 值一致。

三、零级反应

反应速率与反应物浓度无关的反应称作零级反应（zero order reaction）。常见的零级反应有某些光化反应、电解反应、表面催化反应等。在一定的条件下，它们的反应速率分别只与照度、电流和表面状态有关，而与反应物浓度无关。有些难溶固体药物与水形成混悬剂，一定温度下这些药物在水中的浓度为一常数（溶解度），因此这些药物在水中的降解反应表现为零级反应。

零级反应的微分速率方程为

$$r_A = -\frac{dc_A}{dt} = k_A \tag{6-23}$$

将上式整理后作定积分

$$\int_{c_{A,0}}^{c_A} -dc_A = \int_0^t k_A dt$$

$$c_{A,0} - c_A = k_A t \tag{6-24}$$

零级反应具有如下特征：

（1）速率常数 k 的量纲为［浓度］·［时间］$^{-1}$。

（2）c_A 与 t 呈线性关系。

将式（6-24）改写为

$$c_A = c_{A,0} - k_A t$$

可以看出 c_A 对 t 作图得直线，直线的斜率为 $-k_A$，截距为 $c_{A,0}$。

（3）将 $c_A = c_{A,0}/2$ 代入式（6-24），得

$$t_{1/2} = \frac{c_{A,0}}{2k_A} \tag{6-25}$$

可知零级反应的半衰期与反应物的初浓度成正比。

将 $c_A = c_{A,0}(1-x_A)$ 代入式（6-24）得

$$t_{1-x_A} = \frac{c_{A,0}x_A}{k_A} \tag{6-26}$$

可知零级反应达指定转化率所需时间与反应物的初始浓度成正比。

例 6-6 已知浓度小于 3.3×10^{-3} g·ml^{-1}的阿司匹林水溶液的降解为一级反应，其一级反应速率常数为 5×10^{-7} s^{-1}。现有浓度为 1.3×10^{-1} g·ml^{-1}阿司匹林悬浮液，其饱和溶解度为 3.3×10^{-3} g·ml^{-1}。求此悬浮液降解的零级速率常数和 $t_{0.9}$。

解：由于固相中的阿司匹林能够源源不断地补充液相中被降解消耗的阿司匹林，所以液相中的阿司匹林浓度始终为饱和浓度，即 c 不变，此时反应即可看作是准零级反应。

阿司匹林水溶液符合一级反应 $r=kc$。在悬浮液中，c 为定值，因此速率方程可写作

$$r = kc_{饱和} = k_0 = 5\times10^{-7}\times3.3\times10^{-3} = 1.65\times10^{-9}\,\text{g}\cdot(\text{ml}\cdot\text{s})^{-1}$$

$$t_{0.9}=\frac{c_0-c}{k_0}=\frac{0.1\times1.3\times10^{-1}}{1.65\times10^{-9}}=7.9\times10^{6}\text{s}=91\text{d}$$

显然，在其他条件一样的情况下，固体药物在水溶液中的溶解度越小，其有效期越长。

四、n 级反应

反应级数越大，涉及的物质越多，反应的速率方程越复杂。这里只讨论微分速率方程如下的反应

$$\frac{-\mathrm{d}c_A}{\mathrm{d}t}=k_A c_A{}^n \tag{6-27}$$

这类反应包括：

（1）只有一种反应物。

（2）除 A 外，其余反应物很大的过量。

（3）各反应物的初始浓度之比等于其化学计量数之比。

将式（6－27）移项后积分

$$-\int_{c_{A,0}}^{c_A}\frac{\mathrm{d}c_A}{c_A^n}=\int_0^t k_A\mathrm{d}t$$

当 $n=1$ 时，得一级反应速率方程积分式。若 $n\neq1$，则积分后得

$$\frac{1}{n-1}\left(\frac{1}{c_A{}^{n-1}}-\frac{1}{c_{A,0}{}^{n-1}}\right)=k_A t \tag{6-28}$$

式（6－28）对于任何级数，包括非整级数（除 1 级外）的所有反应都适用。

将 $c_A=c_{A,0}/2$ 代入式（6－28），整理后可得半衰期

$$t_{1/2}=\frac{2^{n-1}-1}{(n-1)\ k_A\cdot c_{A,0}^{n-1}} \tag{6-29}$$

现将一些典型的简单级数反应的特征总结于表 6－1。

表 6－1　简单级数反应的速率方程与特征

n	微分速率方程	积分速率方程	$t_{1/2}$	线性关系	k 的量纲
0	$\frac{-\mathrm{d}c}{\mathrm{d}t}=k$	$c_0-c=kt$	$c_0/(2k)$	$c\sim t$	[浓度]·[时间]$^{-1}$
1	$\frac{-\mathrm{d}c}{\mathrm{d}t}=kc$	$\ln\frac{c_0}{c}=kt$	$(\ln2)/k$	$\ln c\sim t$	[时间]$^{-1}$
2	$\frac{-\mathrm{d}c}{\mathrm{d}t}=kc^2$	$\frac{1}{c}-\frac{1}{c_0}=kt$	$1/(kc_0)$	$1/c\sim t$	[浓度]$^{-1}$·[时间]$^{-1}$
2	$\frac{-\mathrm{d}c}{\mathrm{d}t}=kc_Ac_D$	$\frac{1}{c_{A,0}-c_{D,0}}\ln\frac{c_{D,0}\cdot c_A}{c_{A,0}\cdot c_D}=kt$	对 A 和 D 不同	$\ln\frac{c_{D,0}\cdot c_A}{c_{A,0}\cdot c_D}\sim t$	[浓度]$^{-1}$·[时间]$^{-1}$
n	$\frac{-\mathrm{d}c}{\mathrm{d}t}=kc^n$	$\frac{(1/c^{n-1}-1/c_0^{n-1})}{n-1}=kt$ $(n\neq1)$	$\frac{2^{n-1}-1}{(n-1)\ kc_0^{n-1}}$	$1/c^{n-1}\sim t$	[浓度]$^{1-n}$·[时间]$^{-1}$

第四节 反应级数的确定

建立反应的速率方程，得到相应的动力学参数如速率常数 k 和反应级数 n，是化学动力学研究中重要的一步。在一般的研究过程中，通常不能直接测定反应的瞬时速率，而只能以物理或化学的方法测得在不同时间反应物或产物的浓度。因此必须通过一些数据处理手段，分析浓度与时间的关系，确定反应级数。在一定温度下，速率常数 k 与浓度无关，因此反应级数确定了，反应的速率方程就确定了。

确定反应级数的方法主要有如下几种。

一、微分法

若反应的微分速率方程具有如下的简单形式

$$r_A = -\frac{dc_A}{dt} = k_A c_A^n$$

等式两端取对数得

$$\ln\left(-\frac{dc_A}{dt}\right) = \ln k_A + n\ln c_A$$

以 $\ln(-dc_A/dt)$ 对 $\ln c_A$ 作图得到直线方程，直线的斜率为反应级数 n，截距为 $\ln k_A$。

实验中先根据实验数据作 $c_A \sim t$ 图，见图 6－5（a）。在不同浓度处作曲线的切线，切线斜率的绝对值即为此时的反应速率 $-dc_A/dt$。再将浓度 c_A 及其对应的反应速率（dc_A/dt 分别取对数后，作 $\ln(-dc_A/dt) \sim \ln c_A$ 图，见图6－5（b）。由图中直线的斜率和截距，可分别求得反应级数 n 和速率常数 k_A。此法称为微分法。

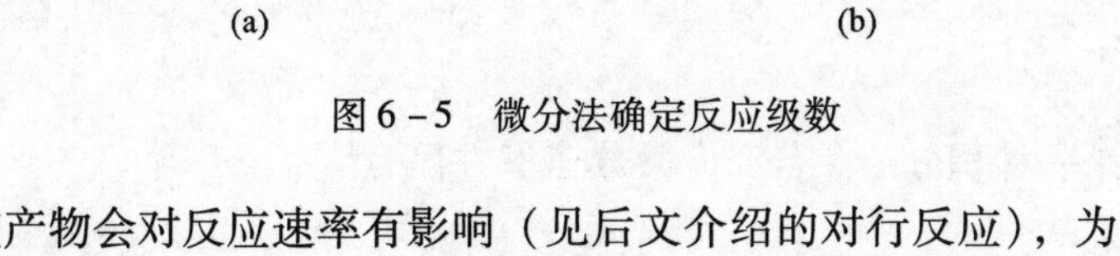

图6－5 微分法确定反应级数

有时反应产物会对反应速率有影响（见后文介绍的对行反应），为了准确求得此反应的级数，可采用初速率法（又称初浓度法）。对若干个不同初浓度 $c_{A,0}$ 的溶液进行实验，分别作出它们的 $c_A \sim t$ 曲线，见图6－6（a）。在每条曲线初浓度 $c_{A,0}$ 处做切线，相应的斜率的绝对值即为初速率 $-dc_{A,0}/dt$。然后以 $\ln(-dc_{A,0}/dt) \sim \ln c_{A,0}$ 作图，见图6－6（b），得到直线的斜率和截距，即可求得反应级数 n 和速率常数 k_A。对于简单级数的反应来说，上述两种微分法处理的结果是一样的，但是对于复杂反应而言，由初浓度法得到的才是真实的反应级数。

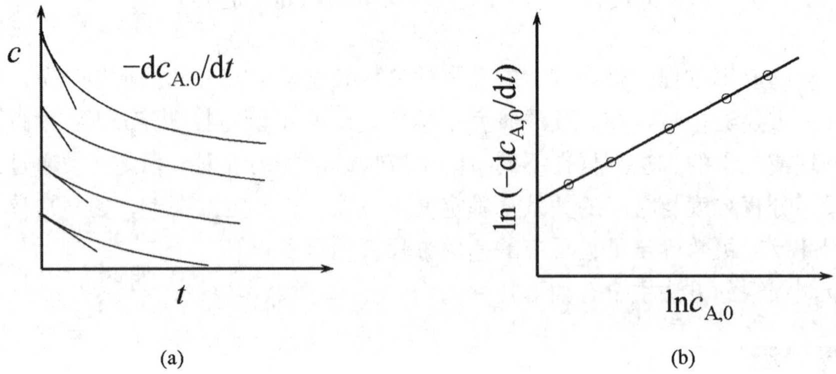

图 6-6　微分法确定反应级数（初浓度法）

用微分法确定反应级数，不仅适用于整数级数的反应，也适用于分数级数的反应。

二、积分法

积分法是利用积分速率方程确定反应级数的方法，可分为尝试法、作图法和半衰期法。

1. 尝试法

将不同时刻测出的反应物浓度数据代入各简单级数反应的积分速率方程中，求算其速率常数 k。若按某个级数的速率方程计算的 k 为一常数，则反应即为该级数反应。

2. 作图法

具有简单级数的反应，不同级数反应的速率方程形式不同，利用实验所得数据作图。若 c 对 t 作图得直线，则反应为零级；若 $\ln c$ 对 c 作图得直线，则反应为一级；若 $1/c$ 对 t 作图得直线，则反应为二级等等。

尝试法和作图法对于具有简单级数反应的处理比较合适，若反应级数为分数，则处理起来比较麻烦，这时候最好采用微分法或半衰期法。另外用作图法确定反应级数时，浓度的取值范围应尽量宽一些，例如使 c_A 能够达到起始浓度 $c_{A,0}$的十分之一，否则可能造成误判。因为在宽取值范围内的一条曲线，在窄取值范围内看起来，却很像一条直线。

3. 半衰期法

半衰期法也是一种积分法。若反应微分速率方程为

$$r_A = -\frac{dc_A}{dt} = k_A c_A^n$$

则半衰期 $t_{1/2}$与反应物初浓度的关系为

$$t_{1/2} = \frac{2^{n-1}-1}{(n-1)\ k_A c_{A,0}^{n-1}} = \frac{I}{c_{A,0}^{n-1}} \quad (6-30)$$

对于指定温度下的指定反应，I 为常数。若以两个初浓度不同 $c_{A,0}$和 $c'_{A,0}$的溶液进行实

验，测得其半衰期分别为 $t_{1/2}$ 和 $t'_{1/2}$，则

$$\frac{t_{1/2}}{t'_{1/2}} = \left(\frac{c'_{A,0}}{c_{A,0}}\right)^{n-1}$$

或

$$n = 1 + \frac{\ln\ (t_{1/2}/t'_{1/2})}{\ln\ (c'_{A,0}/c_{A,0})} \tag{6-31}$$

如果数据较多，则用作图法更为准确。将式（6－30）改写为

$$\ln t_{1/2} = (1-n)\ln c_{A,0} + \ln I$$

用 $\ln t_{1/2}$ 对 $\ln c_{A,0}$ 作图，由直线的斜率即可求得反应级数 n。

此法不限于用 $t_{1/2}$，也可用反应进行到其他任意分数的时间。

三、孤立法

如果对反应速率有影响的反应物不止一种，其微分速率方程具有如下形式

$$r_A = -\frac{dc_A}{dt} = k_A c_A^{\alpha} c_D^{\delta} c_E^{\varepsilon} \cdots$$

等式两端取对数后得

$$\ln r_A = \ln\left(-\frac{dc_A}{dt}\right) = \ln k_A + \alpha \ln c_A + \delta \ln c_D + \varepsilon \ln c_E \cdots$$

需要解联立方程组，才能求得各反应物的级数 α、δ、ε…和速率常数 k_A。实际工作中通常采用孤立法（或称过量浓度法）来处理。

可以选择这样的实验条件，即在一组实验中保持除 A 以外的其他反应物很大过量，则反应过程中只有 A 的浓度有变化，其他反应物的浓度变化很小可视为常数，或在各次实验中保持其他反应物的起始浓度不变，而变化 A 的起始浓度，这时速率公式就简化为

$$r_A = -\frac{dc_A}{dt} = k_A c_A^n$$

然后用上述的微分法或积分法中的任何一种方法都可以求得 A 的反应级数 α。类似地在另一组实验中保持 D 以外物质过量，或除 D 以外的物质的起始浓度不变而只改变 D 的起始浓度，则可以求出 D 的反应级数 δ。以此类推，则可求反应总级数 $n = \alpha + \delta + \varepsilon + \cdots$

第五节 温度对反应速率的影响

温度对反应速率的影响主要体现为对速率常数的影响。

历史上，Van't Hoff 曾根据实验事实总结出一条近似规律，即温度每升高 10℃，反应速率增加 2～4 倍，用公式表示为

$$\frac{k_{T+10n}}{k} = 2^n \sim 4^n$$

其意义为：当反应温度变化了 n 个 10℃时，反应速率常数将至少增加 2n 倍。例如

某反应在 390K 下进行的反应速率常数近似为在 290K 下的 210 倍。Van't Hoff 规则虽然不很精确，但当数据缺乏时，可以用它对反应速率随温度的变化作粗略的估算。

一、阿仑尼乌斯经验公式

阿仑尼乌斯（Arrhenius）根据大量的实验数据，提出了速率常数与温度之间的较为准确的经验式，即著名的阿仑尼乌斯公式（Arrhenius equation）。该式有如下几种形式。

（一）指数式

$$k = A \cdot e^{-E_a/RT} \tag{6-32}$$

式中，A 称为指前因子（pre－exponential factor），具有与速率常数相同的量纲。E_a 称为实验活化能或表观活化能，简称活化能（activation energy），其单位为 $J \cdot mol^{-1}$ 或 $kJ \cdot mol^{-1}$。对于大多数反应，活化能为正值。根据式（6－32），随温度升高，速率常数将增大；指定温度下，活化能越大，速率常数则越小。因此可以认为活化能是阻碍反应进行的能量因素。在温度范围变化不是太大时，指前因子和活化能可视为常数。

（二）对数式（或称不定积分式）

式（6－32）两边取对数，得

$$\ln k = \frac{-E_a}{RT} + \ln A \tag{6-33}$$

由式（6－33）可以看出，以 $\ln k$ 对 $1/T$ 作图，可得一直线，斜率为 $-E_a/R$，截距为 $\ln A$。据此可求反应的活化能和指前因子。

（三）微分式

视活化能和指前因子作常数，将式（6－33）两边分别对 T 微分得

$$\frac{d\ln k}{dT} = \frac{E_a}{RT^2} \tag{6-34}$$

根据式（6－34）可得出如下结论：

1. 指定温度下，$\ln k$ 随 T 的变化率与活化能成正比。活化能越大，速率常数随温度的变化就越大，也就是说，活化能大的反应对温度更敏感。与活化能低的反应相比，活化能高的反应，升高温度时，其速率常数增大的幅度较大，温度降低时，其速率常数减小的幅度也大。简言之，升高温度对活化能大的反应有利。基于此，当反应系统中同时存在几个活化能不同的反应时，就可以通过调节温度的方法选择适宜的温度加速主反应，抑制副反应。

2. 对于指定的反应，活化能一定，低温与高温相比较，当增加相同的温度时，低温时速率常数增大的比例比高温时多，即低温时反应对温度更敏感。

（四）定积分式

对式（6－34）进行定积分得阿仑尼乌斯经验式的定积分式

$$\ln\frac{k_2}{k_1} = \frac{-E_a}{R}\left(\frac{1}{T_2} - \frac{1}{T_1}\right) \tag{6-35}$$

根据定积分式，若已知两个温度下的速率常数，可计算反应的活化能。若已知反应的活化能和一个温度下的速率常数，可计算另一个温度下的速率常数。

考察式（6－16）、（6－22）及（6－26）会发现，如果反应物的初始浓度确定，则达到指定转化率所需时间与速率常数的乘积为常数，且此常数与温度无关。若某反应在温度 T_1 时的速率常数为 k_1，达某一转化率的时间为 t_1，温度为 T_2 时，速率常数为 k_2，达相同转化率的时间为 t_2，则有 $k_1t_1=k_2t_2$，代入式（6－35）得

$$\ln\frac{t_2}{t_1}=\frac{E_a}{R}\left(\frac{1}{T_2}-\frac{1}{T_1}\right) \tag{6-36}$$

测定转化率时不需要像测定速率常数那样先确定反应级数，这是式（6－36）的优点。将 kt＝常数应用于式（6－33），可得线性方程

$$\ln t=\ln A'+\frac{E_a}{RT} \tag{6-37}$$

式中，A'为一与指前因子有关的常数。由此方程的斜率可求活化能。

阿仑尼乌斯公式最初是从气相反应中总结出来的，后来发现它也适用于液相反应或复相催化反应，既适用于基元反应，也适用于大多数非基元反应。

例 6－7 金霉素在 pH6 的水溶液中的分解为一级反应。在 328.2K 和 338.7K 温度下的速率常数分别为 $3.55\times10^{-4}\,min^{-1}$ 和 $6.09\times10^{-4}\,min^{-1}$，求该反应的活化能和在 298.2K 下的速率常数 $k_{(298.2)}$ 及 $t_{0.9}$。

解：

$$\ln\frac{k_2}{k_1}=\frac{-E_a}{R}\left(\frac{1}{T_2}-\frac{1}{T_1}\right)$$

代入数据，得

$$E_a=\frac{8.314\times\ln\dfrac{6.09\times10^{-4}}{3.55\times10^{-4}}}{\dfrac{1}{328.2}-\dfrac{1}{338.7}}=47.53\,kJ/mol$$

$$k_{(298.2)}=k_{(328.2)}\cdot e^{\frac{-E_a}{R}\left(\frac{1}{298.2}-\frac{1}{328.2}\right)}=6.154\times10^{-5}\,min^{-1}$$

$$t_{0.9}=\frac{1}{k_{298.2}}\ln\frac{10}{9}=1706\,min=28.4\,h$$

并非所有化学反应都符合或近似符合阿仑尼乌斯公式。图 6－7 给出了一些不符合阿仑尼乌斯公式的典型反应的 k～T 关系。图中（a）为爆炸反应；（b）为酶催化反应；（c）为碳和某些烃类的氧化反应；（d）是一种反常的类型，温度升高反应速率反而下

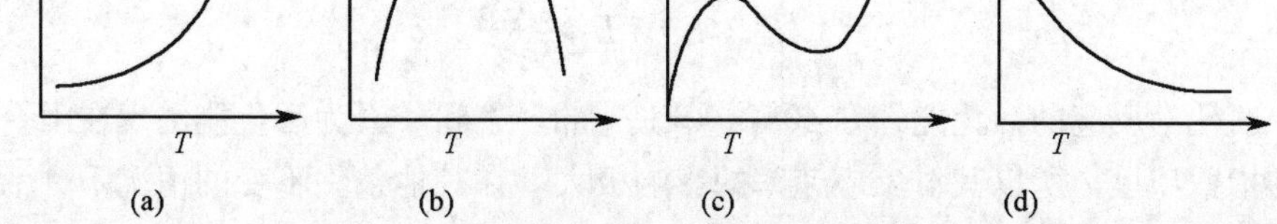

图 6－7 一些反应的速率常数与温度的关系

降，例如 $2NO + O_2 \longrightarrow 2NO_2$ 的反应即属这一类型。

二、活化能

为什么反应温度对反应速率的影响甚为显著？为什么在相同反应条件下，活化能越高，反应的速率常数越小？为什么反应的活化能高，其速率对于温度的变化更加敏感？在探讨这些问题的过程中，阿仑尼乌斯以及之后的学者，逐步明确了活化能的物理意义。

（一）活化分子

发生化学反应的首要条件是反应物分子之间的相互碰撞，但并不是每一次碰撞都能发生化学反应。根据分子运动论，反应物分子的能量有高有低，符合玻尔兹曼分布定律。只有少数能量足够高的分子碰撞后才能发生反应，这样的分子称为活化分子。

（二）活化能的物理意义

活化分子的平均能量与反应物分子的平均能量之差即活化能，如图 6－8 所示。图中 U_1 为基元反应中反应物分子的平均能量，U_2 为产物分子的平均能量，U_3 为活化分子的平均能量。U_1、U_2、U_3 皆为温度的函数。E_{a1} 为正反应的活化能，Ea_{-1} 为逆反应的活化能。E_{a1} 和 Ea_{-1} 都近似地与温度无关。活化能的大小可以看作是阻碍反应进行的能垒，这一能垒的存在是因为分子相互碰撞并发生化学反应时，须克服彼此间的斥力和拆断旧的化学键，而这些都需要能量。只有具备这种能量的分子即活化分子，才能顺利地翻越这一特定的能峰而发生反应。反应的活化能越高，活化分子在反应物分子中的比例就越少，因此反应速率越小。反之，活化能越低，反应物分子中活化分子的比例就越高，反应速率则越快。这正是不同的反应，其速率快慢可能相差很多的原因。温度升高一般能加快反应速率，是因为随着温度升高，活化分子数目增多的缘故。

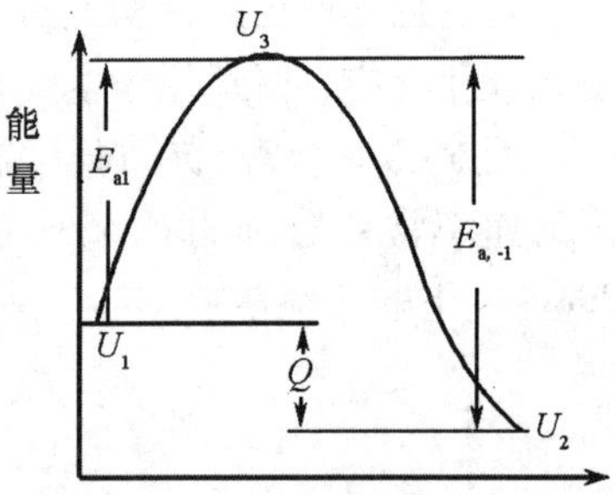

图 6－8 活化能示意图

只有基元反应的活化能才有上述明确的物理意义。对非基元反应而言，阿仑尼乌斯活化能只是一个表观参数，它是构成总反应的各基元反应活化能的组和。表观活化能虽无明确的物理意义，但仍可以认为是阻碍反应进行的一个能量因素。例如某总反应的速率常数 $k = k_1 k_2 k_3^{-1/2}$，若总反应速率常数和各基元反应速率常数均服从阿仑尼乌斯经验式，则其表观活化能为

$$E_a = E_{a1} + E_{a2} - \frac{E_{a3}}{2}$$

一般化学反应的活化能约在 40 ~ 400kJ · mol^{-1}之间。因为活化能出现在阿仑尼乌斯公式的指数项里，所以其对反应速率的影响极大。在其他条件不变的情况下，活化能越大，反应速率就越小，反应速率随温度的变化倍率则越大。

（三）活化能与反应热

设有一恒容反应

$$\mathrm{R} \underset{k_{-1}}{\overset{k_1}{\rightleftharpoons}} \mathrm{P}$$

其正、逆反应速率分别为

$$r_1 = k_1 c_{\mathrm{R}},\ r_{-1} = k_{-1} c_{\mathrm{P}}$$

反应达平衡时，$r_1 = r_{-1}$，即

$$k_1 c_{\mathrm{R,e}} = k_{-1} c_{\mathrm{P,e}}$$

$c_{\mathrm{R,e}}$和$c_{\mathrm{P,e}}$分别为反应物和产物的平衡浓度。由上式得

$$\frac{k_1}{k_{-1}} = \frac{c_{\mathrm{P,e}}}{c_{\mathrm{R,e}}} = K_c^{\ominus}$$

$K_c^{\ominus}$为以浓度表示的标准平衡常数。对上式作如下推导：

$$\frac{\mathrm{d}\ \ln K_c^{\ominus}}{\mathrm{d}T} = \frac{\Delta U}{RT^2}$$

$$\frac{\mathrm{d}\ \ln(k_1/k_{-1})}{\mathrm{d}T} = \frac{E_{\mathrm{a1}} - E_{\mathrm{a},-1}}{RT^2} \tag{6-38}$$

比较上述二式，可得

$$E_{\mathrm{a1}} - E_{\mathrm{a},-1} = \Delta U = U_2 - U_1 = Q_V \tag{6-39}$$

在恒压条件下作类似推导，可得

$$E_{\mathrm{a1}} - E_{\mathrm{a},-1} = \Delta H = Q_p$$

结果表明，正、逆反应的活化能之差等于反应的热效应。当正反应活化能大于逆反应活化能时，正反应为吸热反应，反之，则为放热反应。

三、药物有效期预测

药物在贮存过程中常因发生水解、氧化等反应而使含量降低，乃至失效甚至产生毒副作用。药物稳定性研究在新药研究中是一项重要的内容，其考察方法有留样观察和加速实验等方法。加速实验是应用化学动力学的原理，在较高的温度下进行实验，使药物降解反应加速进行，经动力学处理后外推得出药物在室温下的贮存期。

首先根据药物的稳定程度选取几个较高的试验温度，测定各温度下药物浓度随时间的变化，绘制 $c \sim t$ 曲线；再应用微分法、积分法或孤立法求得药物降解反应级数及在各试验温度下的反应速率常数 k；然后依据 Arrhenius 公式，以 $\ln k$ 对 $1/T$ 作图（或作直线回归），通过直线外推求得药物在室温下的速率常数 k_{298}；或通过直线的斜率和截距求得活化能 E_{a} 和指前因子 A 等参数，再将贮藏温度 298K 代入 Arrhenius 公式，计算得到 k_{298}；最后根据药物降解反应的速率方程，计算室温下药物含量降低至合格限所需的时间，即贮存期。

经典恒温法能在较短时间内得到预测结果，数据处理比较简单，但实验时需注意选择的温度应不致引起反应级数的改变。

例 6-8 3% 硫酸罗通定注射液在光和热作用下颜色都会逐渐变深，当吸收度

（Abs，430 nm）增至0.222时即为不合格。在333.15、343.15、353.15和361.15K温度下避光进行加速试验，获得如下数据，求在室温（298.15K）下避光保存的贮存期。

333.15K		343.15K		353.15K		361.15K	
t/h	Abs	t/h	Abs	t/h	Abs	t/h	Abs
0	0.088	0	0.088	0	0.088	0	0.088
24	0.131	5	0.110	3.7	0.125	1.2	0.128
48	0.152	10	0.123	7.4	0.151	2.4	0.158
72	0.176	17	0.148	11.1	0.201	3.6	0.173
96	0.206	24	0.177	14.8	0.247	6.0	0.238
120	0.241	34	0.213	25.9	0.371	7.2	0.247
144	0.268	41	0.253	29.6	0.394	8.4	0.299
168	0.298	58	0.306	37	0.489	9.6	0.315
192	0.344	65	0.340			10.8	0.349
216	0.374					12	0.375
240	0.410						
288	0.493						

解：硫酸罗通定注射液吸收度的增加代表了产物浓度的增加，将吸收度对加热时间作图可得直线，见图6-9（a），表明硫酸罗通定注射液的降解为零级反应，其速率方程可表达为：$\text{Abs} = \text{Abs}_0 + kt$。由回归直线的斜率可求得在333.15、343.15、353.15和361.15K温度下的降解速率常数分别为1.33×10^{-3}、3.82×10^{-3}、10.6×10^{-3}和24.0×10^{-3}（Abs/h）。以$\ln k$对$1/T$回归，见图6-9（b）。由回归直线的斜率可求得避光降解的活化能E_a为103.2kJ/mol，指前因子A为1.99×10^{13}（Abs/h）。进而可算得在298.15K下的速率常数k_{298}及贮存期$t_{0.222}$。

$$k_{298} = A\cdot e^{\frac{-E_a}{RT}} = 1.99\times10^{13}\cdot e^{\frac{-103200}{8.314\times298.15}} = 1.652\times10^{-5}\ \text{Abs/h}$$

根据零级速率方程

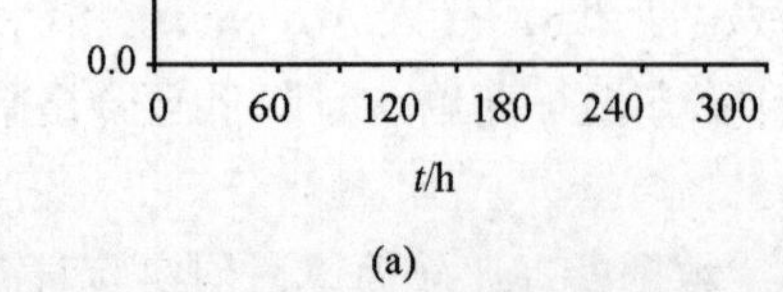

(a)

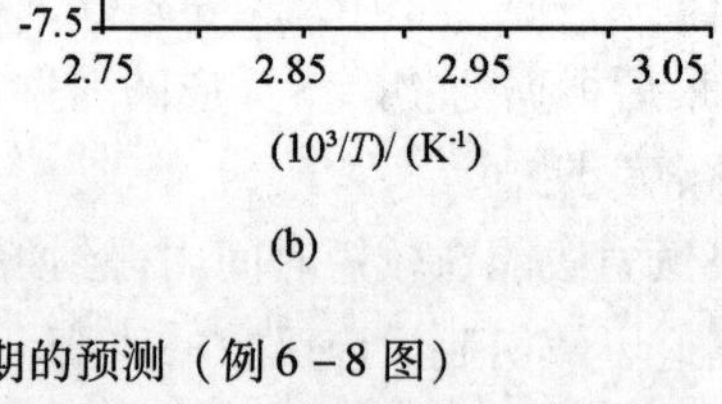

(b)

图6-9　硫酸罗通定注射液贮存期的预测（例6-8图）

$t_{0.222}=$（0.222（Abs_0）$/k_{298}=$（0.222－0.088）$/1.652\times10^{-5}=8111$ h＝338 day

第六节　典型复杂反应

两个或两个以上的基元反应组成的反应称为复杂反应。典型的复杂反应有对行反应、平行反应、连续反应。通常复杂反应是这三种方式的组合。

一、对行反应

正向和逆向同时进行的反应称作对行反应或对峙反应（oppos*ing* reactions），又称为趋向于平衡的反应（reactions moving towards equilibrium）。严格地说，任何反应都不能完全进行到底，都是对行反应。只有当逆反应速率远小于正反应速率时，逆反应方可忽略不计。本节讨论正、逆反应速率相差不太大的对行反应。

（一）对行反应速率方程

最简单的情况是正、逆反应都是一级反应，这样的对行反应称为1－1级对行反应。假设反应刚开始时，系统中只有组分A。

$$A \underset{k_1}{\overset{k_{-1}}{\rightleftharpoons}} G$$

开始时	$c_{A,0}$	0
平衡时	$c_{A,e}$	$c_{A,0}-c_{A,e}$
t时刻	c_A	$c_{A,0}-c_A$

反应进行到t时刻，正反应速率为$r_{正}=k_1c_A$；逆反应速率为$r_{逆}=k_{-1}c_G$；A的反应速率为

$$-\frac{dc_A}{dt}=k_1c_A-k_{-1}c_G \qquad (6-40)$$

令$c_{A,0}$为反应物A的初浓度，则$c_G=c_{A,0}-c_A$，代入上式，得

$$-\frac{dc_A}{dt}=k_1c_A-k_{-1}(c_{A,0}-c_A)=(k_1+k_{-1})c_A-k_{-1}c_{A,0} \qquad (6-41)$$

反应达到平衡时，正、逆反应速率相等，$r_{正}=r_{逆}$，则

$$k_1c_{A,e}=k_{-1}c_{G,e}=k_{-1}(c_{A,0}-c_{A,e})$$

移项得

$$k_{-1}c_{A,0}=(k_1+k_{-1})c_{A,e}$$

将上式带入式（6－41）得

$$-\frac{dc_A}{dt}=(k_1+k_{-1})(c_A-c_{A,e})$$

整理后积分，得

$$\ln\frac{c_{A,0}-c_{A,e}}{c_A-c_{A,e}}=(k_1+k_{-1})t \qquad (6-42)$$

此式即为1－1级对行反应的积分速率方程。

式（6-42）可改写为

$$\ln(c_A - c_{A,e}) = -(k_1 + k_{-1})t + \ln(c_{A,0} - c_{A,e})$$

以 ln（c_A（$c_{A,e}$）对 t 作图可得一直线，由直线的斜率可求得（$k_1 + k_{-1}$），再由平衡常数 $K_c = k_1/k_{-1}$，可分别求得 k_1 和 k_{-1}。

反应初始时，若系统中只有反应物 A，则 $t=0$ 时，$c_{G,0}=0$，对行反应的微分速率方程（6-40）可写作：$-\dfrac{dc_{A,0}}{dt} = k_1 c_{A,0}$。因此也可以采用初浓度法处理对行反应动力学曲线 $c_A \sim t$，以初始速率 $-\dfrac{dc_{A,0}}{dt}$ 对 $c_{A,0}$ 作图，得正反应速率常数 k_1。前述微分法求反应级数时曾提到对于有产物影响反应速率的情况时，只有初浓度法才能得到真正的反应级数，就是这个道理。

当正反应速率远大于逆反应速率时，即 $k_1 \gg k_{-1}$，则 K_c 很大，表明反应倾向完全反应，$c_{A,e} \approx 0$，式（6-42）简化为

$$\ln\frac{c_{A,0}}{c_A} = k_1 t$$

其具有单向一级反应速率方程的形式。可见单向一级反应是 1-1 级对行反应在正反应速率远大于逆反应速率时的特例。

将 $c_{A,0} - c_{A,e} = c_{G,e}$，$c_A = c_{A,0} - c_G$ 代入（6-42）式，可得 1-1 级对行反应积分速率方程的另一形式

$$\ln\frac{c_{G,e}}{c_{G,e} - c_G} = (k_1 + k_{-1})t \tag{6-43}$$

此方程的优点在于不必知道 G 的初始浓度，对于无法保证 $c_{G,0}=0$ 的情况尤为合适。

（二）对行反应动力学特征

若将 A 和 G 的浓度对时间作图，可得图 6-10。从图中可以看出经过足够长的时间后，反应物和产物的浓度都分别趋近于它们的平衡浓度 $c_{A,e}$ 和 $c_{G,e}$ 而不再随时间改变。这是对行反应的特征。

（三）对行反应速率与温度的关系

升高反应温度可以加快反应速率。但对于对行反应，升高温度既加快正反应速率，也加快逆反应速率。而且多数情况下，正、逆反应的活化能并不相同，升高反应温度使正、逆反应加快的程度也不同，从而将影响化学平衡的位置，以致影响反应物的转化率。对于正反应吸热的对行反应，正反应的活化能大于逆反应的活化能，由于活化能大的反应对温度更敏感，升高温度可使正反应速率比逆反应速率增加得更快，同时也增大反应的平衡常数，进而提高反应物的转化率，从两方面来说都是有利的，但也不是越高越好，需要考虑高温带来的其他不利影响。对于放热反应，情况则比较复杂。由于正反应的活化能小于逆反应的活化能，在较低的温度范围内，正反应的速率常数大于逆反应的速率常数，同时，低温也有利于平衡向放热的正反应方向移动。但温度低，反应速率过慢，则不利于生产。升高温度，正反应速率加快，逆反应速率也加快，而且加快的幅度比正反应更大。如果逆反应速率常数的指前因子不大于正反应速率常数的指前因子，

逆反应速率常数将不会因温度升高而超过正反应速率常数，升高温度的不利影响仅是降低转化率。但若逆反应速率常数的指前因子大于正反应速率常数的指前因子，同时逆反应活化能与正反应活化能相比不是很大的话，根据阿仑尼乌斯经验式，随着温度的升高，逆反应速率常数将有可能从小于变为大于正反应速率常数，从而使反应速率－温度曲线出现一最高点，如图6－11所示。该点对应的温度即最佳反应温度。

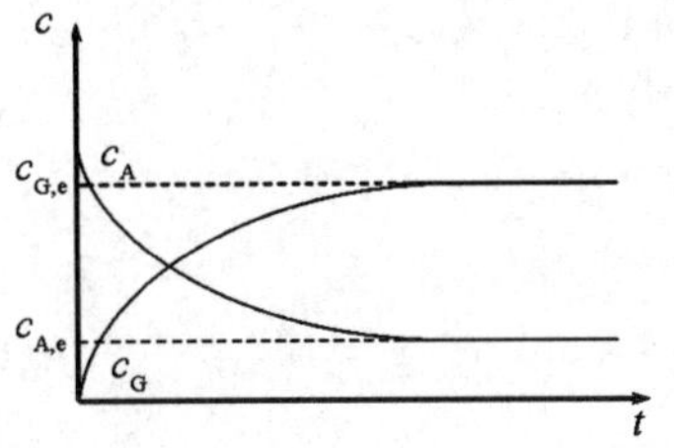

图6－10　1－1级对行反应的 $c\sim t$ 曲线

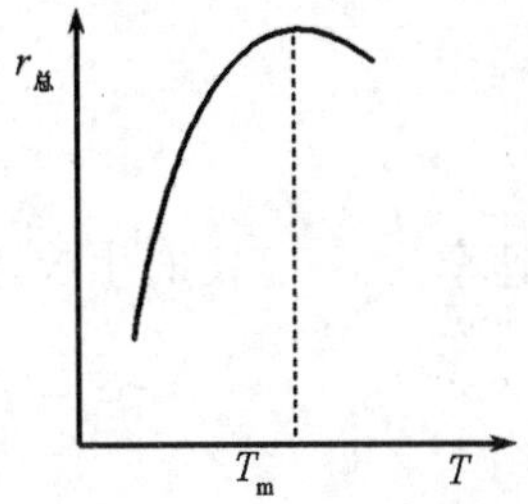

图6－11　反应温度对对行反应总反应速率的影响

例6－9　某1－1级对行反应 $A \underset{k_{-1}}{\overset{k_1}{\rightleftharpoons}} G$，已知 $k_1=10^{-4}\ s^{-1}$，$k_{-1}=2.5\times10^{-5}s^{-1}$，反应开始时只有反应物A。求：(1) A反应掉一半所需的时间。(2) 经过6000s后A和G的浓度。

解：(1) 根据1－1级对行反应速率方程

$$\ln\frac{c_{A,0}-c_{A,e}}{c_A-c_{A,e}}=(k_1+k_{-1})\ t$$

欲求 $c_A=0.5c_{A,0}$ 的时间 t，需先求 $c_{A,e}$。由

$$K_c=\frac{c_{G,e}}{c_{A,e}}=\frac{c_{A,0}-c_{A,e}}{c_{A,e}}=\frac{k_1}{k_2}=4$$

解得 $c_{A,e}=0.2c_{A,0}$，代入上述速率方程得

$$\ln\frac{c_{A,0}-0.2c_{A,0}}{0.5c_{A,0}-0.2c_{A,0}}=(k_1+k_{-1})\ t$$

代入数据，解得 $t=7847s$。

(2) 将 $c_{A,e}=0.2c_{A,0}$，$t=6000s$ 代入上述速率方程

$$\ln\frac{c_{A,0}-c_{A,e}}{c_A-c_{A,e}}=(k_1+k_{-1})\ t$$

$$\ln\frac{c_{A,0}-0.2c_{A,0}}{c_A-0.2c_{A,0}}=(1\times10^{-4}+2.5\times10^{-5})\ \times6000$$

$$c_A=0.578c_{A,0},\ c_G=c_{A,0}-0.578c_{A,0}=0.422c_{A,0}$$

二、平行反应

反应物同时进行几个不同的反应，称为平行反应（parallel reaction）。一般将其中速率较大的或生成目的产物的反应称为主反应，将其他反应称为副反应。这种情况在有

机反应中较常见。如苯酚的硝基化反应可同时得到对、邻和间位硝基苯酚。

最简单的是一级平行反应

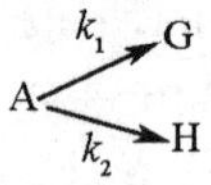

反应的速率分别为
$$r_1=\frac{dc_G}{dt}=k_1c_A \tag{6-44}$$

$$r_2=\frac{dc_H}{dt}=k_2c_A \tag{6-45}$$

A 的消耗速率为 G 与 H 的生成速率之和，从而

$$r=-\frac{dc_A}{dt}=k_1c_A+k_2c_A=(k_1+k_2)\ c_A \tag{6-46}$$

将上式积分得

$$\ln\frac{c_A}{c_{A,0}}=-(k_1+k_2)\ t \tag{6-47}$$

比较式（6－44）和（6－45），可以看出

$$\frac{dc_G}{dc_H}=\frac{k_1}{k_2}$$

上式改写为

$$dc_G=\frac{k_1}{k_2}dc_H$$

积分得

$$c_G=\frac{k_1}{k_2}c_H+I$$

式中，I 为积分常数。若反应开始时只有 A，即 $t=0$ 时，$c_G=c_H=0$，则 I＝0，有

$$\frac{c_G}{c_H}=\frac{k_1}{k_2} \tag{6-48}$$

若反应开始时只有反应物，则在反应的任意时刻，产物的浓度之比等于各平行反应的速率常数之比。这是同级平行反应的特点。

式（6－47）可改写为

$$\ln c_A=\ln c_{A,0}-(k_1+k_2)t \tag{6-49}$$

以 $\ln c_A$ 对 t 作图，直线斜率即为 $-(k_1+k_2)$，再根据式（6－48）测得某时刻物质 G 和 H 的浓度比，即可求得 k_1 和 k_2。

改变反应温度可以改变各平行反应的速率常数，升高反应温度有利于活化能大的反应，降低温度则有利于活化能小的反应，因而可以通过控制反应温度的办法提高目的产物的收率。此外也可以采用催化剂以改变反应的活化能，来选择性地加速人们需要的反应。

三、连续反应

反应经历几个连续的步骤，前一步的产物为后一步的反应物，这样的反应称为连续反应（consecutive reaction）或连串反应。例如龙胆三糖的水解反应。

$$\underset{\text{龙胆三糖}}{C_{18}H_{32}O_{16}} + H_2O \longrightarrow \underset{\text{果糖}}{C_6H_{12}O_6} + \underset{\text{龙胆二糖}}{C_{12}H_{22}O_{11}}$$

$$\underset{\text{龙胆二糖}}{C_{12}H_{22}O_{11}} + H_2O \longrightarrow \underset{\text{葡萄糖}}{2C_6H_{12}O_6}$$

最简单的连续反应为一级连续反应。

$$\begin{array}{cccc} & A \xrightarrow{k_1} & G \xrightarrow{k_2} & H \\ t=0 & c_{A,0} & 0 & 0 \\ t=t & c_A & c_G & c_H \end{array}$$

各组分反应速率分别为

$$-\frac{dc_A}{dt} = k_1 c_A \tag{6-50}$$

$$\frac{dc_G}{dt} = k_1 c_A - k_2 c_G \tag{6-51}$$

$$\frac{dc_H}{dt} = k_2 c_G \tag{6-52}$$

将式（6－50）积分，得

$$c_A = c_{A,0} \cdot e^{-k_1 t} \tag{6-53}$$

将式（6－53）代入式（6－51），得

$$\frac{dc_G}{dt} = k_1 c_{A,0} \cdot e^{-k_1 t} - k_2 c_G$$

解此一阶线性微分方程，得

$$c_G = \frac{k_1 \cdot c_{A,0}}{k_2 - k_1}\left(e^{-k_1 t} - e^{-k_2 t}\right) \tag{6-54}$$

反应中各物质浓度的关系为

$$c_H = c_{A,0} - c_A - c_G$$

将式（6－53）和（6－54）代入此关系式，得

$$c_H = c_{A,0}\left[1 - \frac{1}{k_2 - k_1}\left(k_2 \cdot e^{-k_1 t} - k_1 \cdot e^{-k_2 t}\right)\right] \tag{6-55}$$

A、G 及 H 的浓度随反应时间的变化曲线示于图 6－12。可以看出，反应物浓度 c_A 随反应进行而减小，最终产物浓度 c_H 随反应进行而增大，中间产物浓度 c_G 开始时随反应进行而增大，经过某一极大值后则随反应进行而减小。这是连续反应中间产物浓度变化的特征。

中间产物浓度 G 所能达到的极大值记为 $c_{G,m}$，相应的反应时间记为 t_m。将式（6－54）对 t 求导并令其为零

$$\frac{dc_G}{dt} = \frac{k_1}{k_2 - k_1} c_{A,0}\left(k_2 e^{-k_2 t} - k_1 e^{-k_1 t}\right) = 0$$

解得

$$t_m = \frac{\ln(k_2/k_1)}{k_2 - k_1}$$

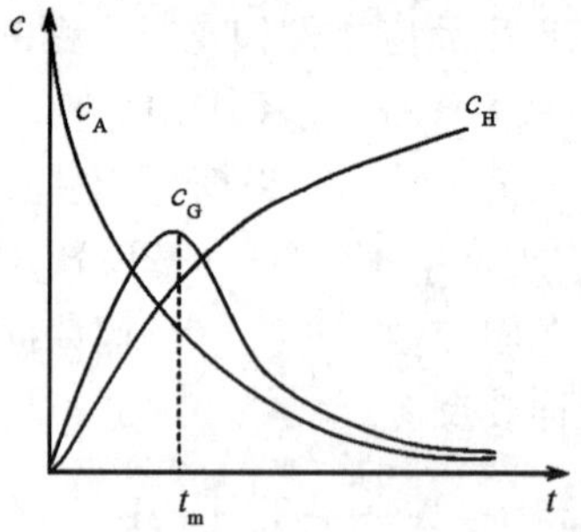

图 6-12　一级连续反应的 c ~ t 曲线

$$c_{G,m} = c_{A,0}\left(\frac{k_1}{k_2}\right)^{k_2/(k_2-k_1)}$$

如果中间产物 G 为目的产物，则 t_m 为结束反应的最佳时间。

例 6-10　已知某药物口服后在体内的吸收和消除均符合一级动力学，测得吸收和消除速率常数分别为 $4.5\times10^{-3}\text{min}^{-1}$ 和 $2.5\times10^{-5}\text{min}^{-1}$。求药物在体内的达峰时间 t_m。

解： 药物在体内的吸收和消除可以看作是一个连续反应

$$t_m = \frac{\ln\frac{k_2}{k_1}}{k_2-k_1} = \frac{\ln\frac{2.5\times10^{-5}}{4.5\times10^{-3}}}{2.5\times10^{-5}-4.5\times10^{-3}} = 1159\text{s}\approx 19\text{min}$$

第七节　复杂反应的近似处理

前节介绍的对行、平行和连续反应为典型的复杂反应。它们又可组合成各种各样的更复杂的反应。面对这些更复杂的反应，动力学处理可能变得很棘手，甚而会遇到一些无法求解的微分方程。这就需要采取适当的近似处理方法，来避开解微分方程的困难。常用的近似处理方法有速控步骤（rate controlling step）近似、平衡态（equilibrium state）近似和稳态（steady state）近似。

一、速控步骤近似

速控步骤近似法认为，在组成连续反应的基元反应中，如果有一步反应的速率比其他步骤慢得多，则反应的总速率就近似地等于这最慢一步反应的速率。这最慢的一步称为反应速率的控制步骤。

例如前节所讨论的 1-1 级连续反应，H 物质的浓度精确解为

$$c_H = c_{A,0}\left[1-\frac{1}{k_2-k_1}\left(k_2\cdot e^{-k_1t}-k_1\cdot e^{-k_2t}\right)\right]$$

当 $k_1 \ll k_2$ 时，上式可简化为

$$c_H = c_{A,0}\left(1-e^{-k_1t}\right)$$

而根据速控步骤近似，可立即得出

$$\frac{dc_H}{dt}=-\frac{dc_A}{dt}=k_1c_A$$

此式积分后得

$$c_A=c_{A,0}e^{-k_1t};\ c_H=c_{A,0}-c_A=c_{A,0}\ (1-e^{-k_1t})$$

比较两种处理结果，可以看出第二种处理方法较第一种精确求解方法要简单得多。采用速控步近似法处理连续反应，虽然没有精确求解，却也能得到完全相同的结果。速控步骤的速率与其他步骤相比越慢，近似处理的结果越可靠。

二、平衡态近似

对如下类型的反应

$$A+B\underset{k_{-1}}{\overset{k_1}{\rightleftharpoons}}G\xrightarrow{k_2}H$$

若 $k_{-1}\gg k_1$，且 G ⟶H 为慢反应，则 G 与 A 及 B 可随时处于平衡。这种平衡称为快平衡。在反应进行中的任意时刻，G 的浓度与 A 及 B 的浓度之间总存在如下关系

$$\frac{c_G}{c_Ac_B}=\frac{k_1}{k_{-1}}=k_c$$

这种近似称为平衡态近似，其目的是用可测的反应物浓度表示难测的活泼中间产物的浓度。例如反应

$$2NO\quad+\quad O_2\longrightarrow 2NO_2$$

其实验速率方程为

$$\frac{dc_{NO_2}}{dt}=kc_{NO}^2c_{O_2}$$

据此，曾有人认为该反应的机理为三分子基元反应。但这种机理无法说明该反应的速率常数随温度升高而减小，即反应活化能为负值的事实。后来，有人提出该反应的机理是

$$2NO\underset{k_1}{\overset{k_{-1}}{\rightleftharpoons}}N_2O_2,\ k_{-1}\gg k_1,\ \Delta U\ll 0$$

$$N_2O_2+O_2\xrightarrow{k_2}2NO_2,\ \text{慢反应}$$

据此机理，该反应的速率方程推导如下

$$\frac{dc_{NO_2}}{dt}=k_2c_{N_2O_2}c_{O_2}=k_2k_cc_{NO}^2c_{O_2}=kc_{NO}^2c_{O_2}$$

$$k=k_2k_c=k_2\frac{k_1}{k_{-1}}$$

所得速率方程也与实验方程相符，且可以解释为什么该反应的活化能为负值的事实。

将 $k=k_2K_c$ 两边取对数，得

$$\ln k=\ln k_2+\ln K_c$$

对 T 微分

$$\frac{d\ln k}{dT}=\frac{d\ln k_2}{dT}+\frac{d\ln K_c}{dT}$$

根据阿仑尼乌斯经验式和化学平衡的等容方程可得

$$\frac{E}{RT^2}=\frac{E_{a,2}}{RT^2}+\frac{\Delta U}{RT^2}$$

从而有

$$E_a=E_{a,2}+\Delta U$$

因为 $\Delta U \ll 0$，所以表观活化能 $E_a<0$。

此例告诉我们，由反应机理导出的速率方程必须与实验速率方程相一致，但即使一致，也不一定说明方程所依据的机理一定正确，还需得到其他实验事实的验证。

三、稳态近似

稳态又称定态。物理学中，稳态指的是物理量不随时间变化的状态。化学动力学中，稳态指的是物质的浓度不随时间变化的状态。对于反应

$$A \xrightarrow{k_1} G \xrightarrow{k_2} H$$

若 $k_2 \gg k_1$，则 G 一旦生成便马上消耗掉，其消耗速率完全取决于生成速率，两者相等，从而有

$$\frac{dc_G}{dt}=k_1c_A-k_2c_G=0$$

中间物 G 浓度很小，而且几乎不随时间而变化，此时称 G 处于稳态，如图 6－13 所示。

例如一些反应过程中产生的自由基或自由原子等，它们只要碰上任何分子或其他自由基都将立即反应，所以在反应过程中它们的浓度很低、寿命很短，难以用一般方法测定它们的浓度。此时应用稳态近似法处理，能找出这些活泼中间产物的浓度与反应物浓度之间的关系，给动力学处理带来方便。

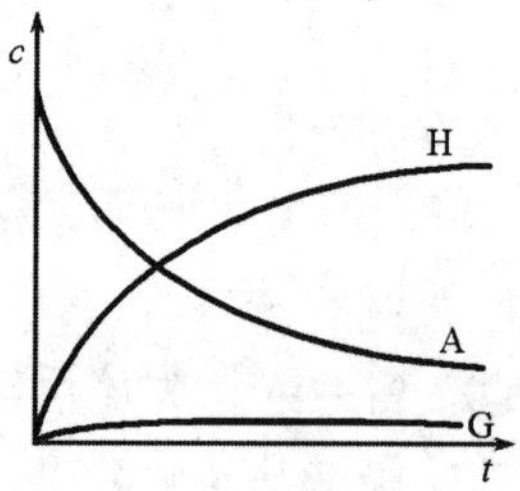

图 6－13　$k_1 \ll k_2$ 的连续反应示意图

四、链反应及其速率方程

（一）链反应的一般历程

有一种特殊的复杂反应，过程中包含了自由基的生成和消失，只要反应一旦得到引发，就会像链子似的一环接一环自动传递下去，发生一系列的变化。这种复杂反应称为链反应（chain reactions），又称连锁反应。任何一个链反应都包括链引发（chain initiation）、链传递（chain propagation）和链终止（chain termination）三种基本步骤，每一步的基本特征如下。

链引发： 链引发是产生自由基或自由原子的过程，是链反应中最难进行的过程。这一过程所需的活化能很大，约在 200～400kJ · mol^{-1} 之间，反应物分子需要获得足够的能量才能产生自由基或自由原子。

获得能量的方式通常为加热、光照或其他高能辐射，例如 α、β、γ 或 X 射线。加入化

学引发剂也可产生自由基或自由原子，例如碱金属、卤素、有机氮化合物和过氧化物等。

链传递： 链引发产生的自由基或自由原子非常不稳定，一经生成就立刻同其他物质发生反应。反应中又可产生新的自由基或自由原子，如此连续循环进行，构成了链传递过程。链传递是链反应中最活跃的过程，是链反应的主体。

链传递反应的活化能很小，一般小于 $40kJ\cdot mol^{-1}$，因而这一过程进行得很快。自由基或自由原子在链反应中因其反应活性高，故存在的寿命很短，与反应物或产物分子相比，它们在体系中的数量也很少。在直链反应稳定进行时，自由基或自由原子的浓度可近似地被视为常数。这样的近似处理就是前述的稳态近似法。

链终止： 链终止是自由基或自由原子变为一般分子而销毁的过程，是链反应的最后阶段。

（二）直链反应的速率方程

有了反应机理，就可以根据基元反应的质量作用定律，结合稳态近似导出速率方程。

例如，氯化氢的生成反应 $H_2+Cl_2\longrightarrow 2HCl$，其反应机理为

链引发：$Cl_2+M\xrightarrow{k_1}2Cl\cdot+M$　（1）

链传递：$Cl\cdot+H_2\xrightarrow{k_2}HCl+H\cdot$　（2）

$H\cdot+Cl_2\xrightarrow{k_3}HCl+Cl\cdot$　（3）

……

链终止：$2Cl\cdot+M\xrightarrow{k_4}Cl_2+M$　（4）

M 是反应系统中不参与反应只起能量传递作用的物质。

HCl 的生成速率只与反应（2）和（3）有关，即

$$\frac{dc_{HCl}}{dt}=k_2c_{Cl\cdot}c_{H_2}+k_3c_{H\cdot}c_{Cl_2} \tag{6-56a}$$

对 Cl· 和 H· 应有稳态近似，可得

$$\frac{dc_{Cl\cdot}}{dt}=2k_1c_{Cl_2}c_M-k_2c_{Cl\cdot}c_{H_2}+k_3c_{H\cdot}c_{Cl_2}-2k_4c_{Cl\cdot}^2c_M=0 \tag{6-56b}$$

$$\frac{dc_{H\cdot}}{dt}=k_2c_{Cl\cdot}c_{H_2}-k_3c_{H\cdot}c_{Cl_2}=0 \tag{6-56c}$$

（6-56b）+（6-56c）得

$$c_{Cl\cdot}=\left(\frac{k_1}{k_4}c_{Cl_2}\right)^{\frac{1}{2}} \tag{6-56d}$$

将（6-56c），（6-56d）式代入（6-56a）式，整理得

$$\frac{dc_{HCl}}{dt}=2k_2c_{Cl\cdot}c_{H_2}=2k_2\left(\frac{k_1}{k_4}c_{Cl_2}\right)^{\frac{1}{2}}c_{H_2}=k'c_{Cl_2}^{\frac{1}{2}}c_{H_2}$$

由上述机理导出的速率方程，与实验速率方程相符，说明此机理有可能是正确的。

第八节　反应速率理论简介

在发现和总结了有关化学反应速率的一些经验规律后，人们就尝试以微观的角度从理论上对这些规律予以解释，并能够对反应速率做出预言。已经建立起来的反应速率理论有碰撞理论、过渡态理论等。本节只简单介绍碰撞理论和过渡态理论。

一、碰撞理论

1818 年路易斯（Lewis）在阿仑尼乌斯提出的活化能概念的基础上，结合气体分子运动论，建立了反应速率的碰撞理论。

（一）碰撞理论的基本假定

（1）分子必须经过碰撞才能发生反应，反应速率正比于单位时间、单位体积内的碰撞次数，即碰撞频率。

（2）相互碰撞的分子的平动能必须超过某一临界值才能发生反应。该临界值称为临界能或阈能。这样的分子称为活化分子。活化分子的碰撞称为有效碰撞。有效碰撞数与总碰撞数的比值称为有效碰撞分数，它等于活化分子数与总分子数之比。

（3）反应速率等于碰撞频率与有效碰撞分数的乘积。

（二）速率常数

以双分子气相反应 $A + D \longrightarrow G$ 为例。设 A 与 D 的碰撞频率为 Z_{AD}，有效碰撞分数为 N_i/N。则反应速率为

$$-\frac{dN_A}{dt} = Z_{AD}\frac{N_i}{N} \tag{6-56}$$

Z_{AD}和 N_i/N 与分子的形状和分子之间的相互作用情况有关。为简化计算，在简单碰撞理论中作了如下假设。

（1）分子为简单的刚性球体；

（2）分子之间除了在碰撞的瞬间外，没有其他相互作用；

（3）在碰撞的瞬间，两个分子的中心距离为它们的半径之和。

根据气体分子运动论，两种硬球分子 A 和 D 在单位时间单位体积内的碰撞次数为

$$Z_{AD} = N_A N_D\ (r_A + r_D)^2\sqrt{\frac{8\pi RT}{\mu}} \tag{6-57}$$

式中，N_A、N_D 分别为单位体积内 A、D 分子的个数；r_A、r_D 分别为 A、D 分子的半径；μ 为 A、D 分子的折合摩尔质量，$\mu = M_A M_D/\ (M_A + M_D)$，$M_A$、$M_D$ 分别为 A、D 分子的摩尔质量；T 为热力学温度。Z_{AD}的单位为 $m^{-3} \cdot s^{-1}$。

根据 Boltzmann 能量分布定律，气体中平动能超过某一临界值 E_c 的分子（即活化分子）数与总分子数的比例为

$$\frac{N_i}{N} = e^{\frac{-E_c}{RT}} \tag{6-58}$$

式中，E_c 为气体分子的临界平动能，其单位为 $J \cdot mol^{-1}$。

将式（6－57）和（6－58）代入式（6－56），并将式（6－56）中单位体积内气体分子数 N 改用摩尔浓度 c，$c = N/L$，L 为阿伏伽德罗常数，得反应速率方程

$$-\frac{dc_A}{dt} = Lc_A c_D (r_A + r_D)^2 \sqrt{\frac{8\pi RT}{\mu}} \cdot e^{\frac{-E_c}{RT}} \tag{6-59}$$

与双分子基元反应速率方程

$$-\frac{dc_A}{dt} = kc_A c_D$$

相比较，得双分子反应速率常数

$$k = L (r_A + r_D)^2 \sqrt{\frac{8\pi RT}{\mu}} \cdot e^{\frac{-E_c}{RT}} \tag{6-60}$$

对于反应物分子 A、D，r_A、r_D 及 μ 为定值，令

$$A = L (r_A + r_D)^2 \sqrt{\frac{8\pi R}{\mu}}$$

上式简化为

$$k = A\sqrt{T} \cdot e^{\frac{-E_c}{RT}} \tag{6-61}$$

（三）碰撞理论与阿仑尼乌斯经验方程的比较

1. 临界能与活化能

将式（6－61）两端取对数后 对 T 微分，得

$$\frac{d\ln k}{dT} = \frac{\frac{RT}{2} + E_c}{RT^2}$$

与阿仑尼乌斯公式的微分形式

$$\frac{d\ln k}{dT} = \frac{E_a}{RT^2}$$

相比较，得

$$E_a = E_c + \frac{RT}{2} \tag{6-62}$$

E_c 与温度无关，E_a 则显然是温度的函数。但对大多数反应，在温度不太高时，$E_c \gg RT$，$E_a \approx E_c$，E_a 可视为常数。

2. 指前因子

若用 E_a 代替 E_c，并令 $A' = A\sqrt{T}$，式（6－61）可写成

$$k = A' e^{\frac{-E_a}{RT}}$$

具有与阿仑尼乌斯经验式完全相同的形式。如果上式能得到实验的证实，即可认为 A' 等同于阿仑尼乌斯经验式的指前因子。Lewis 曾应用碰撞理论处理气相反应 $2HI \longrightarrow H_2 + I_2$，得 $A' = 3.5 \times 10^{-7} dm^3 \cdot mol^{-1} \cdot s^{-1}$，而该反应指前因子的实验值为 $A = 3.52 \times 10^{-7} dm^3 \cdot mol^{-1} \cdot s^{-1}$。但对大多数反应来说，实验测得的指前因子 A 远小于 A'。为纠正这一误差，可引入一个校正因子 P，使

$$A = P \cdot A'$$

式中，P 为一实验常数，称为几率因子（或空间因子、方位因子），其值一般在 10^{-9} ~ 1 之间。它包含了一切降低分子有效碰撞分数的因素。一般认为 $P<1$ 的主要原因是，分子并不是无结构的硬球，而是有结构的，这就使得即使是活化分子间的碰撞也不一定是有效碰撞。多数化学反应涉及特定化学键的断裂，反应只能发生在分子的个别部位（称为有效部位），从而要求活化分子在碰撞时有一个向有效部位取向和能量传递的过程，在这一过程中，活化分子可能因各种原因而失活，导致碰撞无效。

碰撞理论在运用分子运动论推算碰撞频率的过程中，自然地得到了反应速率与反应物浓度成正比的结论，为基元反应的质量作用定律提供了理论解释。通过类比，对阿仑尼乌斯公式中指数项和指前因子以及活化能，也能从碰撞理论的角度，给出一定程度上的合理解释，并得出活化能与温度有关的结论。但是由于碰撞理论不考虑分子的结构及碰撞时能量变化的细节，因而存在着一些不可避免的缺陷。例如，碰撞理论不能从理论上计算临界能 E_c 和几率因子 P，只能通过实验加以确定，所以它不能完全脱离动力学实验预言反应的速率常数。

二、过渡态理论

1935 年埃林（Eyring）、波兰尼（Polanyi）等人在统计力学和量子力学发展的基础上提出了反应速率的过渡态理论（transition state theory，TST）。该理论避免了碰撞理论的某些不足之处，并且原则上只需知道分子的结构及某些基本性质，即可计算反应速率常数。

过渡态理论的基本假定是，在由反应物生成产物的过程中，分子要经历一个旧键将断而未断，新键将生成而未生成的类似络合物的状态，这种络合物称为活化络合物（activated complex），这种状态称为过渡态（transition state）。鉴于此，过渡态理论也称为活化络合物理论。

（一）势能面

过渡态理论提出之前的 1929 年，埃林和波兰尼就发展了一种处理反应系统的理论方法，即势能面方法。在此方法的基础上，发展出了后来的过渡态理论。势能面方法的目的是从理论上计算反应的活化能。其基本思想是，反应系统的势能是原子间相对位置的函数，反应的活化能是活化络合物基态（能量最低的状态）与反应物基态势能之差。

设有双分子反应

$$A + BC \longrightarrow AB + C$$

反应系统的势能是 A、B、C 三原子之间的距离 r_{AB}、r_{BC}、r_{AC}，或 r_{AB}、r_{BC} 及其夹角 θ 的函数，即

$$E = \mathrm{f}\,(r_{AB},\ r_{BC},\ r_{AC})$$

或

$$E = f\,(r_{AB},\ r_{BC},\ \theta)$$

势能函数的图像是一个四维空间的曲面，无法在纸面上画出。为此，可以固定三个变量中的一个。对于这里讨论的三原子系统，A 向 BC 接近时，可以沿着 BC 键轴的

方向，也可以与BC键成某一角度。前一种方式势能最低，因此可以设想反应以三原子共线方式进行。此时，$\theta=180°$，为常数，势能E仅是两个变量的函数，即

$$E=f\left(r_{AB},\ r_{BC}\right)$$

这样，系统势能E与原子间距离r_{AB}，r_{BC}之间的关系就可以用一个三维曲面表达，这种曲面称为势能面，如图6－14所示。系统处于r_{AB}、r_{BC}平面上的某一位置时所具有的势能，由这一点的高度表示。

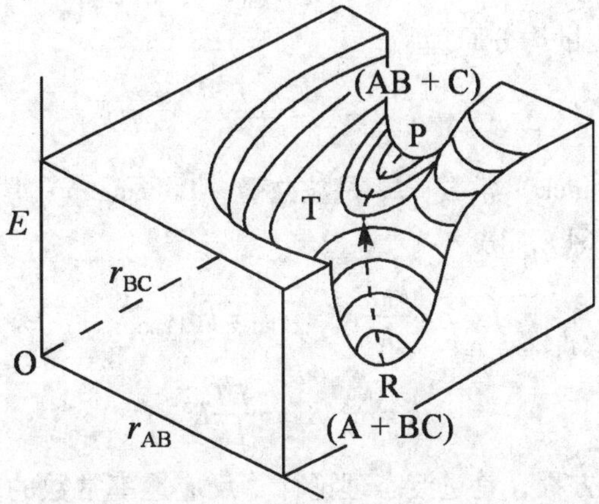

图6－14　反应 A＋BC ⟶ AB＋C 的势能面

图6－14中的R点为反应的始态（A＋BC），P点为反应的终态（AB＋C）。R点和P点都处于势能面上的低谷，分别对应于反应物和产物的基态。当A原子沿B－C键轴的方向，向B原子靠近时，r_{AB}逐渐减小而r_{BC}逐渐增大，体系的势能沿RT线逐渐升高，到T点时体系的势能达一极大值。T点称为鞍点（saddle point），过T点后，体系的势能沿TP线下降直到P点。此时A、B原子结合成分子而C原子离去。与T点相应的状态即过渡态，T点对应的势能即活化络合物基态的势能。由图6－14可看出，反应途径RTP是势能最低的途径，即反应最容易进行的途径，其他任何可能的途径所需克服的势垒，都较这一途径高。反应途径也称反应坐标。

以反应坐标为横坐标，势能为纵坐标，作平行于反应坐标的势能面的剖面图，得图6－15。从图中可以看出，反应物A＋BC向产物转化的过程中，沿反应坐标通过鞍点T前进，越过活化络合物［A…B…C］$^{\neq}$形成的势垒E_a转化为产物。势垒的存在从理论上表明了实验活化能E_a的本质。

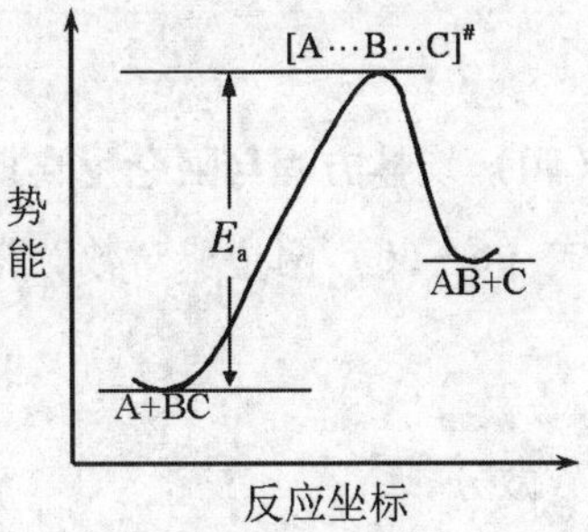

图6－15　过渡态理论势能面剖面图

（二）埃林方程

上述反应途径可以表示为

$$A+BC \underset{}{\overset{快}{\rightleftharpoons}} [A\cdots B\cdots C]^{\neq} \xrightarrow{慢} AB+C$$

过渡态理论假定活化络合物［A…B…C］与反应物处于快平衡，活化络合物分解为产物是反应的速控步骤。因此，可以应用平衡态近似得到

$$K_c^{\neq}=\frac{c_{ABC^{\neq}}}{c_A c_{BC}},\ c_{ABC^{\neq}}=K_c^{\neq}c_A c_{BC} \tag{6-63}$$

产物的生成速率决定于活化络合物的分解速率。活化络合物可以进行平动、转动、弯曲振动、对称伸缩振动及不对称伸缩振动，其中只有沿反应途径方向的不对称伸缩振动可导致络合物的分解。因此，产物的生成速率即总反应速率应正比于络合物的不对称伸缩振动频率。以 $\nu^{\neq}$ 表示这一振动的频率，则

$$r=\nu^{\neq}c_{ABC^{\neq}} \tag{6-64}$$

根据量子理论和能量均分原理

$$\nu^{\neq}=\frac{k_B T}{h} \tag{6-65}$$

式中，h 为普朗克（Planck）常数，k_B 是波兹曼（Boltzmann）常数。将式（6-63）和（6-65）代入式（6-64），得

$$r=\frac{k_B T}{h}K_c^{\neq}c_A c_{BC}=kc_A c_{BC}$$

则

$$k=\frac{k_B T}{\mathrm{h}}K_c^{\neq}=\frac{RT}{Lh}K_c^{\neq} \tag{6-66}$$

式（6-66）称为埃林方程，是过渡态理论计算反应速率常数的基本公式。式中，R 为摩尔气体常数，L 为阿佛伽德罗常数。$K_c^{\neq}$ 可根据分子结构，利用统计热力学方法计算，不需进行动力学测定。因此，过渡态理论又称为绝对反应速率理论。

（三）埃林方程的热力学形式

标准状态下，

$$-RT\ln K_c^{\neq}=\Delta G^{\neq}=\Delta H^{\neq}-T\Delta S^{\neq}$$

$$K_c^{\neq}=e^{-\Delta G^{\neq}/RT}=e^{\Delta S^{\neq}/R}\cdot e^{-\Delta H^{\neq}/RT} \tag{6-67}$$

$\Delta G^{\neq}$、$\Delta H^{\neq}$、$\Delta S^{\neq}$ 为在标准状态下，由反应物生成活化络合物时，状态函数 G、H、S 的改变量，分别称为活化吉布斯函数、活化焓和活化熵。

将式（6-67）代入式（6-66），得埃林方程的热力学形式

$$k=\frac{RT}{Lh}\cdot e^{\frac{\Delta S^{\neq}}{R}}\cdot e^{\frac{-\Delta H^{\neq}}{RT}} \tag{6-68}$$

（四）埃林方程与阿仑尼乌斯方程及碰撞理论的比较

式（6-66）两边取对数，得

$$\ln k=\ln\frac{k_B}{h}+\ln T+\ln k_c$$

再对 T 微分

$$\frac{\mathrm{d\ n}k}{\mathrm{d}T}=\frac{1}{T}+\frac{\mathrm{dln}K_c}{\mathrm{d}T}$$

应用阿仑尼乌斯方程和化学平衡的等容方程于上式，得

$$\frac{E_a}{RT^2}=\frac{1}{T}+\frac{\Delta U^{\neq}}{RT^2}$$

比较等式两边，可得

$$E_a = RT + \Delta U^{\neq} = RT + [\Delta H^{\neq} - \Delta n(g)RT] \tag{6-69}$$

$$E_a = \Delta H^{\neq} - [\Delta n(g) - 1]RT \tag{6-70}$$

式中，$\Delta n(g)$为气相活化络合物与气相反应物的物质的量之差。

下面讨论两种较简单的情况。

1. 单分子气相反应和液相反应

这类反应 $\Delta n(g)=0$，有

$$E_a = \Delta H^{\neq} + RT$$

$$k = \frac{k_B T}{h} e \cdot e^{\Delta S^{\neq}/R} \cdot e^{-E_a/RT}$$

与阿仑尼乌斯方程比较，得指前因子

$$A = \frac{k_B T}{h} e \cdot e^{\Delta S^{\neq}/R}$$

2. 双分子气相反应

此类反应 $\Delta n(g) = -1$，有

$$E_a = \Delta H^{\neq} + 2RT$$

$$k = \frac{k_B T}{h} e^2 \cdot e^{\Delta S^{\neq}/R} \cdot e^{-E_a/RT}$$

$$A = \frac{k_B T}{h} e^2 \cdot e^{\Delta S^{\neq}/R}$$

由以上讨论可知：

（1）活化能与活化焓有关，并且是温度的函数，但因 RT 与 $\Delta H^{\neq}$ 相比很小，在 T 不太高时，可以认为活化能与温度无关。

（2）速率常数不仅取决于活化能，还与活化熵有关。活化熵对速率常数的影响体现在对指前因子的影响。以上述双分子气相反应为例，$\frac{k_B T}{h}e^2$ 数值上相当于碰撞理论中的 A'，从而几率因子

$$P = e^{\Delta S^{\neq}/RT}$$

反应物分子转变为活化络合物时，多数情况下，系统的混乱度降低，$\Delta S^{\neq} < 0$，因此 $P < 1$。形成活化络合物时，熵下降得越多，几率因子就越小。结构复杂的分子形成活化络合物时，熵下降得很多，$P \ll 1$。这可能是用碰撞理论处理小分子的简单反应比较成功，处理结构复杂分子的反应产生较大误差的原因。这里仅是作一种比较，事实上，过渡态理论没有，也不需要引进几率因子这一概念。

过渡态理论由于重视反应物分子的结构和内部运动，因此较采用硬球模型的碰撞理论表现出更多的优越性。原则上只要知道活化络合物的结构，就可以用光谱学的数据结合统计热力学和量子力学的方法计算出 $\Delta G^{\neq}$、$\Delta H \neq$、$\Delta S^{\neq}$，从而预言活化能 E_a 和速率常数 k。但过渡态理论目前仍局限于处理简单分子的基元反应，还有待于进一步地发展与完善。

第九节　溶液中的反应

由于溶剂分子的存在，溶液中的反应要比气相反应复杂。最简单的情况是溶剂与反应物分子没有明显的相互作用，仅仅作为反应介质，此时溶液中的反应动力学参数与气相中的反应相近。表6－2列出 N_2O_5 在一些溶剂中的分解反应就是这种情况。但多数情况下，溶剂对于化学反应速率的影响是不可忽视的。一般而言，溶剂对于反应系统的影响包括两方面：一是溶剂产生物理效应和溶剂化作用影响反应速率；二是溶剂分子可能参与化学反应过程，改变反应机理和反应速率。

表6－2　N_2O_5 在不同溶剂中分解的动力学参数（298.15K）

溶剂	$10^5 k/s^{-1}$	$\ln(A/s^{-1})$	$E_a/(kJ\cdot mol^{-1})$
气相	3.38	31.3	103.3
CCl_4	4.09	31.3	101.3
$CHCl_3$	3.72	31.3	102.5
$c_2H_2Cl_2$	4.79	31.3	102.1
CH_3NO_2	3.13	31.1	102.5
Br_2	4.27	30.6	100.4

一、笼效应

分子在气相中运动与在液相中运动，情况是不相同的。在低压或中等压力下，气体分子的运动几乎不受阻碍。然而在液相中，每个分子的运动都受到相邻分子的阻碍。在溶液中，每个溶质分子都被周围的溶剂分子包围着，好像被关在由周围溶剂分子构成的“笼子”中。溶质分子在笼中振动着，一直持续到它从该笼中逃出，经过扩散，重又落入另一个笼中。这种现象称为笼效应（cage effect），见图6－16。

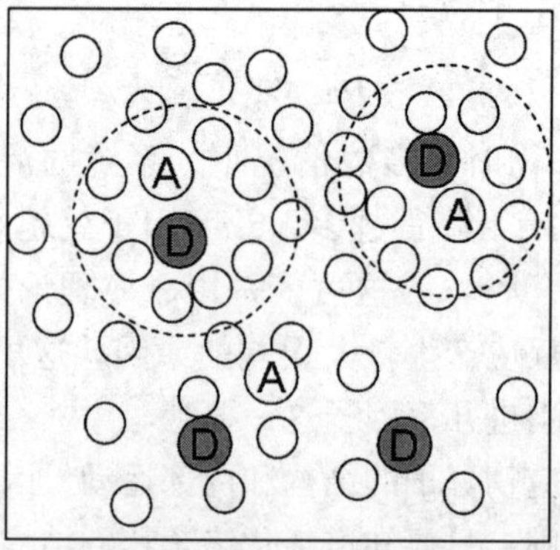

图6－16　笼效应示意图

溶液中，反应物分子也需经过碰撞才能发生反应。与气相反应不同的是，由于笼效应的存在，溶液中的反应物分子要发生碰撞，首先必须通过扩散进入同一个笼中，发生

“偶遇”（encounter），也称遭遇。偶遇的频率与气相反应物分子间的碰撞频率相比要小得多。但一旦偶遇，两个反应物分子被关在同一个笼中，它们之间的碰撞频率将大大增加。有人估算，在水溶液中，一对无相互作用的分子被关在同一笼子中的持续时间约为 10^{-10} s，在此期间约进行 100 ~ 1000 次碰撞。这样，就单位时间单位体积内反应物分子间的总碰撞数而言，在溶液中和在气相中大致相同。总体看来，若溶剂分子和反应物分子无明显相互作用，溶液中的反应速率大致与气相反应相同。

二、扩散控制和活化控制

一个在溶液中进行的化学反应 $A + D \longrightarrow G$，一般经过下列步骤进行。首先，反应物分子 A 和 D 通过扩散进入同一笼中，形成偶遇对（A∶D），偶遇对（A∶D）在笼中停留的有限时间内，可能发生反应，生成产物 G，也可能不反应而彼此分离。因此溶液中 A 和 G 的反应可描述为

$$A + D \underset{k_{-d}}{\overset{k_d}{\rightleftharpoons}} (A:D) \xrightarrow{k_r} G$$

式中，k_d 为反应物分子向同一个笼中扩散，形成偶遇对的速率常数；k_{-d}为形成偶遇对的分子分开，向笼外扩散的速率常数；k_r 为偶遇对转变为产物分子的速率常数。

因为偶遇对在笼中停留时间极短，或者发生反应变成产物，或者彼此分离扩散出笼外，类似于不稳定的活化络合物，故可对其应用稳态近似做如下动力学处理。

$$\frac{dc_{A:D}}{dt} = k_d c_A c_D - k_{-d} c_{A:D} - \mathrm{kr} c_{A:D} = 0$$

$$c_{A:D} = \frac{k_d c_A c_D}{k_{-d} + k_r}$$

$$\frac{dc_G}{dt} = k_r c_{A:D} = \frac{k_r \cdot k_d}{k_{-d} + k_r} c_A c_D = \mathrm{k}' c_A c_D$$

$$\mathrm{k}' = \frac{k_r \cdot k_d}{k_{-d} + k_r}$$

上述溶液中的反应可能有两种情况：

（1）当反应的活化能很小时，$k_{-d} \ll k_r$，则 $k' = k_d$。此时，总反应速率决定于形成偶遇对的扩散速率，这类反应称为扩散控制的反应。如自由基复合反应、简单的离子反应等。

（2）当反应的活化能很大时，$k_r \ll k_{-d}$，

$$k' = \frac{k_r \cdot k_d}{k_{-d}} = k_r K_d$$

$$K_d = \frac{k_d}{k_{-d}}$$

式中，K_d 为扩散平衡常数。此时，总反应速率决定于偶遇对转变为产物的速率常数。这样的反应称作活化控制的反应。其活化能一般都在 80kJ · mol^{-1}以上。这类反应在溶液中进行和在气相中进行，速率相差不大。

三、影响溶液中化学反应速率的因素

在许多情况下，溶剂分子与反应物分子之间存在着明显的相互作用，使得溶液中的反应与气相反应相比，其动力学参数有显著改变。影响溶液中反应速率的因素主要有以下几种。

（一）溶剂的极性

实验表明，如果产物的极性大于反应物的极性，则在极性大的溶剂中反应速率大；如果产物的极性小于反应物的极性，则在极性小的溶剂中反应速率大。表6－3列出两个反应在不同溶剂中进行的速率。例如反应

$$(CH_3CO)_2O + C_2H_5OH \longrightarrow CH_3COOC_2H_5 + CH_3COOH$$

产物的极性小于反应物的极性，因此随着溶剂极性增强，其反应速率常数降低。而反应

$$(C_2H_5)_3N + C_2H_5 \longrightarrow (C_2H_5)_4NI$$

由于产物的极性大于反应物的极性。随着溶剂极性的增强，其速率常数亦增加。

表6－3 溶剂极性对反应速率常数的影响溶剂

溶剂	k（323.15K） $(CH_3CO)_2O + C_2H_5OH \longrightarrow$ $CH_3COOC_2H_5 + CH_3COOH$	k（373.15K） $(C_2H_5)_3N + C_2H_5I \longrightarrow (C_2H_5)_4NI$
正己烷	0.0119	0.00018
苯	0.0046	0.0058
氯苯	0.0043	0.023
对甲氧基苯	0.0029	0.04
硝基苯	0.0024	70.1

（二）溶剂的介电常数

根据库仑定律，介质的介电常数越大，电荷间的库仑作用力就越小。因此可以认为，介电常数是衡量介质对静电相互作用屏蔽程度的一个物理量。介电常数较大的溶剂能明显减小电荷间的库仑作用力，既减小同电荷离子之间的斥力，也减小异电荷离子之间的引力。对于电荷符号相同离子间的反应，溶剂的介电常数越大，反应速率就越快。对于电荷符号相反离子之间的反应，溶剂的介电常数越大，反应速率就越小。

例如，OH^-离子催化巴比妥类药物在水中的水解是同种电荷离子之间的反应。因此加入介电常数比水小的物质，例如甘油、乙醇等，将使反应速率减小。

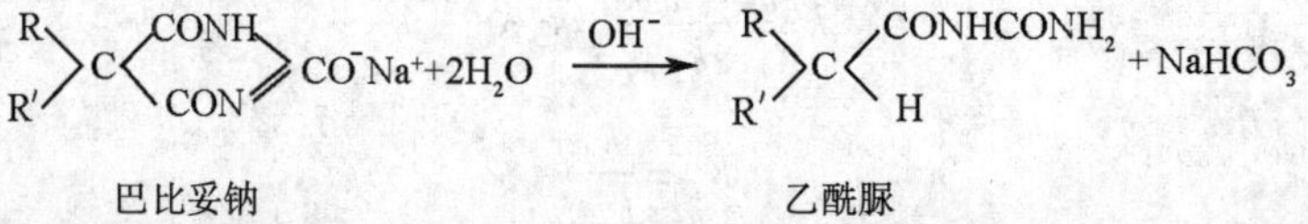

巴比妥钠　　　　乙酰脲

（三）离子强度

实验表明，离子之间的反应速率受溶液离子强度的影响。应用过渡态理论可以证明，在稀溶液中，离子反应的速率与溶液离子强度之间的关系如式（6－71）。

$$\lg k = \lg k_0 + 2z_A z_D A\sqrt{I} \qquad (6-71)$$

式中，z_A、z_D 分别为反应物 A、D 离子的电荷数，I 为溶液的离子强度，k_0 为离子强度为零时（无限稀释时）的速率常数，A 为德拜－休克尔极限公式中的常数，其值与溶剂和温度有关。对 298K 的水溶液而言，$A = 0.509$，式（6－71）可近似为

$$\lg\frac{k}{k_0} = z_A z_D\sqrt{I} \qquad (6-71a)$$

这种离子强度对离子反应速率的影响称作原盐效应。

由式（6－71）可知，对同种电荷离子之间的反应，溶液的离子强度越大，反应速率也越大；对异种电荷离子之间的反应，溶液的离子强度越大，反应速率就越小；对于离子和非极性分子之间的反应，溶剂离子强度的变化对反应速率无影响。对于离子与极性分子的反应，溶液离子强度的影响类似于对异号离子间反应的影响。

四、药物的稳定 pH

在药物生产和药物制剂以及生物系统中，溶液中的反应最常见，尤其是稀溶液中的反应更多。溶液的 pH 对反应的速率影响较大。通常，溶液中参与反应的 H^+ 或 OH^-，起到的是催化作用，如葡萄糖的变旋、酯类的水解，既可以被 H^+ 离子催化，又可被 OH^- 离子催化。

例如，在均相溶液中，药物 S 被溶剂中的 H^+ 或 OH^- 催化，其反应包括：

$$S \xrightarrow{k_0} P$$

$$S + nH^+ \xrightarrow{k_{H^+}} SH_n^+ \xrightarrow{k_1} P + nH^+$$

$$S + mOH^- \xrightarrow{k_{OH^-}} S(OH)_m^- \xrightarrow{k_2} P + mOH^-$$

其反应速率可表示为

$$-\frac{dc_S}{dt} = k_0 c_S + k_{H^+} c_{H^+}^n c_S + k_{OH^-} c_{OH^-}^m c_S$$

式中，k_0 表示反应自身的速率常数；k_{H^+} 和 k_{OH^-} 分别为被酸、碱催化的速率常数；称为酸、碱催化系数；c_S 表示反应物浓度；c_{H^+} 和 c_{OH^-} 分别表示 H^+ 离子和 OH^- 离子的浓度。

令 k 为上述反应的总速率常数，则

$$k = k_0 + k_{H^+} c_{H^+}^n + k_{OH^-} c_{OH^-}^m$$

多数情况下，上式中的 n、m 均为 1。上式可简化为

$$k = k_0 + k_{H^+} c_{H^+} + k_{OH^-} c_{OH^-} \qquad (6-72)$$

在水溶液中，也可表达为

$$k = k_0 + k_{H^+} c_{H^+} + k_{OH^-}\frac{K_w}{c_{H^+}} \qquad (6-73)$$

当溶液的 pH 较小时，反应以酸催化为主，有

$$k = k_{H^+} c_{H^+}$$

两边取对数得

$$\lg k = \lg k_{H^+} - \text{pH}$$

作 $\lg k\sim$pH 图，可得 k_{H^+}。

当溶液的 pH 较大时，反应以碱催化为主，有

$$k=k_{OH^-}\frac{K_w}{c_{H^+}}$$

两边取对数得

$$\lg k=\lg k_{OH^-}+\lg K_w+\text{pH}$$

作 $\lg k\sim$pH 图，可得 k_{OH^-}。

由此可以看出，药物在水溶液中进行的反应，其反应速率常数 k 与溶液的 pH 密切相关。以 $\lg k$ 对 pH 作图得曲线如图 6－17 所示。曲线的低 pH 段反映酸催化的情况，随 pH 增大，反应速率变小；曲线的高 pH 段反映碱催化的情况，随 pH 增加，反应速率变大；pH 居中时，酸或碱催化作用都不大，$k=k_0$。此时，药物最稳定。

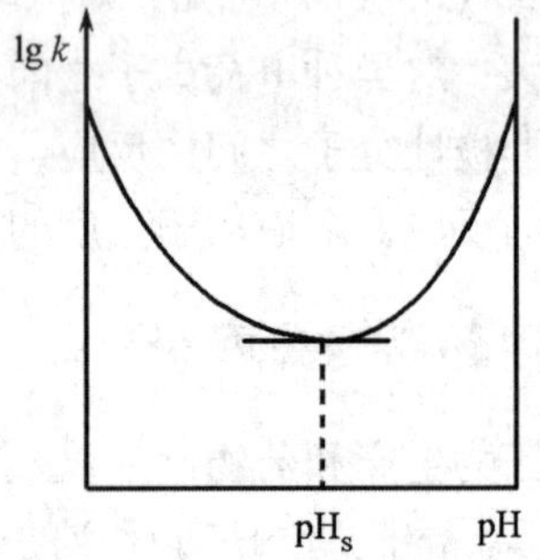

图 6－17　反应速率常数与 pH 的关系

将式（6－73）对 c_H^+ 微分，并令其为零，得

$$\frac{dk}{dc_{H^+}}=k_{H^+}-\frac{k_{OH^-}K_W}{c_{H^+}^2}=0$$

整理后可得使反应速率最慢即药物溶液最稳定的 pH，以 pH$_s$表示，则

$$\text{pH}_S=\frac{\lg k_{H^+}-\lg k_{OH^-}-\lg K_w}{2}$$

第十节　催化反应动力学简介

催化剂的催化作用是影响化学反应速率的重要因素之一。有人估计，世界上 85% 的化学制品都要依靠催化反应获得。研制新的催化剂，已成为化学领域中的一个重要课题。除化工生产外，催化作用还与众多生化反应有着极其密切的关系，对于生命现象具有特殊重要的意义。本节将对催化剂、催化作用机理以及各类催化反应做一简介。

一、催化剂和催化作用

一种或多种少量的物质，能使化学反应的速率显著改变，而这些物质本身在反应前后的数量及化学性质都不改变。这种现象称为催化作用。起催化作用的物质称为催化剂。

催化剂可以是有意识加入反应体系的，也可以是在反应过程中自发产生的。后者是一种（或几种）反应产物或中间产物，称为自催化剂。这种现象称为自催化作用。例如 $KMnO_4$ 与草酸反应时生成的 Mn^{2+} 离子就是该反应的自催化剂。有时反应体系中一些偶然的杂质、尘埃或反应器壁等，也具有催化作用。例如，在 473K，玻璃容器中进行的溴与乙烯的气相加成反应中，玻璃器壁就具有催化作用。

催化剂具有如下基本特征。

（1）催化剂参与了化学反应，但在反应前后的数量及化学性质不变。催化剂的物理性质在反应前后可以发生变化，例如外观、晶形改变等。

（2）催化剂不改变化学平衡常数，只影响反应达平衡的时间。

对于一个对行反应，催化剂在使正反应加速的同时，也使逆反应加速同样的倍数，这为寻找催化剂提供了很大的方便。例如为合成氨反应寻找合适的催化剂，我们可利用氨分解反应在常压下进行，找到合适的催化剂后再以合成氨反应验证即可。

（3）催化剂有选择性。不同的催化剂可以催化不同的反应。各种催化剂都有选择性，只是强弱不同而已。一般来说，酶催化剂的选择性最强，络合物催化剂次之，金属催化剂及酸碱催化剂最弱。工业中常用下式来表达催化剂的选择性。

$$选择性=\frac{转化为目的产物的原料量}{原料转化总量}\times 100\%$$

（4）许多催化剂对杂质很敏感。有时少量的杂质就能显著影响催化剂的效能。在这些物质中，能使催化剂的活性、选择性、稳定性增强者称为助催化剂或促进剂；而能使催化剂的上述性质减弱者称为阻化剂或抑制剂。作用很强的阻化剂只要极微的量就能严重阻碍催化反应的进行，这些物质称为催化剂的毒物。例如，铂催化反应 $H_2+\frac{1}{2}O_2 \longrightarrow H_2O$ 中，极少量的 CO 就可使铂中毒，完全丧失催化活性。催化剂的中毒可以是永久性的，也可以是暂时性的。后者只要将毒物除去，催化剂的效力仍可恢复。

催化反应可分为单相（均相）催化和多相（非均相）催化两类。催化剂和反应物都在同一相中为单相催化，如酯在酸碱条件下的水解反应。若催化剂在反应系统中自成一相，则为多相催化，如固体催化剂催化气相或液相反应。酶的大小约为 10～100 nm 之间，酶催化反应（反应物和产物多为液相）可视为介于单相催化和多相催化之间。

二、催化机理

催化剂之所以能够改变反应速率，是因为其参与了反应，改变了反应机理。通常催化剂与反应物分子形成了不稳定的中间化合物或络合物，或发生了物理或化学的吸附作用，从而改变了反应途径，大幅度地降低了反应的活化能 E_a 或增大了指前因子 A，使反应速率显著增大。

设有催化反应

$$A+D \xrightarrow{K} AD$$

式中，K 为催化剂，其催化机理可表达为

（1）$A+K \underset{k_{-1}}{\overset{k_1}{\rightleftharpoons}} AK$

（2）$AK+D \xrightarrow{k_2} AD+K$

式中，AK 为反应物与催化剂生成的中间产物。

反应（1）为快平衡，反应（2）为速控步骤。应用平衡态近似

$$\frac{dc_{AD}}{dt}=\frac{k_1k_2}{k_{-1}}c_Kc_Ac_D=k'c_Ac_D$$

反应的表观活化能和表观指前因子分别为

$$E'_a=E_{a1}+E_{a2}-E_{a,-1}$$

$$A'=\frac{A_1A_2}{A_{-1}}c_K$$

图 6－18 为上述反应机理中活化能的示意图。非催化反应的活化能为 E_a，反应需要克服一个高的能垒。然而在催化剂 K 的参与下，其反应途径改变，只需克服两个较低能垒，就可以生成产物。因此催化剂能够加快反应速率的主要原因是因为其改变了反应途径，降低了活化能。

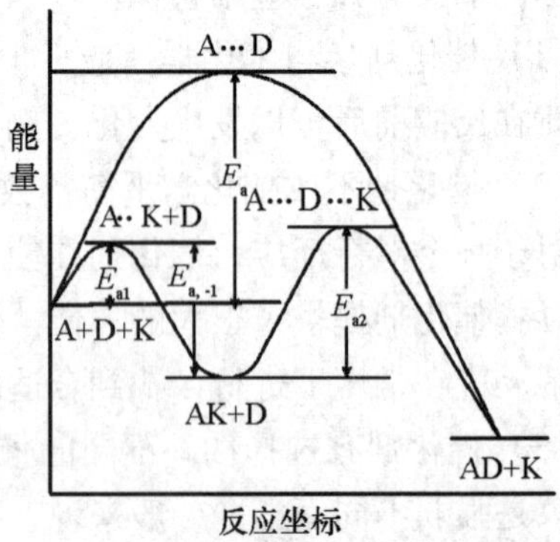

图 6－18　催化反应的活化能与反应的途径

三、酸碱催化

酸碱催化是液相催化中研究得最多、应用得最广泛的一类催化反应。酸碱催化反应通常是离子型反应，其本质在于质子的转移。人们从实验中发现，不仅 H^+ 或 OH^- 具有催化作用，而且未解离的弱酸分子，如 HAc；或弱碱分子，NH_4OH；以及弱酸负离子 Ac^-、弱碱正离子 NH_4^+ 都能表现出一定的催化活性。根据 Brönsted 的定义，凡是能放出质子 H^+ 的物质，就是广义酸；凡是能接受质子 H^+ 的物质，就是广义碱。

在酸碱催化反应中，一般认为其反应机理是，反应物先与广义酸或碱形成中间物，中间物再将质子转移给广义酸或碱而转变为产物。酸或碱催化系数 k_{H^+}、k_{OH^-} 代表了催化剂的催化能力。它们与酸或碱的解离常数 k_A 或 k_b 有如下关系。

$$k_{H^+}=G_aK_a^{\beta}$$

$$k_{OH^-}=G_bK_b^{\beta}$$

式中，G_a、G_b、α、β 都是经验常数，与反应种类、溶剂种类和反应温度有关。α 和 β 的值在 0～1 之间。上述关系式称为 Brönsted 酸碱催化规则，该规则普遍适用于单相酸碱催化反应。

四、酶催化

酶是由生物或微生物产生的一种具有催化能力的特殊蛋白质。以酶为催化剂的反应称为酶催化反应。生物体内发生的绝大多数化学反应都是酶催化反应。在生物体生存的温度、压力和细胞内正常 pH 条件下，如果没有酶的催化作用，几乎所有的生化反应速率都将小得无法察觉。可以说，没有酶的催化作用就没有生命现象。酶催化反应在日常生活中和工业生产中也有广泛的应用，例如用淀粉发酵酿酒，用微生物发酵法生产抗菌素等。

酶催化反应具有如下特点：

（1）高度的选择性和活性；

（2）酶催化反应的条件温和，一般为常温常压；

（3）酶反应历程复杂，且对温度、pH 和某些杂质很敏感。

酶催化反应的机理很复杂，一般认为是反应物［在酶催化反应中常将反应物称为底物（substrate）］与酶形成了中间产物 ES，也可以看成是在酶的表面上先吸附底物，再进行反应生成产物 P。其过程可表达为以下通式：

$$E + S \underset{k_1}{\overset{k_{-1}}{\rightleftharpoons}} ES \xrightarrow{k_2} E + P$$

通常第二步反应，即中间产物 ES 分解为产物 P 的速率很小，控制了总反应速率。这一通式由 Michaelis 和 Menten 最早提出并以他们的名字命名。

由于酶的催化活性很高，通常在酶催化反应中酶的浓度都很低，一般为 $10^{-8} \sim 10^{-10} mol \cdot L^{-1}$，因而中间产物的浓度很低。因此可以按稳态近似法处理。

$$-\frac{dc_{ES}}{dt} = k_1 c_S c_E - k_{-1} c_{ES} - k_2 c_{ES} = 0$$

解得

$$c_{ES} = \frac{k_1 c_E c_S}{k_2 + k_3} = \frac{c_E c_S}{k_M} \tag{6-74}$$

式（6-74）称为 Michaelis-Menten 公式。式中，K_M 称为 Michaelis 常数，

$$K_M = (k_2 + k_3)/k_1 = c_S c_E / c_{ES}$$

此常数可以看作是络合反应 $E + S \rightleftharpoons ES$ 的不稳定常数。

令酶的初浓度为 $c_{E,0}$，则 $c_{E,0} = c_E + c_{ES}$，代入式（6-74），整理后得

$$c_{ES} = \frac{c_{E,0} c_S}{K_M + c_S}$$

总反应速率，即产物 P 的生成速率为

$$r = \frac{dc_P}{dt} = k_2 c_{ES} = \frac{k_2 c_{E,0} c_S}{K_M + c_S} \tag{6-75}$$

式（6-75）即为酶催化反应的速率方程。

当底物浓度很小时，$c_S \ll K_M$，式（6-75）可简化为

$$r = \frac{dc_P}{dt} = \frac{k_2}{k_M} c_{E,0} c_S$$

对底物为一级反应。

当底物浓度很大时，$c_S \gg K_M$，则式（6-75）可简化为

$$r = \frac{dc_P}{dt} = k_2 c_{E,0}$$

对底物为零级反应。

当 $c_S \to \infty$ 时，反应速率趋于最大值 $r_{max} = k_2 c_{E,0}$，此时所有的酶都与底物结合而生成中间产物。

将 $r_{max} = k_2 c_{E,0}$ 代入式（6-75），得

$$r = \frac{r_m c_S}{K_M + c_S}$$

或

$$\frac{r}{r_m}=\frac{c_S}{K_M+c_S} \tag{6-76}$$

当 $r=r_m/2$ 时，$K_M=c_S$，即当反应速率为最大速率的一半时，底物的浓度就等于 Michaelis 常数。图 6－19 为反应速率 r 与底物浓度 c_S 的关系。

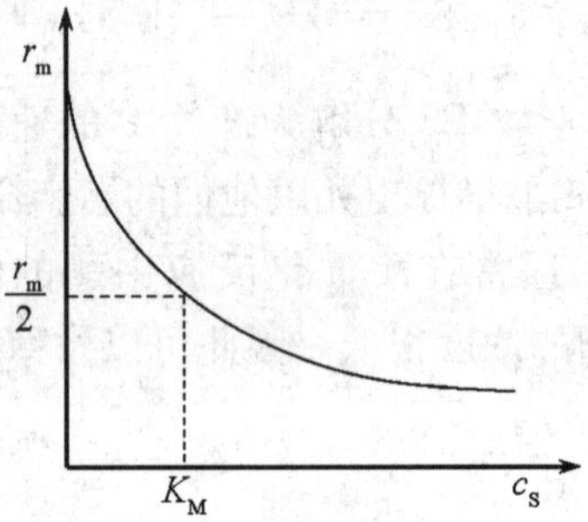

图 6－19　典型的酶催化反应速率曲线

将式（6－76）改写为

$$\frac{1}{r}=\frac{K_M}{r_m c_S}+\frac{1}{r_m}$$

以 $1/r$ 对 $1/c_S$ 作图，可得一直线，直线的斜率为 k_M/r_m，截距为 $1/r_m$。由此可得常数 K_M 和 r_m。

K_M 是酶催化反应的特性常数，不同酶的 K_M 不同，同一种酶催化不同的反应时 K_M 也不同。大多数纯酶的 K_M 值在 $10^{-1}\sim10^{-4}$ mol · L^{-1}之间，其大小与酶的浓度无关。

第十一节　光化反应简介

由光照射而引起的化学反应称为光化学反应，简称光化反应（photochemical reaction）。此处所说的光包括紫外线、可见光和近红外线，波长在 100 ~ 1000 nm 之间。由波长更短的电磁辐射或其他高能离子辐射所引起的化学反应称为辐射化学反应。广义的辐射化学反应也包括光化反应。

在光化反应中反应物分子吸收光量子后，一般发生电子能级或分子的振动、转动能级的量子化跃迁而处于不稳定的激发态，成为活化分子。有人认为：相对于原来的基态分子，可以把激发态分子看作是一种新的化学离子。因此，光化反应不同于一般的化学反应（热反应）。有时，光所引发的反应是热反应中所不能存在的反应，可以借助于光反应制备热反应不能制备的产物。

光化反应的现象早已为人们所熟悉。植物在阳光下把 CO_2 和 H_2O 变成碳水化合物和氧气，这一在叶绿素参与下进行的光合作用是人类赖以生存的基础。摄影胶片上卤化银的分解，染料在阳光下的褪色，以及药物在光照下分解变质等，都是光化反应。

一、光化反应和热反应的区别

（1）热反应是基态反应物分子所进行的化学反应；光化反应是电子激发态分子所

进行的反应。

(2) 热反应中，反应分子靠频繁碰撞而获得克服能垒所需之活化能；光化反应中，分子靠吸收光能而克服能垒。

(3) 热反应速率受温度影响比较显著，其速率常数的温度系数$\frac{dk}{dT}$相对较大；光化反应中，分子吸收光子变为激发态分子的步骤的速率与温度无关，而激发后的反应步骤常是活化能较小的步骤。一般而言，光化反应速率常数的温度系数较小。

(4) 在定温定压下，非体积功为零时，自发进行的热反应必定是$\Delta G_{T,p}<0$的反应；光化反应可以是$\Delta G_{T,p}<0$，也可以发生$\Delta G_{T,p}>0$的反应，如光合作用的反应就是$\Delta G_{T,p}>0$的反应。

(5) 光化反应通常有比热反应更高的选择性。特定的物质只吸收特定频率（或波长）的光量子发生光化反应。激光因其具有高度的单色性，可以有选择地激发分子中特定的化学键，因此为人们实现“分子裁剪”的愿望指出了研究方向。

二、光化学定律

照射到反应系统上的光，并非都能引起化学反应。格罗杜斯（Grotthus）和德拉波（Draper）提出：“只有被系统分子吸收的光，才有可能引起光化学反应”。这就是光化学第一定律。

爱因斯坦（Einstein）在此基础上进一步提出了光化学第二定律：在光化反应的初级过程中，即反应物分子吸收光的过程中，被活化的分子或原子数等于被吸收的光量子数，这也被称为光化当量定律。

根据爱因斯坦光子学说，光量子的能量ε与光的频率ν成正比，

$$\varepsilon = h\nu = \frac{hc}{\lambda}$$

式中，h为普朗克（Planck）常数，$h=6.626\times10^{-34}\ \mathrm{J\cdot s}$；$c$为真空中的光速；$c=2.998\times10^{8}\ \mathrm{m\cdot s^{-1}}$，$\lambda$为真空中的波长。

根据光化反应第二定律可知，活化1mol分子或原子需要吸收1mol光量子，1mol光量子所具有的能量称为1爱因斯坦，其值与光的频率或波长有关。

$$1\mathrm{Einstein} = Lh\nu = \frac{Lhc}{\lambda}$$

$$=\frac{6.022\times10^{23}\times6.626\times10^{-34}\times2.998\times10^{8}}{\lambda}=\frac{0.1196}{\lambda}\ \mathrm{J\cdot mol^{-1}}$$

式中，L为阿伏伽德罗常数，λ的单位为m。

光化当量定律只适用于光化反应的初级过程。在初级过程中，一个光量子活化一个分子或原子，但并不意味着使一个分子或原子发生光化反应。分子或原子被光量子活化之后所进行的一系列过程称为光化反应的次级过程。次级过程为一系列的热反应，不再需要受光照射。每个活化分子或原子在次级过程中，可能引起一个或多个分子发生反应，也可能不发生反应而以各种形式释放出能量而重新回到基态。在光化反应中，将发生反应的分子数与被吸收的光量子数之比称为量子效率（quantum yield），符号为Φ。

$$\Phi = \frac{\text{发生反就的分子数}}{\text{被吸收的光量子?}}$$

不同的光化反应有不同的量子效率，其值差别很大。例如 HI 光化分解反应的量子效率近似为 2，这是因为该反应的历程如下：

$HI \xrightarrow{h\upsilon} H \cdot + I$　　初级过程

$H \cdot + HI \longrightarrow H_2 + I$　　次级过程

$2I \cdot + M_{(\text{低能})} \longrightarrow I_2 + M_{(\text{高能})}$　　次级过程

而在 H_2 和 Cl_2 的气相光化反应中，量子效率高达 10^6，这是因为该反应的次级过程是链反应。表 6－4 列出一些光化反应的量子效率。

表 6－4　某些光化反应的量子效率

	反应	λ/nm	Φ	注
气相	$2NH_3 \longrightarrow N_2 + 3H_2$	210	0.25	与压力有关
	$SO_2 + Cl_2 \longrightarrow SO_2Cl_2$	420	1	
	$2HBr \longrightarrow H_2 + Br_2$	207～253	2	
	$CH_3CHO \longrightarrow CH_4 + CO$	250～310	1～138	在 373～673K
	$CO + Cl_2 \longrightarrow COCl_2$	400～436	10^3	随温度降低而减小，也与反应物的压力有关
	$H_2 + Cl_2 \longrightarrow 2HCl$	400～436	直到 10^6	随 H_2 的压力和杂质而变
液相	蒽的二聚作用	313～365	0.48	溶剂为苯、甲苯或二甲苯
	$2Fe^{2+} + I_2 \longrightarrow 2Fe^{3+} + 2I^-$	579	1	溶剂为水
	$H_2O_2 \longrightarrow H_2O + 1/2O_2$	310	7～80	溶剂为水

三、光化反应机理与速率方程

光化反应的速率方程较热反应要复杂一些。对于光化反应的初级过程，因其满足光化当量定律，所以活化分子的生成速率仅与吸收的光强度 I_a（即单位时间、单位体积中吸收的光子的数目或“Einstein”量）有关，与反应物浓度无关，表现为对反应物的零级反应。次级过程可以按热反应动力学进行处理。

以三氯甲烷光氯化反应为例。有人经实验测得三氯甲烷的光氯化反应

$$CHCl_3 + Cl_2 + h\nu \longrightarrow CCl_4 + HCl$$

的速率方程为

$$\frac{dc_{CCl_4}}{dt} = kc_{Cl_2}^{1/2} I_a^{1/2}$$

为解释此速率方程，曾提出如下反应机理：

$Cl_2 + h\nu \xrightarrow{k_1} 2Cl \cdot$　　初级过程

$Cl \cdot + CHCl_3 \xrightarrow{k_2} CCl_3 \cdot + HCl$　　次级过程

$CCl_3 \cdot + Cl_2 \xrightarrow{k_3} CCl_4 + Cl \cdot$　　次级过程

$$2CCl_3\cdot + Cl_2 \xrightarrow{k_4} CCl_4 \qquad \text{次级过程}$$

按照上述机理，可根据质量作用定律写出 CCl_4 的生成速率方程为

$$\frac{dc_{CCl_4}}{dt} = k_3 c_{CCl_3\cdot} c_{Cl_2} + 2k_4 c^2_{CCl_3\cdot} c_{Cl_2} \qquad (6-77)$$

$CCl_3\cdot$ 和 $Cl\cdot$ 为活泼中间产物，按稳态法处理

$$\frac{dc_{CCl_3\cdot}}{dt} = k_2 c_{CHCl_3} c_{Cl\cdot} - k_3 c_{CCl_3\cdot} c_{Cl_2} - 2k_4 c^2_{CCl_3\cdot} c_{Cl_2} = 0$$

$$\frac{dc_{Cl\cdot}}{dt} = 2k_1 I_a - k_2 c_{CHCl_3} c_{Cl\cdot} + k_3 c_{CCl_3\cdot} c_{Cl_2} = 0$$

上两式相加得

$$c_{CCl_3\cdot} = \left(\frac{2k_1 I_a}{2k_4 c_{Cl_2}}\right)^{\frac{1}{2}}$$

代入式（6－77）得

$$\frac{dc_{CCl_4}}{dt} = k_3 \left(\frac{k_1 I_a}{k_4}\right)^{1/2} c^{1/2}_{Cl_2} + 2k_1 I_a = kI_a^{1/2} c^{1/2}_{Cl_2} + 2k_{1a}$$

式中，

$$k = k_3 \left(\frac{k_1}{k_4}\right)^{\frac{1}{2}}$$

一般光化反应中，$k_1 I_a$ 较小，将其忽略，得

$$\frac{dc_{CCl_4}}{dt} = kI_a^{1/2} c^{1/2}_{Cl_2}$$

此机理推导出的速率方程结果与实验结果相一致。

思考题与习题

1. 测定简单级数反应的动力学参数过程中，一般在两种反应物相互混合一半的时候开始计时。若在反应已进行了一段时间后才开始计时，并将此时刻计作 t_0，将此时的浓度计作 c_0。这样测得的速率常数 k 偏大、偏小还是不影响 k 的测定值？

2. 在合成某药物时发生副反应，已知主反应的活化能大于副反应的活化能，假设两个反应的指前因子相等，则应采取何种方法提高主反应的速率？

3. 在用作图法处理动力学数据时，当用一级速率方程处理得到的相关系数为 0.975，用二级速率方程处理得到的相关系数为 0.980。能否确定此反应级数一定为二级，如何看待这个问题，如何进一步得到准确的反应级数？

4. 合成氨的反应是一个放热反应，降低反应温度有利于提高平衡转化率，但实际生产中这一反应都是在高温高压和有催化剂存在的条件下进行，为什么？

5. 复杂反应的速率均取决于最慢一步的反应速率，这种说法是否正确？

6. 任何反应的速率常数都可以用碰撞理论或过渡态理论的有关公式计算，此说法是否正确？

7. N_2O_5 的分解反应 $N_2O_5 \longrightarrow 2NO_2 + 1/2O_2$ 是一级反应，已知其在某温度下的速率常数为 $4.8\times10^{-4}s^{-1}$。(1) 求 $t_{1/2}$；(2) 若反应在密闭容器中进行，反应开始时容器中只充有 N_2O_5，其压力为66.66kPa，求反应开始后10s和10min时的压力。

($t_{1/2}=1.44\times103s$；$p_{总}=91.68kPa$)

8. 某一级反应 $A \xrightarrow{k} GA \longrightarrow G$，在某温度下初速率为 $4\times10^{-3}mol\cdot L^{-1}\cdot min^{-1}$，2h后的速率为 $1\times10^{-3}mol\cdot L^{-1}\cdot min^{-1}$。求：(1) 反应速率常数；(2) 半衰期；(3) 反应物初浓度。

($k=0.693h^{-1}$；$t_{1/2}=1h$；$c_0=0.346mol\cdot L^{-1}$)

9. 某物质A的分解是二级反应。恒温下，反应进行到A消耗掉初浓度的1/3所需要的时间是2min，求A消耗掉初浓度的2/3所需要的时间。

(8min)

10. 醋酸甲酯的皂化为二级反应，酯和碱的初浓度相等，在298K温度下用标准酸溶液滴定体系中剩余的碱，得如下数据，求：(1) 反应速率常数；(2) 反应物初浓度；(3) 反应完成95%所需的时间。

t/min	3	5	7	10	15	21	25
$103c_{碱}/(mol\cdot L^{-1})$	7.40	6.34	5.50	4.64	3.63	2.88	2.54

($k_A=11.79mol^{-1}\cdot L\cdot min^{-1}$；$c_{A,0}=1.01\times10^{-2}mol\cdot L^{-1}$；$t_{0.05}=160min$)

11. 某化合物分解是一级反应，该反应的活化能 E 为 $1.443\times10^4 J\cdot mol^{-1}$，已知553K时反应的速度常数 k_1 为 $3.3\times10^{-2}s^{-1}$，现在要控制此反应在10min内转化率达90%，试问反应温度应控制在多少度？

($T_2=1450K$)

12. 将1%盐酸丁卡因水溶液安瓿分别置于338.15、348.15、358.15、368.15K恒温水浴中加热，在不同时间取样测定其含量，得以下结果，当相对含量降至90%即为失效。求该药物在室温(298.15K)下的贮存期？已知其分解反应为一级。

338.15K		348.15K		358.15K		368.15K	
t/h	c/%	t/h	c/%	t/h	c/%	t/h	c/%
0	100	0	100	0	100	0	100
48	98.04	48	96.01	24	95.26	24	90.72
96	96.13	96	91.58	48	90.75	48	80.69
144	94.26	144	87.37	72	86.00	72	71.73
192	92.34	192	83.55	96	81.50	96	63.83
—	—	—	—	120	77.24	120	56.75

($t_{0.9}=1.66y$)

13. 某液相反应 $A \underset{k_2}{\overset{k_1}{\rightleftharpoons}} B$ 正逆反应均为一级。已知：$\lg k_1 = \dfrac{-2000}{T}+4.0$；$\lg K_{平衡常数}=$

$\frac{2000}{T}-4.0$（k_1 的单位为 s^{-1}，T 的单位为 K）。反应开始时，$c_{A,0}=0.5mol\cdot L^{-1}$，$c_{B,0}=0.05mol\cdot L^{-1}$，求：(1) 400K 时反应达平衡时 A、B 的浓度；(2) 400K 时反应经 10s 时 A、B 的浓度；(3) 400K 时逆反应的活化能。

（$c_{A,e}=0.05mol\cdot L^{-1}$，$c_{B,e}=0.5mol\cdot L^{-1}$；$c_A=0.20mol\cdot L^{-1}$，$c_B=0.35mol\cdot L^{-1}$；$E_a=76.59kJ\cdot mol^{-1}$）

14. 某有机化合物 A 在 323K 酸催化下发生水解反应。当溶液的 pH = 5 时，$t_{1/2}$ 为 69.3min；pH = 4 时，$t_{1/2}$ 为 6.93min。$t_{1/2}$ 与 A 的初浓度无关。已知反应速率方程为 $-\frac{dc_A}{dt}=k_A c_A^{\alpha} c_{H^+}^{\beta}$。求：(1) α 及 β；(2) 323K 时的速率常数 k_A；(3) 在 323K、pH = 3 时，A 水解 80% 所需的时间。

（$\alpha=1$，$\beta=1$；$k_A=1000mol^{-1}\cdot L\cdot min^{-1}$；$t_{0.2}=1.61min$）

15. 某化合物 A 能分解成 G 和 H。用作图法分析在某温度下所得的下列数据，判断该反应是对行、平行或连续反应，并写出反应式。

t/h	0	10	20	30	40	50	60	∞
c_A/（mol（L^{-1}）	1	0.368	0.135	0.0498	0.0183	0.00674	0.00243	0
c_G/（$mol\cdot L^{-1}$）	0	0.156	0.399	0.604	0.748	0.842	0.903	1
c_H/（$mol\cdot L^{-1}$）	0	0.476	0.466	0.346	0.234	0.151	0.095	0

（连续反应，$A\xrightarrow{k_1}H\xrightarrow{k_2}G$）

16. 普鲁卡因在 pH 在 2.3 ~ 9.0 之间，主要以单离子型存在。

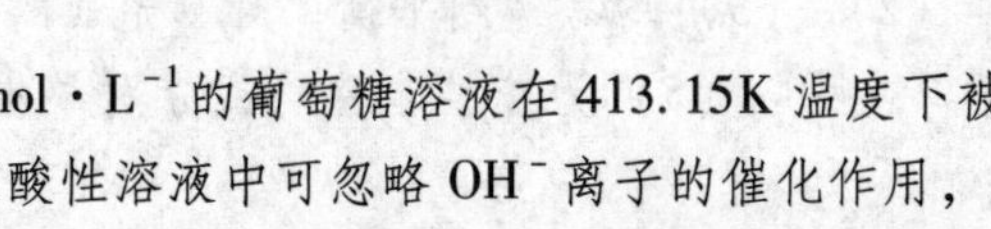

它既可以被酸催化，又能被碱催化。在 323K 时，测得 $k_{H^+}=3.1\times10^{-6}mol^{-1}\cdot L\cdot s^{-1}$，$k_{OH^-}=2.78mol^{-1}\cdot L\cdot s^{-1}$。试计算其稳定的 pH。

（pH = 4.02）

17. 浓度为 $0.056mol\cdot L^{-1}$ 的葡萄糖溶液在 413.15K 温度下被不同浓度的 HCl 催化分解，得如下数据，在酸性溶液中可忽略 OH^- 离子的催化作用，求 k_H + 和 k_0。

k/h^{-1}	0.00366	0.00580	0.00818	0.01076	0.01217
c_{H^+}/（$mol\cdot L^{-1}$）	0.0108	0.0197	0.0295	0.0394	0.0492

（$k_0=0.2276h^{-1}$；$k_{H^+}=1.349\times10^{-3}h^{-1}\cdot mol^{-1}\cdot L$）

18. 酶 E 作用在某一反应物 S 上将产生氧，其反应机理可表达为：$E+S\underset{k_2}{\overset{k_1}{\rightleftharpoons}}ES\xrightarrow{k_3}E+P$。实验测得在底物的初浓度不同时，氧产生的初速率 r_0 数据如下。计算反应的 Michaelis 常数 K_M，并解释其物理意义。

$c_{S,0}$/（mol · L^{-1}）	0.050	0.017	0.010	0.005	0.002
$r_0 \times 10^{-6}$/（mol · L −1 · min −1）	16.6	12.4	10.1	6.6	3.3

（$K_M = 101 \times 10^{-2}$mol · L^{-1}；底物的浓度等于 Michaelis 常数）

19. N_2O_5 的热分解反应在不同温度下的速率常数如下。求：（1）Arrhenius 公式中的 E_a 和 A；（2）该反应在 323.15K 温度下的 $\Delta G^{\#}$、$\Delta H^{\#}$、$\Delta S^{\#}$。

T/K	298.15	308.15	318.15	328.15	338.15
$k \times 10^5$/s^{-1}	1.72	6.65	24.95	75.0	240

（$E_a = 103.18$kJ · mol^{-1}，$A = 2.07 \times 1013$s^{-1}；$\Delta G^{\#} = 100.16$kJ · mol^{-1}、$\Delta H^{\#} = 103.18$kJ · mol^{-1}，$\Delta S^{\#} = 9.35$ J · mol^{-1} · K^{-1}）

20. 经研究发现总反应 $H_2 + I_2 \longrightarrow 2HI$ 的反应机理为：

（1）$I_2 + M \underset{k_{-1}}{\overset{k_1}{\rightleftharpoons}} 2I \cdot + M$　（快）

（2）$H_2 + 2I \xrightarrow{k_2} 2HI$　（慢）

分别用平衡态近似法和稳态近似法证明其速率方程为$\frac{dc_{HI}}{dt} = kc_{H_2}c_{I_2}$。

21. 光气生成和解离的总反应是：$CO + Cl_2 \rightleftharpoons COCl_2$，其反应机理如下。

序号	基元反应	指前因子	速率常数	活化能
(1)	$Cl_2 + M \longrightarrow 2Cl \cdot + M$	A_1	k_1	E_1
(2)	$Cl \cdot + CO \longrightarrow COCl \cdot$	A_2	k_2	E_2
(3)	$COCl \cdot \longrightarrow Cl \cdot + CO$	A_3	k_3	E_3
(4)	$COCl \cdot + Cl_2 \longrightarrow COCl_2 + Cl \cdot$	A_4	k_4	E_4
(5)	$COCl_2 + Cl \cdot \longrightarrow COCl \cdot + Cl_2$	A_5	k_5	E_5
(6)	$2Cl \cdot + M \longrightarrow Cl_2 + M$	A_6	k_6	E_6

反应（1）、(6）和（2）、(3）均易达到平衡；对于光气的生成，反应（4）是速控步骤；对于光气的解离，反应（5）为速控步骤。试分别导出光气生成和解离速率公式。

参考文献

[1] 李大珍．化学动力学基础［M］．北京：北京师范大学出版社，1989.
[2] 侯新朴，李三鸣．物理化学［M］．第六版．北京：人民卫生出版社，2007.
[3] 许金熀，刘艳．物理化学［M］．北京：北京大学医学出版社，2005.
[4] 傅献彩，沈文霞，姚天扬，等．物理化学［M］．第五版．北京：高等教育出版社，2005.

第七章 INTRODUCTION

表面现象

界面广泛存在于自然界中，大地、海洋与大气之间存在界面，一切有形的实体都为界面所包裹。可以毫不夸张的说，我们眼睛所见的大部分都是界面。不过，这还只是自然界中的一部分——宏观界面。自然界中还存在着大量的微观界面，例如生物体内存在着细胞膜及生物膜等多种多样肉眼看不到的界面。许多生命现象的重要过程如能量转换、细胞识别、免疫激素和药物的作用、物质转运等都离不开生物膜的功能，而所有这些过程都是在生物膜的界面上发生的。凡是在表面或界面上发生的一切物理和化学现象统称界面现象或表面现象。

界面现象普遍存在于自然界，并与人类生产、生活息息相关。例如蓝天、白云、晚霞、彩虹等自然现象，人工降雨、织物染色等过程，以及医用黏结剂、人工器官、控释与靶向给药等方面的研制及应用等，无一不与界面现象有关。目前医药方面研究的热点——纳米医学和纳米药学也是以物质的界面效应为理论基础的。可见，界面现象与工农业生产及人们的生活密切相关，在理论和实践中都有十分重要的意义。现在，界面化学已发展成一门涉及物理、化学、生物学、医药学的交叉学科。随着科学的不断发展，人们对界面现象的认识和利用将日益扩大与深入。

第一节 比表面吉布斯函数与表面张力

一、表面与界面

界面为相互接触的两个相的分界面。相互接触的两相中，若有一相为气相，其界面常称为表面，如液体表面指液 - 气界面，固体表面指固 - 气界面等。其余的相界面都称为界面，一般两者可通用。

界面并不是几何意义上的面，而是从一个相到另一个相的过渡区，约几个分子厚度。实验表明，过渡区内，系统的性质是不均匀的。为了与相的性质均匀部分相区别，将两相界面区称作界面相或表面相，将相的性质均匀部分称作体相（bulk phase）。界面相的结构和性质与相邻两个体相密切相关，但又明显不同。

二、分散度与比表面积

单位质量或单位体积物质的表面积，称为比表面积（specific surface area）或分散度（degree of disperation），用粒子总表面积 A 与其总质量 m（或其总体积 V）的比值来表示

$$a_m = \frac{A}{m},\ a_v = \frac{A}{V}$$

对于边长为 l 的立方体颗粒，其比表面积可用下式计算

$$a_m = \frac{A}{m} = \frac{6l^2}{\rho l^3} = \frac{6}{\rho l}$$

$$a_V = \frac{A}{V} = \frac{6l^2}{l^3} = \frac{6}{l}$$

式中，ρ 为物质的密度；l 为立方体的边长。

凝聚相物质的表面积大小和分散程度有关，物质的分散程度越高，表面积越大。例如将一个体积为 10^{-6}m^3 的立方体分割成边长为 10^{-9}m 的小立方体时，其表面积增加一千万倍。表 7－1 列出了物体随分割程度的增加，其比表面积的变化情况。

表 7－1　10^{-6}m^3 的物体分割为小立方体时比表面的变化

立方体边长 l/m	微粒数/个	总表面积 A/m^2	比表面积 a_V/m^{-1}
10^{-2}	1	6×10^{-4}	6×10^{2}
10^{-3}	10^{3}	6×10^{-3}	6×10^{3}
10^{-4}	10^{6}	6×10^{-2}	6×10^{4}
10^{-5}	10^{9}	6×10^{-1}	6×10^{5}
10^{-6}	10^{12}	6×10^{0}	6×10^{6}
10^{-7}	10^{15}	6×10^{1}	6×10^{7}
10^{-8}	10^{18}	6×10^{2}	6×10^{8}
10^{-9}	10^{21}	6×10^{3}	6×10^{9}

由此可见，对于一定体积的物体，被分割成愈小的粒子，其总表面就愈大，系统的分散度愈高。在药物制剂学中，通常利用增加药物分散度提高药物的治疗效果。例如，灰黄霉素一般使用片剂，由于主药的颗粒较大，在体内溶解缓慢，吸收不完全，经微粒化处理后，粒子大小控制在 5μm 以下，药效可以增加一倍以上。药剂中的固体分散法，就是尽可能提高药物颗粒的分散度。

例 7－1　把 2×10^{-3}kg 汞分散成直径为 4.00×10^{-8}m 的球状粒子，求其表面积和比表面积。已知汞的密度 $\rho = 13.6\times10^3\text{kg}\cdot\text{m}^{-3}$。

解：(1) 汞的总体积

$$V = \frac{m}{\rho} = \frac{2\times10^{-3}}{13.6\times10^3} = 1.47\times10^{-7}\text{m}^3$$

(2) 汞分散后的总粒子数

$$n=\frac{V}{\frac{4}{3}\pi r^3}=\frac{1.47\times10^{-7}}{\frac{4}{3}\times3.14\times\left(\frac{4}{2}\times10^{-8}\right)^3}=4.39\times10^{15}$$

（3）分散后的总面积

$$A_{总}=n\cdot4\pi r^2=4.39\times10^{15}\times4\times3.14\times\left(\frac{4}{2}\times10^{-8}\right)^2=22.1\text{m}^2$$

（4）

$$a_v=\frac{A}{V}=\frac{22.1}{1.47\times10^{-7}}=1.50\times10^8\text{m}^{-1}$$

$$a_m=\frac{A}{m}=\frac{22.1}{0.002}=1.11\times10^4\text{m}^2\cdot\text{kg}^{-1}$$

三、产生表面现象的原因

界面层分子所处的环境与系统内部分子所处的环境是不同的。以纯液体与其蒸气形成的界面为例（图7－1），在液体内部，每个分子周围布满了相同的分子，分子在各方向受力均等，所受合力为零，所以分子在液体内移动不消耗能量。处于液体表面层的分子则不同，由于气体密度比液体密度小得多，气体对表面层分子的引力也比液体对表面层分子的引力小得多。在此不均匀力场的作用下，表面层分子有脱离表面进入液体内部从而使表面积缩小的趋势。因此，在没有其他作用力存在时，所有的自由液体都趋向于缩小其表面积而呈球形，因为体积相同的各种形状的几何体中，以球形的表面积为最小。相反，如果扩展液体的表面积，即把一部分分子从液体内部移到表面上，则需要克服向内的拉力而作功。此功称为表面功。表面扩展过程中，表面功转化为表面分子的能量，因此，表面层分子比系统内部分子具有更高的能量。增大系统表面积所需能量，称为表面能（surface energy）。

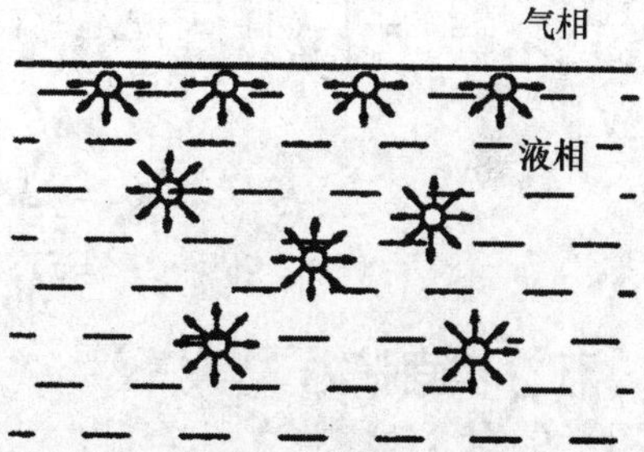

图7－1　表面分子与内部分子受力不同

综上所述，表面现象的产生是表面层分子因相邻两相性质不同而处于不均匀力场之中的结果。

四、比表面吉布斯函数

在一定的温度与压力下，对组成一定的液体来说，扩展表面所做的表面功 $\delta W'$ 与增加的表面积 $\text{d}A_\text{S}$ 成正比

$$\delta W'=\gamma\text{d}A_\text{S} \tag{7-1}$$

在恒温、恒压、恒组成及可逆情况下，

$$\delta W'=\text{d}G_{T,p,\text{N}}$$

从而

$$\text{d}G_{T,p,\text{N}}=\gamma\text{d}A_\text{S} \tag{7-2}$$

或

$$\gamma = \left(\frac{\partial G}{\partial A_S}\right)_{T,p,N} \tag{7-3}$$

以上两式中的下标“N”表示组成恒定。

γ 称为比表面吉布斯函数（specific surface Gibbs function），又称为比表面吉布斯自由能、比表面吉布斯能、比表面自由能，简称比表面能。γ 的物理意义是：在恒温、恒压、组成恒定的条件下，增加单位表面积所引起的系统吉布斯函数的增量。γ 的单位是 $J \cdot m^{-2}$。

例 7-2 水的比表面能在 298.15 时为 $71.97 \times 10^{-3} J \cdot m^{-2}$，试求 298.15K，101325Pa 下，可逆增大水的表面积 $1 \times 10^{-4} m^2$ 时，环境所需做的功，并求系统的 ΔG。

解：

$$\delta W' = \gamma dA$$

$$W' = \int_{A_1}^{A_2} \gamma dA = \gamma \Delta A = 71.97 \times 10^{-3} \times 1 \times 10^{-4} = 71.97 \times 10^{-7} J$$

$$\Delta G = W' = 71.97 \times 10^{-7} J$$

或

$$\Delta G = \gamma \Delta A = 71.97 \times 10^{-3} \times 10^{-4} J = 71.97 \times 10^{-7} J$$

五、表面张力

早在表面吉布斯函数的概念被提出之前一个世纪，就有人提出了表面张力的概念。液体表面最基本的特性就是趋向于收缩，如玻璃板上的水银液滴和荷叶上的水珠收缩为球形，这使人们确信有一种作用在液体表面的力，称之为表面张力（surface tension）。如图 7-2 所示，恒温恒压条件下，以力 F 将金属框上的液膜边界可逆地从 AB 移动 dx 至 A′B′，因液膜有两个表面，面积增加 $dA = 2l dx$。环境克服液膜收缩力所做的功为

$$\delta W' = F dx$$

液膜吉布斯函数的增量为

$$dG = \gamma dA = \gamma \cdot 2l dx$$

两式联立，得

$$\gamma = \frac{F}{2l} = \frac{F}{l'} \tag{7-4}$$

γ 称为表面张力，其物理意义是：沿表面的切线方向，垂直作用于单位长度线段上的表面收缩力。单位是 $N \cdot m^{-1}$。

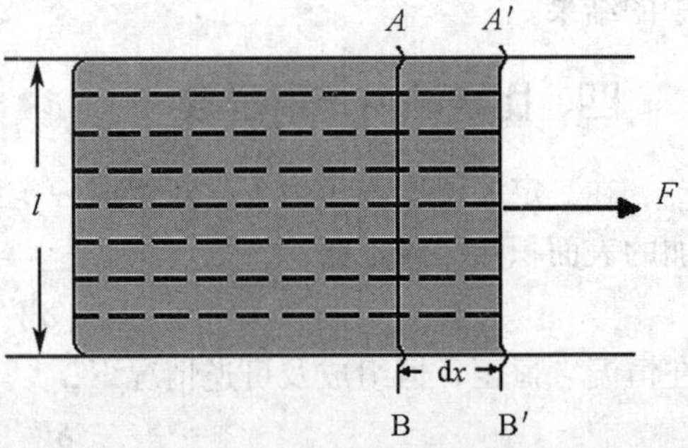

图 7-2 表面张力示意图

可以看出，比表面吉布斯函数和表面张力是分别用热力学和力学方法讨论同一表面现象时采用的物理量。虽然这两个物理量具有不同的物理意义，但它们具有等价的量纲和相同的数值。采用比表面吉布斯函数概念，便于用热力学原理和方法处理界面问

题，对各种界面有普遍性。而表面张力更适合于实验，对解决流体界面的问题具有直观方便的优点。

六、表面热力学基本方程

（一）表面热力学基本方程

将热力学定律应用于表面现象明显的多相系统，计算系统状态函数的改变量时，除体积功之外还要考虑到表面功（γdA_S），相应地，热力学基本方程应修正如下

$$dU = TdS - pdV + \gamma dA_S + \sum_B \mu_B dn_B \tag{7-5}$$

$$dH = TdS + Vdp + \gamma dA_S + \sum_B \mu_B dn_B \tag{7-6}$$

$$dA = -SdT - pdV + \gamma dA_S + \sum_B \mu_B dn_B \tag{7-7}$$

$$dG = -SdT + Vdp + \gamma dA_S + \sum_B \mu_B dn_B \tag{7-8}$$

根据式（7－5）～（7－8）可得

$$\gamma = \left(\frac{\partial U}{\partial A_S}\right)_{S,V,N} = \left(\frac{\partial H}{\partial A_S}\right)_{S,p,N} = \left(\frac{\partial A}{\partial A_S}\right)_{T,V,N} = \left(\frac{\partial G}{\partial A_S}\right)_{T,p,N} \tag{7-9}$$

上式定义的γ称为广义比表面能。一般情况下，γ是指狭义比表面吉布斯函数，即$\gamma = \left(\frac{\partial G}{\partial A_S}\right)_{T,p,N}$。

（二）表面吉布斯－亥姆霍兹公式

根据式（7－5），恒容、恒组成条件下，系统内能的改变量为

$$dU_{V,N} = TdS + \gamma dA_S$$

从而

$$\left(\frac{\partial U}{\partial A_S}\right)_{T,V,N} = T\left(\frac{\partial S}{\partial A_S}\right)_{T,V,N} + \gamma \tag{7-10}$$

根据式（7－7），恒容、恒组成条件下，系统亥姆霍兹函数的改变量为

$$dA_{V,N} = -SdT + \gamma dA_S$$

根据全微分的性质，有

$$\left(\frac{\partial S}{\partial A_S}\right)_{T,V,N} = -\left(\frac{\partial \gamma}{\partial T}\right)_{V,A_S,N} \tag{7-11}$$

将式（7－11）代入式（7－10），得

$$\left(\frac{\partial U}{\partial A_S}\right)_{T,V,N} = -T\left(\frac{\partial \gamma}{\partial T}\right)_{V,A_S,N} + \gamma \tag{7-12}$$

类似地，利用式（7－6）和式（7－8）可得

$$\left(\frac{\partial S}{\partial A_S}\right)_{T,p,N} = \left(\frac{\partial \gamma}{\partial T}\right)_{p,A,N} \tag{7-13}$$

$$\left(\frac{\partial H}{\partial A_S}\right)_{T,p,N} = -T\left(\frac{\partial \gamma}{\partial T}\right)_{p,A_S,N} + \gamma \tag{7-14}$$

(7－12) 和 (7－14) 式称为表面吉布斯－亥姆霍兹（Gibbs－Helmholtz）公式，分别表示指定条件下，系统改变单位表面积时，系统表面焓及表面热力学能的变化值。可以看出，系统扩展单位表面积时增加的表面能有两个来源：

(1) γ，系增加单位表面积时，外界对系统所作的功。

(2) $-T\left(\frac{\partial \gamma}{\partial T}\right)$，系增加单位表面积时，为了维持原来温度所吸收的热量。

七、影响表面张力的因素

表面张力的大小决定于界面两侧物质的性质以及温度、压力等因素。

(一) 物质性质

表面张力与物质的本性有关。不同的物质，分子之间的作用力不同，导致表面张力也不同。分子之间的相互作用力愈大，分子离开体相进入表面相所需功就越大，表面张力就愈大。例如，水分子间的作用力远大于乙醚分子间的作用力，可以推论，水的表面张力必然大于乙醚的表面张力。实验测得，293.15K 时，水的表面张力为 $72.88\times10^{-3}\text{N}\cdot\text{m}^{-1}$，乙醚的表面张力为 $26.43\times10^{-3}\text{N}\cdot\text{m}^{-1}$，证实了上述推论。

一般来说，对纯液体或纯固体，表面张力决定于原子间化学键的强弱。化学键越强，表面张力越大。键能越大，化学键越强。化学键能的大小顺序一般为：金属键 > 离子键 > 极性共价键 > 非极性共价键。

(二) 邻接相的性质

一定条件下，指定物质的界面张力会因界面另一侧物质的不同表现出明显的差别。表 7－2 给出 298.15K 时，水与不同液体接触时界面张力的数据。

表 7－2　298.15K 时水与不同液体接触时的界面张力

W	B	$\gamma_{W,g}\times10^3/\text{N}\cdot\text{m}^{-1}$	$\gamma_{B,g}\times10^3/\text{N}\cdot\text{m}^{-1}$	$\gamma_{W,B}\times10^3/\text{N}\cdot\text{m}^{-1}$
水	苯	72.75	28.9	35.0
水	四氯化碳	72.75	26.8	45.0
水	正辛烷	72.75	21.8	50.8
水	正己烷	72.75	18.4	51.1
水	汞	72.75	470.0	375.0
水	辛醇	72.75	27.5	8.5
水	乙醚	72.75	17.0	10.7

(三) 温度

温度升高时，由于热运动加剧，分子间作用力将减小，分子从体相运动到表面相所需能量随之减小，导致界面张力下降。这可从热力学基本公式得到证明。将式(7－11)和 (7－13) 两边均乘以温度 T 得

$$-T\left(\frac{\partial \gamma}{\partial T}\right)_{T,V,\text{N}} = T\left(\frac{\partial S}{\partial A_{\text{S}}}\right)_{V,T,\text{N}} \qquad (7-15)$$

$$-T\left(\frac{\partial\gamma}{\partial T}\right)_{p,A,N}=T\left(\frac{\partial S}{\partial A_S}\right)_{T,p,N} \quad (7-16)$$

$-T\left(\frac{\partial\gamma}{\partial T}\right)$相当于在温度不变时可逆扩大单位表面积所吸收的热。$\left(T\frac{dS}{dA_S}\right)$是一正值，所以$\left(\frac{\partial\gamma}{\partial T}\right)<0$，可见，$\gamma$将随$T$的升高而下降。

总之，温度对表面张力的影响是不可忽视的，因此在测定表面张力时，要保持较好的恒温条件。

（四）压力

压力对表面张力影响非常复杂。虽然从理论上可以导出$(\partial\gamma/\partial p)_{T,A_S}=(\partial V/\partial A_S)_{T,p}$。根据此关系式应该可以考察压力对液体表面张力的影响。但实际上$(\partial V/\partial A_S)_{T,p}$不易测定，并且测定$(\partial\gamma/\partial p)_{T,A_S}$也难以实现，因此，难于定量的讨论压力对液体表面张力的影响。一般是压力增大，界面张力将下降，压力每增加 10atm，表面张力约降低 $1mN\cdot m^{-1}$。

第二节　曲面的附加压力

一、曲面的附加压力

用细管吹一肥皂泡后，若松开吹气一端管口，肥皂泡会很快缩小成一液滴。这一现象说明，肥皂泡液膜内外存在压力差。这种压力差是由弯曲液面所引起的。

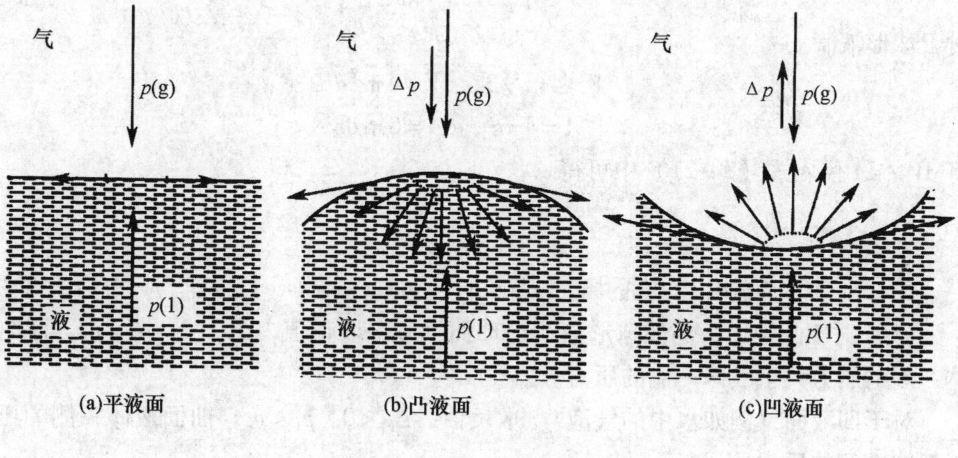

图 7－3　曲面的附加压力

在液体的表面取一圆形面 AB（图 7－3）。对于圆 AB，表面张力作用在 AB 的边缘线上，力的方向和液面相切并和圆 AB 的边界线相垂直。当液体表面是水平面时，表面张力的作用方向与液面平行，作用在圆周各方向的表面张力相互抵消，合力为零，如图 7－3（a）所示。如果液体表面是弯曲的，作用在圆 AB 周边的表面张力不在一个水平面上，因而产生一个垂直于液体表面的合力。对于凸液面，合力的方向指向液体内部，见图7－3（b），此时液体内部分子受到的压力大于外部压力；对于凹液面，表面张力的合力指向液体外部，见图7－3（c），此时液体内部分子受到的压力小于外部压力。

弯曲液面内外的压力差称为附加压力，用符号 Δp 表示。

$$\Delta p = p_l - p_g \tag{7-17}$$

式中，p_1 与 p_g 分别表示液体和气体的压力。

总之，由于表面张力的作用，在弯曲表面下的液体与平面不同，它受到一种附加的压力 Δp，附加压力的方向指向曲面的圆心。

二、杨－拉普拉斯方程

（一）球面的杨－拉普拉斯方程

附加压力的大小与曲面的曲率半径和表面张力有关。以凸液面为例，设有一毛细管（图7－4），管内充满液体，管端有一半径为r的球形液滴与之平衡。平衡时，液滴弯曲液面的附加压力为 Δp。现对活塞稍稍施加压力，以减少毛细管中液体的体积，在等温可逆条件下使液滴体积增加 $\mathrm{d}V$，其表面积相应增加 $\mathrm{d}A$。此过程中为了克服表面张力所产生的附加压力，环境对系统所做功为

$$\delta W = \Delta p \mathrm{d}V \tag{7-18}$$

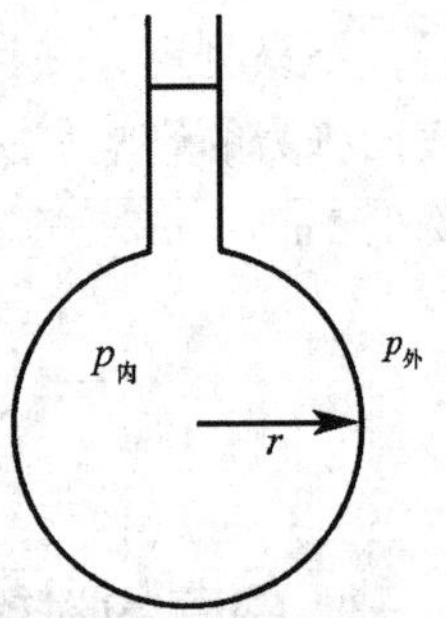

图7－4 弯曲液面的附加压力

此功应等于系统表面能的增加，即

$$\Delta p \mathrm{d}V = \gamma \mathrm{d}A \tag{7-19}$$

对于球形液滴

$$V = 4\pi r^3/3,\ \mathrm{d}V = 4\pi r^2 \mathrm{d}r,$$
$$A = 4\pi r^2,\ \mathrm{d}A = 8\pi r \mathrm{d}r$$

将 $\mathrm{d}V$、$\mathrm{d}A$ 代入式（7－21）中可得

$$\Delta p = \frac{2\gamma}{r} \tag{7-20}$$

式（7－20）为适用于球面的杨－拉普拉斯（Young－Laplace）方程。应用此式时需注意：

（1）对于凸液面，例如球形液滴，球面半径 r 取正值，$\Delta p > 0$，$p_1 > p_g$，即曲面液体一侧的压力大于气体一侧的压力。

对于凹液面，例如水中的气泡，r 取负值，$\Delta p < 0$，$p_1 < p_g$，曲面液体一侧的压力小于气体一侧的压力。

（2）不论 Δp 为正值还是负值，其方向总是指向球心。

（3）球面的半径愈小，球面的附加压力（绝对值）愈大。

（4）对于球形液膜，例如漂浮在空中的肥皂泡，由于有内外两个表面，均产生指向球心的附加压力，所以

$$\Delta p = \frac{4\gamma}{r} \tag{7-21}$$

（二）任意曲面的杨－拉普拉斯方程

描述一个任意曲面需要两个曲率半径，如图7－5所示，在任意弯曲液面上取一小块长方形曲面ABCD，其面积为xy。任选两个互相垂直的平面，使它们的交线为曲面上O点的法线，两个平面切割曲面所得两条曲线的曲率半径为r_1和r_2。如令曲面ABCD沿法线的方向移动dz，使曲面移到A′B′C′D′，其面积扩大为$(x+dx)(y+dy)$。移动后曲面面积的增量为

$$\Delta A_S = (x+dx)(y+dy) - xy = xdy + ydx + dxdy$$

忽略二阶无穷小量

$$\Delta A_S = xdy + ydx$$

由于表面积增加，系统表面吉布斯函数的增量为

$$dG = \gamma(xdy + ydx)$$

液滴克服附加压力Δp，体积增大dV所需的功$\delta W = \Delta p dV$。这个功应等于其表面吉布斯函数的增量。dV是曲面移动时所扫过的体积，$dV \approx xydz$。由此可得

$$\gamma(xdy + ydx) = \Delta p xydz \tag{7-22}$$

由图7－5比较两个相似三角形可得

$$(x+dx)/(r_1+dz) = x/r_1 \quad 或 \quad dx = xdz/r_1$$

$$(y+dy)/(r_2+dz) = y/r_2 \quad 或 \quad dy = ydz/r_2$$

将dx，dy代入式（7－22）可得任意曲面的附加压力Δp与曲率半径的关系为

$$\Delta p = \gamma\left(\frac{1}{r_1} + \frac{1}{r_2}\right) \tag{7-23}$$

式（7－23）称为杨－拉普拉斯方程。是研究弯曲表面附加压力的基本公式。若曲面是球面，$r_1 = r_2 = r$，则式（7－23）变为$\Delta p = \frac{2\gamma}{r}$，与式（7－20）相同；若为平面，则$r_1$和$r_2 \rightarrow \infty$，$\Delta p = 0$；若为圆柱面，选择两个互相垂直的切割平面时，一个可选圆柱面的横截面，另一个则为纵切面。此时，$r_1 = r$，即圆柱面的横截半径，$r_2 \rightarrow \infty$，$\Delta p = \frac{\gamma}{r}$。

用杨－拉普拉斯方程可以解释一些常见的现象。例如自由液滴或气泡（在不受外力场影响时）通常都呈球形。假若为不规则形状，则液体表面各点曲率半径不同，所受到附加压力的方向和大小也不同，这种不平衡的力必将迫使液滴呈球形（见图7－6）。因为只有在球面上各点的曲率相同，各处的附加压力也相同，液滴才会稳定存在。另外，对于相同体积的物质，球形的表面积最小，表面吉布斯函数值也最小，所以球形最稳定。

三、毛细现象

毛细管中液柱的高度不同于管外平液面高度的现象，叫做毛细现象。当把玻璃毛细管部分地插入能润湿管壁的液体中时，管中液柱表面形成凹液面，致使液柱上升一定高

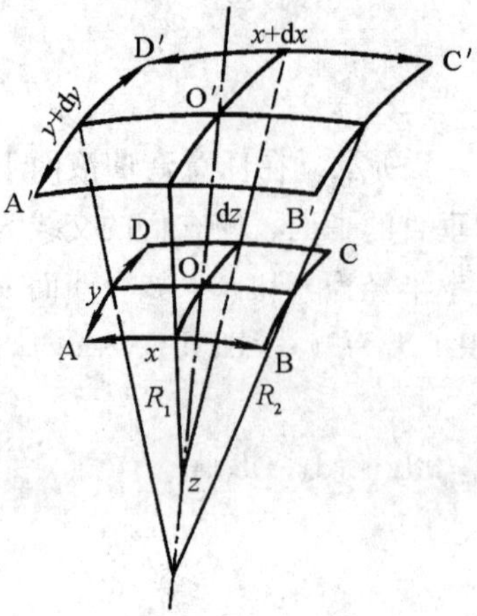

图 7-5 任意曲面的面积增量

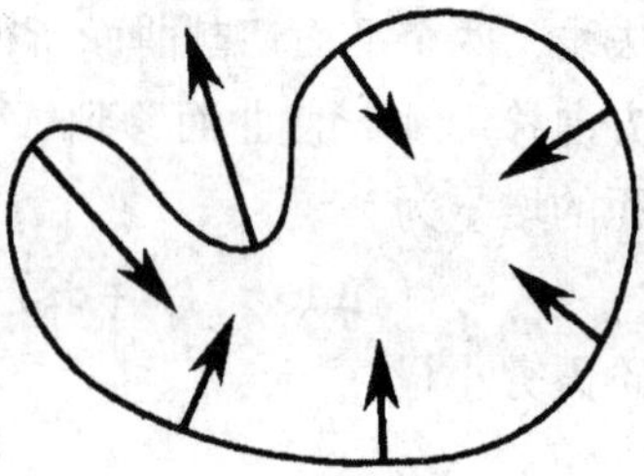

图 7-6 不规则形状液滴上的附加压力

度。这是由于凹液面产生一个向上的附加压力，使得管内凹液面所受到的压力小于管外平液面所受到的压力，从而管外液体（平面）被压入管内，直到液柱的静压力与附加压力相等时为止，如图 7-7（a）。因此

$$\Delta p = \frac{2\gamma}{R} = \rho g h \tag{7-24}$$

式中，ρ 是液面两边液相与气相的密度差；g 是重力加速度；R 是凹液面的曲率半径；h 是液柱高度。

图 7-7 毛细管现象

由图 7-7（a）知

$$r = R\cos\theta$$

代入式（7-24），得

$$h = \frac{2\gamma\cos\theta}{\rho g r} \tag{7-25}$$

式中，θ 称为接触角或润湿角。液体润湿管壁时，$\theta < 90°$，液体不润湿管壁时，$\theta > 90°$，$\theta = 0$ 的情况称为完全润湿，$\theta = 180°$的情况称为完全不润湿。r 是毛细管半径。

当液体不润湿玻璃管壁时，$\cos\theta<0$，由式（7－25）知 $h<0$，这时管内液柱高度低于管外平液面的高度，h 为管内液柱相对于管外液面下降的高度，见图 7－7（b）。汞在玻璃毛细管中，或者水在涂有石蜡、有机硅或其他非极性化合物的玻璃毛细管内就是如此。当液体完全润湿管壁时 $\cos\theta=1$，这时式（7－25）简化为：

$$h=\frac{2\gamma}{\rho gr} \tag{7-26}$$

此式也可以在接触角不大时应用。由式（7－26）可知，液柱上升的高度与毛细管半径成反比。

上面讨论的是毛细管中液面上升或下降的情况。实际上，毛细现象存在于形形色色的自然的和人工的过程中。一堆粉末或一束纤维的空隙相当于一束毛细管；两片平板玻璃以不同的方式插入水中也会产生不同的毛细效应。甚至一片玻璃插入水面，水面在靠近玻璃处的曲率与远处不同，也会引起毛细上升。原油和水在地层中的流动以及纺织品的润湿性、渗透性都与毛细现象密切相关。土壤中的水可以沿很细的毛细管上升几百甚至几千米，所以植物可以吸收地下水而维持生命。相反，干旱时农民锄地保墒就是为了切断土壤表面层的毛细管，以防止水分蒸发。

人们通常采取表面化学方法改变系统的界面张力和液面曲率等从而改变毛细压差实现所需要的流动，这是三次采油的关键问题之一。毛细现象另一个很重要应用就是用于测定液体的表面张力。

第三节　表面张力的测定

测定表面张力的方法很多，如毛细管上升法、最大气泡压力法、吊环法/吊片法、滴重法（滴体积法）、振荡射流法、旋滴法等。这里只介绍几种常用方法的原理。

一、毛细管上升法

毛细管上升法是一种静态法，是测定表面张力的一种经典、准确、直观的方法。当一支干净的玻璃毛细管插入液体时，若液体能润湿毛细管壁，则在表面张力的作用下液体沿着毛细管壁上升，见图 7－8。若测得平衡时的液柱高度 h，即可由式（7－27）计算表面张力

$$\gamma=\frac{\rho grh}{2\cos\theta} \tag{7-27}$$

式中，r 为毛细管半径；g 为重力加速度；θ 为接触角；ρ 为液体密度。对于水和部分液体，接触角接近零，这时（7－27）式简化为

$$\gamma=\frac{1}{2}\rho grh$$

计算表面张力时必须事先知道毛细管的内半径，一般用已知表面张力的液体测求。毛细管的内半径通常为 $1\times10^{-4}\sim1.5\times10^{-4}$m，毛细管要均匀一致，内壁要非常干净。该法设备简单，操作方便。毛细管上升法的缺点是比较慢，液体用量大，当使用玻璃毛细管

时不适于测量碱性溶液的表面张力。

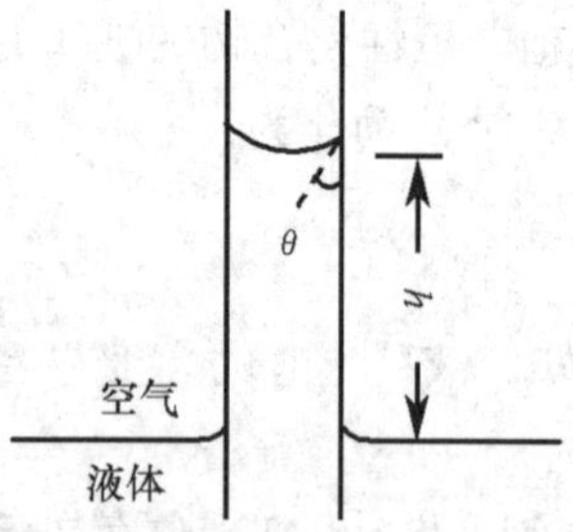

图 7-8 毛细管上升法测表面张力

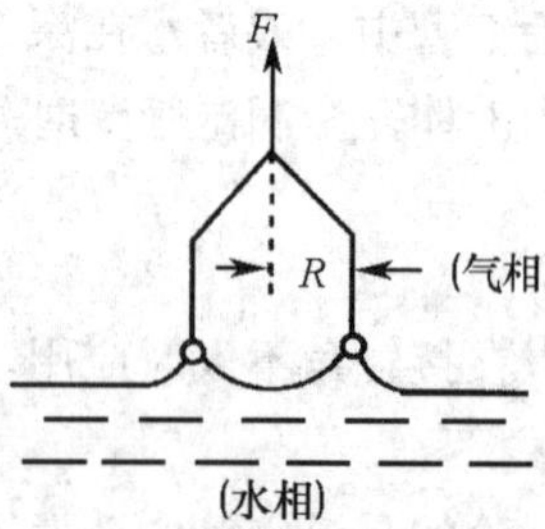

图 7-9 挂环法测表面张力示意图

二、挂环法

挂环法（Du Nouy Ring method）是测量表面张力的经典方法，它甚至可以在很难浸湿的情况下使用。将一铂制圆环连在扭力秤上，并使圆环平置在液面上，然后测定使环脱离表面所需之力 F（图 7-9）。由式（7-28）求表面张力

$$\gamma = \frac{F}{4\pi R} f \tag{7-28}$$

式中，R 为环的平均半径；此方法的原理是，环即将脱离液面时，表面张力引起的液体对环的拉力应等于 F。环拉起的液膜有内外两个面，根据表面张力的定义，此力应等于液体的表面张力乘以环的内外两个周长之和，取两个圆周的平均半径为 R，则 F 应为 $4\pi R\gamma$。f 为校正因子，主要是由于环拉起的液体不是圆柱形而引起的。f 可在专用表中查得。

三、最大泡压法

本方法非常适用于测量表面张力随时间的变化，即动态表面张力的测量，装置示于图 7-10。测定时将毛细管口刚好触及液面，然后以 A 瓶放水抽气，随着毛细管内外压差的增大，毛细管口的气泡慢慢长大，气泡的曲率 R 开始由大变小，直到形成半球形（这时 R 与毛细管半径 r 相等），这时 R 最小，气泡内外压差即气泡曲面的附加压力最大；之后气泡的曲率半径又变大，见图 7-11。测出气泡内外压差最大时压差计上的最大液柱高度差 h，可由式（7-24）计算表面张力

$$\Delta p = \frac{2\gamma}{r} = \rho g h$$

$$\gamma = \frac{r}{2}\rho g h \tag{7-29}$$

式中，ρ 为压差计中液体的密度，g 为重力加速度。指定毛细管，r 为常数，式（7-29）可写成

$$\gamma = Kh$$

K 为常数。实验时，可先用表面张力 γ 已知的液体（例如纯水）确定 K，然后即可方便

地利用上式测定样品的表面张力。

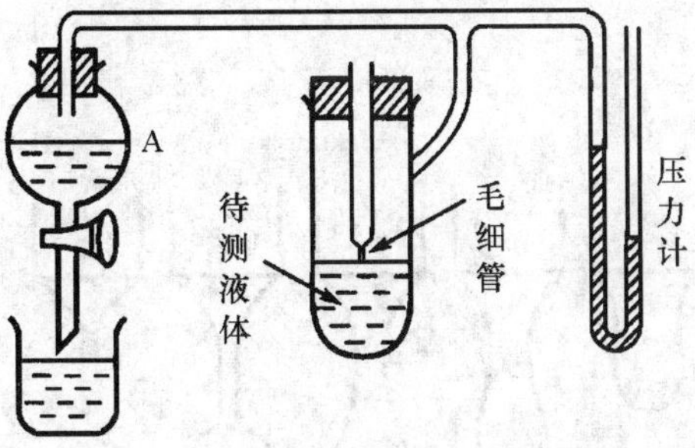

图 7－10 最大泡压法装置图

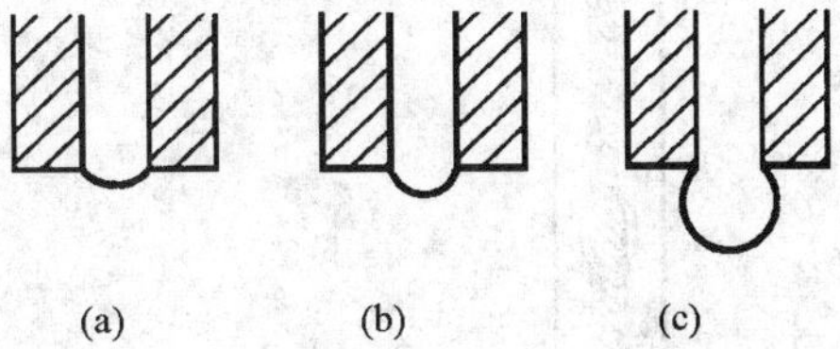

图 7－11 气泡的形成过程

四、滴重法

滴重法（滴体积法）是一种简便准确的方法，常用于动态地测量表面张力。依据的原理是液滴即将从毛细管口滴落时，液滴的重力等于管口对液滴的拉力。这一拉力应等于液体的表面张力乘以管口的周长。测量的是一定体积的液体从毛细管口自然滴落时的液滴数，由此可以推算每滴液滴的质量或体积。装置如图 7－12 所示。将液体在磨平了的毛细管口慢慢形成液滴并滴下，测出一个液滴的平均质量 m 或体积 V，可根据下式计算表面张力。

$$\gamma = \frac{mg}{2\pi r} f \qquad (7-30)$$

或

$$\gamma = \frac{V\rho g}{2\pi r} f \qquad (7-31)$$

式中，r 为毛细管口的外半径；g 为重力加速度；ρ 为液体密度；f 为校正因子。f 主要是由于测量过程中掉下的并不是整个液滴的质量或体积，有部分剩留在毛细管端口上（图 7－13），这使得掉下的液滴的质量或体积无法精确计算，所以需要加入经验校正因子。f 可在专用表中查得。

五、吊片法

吊片法（Wilhelmy Plate method）此法常称为 Wilhelmy 法，测量的是当吊片的底边与液面平行并刚好接触液面时所受到的拉力。吊片法是最常用的方法之一，尤其适用于长时间表面张力的测量。它的实验简便，不需要密度数据，也无需麻烦的计算。采用电子天平测力，便于自动记录。现代化的表面张力仪大多采用这种方法。为保证测定结果准确，唯一的要求是液体必须能很好地润湿吊片，这是此法最大的弱点和限制。常用的吊片材质有铂金、云母、玻璃等。

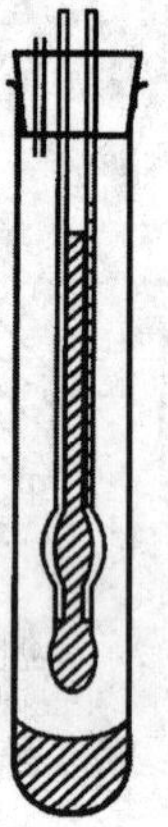

图 7 – 12　滴体积法的装置

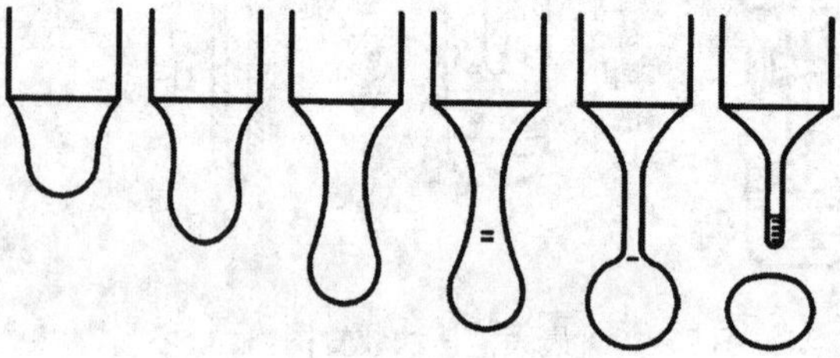

图 7 – 13　液滴滴落时的实际情况

第四节　曲面的蒸气压

一、开尔文公式

弯曲液面产生附加压力的一个直接后果是液体饱和蒸汽压的改变。曲面的曲率不同，液面上的饱和蒸气压也将不同。一定温度下，液面上的饱和蒸气压与液面曲率的关系导出如下。

设在一定温度 T 时，将 1mol 液体分散成半径为 r 的小液滴，

$$\begin{array}{ccc} \text{1mol 平面液体}(p^*) & \xrightarrow[1]{\Delta G_1} & \text{小液滴}(p_r+\Delta p) \\ 2\big\downarrow \Delta G_2 & & \Delta G_4 \big\uparrow 4 \\ \text{1mol 饱和蒸气(正常},p^*) & \xrightarrow[3]{\Delta G_3} & \text{饱和蒸气(小液滴},p_r) \end{array}$$

过程 2 和 4 是恒温恒压下的气液两相平衡过程，$\Delta G_2 = \Delta G_4 = 0$。过程 3 是蒸气的恒温变压过程。设蒸气为理想气体，则

$$\Delta G_3 = \int_{p^*}^{p_r} V_m(\mathrm{g})\,\mathrm{d}p = RT\ln\frac{p_r}{p^*}$$

过程 1 为 1mol 的平面液体直接分散成半径为 r 的小液滴。由于附加压力的作用，此分散过程实为恒温变压过程。小液滴内的液体所承受的压力为（$p_r + \Delta p$），附加压力 $\Delta p = \dfrac{2\gamma}{r}$，若忽略压力对液体体积的影响，则

$$\Delta G_1 = \int_{p^*}^{p_r+\Delta p} V_\mathrm{m}(1)\,\mathrm{d}p = V_\mathrm{m}(1)(p_r + \Delta p - p^*) \approx V_\mathrm{m}(1)\Delta p = \frac{2\gamma V_\mathrm{m}(1)}{r}$$

式中，V_m（l）为液体的摩尔体积，V_m（l）$= M/\rho$，M、ρ 分别为液体的摩尔质量和密度。故 $\Delta G_1 = \left(\dfrac{2\gamma M}{\rho r}\right)$。

$$\Delta G_1 = \Delta G_2 + \Delta G_3 + \Delta G_4 = \Delta G_3$$

$$RT \ln \frac{p_r}{p^*} = \frac{2\gamma M}{\rho \mathrm{r}} \qquad (7-32)$$

式中，p^* 是液体的正常饱和蒸气压，p_r 是曲率半径为 r 的曲面的饱和蒸气压，r 是液体的表面张力。这里需注意，对于凸液面，例如液滴，r 为正值，$p_r > p^*$；对于凹液面，例如水中气泡，r 为负值，$p_r < p^*$。对于平液面 $r \to \infty$，$p_r = p^*$，故 $p_{凸} > p_{平} > p_{凹}$。由式（7－32）可知：液滴半径越小，其饱和蒸气压越大；水中气泡半径越小，泡内饱和蒸气压越小。

如果研究的是两个半径不同的小液滴，可由式（7－32）导出式（7－33）。

$$\ln \frac{p_2}{p_1} = \frac{2\gamma M}{RT\rho} \left(\frac{1}{r_2} - \frac{1}{r_1}\right) \qquad (7-33)$$

式中，p_1，p_2 分别是半径为 r_1，r_2 的小液滴的饱和蒸气压。式（7－32）、(7－33）均称为开尔文（Kelvin）公式。

二、晶粒大小与溶解度的关系

开尔文公式也可应用于晶体物质，即微小晶体的饱和蒸气压 p_r 恒大于普通晶体的饱和蒸气压 p^*。关于晶粒大小与溶解度的关系，可以导出类似式（7－33）的公式。设一定温度下，纯物质 B 的半径为 r_1 的晶粒与其溶液达平衡。溶液中 B 的活度为 a_1，晶粒的压力为 $p_s + \Delta p_1$，p_s 为 B 的普通晶体在该温度下的压力，Δp_1 为半径为 r_1 的晶粒的附加压力。恒温条件下，使晶粒的半径由 r_1 改变为 r_2，重新与溶液达平衡。此时，晶粒的压力为 $p_s + \Delta p_2$，溶液中 B 的活度为 a_2。因为是由一个平衡转变为另一个平衡的过程，此过程中，晶体 B 的摩尔吉布斯函数改变量 $\mathrm{d}G_m$（s）与溶液中 B 的摩尔吉布斯函数改变量 $\mathrm{d}G_m$（l）应相等，即

$$\mathrm{d}G_m(\mathrm{s}) = \mathrm{d}G_m(\mathrm{l})$$

而

$$G_m(\mathrm{l}) = \mu(\mathrm{l}) \approx \mu^{\ominus}(\mathrm{l}) + RT \ln a$$

$$\mathrm{d}G_m(\mathrm{l}) = RT\mathrm{d}\ln a$$

恒温条件下，有

$$\mathrm{d}G_m(\mathrm{s}) = V_m(\mathrm{s})\,\mathrm{d}p$$

从而有

$$V_m(\mathrm{s})\,\mathrm{d}p = RT\mathrm{d}\ln a$$

$$\int_{p_s+\Delta p_1}^{p_s+\Delta p_2} V_m(\mathrm{s})\mathrm{d}p = \int_{a_1}^{a_2} RT\mathrm{d}\ln a$$

视 V_m（s）为常数，积分得

$$V_m(\mathrm{s})(\Delta p_2 - \Delta p_1) = RT \ln \frac{a_2}{a_1}$$

将

$$V_m(\mathrm{s}) = \frac{M}{\rho},\ \Delta p = \frac{2\gamma}{r}$$

代入上式，得

$$\ln \frac{a_2}{a_1} = \frac{2\gamma M}{RT\rho}\left(\frac{1}{r_2} - \frac{1}{r_1}\right) \quad (7-34)$$

式中，γ 为固 - 液界面张力，M、ρ 分别为晶体的摩尔质量和密度。若晶体的溶解度很小，可用浓度代替活度，式（7-34）变为

$$\ln \frac{c_2}{c_1} = \frac{2\gamma M}{RT\rho}\left(\frac{1}{r_2} - \frac{1}{r_1}\right) \quad (7-35)$$

当将普通晶体分散成极细小的晶粒时，$1/r_1$ 与 $1/r_2$ 相比可忽略，式（7-35）可改写为

$$\ln \frac{c_r}{c_0} = \frac{2\gamma M}{RT\rho r} \quad (7-36)$$

式中，c_r、c_0 分别表示同温度下微小晶体和普通晶体的溶解度；r 为微小晶体的半径，ρ 为晶体的密度；γ 为固 - 液界面张力。

式（7-36）表明，一定温度时，晶体粒子的溶解度与其半径 r 成反比，因而小晶体具有较大的溶解度。实验室中常见的沉淀陈化过程，即采用延长保温时间的方法使原来大小不匀的结晶中小晶体逐渐溶解，大晶体不断成长的过程。

三、毛细管凝结现象

运用开尔文公式可以说明许多表面效应。例如，在毛细管内，某液体能润湿管壁，管内液体将呈凹面。根据开尔文方程，在一定温度下，蒸气虽对平液面未达饱和，但对管内凹面液体已呈过饱和，此蒸气在毛细管内就会凝结成液体，这种现象称为毛细管凝结。硅胶是一种多孔性物质，具有很大的比表面，利用它的多孔性可自动吸附空气中的水蒸气并在毛细管内发生凝结达到干燥空气的目的。又如水泥地面在冬天易冻裂也与其中存在毛细管凝结后的水有关。水蒸气在植物叶子气孔口的凹形弯液面上冷凝可以在相对湿度小于100% 时发生，于是形成露水，这对于干旱地区植物的生长是十分重要的。

四、亚稳态

亚稳态指的是按相平衡条件，应发生相变而未发生的状态。常见的亚稳态现象有如下几种。

（一）过饱和蒸气

按相平衡条件，在某一温度，当气体的分压大于其在该温度下的饱和蒸气压时，该气体将自发凝聚成液体或固体。但新生成的凝聚相颗粒极其微小。根据开尔文公式，微小颗粒的蒸气压远远大于该物质的正常蒸气压。因此，虽然该气体的分压已经大于其正常蒸气压，但对于将要形成的微小新相颗粒来说仍未饱和，当气体十分纯净时，往往其分压大于其饱和蒸气压仍不能凝聚。这种按相平衡条件应凝聚而未凝聚的气体称为过饱和蒸气（supersaturated vapor）。蒸气中的灰尘、容器的粗糙内表面都可以成为蒸气的凝聚中心，使新生成的凝聚相从一开始就具有较大的曲率半径，这样在蒸气的过饱和程度较小的情况下，蒸气就可开始凝聚。人工降雨就是根据这个原理向云层中撒入固体颗粒

使已经饱和的水蒸气凝聚成雨的。

（二）过冷液体

在一定压力下，当液体的温度已低于该压力下液体的凝固点，而液体仍不凝固的现象，叫过冷现象，此时的液体称为过冷液体（supercooling liquid）。根据开尔文公式，晶体微粒越小，蒸气压越高，在正常凝固点晶体微粒不能产生。只有当液体过冷至某一温度后，此时晶体微粒的平衡蒸气压等于液体的平衡蒸气压，才可能有新相形成。避免过冷现象的关键在于促使新相晶核顺利产生。为此，可在液体冷却到凝固点附近时加入少量晶体作为新相种子，液体达到凝固点时会自动在这些晶体微粒表面析出沉积；同时，要加强搅拌。

（三）过热液体

沸腾是液体从内部形成气泡、在液体表面上剧烈气化的现象。但如果在液体中没有提供气泡的物质存在时，液体在沸点时将无法沸腾。这种温度高于沸点但仍不沸腾的液体，称为过热液体（superheated liquid）。

液体沸腾时首先在液体底部形成气泡，根据开尔文公式，小气泡形成时气泡内饱和蒸气压远小于外压，而微小气泡若稳定存在，必须克服三种压力：大气压力 $p_{大}$、液体静压力 $p_{静}$ 及气泡凹液面产生的附加压力 $p_{曲}$，仅当气泡内蒸汽压 $p_{内}$ 满足 $p_{内}$（$p_{大}+p_{静}+p_{曲}$ 时，气泡才能成长上升。新生成的微小气泡不能满足这一条件，因而不能稳定存在。这样便造成了液体在沸点时不沸腾，温度继续升高的过热现象。过热较多时，会产生暴沸。

防止暴沸的关键在于促使新相气泡顺利产生，具体措施有：①不断搅拌，防止局部过热，同时使液体与空气不断撞击产生微细空气泡沫，这些气泡作为新相种子，可以避免过热发生；②加入沸石或毛细管。由于沸石内有很多小孔，吸附大量空气。液体加热后，空气由毛细孔逸出形成气泡，这种气泡作为新相种子，使气泡成长扩大，成为沸腾中心。此法简便，效果较好。

（四）过饱和溶液

由式（7－36）可知，在一定条件下，晶体的颗粒愈小其溶解度愈大。所以将溶液进行恒温蒸发时，溶质的浓度逐渐增大，达到普通溶质晶体的饱和浓度时，对微小晶体溶质却仍未达到饱和状态，作为晶体成长核心的晶核难以析出。为了使晶核能自动生成，需要将溶液进一步蒸发，达到一定的过饱和程度，晶体才可能不断析出。这种按相平衡条件，应当有晶体析出而未析出的溶液，称为过饱和溶液。

在结晶过程中，若溶液的过饱和度太大，将生成很细小的颗粒，不利于过滤或洗涤，会影响产品的质量。在生产中常采用向结晶器中投入小晶体作为新相种子的方法，防止溶液过饱和程度过高，可获得较大颗粒的晶体。

上述亚稳态的共同特征是，它们都偏离平衡而处于较高的能量状态。从热力学观点看，它们是不稳定的，但是却能相对持久存在。出现亚稳态的原因是由于新相的种子难以产生。上面提出的各种防止方法都是为了创造条件，以有利于新相种子的形成，促使各种系统由亚稳态过渡到平衡状态。在科研和生产中，有时需要破坏亚稳态，如上述的结晶过程。但有时则需要保持亚稳态长期存在，如金属的淬火。

第五节 铺展与润湿

铺展（spreading）与润湿（wetting）都是与表面或界面张力有关的表面现象，与人类的生活和工农业生产关系非常密切。

一、液体的铺展

一种液体在另一种不互溶液体表面自动展开的过程称为铺展。认识铺展过程的本质可以从界面能的观点入手。设液体 A 与液体 B 不互溶，A 在 B 表面上铺展，B 的表面消失，同时产生一个 A 表面和 AB 新界面。在一定的温度、压力下，可逆铺展单位表面积时，系统的表面吉布斯函数变化为

$$\Delta G_{T,p}=\gamma_{\mathrm{A}}+\gamma_{\mathrm{A/B}}-\gamma_{\mathrm{B}}$$

当 $\Delta G<0$ 时，A 才能在 B 表面上自动铺展，定义铺展系数 $S_{\mathrm{A/B}}=-\Delta G_{T,p}$。

则

$$S_{\mathrm{A/B}}=\gamma_{\mathrm{B}}-\gamma_{\mathrm{A}}-\gamma_{\mathrm{A/B}} \tag{7-37}$$

$S_{\mathrm{A/B}}\geqslant 0$ 时，A 能在 B 上面铺展。

$S_{\mathrm{A/B}}<0$ 时，A 不能在 B 上铺展。

实际上两种液体完全不互溶的情况很少见，常常是接触后相互溶解而达到饱和。在这种情况下，判断两种液体相互关系所用的表面张力数据应改为被 B 饱和了的 A 的表面张力和被 A 饱和了的 B 的表面张力。

二、液体对固体的润湿

固－气界面被液－固界面代替的现象，称为润湿。

润湿过程可以分为三类：粘湿（adhesion）、浸湿（immersion）和铺展。

（一）粘湿

粘湿是液体与固体由不接触到接触，变液－气界面和固－气界面为固－液界面的过程（图 7－14）。恒温、恒压下，当接触面积为单位面积时，此过程系统吉布斯函数的变化为

$$\Delta G=\gamma_{\mathrm{l-s}}-\gamma_{\mathrm{g-s}}-\gamma_{\mathrm{g-l}}$$

式中，$\gamma_{\mathrm{l-s}}$、$\gamma_{\mathrm{g-s}}$、$\gamma_{\mathrm{g-l}}$分别表示液－固、气－固、气－液的界面张力。定义

$$W_{\mathrm{a}}=-\Delta G=\gamma_{\mathrm{g-s}}+\gamma_{\mathrm{g-l}}-\gamma_{\mathrm{l-s}} \tag{7-38}$$

W_{a} 称为粘湿功（work of adhesion）。显然，W_{a} 值越大，液体愈容易粘湿固体。

（二）浸湿

浸湿是固体浸入液体中的过程。洗衣时把衣服泡在水中就是浸湿过程。此过程的实质是固－气界面为固－液界面所代替，而液体表面在此过程中并无变化。在浸湿单位面积时，过程的吉布斯函数降低值为

$$-\Delta G=\gamma_{g-s}-\gamma_{l-s}=W_i \qquad (7-39)$$

式中，W_i 称为浸湿功，它是液体在固体表面上取代气体能力的一种量度，$W_i>0$ 时，浸湿过程可自动进行。

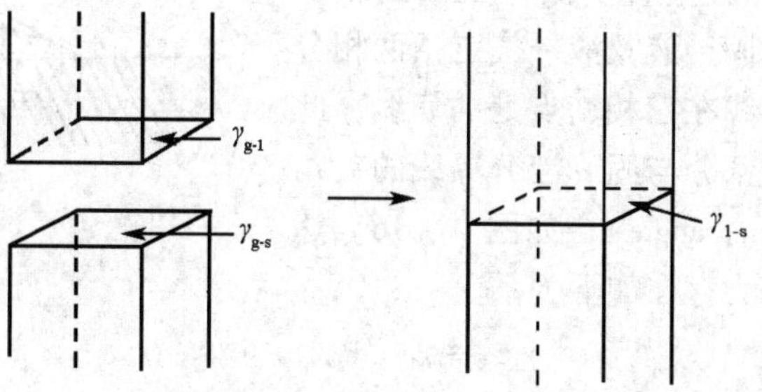

图 7－14　粘湿示意图

（三）铺展

铺展是固－液界面取代固－气界面，同时生成新的气－液界面的过程。如图 7－15 所示，原来 ab 界面是气－固界面，当液体铺展后，ab 界面转变为液－固界面，而且增加了同样面积的气－液界面。

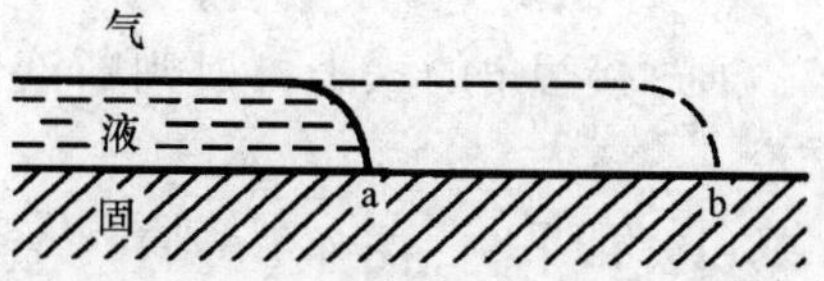

图 7－15　铺展润湿示意图

在恒温、恒压下，当铺展面积为一个单位面积时，系统吉布斯函数降低值为

$$-\Delta G=\gamma_{g-s}-\gamma_{g-l}-\gamma_{l-s}=S \qquad (7-40)$$

式中，S 称为铺展系数。与液－液铺展一致，$S\geqslant 0$ 是铺展过程发生的必要条件；$S<0$ 时，则不能铺展。

当润湿单位表面积的固体表面时，三种润湿过程表面吉布斯函数的降低值分别为

粘湿　　$-\Delta G=\gamma_{g-s}+\gamma_{g-l}-\gamma_{l-s}=W_a$

浸湿　　$-\Delta G=\gamma_{g-s}-\gamma_{l-s}=W_i$

铺展　　$-\Delta G=\gamma_{g-s}-\gamma_{g-l}-\gamma_{l-s}=S$

由于液体的表面张力总是正值，对于同一系统，$W_a>W_i>S$，所以凡是能够自行铺展的系统，其他润湿过程皆可自动进行，因而常以铺展系数为系统的润湿性指标。

在三种界面张力中，只有液体表面张力可以方便地测定。因此，应用上述润湿判据实际上是困难的。后来，人们发现润湿现象还与接触角有关，而接触角是可以测量的，在一百多年前就已经找出了接触角与有关界面能的关系，为研究润湿现象提供了方便。

三、杨氏方程

将液体滴于固体表面上，液体或铺展或形成液滴停于其上，随系统性质而异。若形成液滴，做过该液滴球面中心且垂直于固体表面的纵切面，切割出固－气、固－液及液－气三条两相分界线。做液－气分界线在三相交点处的切线，此切线在气－液一侧的部分与固－液分界线的夹角 θ 称为接触角（contact angle），如图 7－16。达平衡时，三种界面张力存在如下关系。

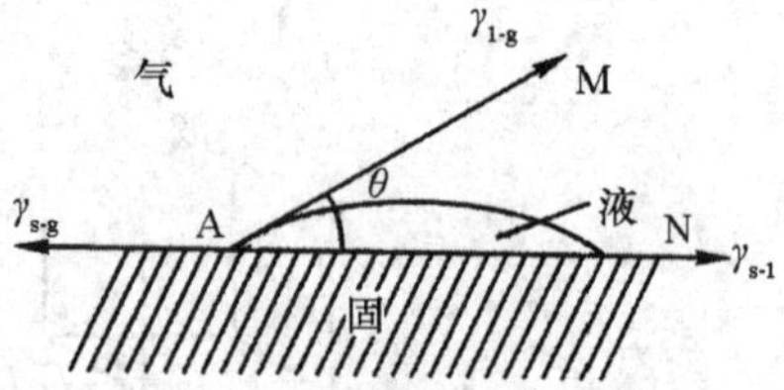

图 7－16 液滴形状与接触角

$$\gamma_{s-g}=\gamma_{l-s}+\gamma_{l-g}\cos\theta \tag{7-41}$$

或

$$\cos\theta=\frac{\gamma_{s-g}-\gamma_{l-s}}{\gamma_{l-g}} \tag{7-42}$$

以上两式称为杨氏方程。

四、润湿情况的判断

通过接触角的大小可以判断液体润湿固体的能力。根据杨氏方程可以得到以下结论。

（1）如果 $\gamma_{s-g}>\gamma_{l-s}$，则 $0<\cos\theta<1$，$\theta<90°$，在此情况下固体能被液体所润湿，如图 7－17（a）所示。当 $\theta=0°$，这时液体可完全润湿固体，如图 7－17（c）所示。在毛细管中上升的液面呈凹形半球状属于这种情况。

（2）若 $\gamma_{s-g}<\gamma_{l-s}$，则 $\cos\theta<0$，$\theta>90°$，固体不为液体所润湿，如图 7－17（b）所示。当 $\theta=180°$时，则为完全不润湿，在玻璃上滚动的水银滴即属于这种情况。如图 7－17（d）所示。

（3）若 $\gamma_{s-g}-\gamma_{l-s}>\gamma_{l-g}$，则杨氏方程不再成立。此时，液体将在固体表面上铺展。$\gamma_{s-g}-\gamma_{l-s}-\gamma_{l-g}$实际上即是前面讲到的铺展系数 S。

将杨氏方程代入式（7－38）～（7－40）可以得出

$$W_a=\gamma_{g-l}(\cos\theta+1)$$

$$W_i=\gamma_{g-l}\cos\theta$$

$$S=\gamma_{g-l}(\cos\theta-1)$$

由以上三式可知，只要测出液体的表面张力和接触角就可以对各种润湿情况做出判断。从上面三式不难看出，接触角愈小润湿性能愈佳。表 7－3 是部分药物及辅料粉末与水的接触角。

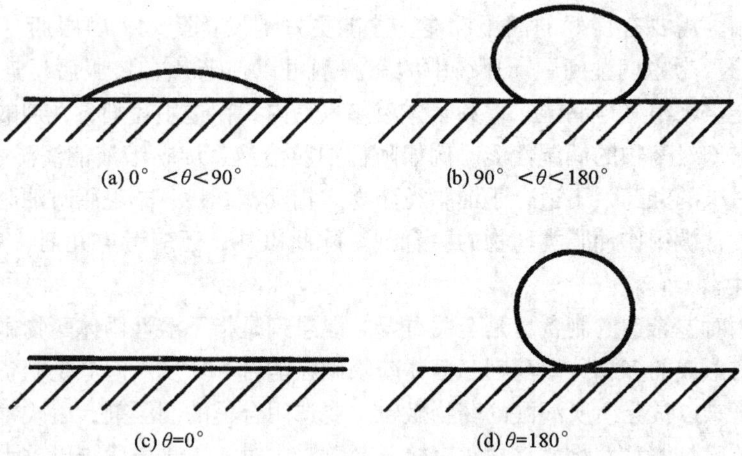

图 7－17 不同 θ 时液滴在固体表面的润湿情况

表 7－3 部分药物及辅料粉末与水的接触角（水中已饱和了待测物）

物质	接触角	物质	接触角
碳酸钙	58°	非那西丁	78°
硬脂酸铝	120°	地高辛	49°
硬脂酸镁	121°	巴比妥	70°
硬脂酸	98°	戊巴比妥	86°
水杨酸	103°	磺胺噻唑	53°
硬脂酸钙	115°	磺胺嘧啶	71°
氯霉素	59°	磺胺甲基嘧啶	58°
茶碱	48°	地西米	83°
氨茶碱	47°	咖啡因	43°
硼酸	74°	强的松	63°
消炎痛	90°	异烟肼	49°

五、润湿现象在药学中的应用

润湿原理在药学中的应用是非常广泛的。改善药膏在皮肤上的涂布性能或附着力，改善液体农药对某些昆虫体表的润湿性能等都应用到润湿原理。皮肤的表面是一层与脂肪酸混合物类似的极性－非极性的水油层。以矿物油为基质的制剂不能在皮肤上均匀地铺展，所以纯凡士林做基质的眼药膏，在眼结膜上不易涂开，药效难以发挥。在基质中加入少量羊毛脂制成的眼药膏则能均匀地与结膜接触而提高药效。涂在皮肤、黏膜上的软膏，其辅料应能很好地润湿主药，以使主药在制剂中分散均匀，而且在用药部位应有好的铺展性，方能发挥良好的疗效。液体杀虫剂在含蜡质的昆虫表皮与植物叶子上易于铺展是发挥药效的先决条件，在选择溶剂或辅助剂时应考虑尽可能降低蜡－液界面张力，以利于润湿。

不仅外用药需要有良好的润湿性能，才能更好地发挥药效，内服药（如片剂，丸剂等）同样也要考虑润湿问题。片剂中的崩解剂可以使药片在口服后迅速崩解，因此要求崩解剂能被水很好地润湿，才利于体液渗入片内。在选用片剂、丸剂的液体黏合剂时应考虑到它们对药物的润湿性能。例如阿拉伯胶溶液、淀粉溶液能润湿植物性药粉，适用于生药粉末的丸药，不适合于油脂类药物。相反，蜂蜡、羊毛脂对油脂类药物的润湿能力较强，常被用作油脂类药物的黏合剂。除此以外，还应考虑丸剂、片剂对胃液、肠液的润湿性。

润湿作用对混悬剂的制备更是至关重要。混悬剂是指不溶性固体药物微粒分散于液体分散介质中形成的多相分散药剂。固体药物微粒能否为介质所润湿是制备药物混悬剂的关键。对于难以被介质所润湿的药物微粒，要选用合适的润湿剂，以改善药物的润湿性能。例如硫磺是憎水性物质，把它直接分散于水中时，由于硫磺难以被水润湿而得不到均匀分散的系统。如果先在水中加入润湿剂，如甘油、乙醇等，就可以制成分散均匀的硫磺洗剂混悬液。

在中草药有效成分提取时，当浸出溶剂加入到药材中时，溶剂首先附着于药材表面使之润湿，然后通过毛细管或细胞间隙渗入细胞内。这种润湿作用对浸出的影响较大。浸出溶剂是否附着于药材表面使之润湿并进入细胞组织中，决定于浸出溶剂与药材的性质及两者间的界面情况。其中界面张力起着主导作用。溶剂与药材间的界面张力越小，药材越易被润湿，反之亦然。在溶剂中加入表面活性剂以降低界面张力，提高溶剂对药材的润湿性是提高浸出效果的有效方法之一。

与润湿作用相反，当某些表面活性剂吸附在高能表面上时，形成亲油基朝向水，亲水基朝向固体表面的定向吸附层，使亲水性表面变成不易润湿的疏水表面。此过程称为反润湿作用或憎水化。在医药中，有时需要用到反润湿。例如，在安瓿内壁涂上一层不润湿的二氯硅烷可使安瓿内的注射液轻而易举地被完全抽入注射器内。总之，润湿原理在药学中的地位是极其重要的。

第六节　溶液表面的吸附

一、溶液表面张力与浓度的关系

溶液的表面张力除与温度、压力、溶剂的性质有关外，还与溶质的性质和浓度有关。在恒温条件下，用溶液的表面张力对浓度作图，所得曲线称为溶液表面张力等温线。实验表明，水溶液表面张力随浓度的变化规律大致有如图 7 - 18 所示的三种类型。图中 γ_0 为纯水在测定温度下的表面张力。下面分别介绍它们的特点。

第一种类型（曲线 A）：溶液的表面张力随溶液浓度的增加缓慢增加，多数无机盐（如 NaCl、NH_4Cl）、不挥发性酸、碱及蔗糖、甘露醇等多羟基有机物的水溶液属于这一类型。此类物质称为非表面活性物质。

第二种类型（曲线 B）：溶液的表面张力随着溶液浓度的增加而逐渐下降，这种类型的例子包括大多数低分子量的极性有机物，如醇、醛、低级脂肪酸、酯、胺及其衍生物等。

第三种类型（曲线 C）：在溶剂中加入很少量这类物质即能引起溶剂表面张力急剧下降，至某一浓度后，表面张力不再明显降低。这类物质均为两亲性物质，既含有亲水的极性基团，也含有憎水的非极性基团。非极性基团一般是多于 8 个碳的长碳氢链。极性基团则种类很多，如—OH，$—COO^-$，$—CONH_2$，$—OSO_3^-$，$—NH_3^+$ 等。

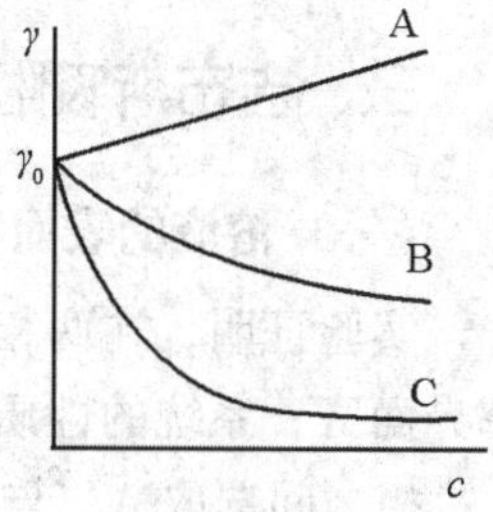

图 7 - 18　溶液表面张力与浓度的关系

第二和第三类物质称为表面活性物质，第三类物质因其表面活性特别强，又称为表面活性剂。

二、溶液表面的吸附

恒温恒压条件下改变纯物质的表面积，系统表面吉布斯函数的增量为

$$dG^{\gamma} = \gamma dA_S$$

积分得

$$G^{\gamma} = \gamma A_S$$

再微分，得

$$dG^{\gamma} = \gamma dA_S + A_S d\gamma \tag{7-43}$$

式（7 - 43）用于描述多组分系统恒温恒压过程的表面吉布斯函数的增量。在表面积恒定的情况下，

$$dG^{\gamma} = A_S d\gamma \tag{7-44}$$

由式（7 - 44）可知，恒温恒压、表面积恒定的情况下，自发的表面过程是表面张力减小的过程。根据前面关于表面张力与溶液浓度关系的讨论，对于表面积恒定的溶液，例如盛于容器中的溶液，表面张力减小的自发过程可以通过改变溶液表面层的浓度来实现。这将导致溶液表面层浓度与体相浓度的不同，这种现象称为溶液的表面吸附。对于表面张力随浓度增大而减小的溶液，如前述第二、三类溶液，表面张力降低导致溶质在表面层的浓度大于其体相浓度，这种现象称为正吸附。对于表面张力随浓度增大而增大的物质，如前述第一类溶液，表面张力的降低导致溶质的表面层浓度小于其体相浓度，这种现象称为负吸附。单位面积表面层中溶质的量与体相中同量溶剂所含溶质的量之差称为表面吸附量，又称表面超量。但这两个概念有所不同，表面吸附量是仅就物质的量而言，表面超量则可用于一切广度性质。表面吸附量的单位是 $mol \cdot m^{-2}$。

由于液体表面与体相具有物理的不可分离性，其吸附现象既难于观察又难于测量。有两个著名实验证明溶液表面吸附确实存在。一是英国著名胶体与表面化学家 Mcbain 的“刮皮实验”，他用刀片从表面活性物质水溶液表面上飞快地刮下一薄层液体，收集起来分析其浓度，结果确实高于原用溶液浓度。另一个是向表面活性剂水溶液中通气，使生成大量泡沫，收集泡沫分析其浓度，结果也大大高于原溶液浓度。这种做法后来发

展成为有实用意义的泡沫分离法。

三、吉布斯吸附等温式

（一）溶液的表面吸附量与吉布斯面

实验证明，在两相的界面层内，系统的性质是不均匀的。从一相过渡到另一相时，在界面区，系统的性质呈连续的变化。表面吸附量的热力学处理示意于图7－19。在α、β二相之间选取AA′与BB′平面，a相为气相或液相，β相为另一液相。从α相内直到AA′平面为止，浓度及其他性质都是均匀的。从β相内到BB′平面之间，浓度及其他性质也是均匀的。这样，界面上的变化都发生在AA′与BB′平面之间。从AA′到BB′平面为界面层。在此界面层内选取SS′平面，称为二维空间的表面相（surface phase of two dimention space），简称σ相。

Gibbs将两相系统等效为由两个均匀的体相α和β及一个没有厚度的界面SS′构成的系统。设想交界面SS′只是一个理想的几何面，体相α和β的浓度都分别是均匀一致的，其i组分浓度分别为c_i^α和c_i^β。两相的体积分别为V^α与V^β。于是系统内i组分的总物质的量n_i为

$$n_i = c_i^\alpha V_i^\alpha + c_i^\beta V_i^\beta = n_i^\alpha + n_i^\beta$$

但实际上界面相浓度是不均匀的，见图7－19，因而上述计算与实际i组分的物质的量n_i有差别，此差值用n_i^σ表示，它反映了i组分在相界面上的吸附量。

$$n_i^\sigma = n_i - (n_i^\alpha + n_i^\beta) \qquad (7-45)$$

单位面积相界面上的吸附量表示为

$$\Gamma_i = n_i^\sigma / A_S \qquad (7-46)$$

式中，A_S为界面层面积，Γ_i为i物质的表面吸附量或表面超量。显然，n_i^σ及Γ_i值随着SS′所处位置而不同。Gibbs巧妙地把SS′面放在系统表面相中某一组分i（通常是溶剂）的超量为零的位置上，即$\Gamma_i=0$处，见图7－20。可以看出，如果SS′面选在溶剂的表面超量为零的位置上，即ASE（实线）和B′S′E的面积相等时，$\Gamma_{溶剂}=0$。而ASE（虚线）和CDE的面积并不相等。此二者面积之差，即为溶质的表面超量，这样的SS′面称为吉布斯面。由于满足溶剂的$\Gamma_{溶剂}=0$的SS′界面位置只有一个，因而这时溶质的表面超量具有明确的物理意义和数值。

（二）吉布斯吸附等温式

设有一个两组分溶液，n_1和n_2分别为体相中溶剂和溶质的物质的量。而n_1^σ和n_2^σ分别为表面相中溶剂和溶质的物质的量。当溶液的表面积扩大dA_S时，其表面功为$\delta W' = \gamma dA_S$，表面相中该两组分系统的吉布斯函数变化为

$$dG\sigma = -SdT + Vdp + \gamma dA_S + \mu_1 dn_1^\sigma + \mu_2 dn_2^\sigma \qquad (7-47)$$

对于等温等压过程

$$dG\sigma = (\gamma dA_S + \mu_1 dn_1^\sigma + \mu_2 dn_2^\sigma \qquad (7-48)$$

在等温等压和组成不变时γ和μ均为常数，对上式积分得

$$G\sigma = \gamma A_S + \mu_1 n_1^\sigma + \mu_2 n_2^\sigma \qquad (7-49)$$

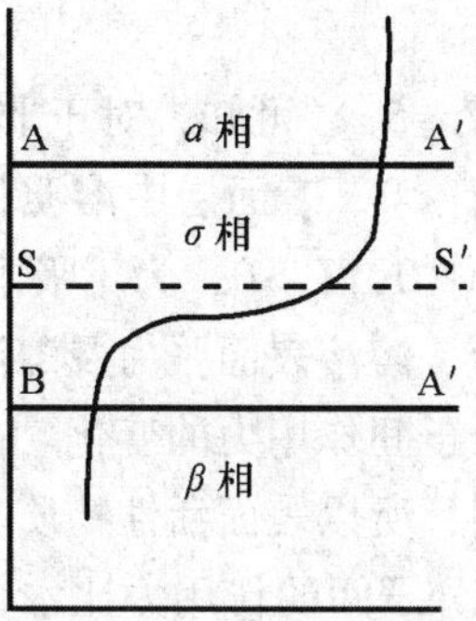

图 7－19 两相界面层结构示意图

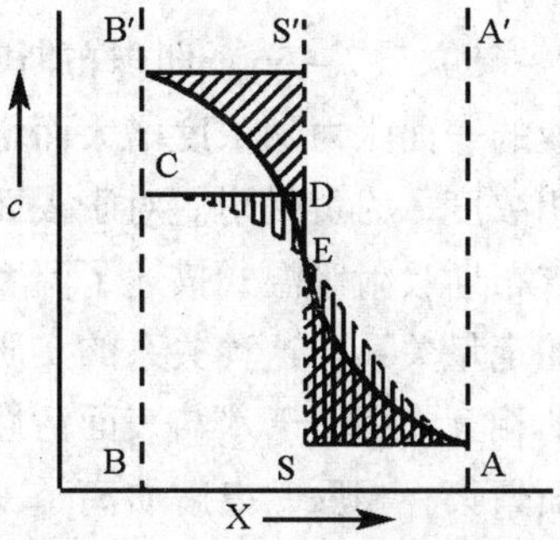

图 7－20 界面超量示意图

G 为状态函数，进行全微分得

$$dG\sigma = \gamma dA_S + A_S d\gamma + \mu_1 dn_1^{\sigma} + \mu_2 dn_2^{\sigma} + n_1{}^{\sigma} d\mu_1 + n_2{}^{\sigma} d\mu_2 \quad (7-50)$$

式（7－53）与式（7－51）相减，得

$$A_S d\gamma + n_1{}^{\sigma} d\mu_1{}^{\sigma} + n_2{}^{\sigma} d\mu_2{}^{\sigma} = 0 \quad (7-51)$$

式（7－51）称为表面相的吉布斯－杜亥姆（Gibbs-Duhem）公式，是讨论溶液表面吸附的基础。令$\frac{n_1^{\sigma}}{A_S} = \Gamma_1$，则

$$\begin{aligned} -d\gamma &= \frac{n_1^{\sigma}}{A_S} d\mu_1^{\sigma} + \frac{n_2^{\sigma}}{A_S} d\mu_2^{\sigma} \\ &= \Gamma_1\, d\mu_1^{\sigma} + \Gamma_2\, d\mu_1^{\sigma} \end{aligned} \quad (7-52)$$

按吉布斯的方法，取溶剂表面超量为零的 SS′面，在此面上 $\Gamma_1 = 0$，则

$$-d\gamma = \Gamma_2\, d\mu_2^{\sigma}$$

吸附平衡时，溶质 2 在表面层的化学势 μ_2° 与溶质在体相中的化学势 μ_2 相等。

$$\mu_2^{\circ} = \mu_2 A = \frac{1}{G_m L}$$

$$-d\gamma = \Gamma_2 d\mu_2 \quad (7-53)$$

溶液中溶质 2 的化学势与活度关系为

$$\mu_2 = \mu_2^{\ominus} + RT\ln a_2$$

代入式（7－53），得

$$-d\gamma = \Gamma_2 RT d\ln a_2 \quad (7-54)$$

此式只与溶质有关，可略去角标，整理得恒温时溶质表面吸附量与其体相活度的关系式

$$\Gamma = -\frac{1}{RT}\left[\frac{\partial \gamma}{\partial \ln a}\right]_T = -\frac{a}{RT}\left[\frac{\partial \gamma}{\partial a}\right]_T \quad (7-55)$$

对稀溶液，活度可用浓度代替，在溶质不电离的情况下，溶液表面吸附量与溶质体相浓度的关系为

$$\Gamma = -\frac{c}{RT}\left[\frac{\partial\gamma}{\partial c}\right]_{T} \qquad (7-56)$$

式（7－55）、(7－56）即吉布斯吸附等温式。由式（7－56）可知，对于非活性物质，其溶液的表面张力随浓度增大而增大，$(\partial\gamma/\partial c)_{T}>0$，$\Gamma<0$，表面层中溶质的浓度小于其体相浓度，为负吸附。对于表面活性物质，$(\partial\gamma/\partial c)_{T}<0$，$\Gamma>0$，为正吸附。

吉布斯吸附等温式描述了温度恒定时，表面吸附量、溶液表面张力及溶液浓度三者之间的定量关系。这种关系的实质反映了溶质、溶剂分子间作用力的变化。由于水分子之间的相互作用大于水与表面活性物质之间的相互作用，所以表面活性物质分子才得以在表面聚集；相反，电解质离子（如 Na^{+}、Cl^{-}）与水分子间的作用力比水分子之间的作用力大，所以它们更容易被“拉”入体相，使得电解质在表面层的浓度小于在体相内的浓度。

例 7－3 某表面活性剂水溶液在 291.15K 时，表面张力与浓度之间的关系为 $\gamma=\gamma_0-ac$，水的表面张力 $\gamma_0=72.75\times10^{-3}\,N\cdot m^{-1}$，$a=13.1\times10^{-3}\,N\cdot m^{-1}\cdot m^{3}\cdot mol^{-1}$。求 $c=0.2\times10^{3}\,mol\cdot m^{-3}$时的吸附量 Γ。

解：

$$\Gamma = -\frac{c}{RT}\left(\frac{\partial\gamma}{\partial c}\right)_{T}$$

$$\left(\frac{\partial\gamma}{\partial c}\right)_{T} = -a = -13.1\times10^{-3}$$

当 $c=0.2\times10^{3}\,mol\cdot m^{-3}$时

$$\Gamma = -0.2\times103\times(-13.1\times10^{-3})/8.314\times291.15$$
$$=1.08\times10^{-3}\,mol\cdot m^{-2}$$

（三）溶液表面吸附层的结构

实验表明，对表面活性剂来说，同系物中各不同化合物的饱和吸附量是相同的。这是因为表面活性剂的分子定向而整齐地排列在溶液的表面上，极性基伸入水中，非极性基暴露在空气中，如图 7－21 所示，同系物中不同化合物的差别只是碳链长短不同，而分子横截面积相同，因而它们的饱和吸附量相同。

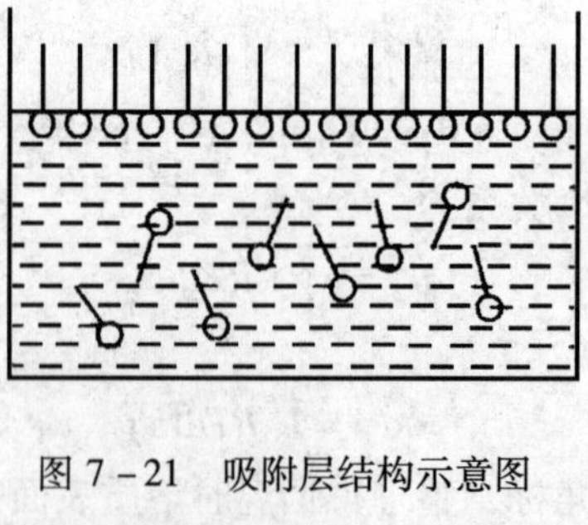

图 7－21 吸附层结构示意图

吸附达饱和时，表面几乎完全被溶质分子所占据。饱和吸附量 Γ_m 即单位面积表面上溶质的物质的量。因此，可以由 Γ_m 计算出每个吸附分子所占的面积即表面活性物质的横截面积 A，即

$$A = \frac{1}{\Gamma_m L} \tag{7-57}$$

式中，L 为 Avogadro 常数。A 的计算结果一般比用其他方法所得值稍大。这是因为由于热运动，尤其在温度比较高时，表面活性剂分子在液面上并不是绝对整齐排列所致。其次，饱和吸附层中，除了被表面活性物质占据外，也不可避免地存在一些溶剂分子。表 7－4 列出一些 $C_nH_{2n+1}X$ 化合物的实验结果。这一结果可以帮助我们认识表面活性物质的分子模型及其在表面层的排列方式。表中所示的 $20.5\times10^{-20}m^2$ 即为碳氢链的横截面积，而醇类及酯类的横截面积大于 $20.5\times10^{-20}m^2$ 可能由于生成氢键的影响及极性基间的电性斥力作用的结果。

表 7－4　$C_nH_{2n+1}X$ 化合物在单分子膜中每个分子的截面积

化合物种类	X	$A\times10^{20}/m^2$
脂肪酸	R—COOH	20.5
二元酯类	R—$COOC_2H_5$	20.5
酰胺类	R—$CONH_2$	20.5
甲基酮类	R—$COCH_3$	20.5
甘油三酸酯类	R—$COOCH_2$	20.5
饱和酸的酯类	R—COOR	22.0
醇类	R—CH_2OH	21.6
	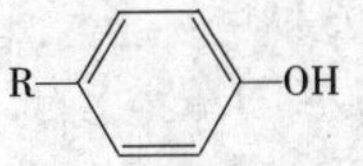	24.0
酚类及对位苯衍生物	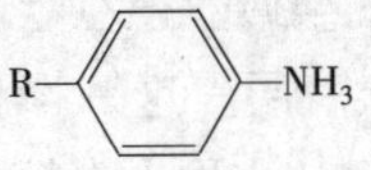	24.0
	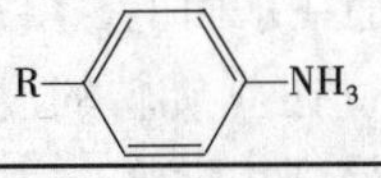	24.0

当然，在吸附量不大的情况下，表面活性分子在表面上有较大的活动范围，排列方式未必那样整齐。但非极性基团仍然倾向伸出液面。

四、不溶性表面膜

（一）不溶性表面膜及其性质

水的表面张力较大，很多水不溶性物质如长碳链脂肪酸和脂肪醇借助于适当的溶剂可在水表面上铺展成单分子层的薄膜，其亲水基朝着水相，而憎水基则朝着气相。当憎水基大到一定程度，不溶物在水中的浓度便小得可以忽略，这时，表面活性物质可视为全部集中于表面层作定向排列。当浓度达一定程度，便形成不溶性表面膜或称单分子膜（monolayer）。

19 世纪末至 20 世纪初，许多学者描述了在水表面形成单分子膜的概念，并设计了直接测定表面压的仪器——膜天平，它至今仍然被广泛用于表面膜的研究。

1. 表面压及其测定

表面活性剂分子在水表面铺展成单分子膜后，它们只能在二维空间范围内运动，这种运动虽然比三维空间少了一个自由度，但仍然具有类似三维空间的一些特性。例如，把一根火柴放到水面上，然后用沾有油的玻璃棒在火柴一边的水面上轻轻碰一下，火柴很快便会向另一边移动，这表明展开的膜对火柴棒有推动力。膜对单位长度浮片（火柴）所施加的这种推动力叫作表面压，与三维压力一样，它也是由于表面膜中的分子不断碰撞浮片的结果。

设浮片长 l，被膜移动了 $\mathrm{d}x$ 距离，则表面膜所作之功为 $\pi l\mathrm{d}x$，π 为表面压。这个功应当等于纯水表面被表面膜覆盖后系统吉布斯函数的改变，即

$$\pi l\mathrm{d}x = \gamma_0 - \gamma)\ \mathrm{d}A_\mathrm{S}$$

因为 $\mathrm{d}A_\mathrm{S} = l\mathrm{d}x$，所以

$$\pi = \gamma_0 - \gamma$$

式中，γ_0 为纯水的表面张力；γ 为加入不溶物后的表面张力。由此可见，表面压实际上是由于表面活性物质降低了水的表面张力引起的。由于有表面活性物质的一侧表面张力小，纯水一侧表面张力大，致使浮片受到一不平衡力的作用而移动。测定表面压的膜天平就是根据这一原理设计的。图 7－22 是膜天平的示意图。在涂有石蜡的浅盘 E 上放一片装有扭力丝的憎水薄浮片 B，浮片两端用涂了凡士林的细金属丝连在盘上。实验时在盘上盛满水，并使水面略高于盘边，再用滑尺 A 刮去水的表层。这一操作要重复多次，直至水面干净。把溶解在挥发性溶剂中的待测物溶液滴加在水面上，溶剂挥发后，待测物在水面上形成了单分子膜 C。膜对浮片的压力可以通过钮丝旋转的度数测得。移动滑尺改变膜的面积，可测定相对应的表面压数据。从而得到表面压 π 和成膜分子占有的面积之间的关系。用表面压 π 对分子占有面积 a 作图，发现膜的状态可以与三维空间的物质状态相类比，区分为二维空间的气态、液态和固态，因此常把单分子膜分为气态膜、液态膜和固态膜。

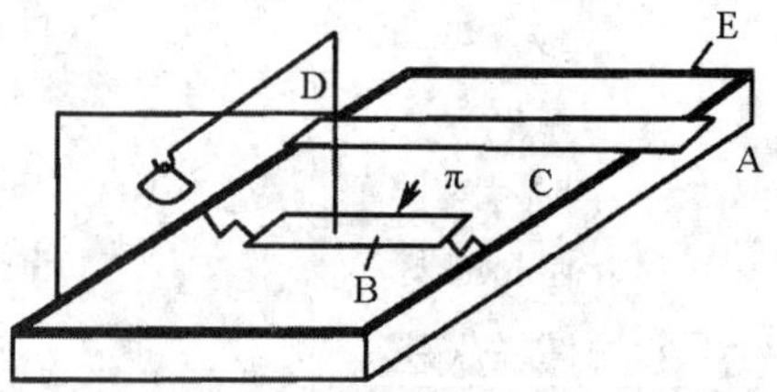

图 7－22　膜天平测表面压示意图

2. 膜的其他性质

（1）表面电势　洁净水面和空气之间电势差与膜表面和空气之间电势差的差值称为膜的表面电势。如前所述，表面活性物质在成膜时，分子的极性端在水中，非极性端向外，当表面压较低时，分子斜躺在水面，此时表面电势较低。随着表面压的增大，分子间距离减小，成膜分子的物质和水面之间的垂直度逐渐增大，表面电势也越来越大。当所有成膜物质分子都垂直取向时，分子排列紧密，膜面积不能继续缩小，表面电势趋于定值。所以表面电势数据可以指示膜的不均匀性，提供成膜分子在膜中的定向和膜结构变化的信息。

（2）表面黏度　表面黏度是液体在有膜时的黏度和无膜时的黏度之比。

$$\eta_\mathrm{s} = \eta_\mathrm{t}/\eta_0$$

式中，η_s 为表面黏度；η_t 和 η_0 分别为液体在有膜和无膜时的黏度。

表面黏度主要用来研究单分子膜的相变、成膜分子之间的相互作用、单分子膜上的化学反应以及泡沫、乳状液等各种液膜的稳定性等。

（二）不溶性表面膜的应用

1. 抑制水蒸发

水资源的保护在国际上已引起普遍重视。在干燥地区及炎热地带，水池和水库中的水蒸发速度较快，如果在水面上铺上一层不溶性单分子膜，就能大幅度降低水的蒸发速度。将十六醇溶于石油醚中制成铺展溶液，所产生的单分子膜可降低水蒸发量达90%。单分子膜不但能降低水的蒸发速度，还能提高水温，对农作物的生长也是有益的。

2. 摩尔质量的测定

在低表面压时成膜分子所占面积很大，分子间的相互作用较小，膜的行为特征类似气体，其状态方程可以表示为

$$\pi\ (A - nA_m)\ = nRT = \frac{m}{M}RT \tag{7-58}$$

式中，A 和 A_m 分别为膜面积和成膜物质的摩尔面积，n 为成膜物质的量，m 为成膜物质的质量，M 为成膜物质的摩尔质量。根据式（7－58），用 πA 对 π 作图，外推至 $\pi=0$处，截距为$\frac{m}{M}RT$，即

$$\lim_{\pi\to 0}\pi A = \frac{m}{M}RT$$

由此可求出成膜物质的摩尔质量。

根据膜表面压法测定可铺展的蛋白质的摩尔质量，其结果与渗透压法、超离心法或黏度法测定结果相符。用膜表面压法测定摩尔质量的优点是迅速而简单，且每次用量很少（约20μg），缺点是当摩尔质量大于$2.5\times10^4\,g\cdot mol^{-1}$时就不够准确，可能是被测分子发生缔合的缘故。

3. 分子结构的推定

由于不同分子结构的物质形成的膜状态不同，因此可以利用表面膜测试技术作为测定分子结构的辅助方法。例如，鲨肝醇和鲛肝醇两个二元醇分子就是利用和已知结构的相应二元酸分子所形成表面膜的 $\pi-A$ 数据，推测出它们的分子结构。

4. 不溶膜上的化学反应

不溶膜的化学反应指的是成膜物质和与其接触的其他相的物质之间所发生的化学反应。其中研究最多的是成膜物质分子和溶液中的分子之间发生的化学反应。成膜物质分子的取向可以通过调整膜压来控制，反应过程中膜中分子数量的变化会引起膜区及膜面积的改变。因此，可以通过固定膜压改变膜面积或固定膜面积改变膜压的方法进行化学动力学研究。

（三）其他表面膜

1. 高分子膜和蛋白质膜

许多高分子化合物，特别是蛋白质可以在水面上形成单分子膜。由于它们与生命现象关系密切，所以引起人们的极大研究兴趣。

蛋白质是由多种氨基酸以一定方式结合而成的。当表面压很低时，蛋白质分子在表面膜中铺展开，各侧链平躺在表面上，形成比较理想的单分子膜。这时膜的可压缩性很大，因为压缩时亲水性侧链从水表面逐渐进入液相，而憎水性侧链则从水表面逐渐伸向空中，直至多缩氨基酸链形成紧密定向排列，很难再进一步压缩为止。这时可以测定蛋白质的分子量。

目前，人们认为自然界中蛋白质的合成很可能是在相界面上的膜中进行的，而构成生物膜的主要成分之一就是蛋白质。因此，研究蛋白质和高分子膜对了解生物膜在生命过程中所起的巨大作用具有十分重要的价值和意义。

2. L－B 膜

在适当的条件下，不溶物的单分子膜可以通过简单的方法转移到固体基质上，经过多次转移仍保持其定向排列的多分子层结构。这种多层单分子膜是表面化学家 Langmuir 和他的学生 Blodgett 女士首创的，故称 L－B 膜（Langmuir－Blodgett film），也称组装膜。L－B 膜提供了在分子水平控制排列方式的手段，使人们有了根据需要组建分子聚集体的可能，为制成具有实用功能的分子电子元件和仿生元件展现了光明的前景。

3. 双分子脂质膜

在水溶液中放入一块有小孔的疏水性隔板，脂质分子会自动在小孔中形成一个双分子层的隔膜，该膜称为双分子脂质膜（bilayer lipid membrane，BLM）。双层脂质膜的研究是物理、化学、生物、医药等多学科的交叉结合点，对于药学工作者具有独特的意义。脂质体（liposome）是人工制备的类脂双分子层的小囊，从 20 世纪 70 年代开始用作药物载体，目前已在实际应用方面取得很大进展。

第七节　表面活性剂

一、表面活性剂的特点

表面活性剂（surfactant）是这样一类物质，它在加入很少量时便能大大降低溶剂（一般指水）的表面张力，改变系统的界面组成和结构，从而产生润湿或反润湿、乳化或破乳、起泡或消泡、以及增溶等一系列作用，以达到实际应用要求。

表面活性剂分子结构特点是具有不对称性。整个分子可以分为两部分，一部分是亲油的（lipophilic）非极性基团，称为疏水基（hydrophobic group）；另一部分是极性基团，称为亲水基（hydrophilic group）。因此，表面活性剂分子被称为两亲分子（amphiphilic molecule）。例如，肥皂的主要成分脂肪酸盐就是人类较早使用的表面活性剂，它的疏水基是碳氢链，亲水基是羧基。但并不是所有具有两亲结构的分子都是表面活性剂，例如，甲酸、乙酸、丙酸、丁酸都具有两亲结构，但并不是表面活性剂，而只是具有表面活性而已。只有分子中疏水基足够大的两亲分子才显示表面活性剂的特性。对于正构烷基来说，碳链长度一般为8～18。多数表面活性剂的疏水链呈长链状，故形象的把疏水基叫做“尾巴”，亲水基叫做“头”。这样的分子结构使得此种分子具有一部分可溶于水而另一部分易自水中逃离的双重性质。因此，此种分子就会在水溶液体系中（包括表面、界面）相对于水介质而采取独特的定向排列，并形成一定的组织结构。这种情况发生于表面活性剂溶液体系，即表现为两种重要的基本性质：溶液表面的吸附与溶液内部的胶团形成。

二、表面活性剂的分类

表面活性剂的种类繁多，应用也极其广泛，目前通常以它的化学结构来分类。即以亲水基团是否是离子型及其类别为主要依据，通常可分为以下几类。

（一）阴离子表面活性剂

这类表面活性剂在水中电离后产生的阴离子起表面活性作用。它们是人们最早使用的一类表面活性剂，主要包括以下几种

1. 羧酸盐

它们都是脂肪酸盐（一般是钠盐），常见的是肥皂，它是最古老的表面活性剂，至今仍在大量的应用。这类表面活性剂不宜在硬水及酸性溶液中使用。

2. 磺酸盐

磺酸盐分为烷基苯磺酸盐和烷基磺酸盐。

（1）烷基苯磺酸盐　结构为 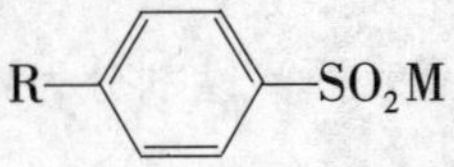 是大多数洗衣粉中采用的表面活性剂。它可以在硬水中使用，表面活性也较强，最常用的是十二烷基苯磺酸钠。它比肥皂易溶于水，其水溶液极易起泡，但因黏度较低，泡沫易于消失。它的渗透力和去污力都很好。

（2）烷基磺酸盐　结构为 RSO_3M。由于碳原子与硫原子直接相连，所以在酸性介质中比较稳定，耐硬水能力较强。这种表面活性剂毒性较小，易于为生物降解，因而对环境污染较小，近年来产量不断增加，但造价较高。

3. 硫酸酯盐

硫盐结构为 $ROSO_3M$。十二烷基硫酸钠（$C_{12}H_{25}OSO_3Na$）是这类表面活性剂的代表，它具有良好的乳化、起泡性能，常用作高级牙膏的起泡剂。其缺点是在强酸性水溶液中不稳定。

4. 磷酸酯盐

磷酸酯盐为低泡表面活性剂，主要用作抗静电剂，抗蚀剂和乳化剂等，其产量较小，应用量不大。

（二）阳离子表面活性剂

这类表面活性剂在水中电离后，阳离子起表面活性作用。它们多是有机胺的衍生物，一般常用的阳离子表面活性剂是季铵盐，十六烷基三甲基溴化铵就是其中之一。

季铵盐类阳离子表面活性剂水溶液的特点是具有很强的杀菌能力，因此常用作消毒灭菌剂。杀菌剂“新洁尔灭”就是典型的例子，其结构为

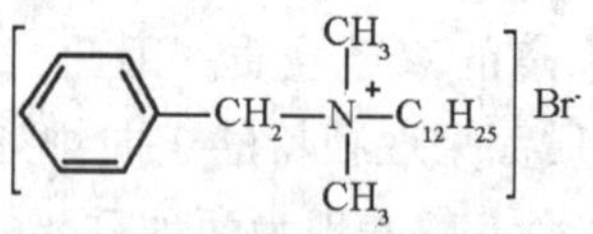

它在酸性和碱性水溶液中都很稳定，无刺激性，对金属、橡胶、塑料等无腐蚀作用，常用于外科手术及医疗器械消毒。

阳离子表面活性剂的另一特点是易吸附于一般固体表面，使固体的表面性质发生改变。因此，它常用作矿物浮选剂、沥青乳化剂、织物柔软剂、抗静电剂、颜料分散剂等。

（三）非离子表面活性剂

非离子表面活性剂是较晚应用于生产的一类表面活性剂。自 20 世纪 30 年代应用以来，发展非常迅速，其性能在很多方面超过了离子表面活性剂。在药物制剂中被广泛用作乳化剂、助悬剂、润湿剂、分散剂等。

非离子表面活性剂在水中不电离，其亲水基主要是由一定数量的羟基（—OH）或醚基（—O—）构成的。由于这些含氧基团在水中不是离子状态，所以比较稳定，不易受电解质及酸碱性的影响。与其他类型表面活性剂的相容性好，能很好地混合使用，在水及有机溶剂中皆有较好的溶解性能（视结构不同而有所差别）。由于在溶液中不电离，故在一般固体表面上亦不易发生强烈吸附。

根据亲水基种类的不同，非离子表面活性剂分为聚乙二醇型和多元醇型两大类。

1. 聚乙二醇型

聚乙二醇非离子表面活性剂由亲水基原料环氧乙烷与相应疏水基原料聚合而成。其亲水性主要由分子中环氧乙烷单体的相对含量决定，相对含量越大，亲水性越强。聚乙二醇型非离子表面活性剂主要有以下几类。

（1）脂肪醇聚氧乙烯醚和烷基苯酚聚乙烯醚　这类表面活性剂是高级醇或烷基苯酚与环氧乙烷的聚合物。它们在水中的稳定性较高，有较好的润湿能力。前者易于为生物降解，可用作匀染剂或缓染剂；后者可用作乳化剂、润湿剂、分散剂、洗涤剂，缺点是毒性较大，不易被生物降解。属于这类表面活性剂的有乳化剂 OP、平平加 -20 等。

（2）脂肪酸聚氧乙烯酯　结构为 $RCOO(CH_2CH_2O)_nH$。因酯键易于水解，所以这类表面活性剂在酸、碱性热溶液中不稳定，主要用作乳化剂，分散剂或染色助剂等。

（3）聚氧烯烃嵌段共聚物　这是一类较新的非离子表面活性剂，常用的是环氧丙烷与环氧乙烷的嵌段共聚物。其亲水部分是聚氧乙烯基，亲油部分是聚氧丙烯基，结构为

$$RO(CH_2CH_2O)_n(CH_2CH_2CH_2O)_mH$$

聚合时控制亲水、亲油部分的比例，可以制得性能良好的乳化剂、破乳剂、分散剂、润湿剂、消泡剂等。这种聚醚类表面活性剂的优点是无臭、无味、毒性和刺激性较小，因而不易引起皮肤过敏。

2. 多元醇型

这类表面活性剂主要是脂肪酸与甘油、季戊四醇、失水山梨醇等多元醇作用生成的酯。它们多数不溶于水，在水中呈乳化或分散状态。这类表面活性剂的最大优点是无毒，因此主要用于食品及医药工业中。主要有以下几类。

（1）失水山梨醇脂肪酸酯，为山梨醇分子失去 1 ~ 2 个水分子后与脂肪酸的加成物。这类表面活性剂的商品名叫司盘（Span）。它们是油溶性的。如果使司盘与环氧乙烷反应，让失水山梨醇的其余羟基与聚氧乙烯基结合，则制得吐温（Tween）类表面活性剂。

司盘类表面活性剂多数为油状黏稠液体，不溶于水，可溶于醇、液体石蜡等有机溶剂，是油包水型乳化剂；吐温类表面活性剂为黄色油状黏稠液体，易溶于水，不溶于液体石蜡、脂肪油等，常用作难溶性药物的增溶剂以及水包油型乳化剂。

司盘与吐温类活性剂都是无毒的，因而在药物制剂中获得广泛应用。用作乳化剂时混合用比单一用效果更好。例如，用吐温 20 制备的水包油型乳状液加入司盘 20 后系统更加稳定。

（2）甘油脂肪酸酯，主要有单硬脂酸甘油酯，是油溶性的，可用作油、脂、蜡等的乳化剂以制备非乳化性的、乳化性的以及消散性的各型基质，能用以制成稳定而细腻的乳膏。

（3）蔗糖脂肪酸酯，为单、双及三酯的混合物，易溶于水。其去污力和乳化能力虽不如其他非离子表面活性剂强，但对人体无害是最大的优点。蔗糖酯由于无毒、无味、无臭，在体内能降解成有营养价值的脂肪酸和蔗糖，所以主要用作食品工业和医药工业的乳化剂。

（四）两性表面活性剂

两性表面活性剂分子与蛋白质中的氨基酸相似，其分子中同时存在着酸性基和碱性基，易生成“内盐”。大多数情况下，两性表面活性剂的碱性基主要是胺基或季胺基；酸性基主要是羧基或磺酸基（也有磷酸基），它们主要有两种类型，即氨基酸型和甜菜碱型，其结构为

氨基酸型　$RNHCH_2CH_2COOH$

甜菜碱型　$RN^+(CH_3)_2CH_2COO^-$

两性表面活性剂易溶于水，但不易溶于有机溶剂。具有杀菌作用，但毒性比阳离子表面活性剂小，作用也比较柔和。另外，两性表面活性剂还具有防止金属腐蚀和抗静电作用。

（五）高分子表面活性剂

天然高分子化合物（如水溶性蛋白质）及合成高分子物质（如聚乙烯醇、聚丙烯酰胺等）都属于高分子表面活性剂。其分子量往往在几千以上，有时高达数十万。分子结构的特点是分子量大，并有极性和非极性部分；也可分为非离子型、阴离子型、阳离子型及两性型等几种。它们主要用于悬浮体的絮凝和稳定及乳状液的稳定与破坏等。使用时常常将数种这类表面活性剂复配在一起。

（六）特殊表面活性剂

（1）以碳氟链为疏水基的表面活性剂，简称为氟表面活性剂，如全氟辛酸钾 $CF_3(CF_2)_6COOK$。这类表面活性剂具有极高的表面活性，不仅可以使水的表面张力降低至 $20mN \cdot m^{-1}$以下，而且能降低油的表面张力。其化学性质极其稳定，具有抗氧化、抗强酸和强碱及抗高温等特性。

（2）以硅氧烷为疏水基的表面活性剂，如二甲硅烷的聚合物，简称为硅表面活性剂，其表面活性仅次于氟表面活性剂。

（3）生物表面活性剂是近几年发展起来的一类物质，包括利用微生物发酵得到有特殊结构的表面活性剂，如鼠李糖脂、海藻糖脂等，以及存在于生物体内的非微生物的表面活性剂，如胆汁、磷脂等。

（4）此外，近年来研制的 Gemini 表面活性剂引起了人们的广泛注意。Gemini 表面活性剂又称双子表面活性剂或偶联表面活性剂，是通过一个连接基将两个传统表面活性剂分子在其亲水头基或接近亲水头基处连接在一起而形成的一类新型表面活性剂。Gemini 表面活性剂与相应的单体表面活性剂相比，具有非常低的临界胶束浓度和较好的润湿性，其表面活性比单头基的高 1～3 个数量级。

（5）Bola 型表面活性剂是引起人们广泛关注的又一类新型表面活性剂。它是由疏水链两端各连接一个亲水基团构成的，这类表面活性剂不仅在界面性质和溶液中的聚集行为具有特殊性，而且 Bola 分子形成的单层类脂膜和囊泡都有优异的热稳定性，在生物膜模拟方面具有重要的应用前景。

三、临界胶束浓度及其测定

（一）表面活性剂溶液的性质

表面活性剂水溶液的物理化学性质随浓度的变化示意于图 7－23。可以看出，这些性质的变化曲线中皆有一转折点，此转折点又都在一不大的浓度范围内，且均 $\gamma \sim c$ 曲线中的转折点浓度相符。这说明系统的某些性质（如当量电导，渗透压以及密度变化等）与表面活性剂分子在溶液中的状态有关。

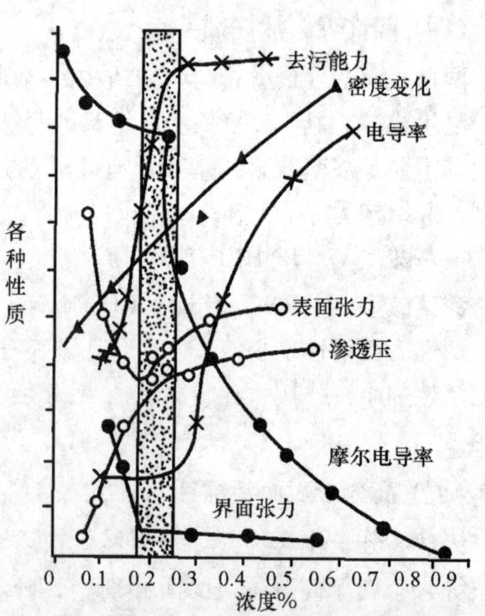

图 7－23 胶束形成前后溶液各种性质的改变

（二）胶束化作用和临界胶束浓度

一般认为，溶液中的表面活性剂超过一定浓度时，其分子或离子会发生缔合形成胶束（也称胶团），此过程称为胶束化过程。溶液性质发生突变时的浓度，即形成胶束时的浓度。形成胶束所需的表面活性剂的最小浓度，称为临界胶束浓度（critical micelle concentration，CMC）。实验表明，表面张力曲线、电导率曲线、渗透压曲线等曲线上的明显转折，都是由于表面活性剂形成胶束引起的。

临界胶束浓度是表面活性剂性质的一个重要参数。CMC 值的大小与表面活性剂的结构密切相关，其规律如下。

（1）疏水基相同时，直链非离子型表面活性剂的 CMC 大约比离子型表面活性剂的 CMC 小两个数量级。

（2）同系物中，无论是离子型的还是非离子型的活性剂，疏水基的碳原子数目越多，CMC 值就越小。根据经验总结，对于直链的表面活性剂，CMC 值与疏水基碳原子数目的关系可由下式表示

$$\lg(\text{CMC}) = A - BN$$

式中，A、B 为常数；N 为碳原子数。根据经验，A 值无一定规律，对于 1－1 价离子型表面活性剂，B 值为 0.3 左右，而对于非离子型表面活性剂，B 值为 0.5 左右。

（3）疏水基碳链长度相同而化学组成不同时，CMC 值存在显著差别。碳氢表面活性剂的 CMC 远大于相同碳链长度的碳氟表面活性剂，一个—CF_2 基团对 CMC 的贡献大约相当于 1.5 个—CH_2 基团。

（4）亲水基相同，疏水基碳原子数也相同，疏水基中含有支链或不饱和键时，会使 CMC 升高。

（5）疏水基相同时，离子型表面活性剂的亲水集团对 CMC 值影响较小，同价反离子交换对 CMC 影响很小。但二价反离子取代一价反离子，则使 CMC 显著降低。

（6）聚氧乙烯类非离子表面活性剂的氧乙烯数目增多，使 CMC 稍有增大。

另外，温度、电解质等也都对 CMC 有明显影响。

（三）胶束的结构

胶束的形状也是多年来存在争议的问题。Hartely 认为胶束是球状的，碳氢链指向球心，极性基团构成球的表面，其大小与在胶体分散体系的胶团相当，它的表面性质为极性基所决定。而 McBain 认为胶束是层状结构，有两层结构组成，在水中极性基团向外，而非极性基团整齐的定向排列。Debye 从光散射实验结果推断胶束是圆柱形结构。在活性剂浓度较稀时，圆柱体比较短，接近于球形，随着浓度的增加，圆柱体逐渐加长，最后成了网状结构，甚至形成凝胶。

现在一般认为，表面活性剂溶于水后，当其浓度小于 CMC 时，表面活性剂已存在几个分子的聚集体，常称其为预胶束（premicelle）。由于预胶束的数量少，缔合数小，而且不稳定，所以对溶液性质的影响很小，可以不予考虑。当浓度超过 CMC 值后，表面活性剂分子自发聚集成胶束。如果系统中不含添加剂，表面活性剂浓度大于 CMC 不多时，形成的胶束一般为球形；表面活性剂浓度大于 10 倍 CMC 时，往往有棒状、盘状等不对称形状的胶束形成。胶束由球状向棒状转化时所对应的表面活性剂浓度，被称为第二临界胶束浓度。若系统存在添加剂，如无机盐等，即使表面活性剂浓度没有大于 10 倍 CMC，有时也可能形成不对称形状的胶束。目前，人们已发现随表面活性剂浓度的增大，不仅有层状、柱状胶束形成而且有蠕虫状胶束等多种聚集体形成，几种常见的

表面活性剂聚集体形状见图 7-24。

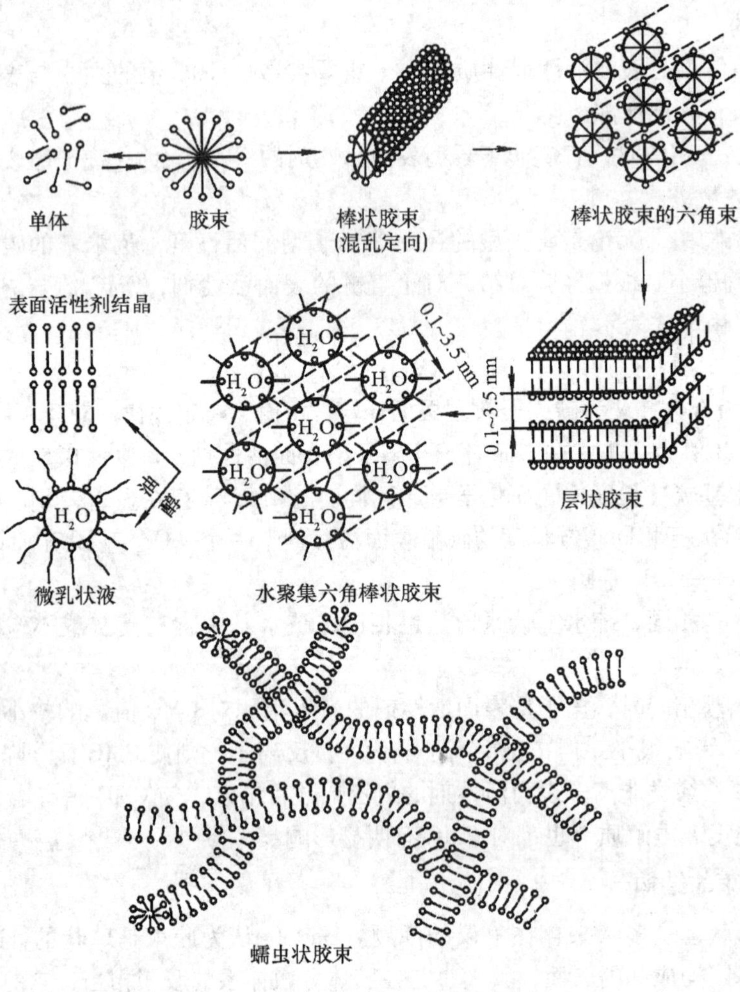

图 7-24 表面活性剂溶液中各种聚集体形状示意图

（四）临界胶束浓度的测定

原则上，表面活性剂物理化学性质的突变皆可利用来测定 CMC。然而，不同性质随浓度的变化有不同的灵敏度与不同的环境条件。因而，利用不同性质和方法测定出的 CMC 也有一定差异，需要加以具体分析。下面简单介绍几种测定 CMC 的方法。

1. 表面张力法

测定不同浓度溶液的表面张力 γ，作出 $\gamma \sim \ln c$ 曲线，将曲线转折点两侧的直线部分外延，相交点的浓度即临界胶束浓度。这是一个方便的方法，可以同时求出表面活性剂的 CMC 和表面吸附等温线。此法还有下列优点：①简单、方便，而且 $\gamma \sim \ln c$ 曲线是研究表面活性剂最基本的数据，容易得到；②对各种类型的表面活性剂普遍适用；③方法的灵敏度不受表面活性剂类型，活性高低、存在无机盐及温度变化等因素的影响。因此，一般认为此法是测定表面活性剂临界胶束浓度的标准方法。不过在溶液中存在少量高表面活性杂质时，表面张力～浓度对数曲线上往往出现最低点，不易确定临界胶束浓度。但最低点的出现则说明表面活性剂含有高表面活性杂质，因而此法又不失为一鉴定表面活性剂纯度之良法。

2. 电导法

测定表面活性剂水溶液的电导率，作电导率～浓度曲线，按转折点两侧直线部分外延，相交点的浓度即为临界胶束浓度。这是测定 CMC 的经典方法，具有简便的优点，但只限应用于离子性表面活性剂。此方法对于有较高活性的表面活性剂准确性高，但对于 CMC 较大的表面活性剂灵敏度较差。过量的无机盐存在会大大降低测定灵敏度。

3. 光谱法

利用某些具有光学特性的油溶性物质作为探针来探明溶液中开始大量形成胶团的浓度是此类方法的共同原理。

利用某些染料在水中和在胶团中的颜色有明显差别的性质，采用滴定的方法测定 CMC，简便易行。实验时，先在一确定浓度大于 CMC 的表面活性剂溶液中，加入很少的染料（一般此种染料的有机离子与表面活性离子的电性相反），染料即被增溶于胶团中，呈现某种颜色。再用滴定方法以水冲稀此溶液，直至颜色发生显著变化，此时的浓度即为 CMC。只要找到合适的染料，此法非常简便。阴离子表面活性剂常用的染料为频哪氰醇氯化物和碱性蕊香红 G；阳离子表面活性剂，则常用曙红、荧光黄等。非离子表面活性剂可用频哪氰醇、四碘荧光素、碘、苯并紫红 4B 等。

目前人们又发展了更为灵敏的探针化合物和光谱方法。如芳香族化合物萘、蒽，特别是芘，它们增溶后荧光光谱有明显变化。利用这种特性，不仅可以测定临界胶束浓度，还可以探知胶束不同部位的微极性，在胶束研究中有重要意义。

4. 增溶法

此法使用可增溶于胶束中的烃类化合物或不溶性染料作为探针化合物，将之加入表面活性剂溶液中，若溶液浓度在 CMC 以下，烃类一般不溶或不随浓度改变，摇动时将出现浑浊；到达 CMC 以上，则溶度剧增，此即不溶物在表面活性剂溶液中的增溶作用。当探针化合物增溶于胶束中时，溶液变为清亮。此时表面活性剂的浓度为其临界胶束浓度。测定时可以目测，也可以使用光度计测定透光率，作透光率～浓度曲线确定突变点。

5. 光散射法

光线通过表面活性剂溶液时，如果溶液中有胶束存在，则一部分光线将被胶束所散射，将散射光强度对表面活性剂浓度作图，在到达 CMC 时，光散射强度将急剧上升，因此曲线转折点即为 CMC。利用光散射法还可测定胶束的形状和大小（水合半径）、聚集数以及推测胶束上的电荷量等。但测定时要求溶液非常干净，任何尘埃质点都会有显著影响。

目前，还有许多现代仪器方法测定 CMC，如荧光光度法、核磁共振法、导数光谱法等。

四、亲水/亲油平衡值

表面活性剂的应用非常广泛，如润湿、起泡、消泡、乳化、破乳、加溶、稳定和絮凝等等。在实际工作中如何选择合适的表面活性剂以满足人们的需要是一个非常重要的问题。但遗憾的是至今仍然缺乏具有普遍意义的理论，主要靠经验。格里芬（Griffin）提出了亲水亲油平衡值（hydrophile - lipophile balance values）即 HLB 值的概念，用以表示表面活性剂分子亲水性与亲油性的相对强弱，并作为选择不同用途的表面活性剂的参考标准。对于含有聚氧乙烯基的非离子表面活性剂，HLB 可以用式（7-59）进行计算。

$$\text{HLB}=\frac{\text{亲水基质量}}{\text{亲水基质量}+\text{亲油基质量}}\times 20 \tag{7-59}$$

为此，把完全是亲水基的聚乙二醇定为 HLB=20，把完全没有亲水基的石蜡定为 HLB=0，其他非离子表面活性剂的 HLB 介于 0～20 之间。表面活性剂的 HLB 值越大，表明其亲水性越强；HLB 值越小，说明其亲油性越强。图 7-25 列出了表面活性剂的 HLB 值与性质的对应关系。

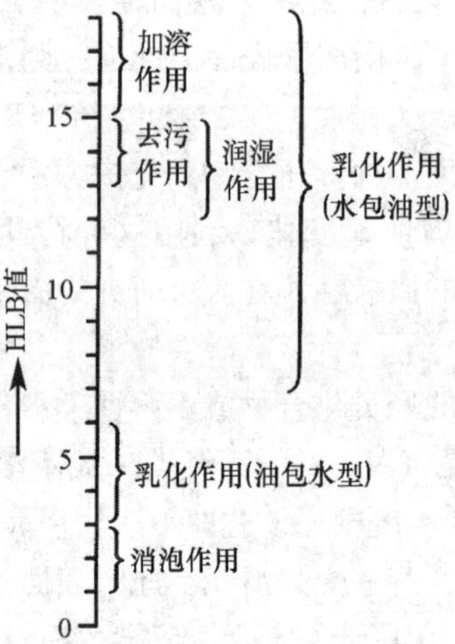

图 7-25 表面活性剂的 HLB 值与性质的对应关系

后来，又将这一方法扩展到离子型表面活性剂，并规定强亲水性的十二烷基硫酸钠（SDS）的 HLB=40。

当一种表面活性剂的 HLB 值不能满足要求时，可以选用两种不同 HLB 值的表面活性剂混合使用。混合表面活性剂的 HLB 值可按式（7-60）计算。

$$\text{HLB}=\frac{\text{HLB}_1\times W_1+\text{HLB}_2\times W_2}{W_1+W_2} \tag{7-60}$$

式中，W_1、W_2分别为表面活性剂 1、2 的质量；HLB_1、HLB_2 分别为它们的 HLB 值。

例如，某混合表面活性剂含司盘 80 为 45kg，其 HLB 值为 4.3；含吐温 80 为 55kg，其 HLB 值为 15.0，混合表面活性剂的 HLB 值可以按式（7-60）计算如下。

$$HLB=\frac{4.3\times45+15.0\times55}{45+55}=10.2$$

表面活性剂 HLB 值的加合性并不十分严格，其偏差为 1 左右。这一误差并不影响它实际应用。

戴维斯（Davles）则提出了利用根据分子中各基团的 HLB 值计算表面活性剂 HLB 值的方法。他把表面活性剂分子分解为一些基团，每一基团都对分子的 HLB 值有确定的贡献。由实验得出各个基团的 HLB 值（称为 HLB 基数）列在表 7－5 中。把它们代入下式，就可以计算出各种表面活性剂的 HLB 值。

$$HLB=7+\sum H+\sum L$$

式中，H 为亲水基团的基数，L 为亲油基团的基数。

例如，对于十六醇 $C_{16}H_{33}OH$，用上式计算出的 HLB 值为

$$HLB=7+\sum H+\sum L=7+16\times(-0.475)+1.9=1.3$$

戴维斯方法应用很方便，只要知道了表面活性剂的结构，就可以计算出它的 HLB 值。但是该法对聚氧乙烯醚类表面活性剂，计算结果偏低。

表 7－5　亲水基团和疏水基团的基数

亲水基	H	疏水基	L
$-SO_4Na$	38.7	$—CF_2—$	-0.870
$-COOK$	21.1	$—CH_3$	-0.475
$—COONa$	19.1	$—CH_2—$	-0.475
$—SO_3Na$	11	$—CH—$	-0.475
—N（叔胺）	9.4	$—CH=$	-0.475
—酯（失水山梨醇环中）	6.8	$—C_3H_6O—$	-0.15
—COO（R）	2.4	$—C_2H_4O—$	-0.33
—COOH	2.1	$—CF_3$	-0.870
—OH（游离）	1.9		
—OH（失水山梨醇环中）	0.5		
—O—	1.3		
$—C_2H_4O—$	0.33		

HLB 值在一定程度上反映了表面活性剂的亲水亲油性能，因而它是选择表面活性剂的重要依据。但是，由于确定 HLB 值的方法比较粗糙，所以在工作中单用这种方法来确定最合适的表面活性剂是很不够的，还需结合表面活性剂的其他性质来考虑。

五、表面活性剂的应用

由于表面活性剂在界面上的定向吸附使界面张力降低以及在溶液中形成胶团等独特的性质使其在药物制剂、临床医学、轻工、食品等方面具有重要的实际应用价值。下面介绍表面活性剂的几种重要作用。

（一）润湿作用

在水中加入少量表面活性剂会显著改善水对固体表面的铺展或润湿效果，表面活性剂的这种作用称为润湿作用。具有润湿作用的表面活性剂称为润湿剂。例如把水滴在石蜡上，水对石蜡几乎不润湿。若在水中加入表面活性剂，石蜡就被水所润湿。润湿剂的HLB值一般在7－11之间。

表面活性剂润湿作用的实质是其分子定向吸附于液－固界面，其非极性基朝向非极性固体表面，极性基伸向液体，形成吸附层，改变了固体表面的性质，降低了液－固界面张力。由杨氏方程知，这时接触角变小，润湿作用增强。

表面活性剂的润湿作用在药物制剂方面有重要的应用。（详见本章第四节）

（二）乳化作用

两种或两种以上不互溶或部分互溶的液体形成的分散系统称为乳状液，形成乳状液的过程叫做乳化。乳状液是热力学不稳定系统，为使其能相对稳定地存在较长时间，需加入稳定剂。这种稳定剂又称作乳化剂。乳化剂对乳状液的稳定作用称为乳化作用。乳化剂分子定向吸附在液－液界面上，一方面降低系统界面张力，另一方面在液滴周围形成具有一定机械强度的保护膜或者形成具有静电斥力的双电层，使乳状液稳定。乳化剂的种类较多，表面活性剂是其中重要的一类。HLB值在8～18之间的乳化剂，如吐温类、水溶性单价金属皂、RN（CH_2）$_3$Cl、卵磷脂、植物胶等，可以稳定O/W型乳状液；HLB值在3～8之间的乳化剂，如高级醇类、司盘类、二价金属皂等，可以稳定W/O型乳状液。

有时在实际工作中由于缺少某一合适HLB值的乳化剂，可以考虑使用混合乳化剂来达到所要求的HLB值。

（三）起泡作用

气相高度分散在液相中，形成各个气泡彼此被液膜隔开的集合体，称为泡沫。要得到稳定的泡沫必须加入作为起泡剂的表面活性剂。一般起泡剂具有如下特性：

（1）降低表面张力，定向吸附在液膜表面；

（2）具有适当表面黏度以增强膜的机械强度，膜表面形成双电层，使膜稳定。

作为良好的起泡剂，其分子中的疏水基与亲水基比例应大致相当。作为起泡剂的非离子型表面活性剂的HLB值一般在8～18。起泡剂的碳氢链宜长，有利形成坚固泡膜。如，皂素类、蛋白质类和合成洗涤剂等。起泡剂可用于泡沫浓缩、泡沫分离纯化、泡沫浮选、泡沫灭火、泡沫隔热。X光透视胃肠时，用起泡剂使胃充气扩张，以便检查。

（四）增溶作用

表面活性剂在水溶液中使难溶性有机物溶解度增加的作用称为增溶（solubilization），具有增溶作用的表面活性剂称为增溶剂，被增溶的物质叫增溶质。增溶作用是一种比较普通的现象，它在药物制剂中应用很广泛，例如煤酚在水中的溶解度仅有3%，但在肥皂溶液中却能增溶至50%左右，这就是“煤酚皂溶液”。

表面活性剂的增溶作用与其在溶液中形成胶束直接有关，因为在临界胶束浓度之前观察不到增溶现象，只有在CMC之后才有明显的增溶作用发生，而且表面活性剂的浓度越大，胶团量越多，增溶效果越显著。

研究表明，不同结构的增溶质，被增溶的方式也不相同，大体有以下几种类型：①无极性基的饱和碳氢化合物主要被增溶于胶团的内核（图7-26a）。②极性长链有机物如正醇类、胺等，其分子与胶团的表面活性剂分子一起以交错排列的形式而溶解，犹如混合胶团（图7-26b）。③某些不易溶于水和非极性烃的有机物如苯二甲酸二甲酯、甲苯以及一些染料以“吸附”于胶团“表面”的形式溶解（图7-26c）。④较易极化的有机化合物如苯、乙苯等，增溶于非离子表面活性剂胶团的聚氧乙烯“外壳”中。这是这类表面活性剂胶团具有的一种特殊增溶方式（图7-26d）。

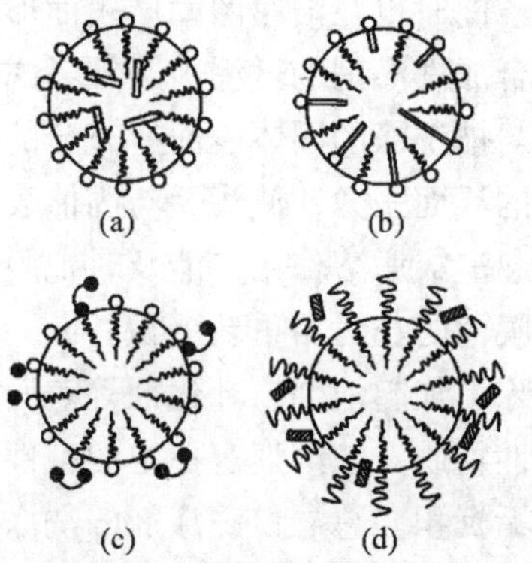

图7-26　增溶的几种方式

增溶作用具有以下热力学特点：①增溶后增溶质的化学势大大降低，形成稳定的热力学均相体系；②增溶作用是一可逆平衡过程；③增溶作用与真正的溶解不同，后者可以使溶液的依数性明显改变，而前者对溶液的依数性影响甚小。这表明在增溶过程中，增溶质并未被拆成分子或离子，而是“整团”地溶解于表面活性剂水溶液的胶团之中，所以增溶所得的溶液不是真溶液。

选用增溶剂时，要求表面活性剂偏重于亲水性，其HLB值在15以上，而且碳链应长而直，以利于形成胶团。

在药物制剂中，目前已广泛应用表面活性剂的增溶作用来增加难溶药物在水中的溶解度。由于无毒性（或低毒性）的非离子表面活性剂的发展，增溶作用的应用范围越来越广，不只用于注射用溶液。现在，油溶性维生素、激素、抗生素、生物碱、挥发油等许多有机化合物都可经增溶制得相应制剂。例如常温下维生素A和D都极不稳定，容易氧化失效。经采用非离子表面活性剂增溶后，由于它们被包封于胶团内部，与氧隔绝，使分子上的不饱和位置受到保护，不仅增加了溶解度，而且能防止被氧化，从而增加了使用期限。又如不少中草药注射液，贮存一定时间后析出少量不溶物，造成澄明度不合格。如果在制备时加入1%～2%的吐温80作增溶剂，往往可以改善其澄明度。

当然，在选择药物的增溶剂时应慎重，尤其是用作内服制剂的表面活性剂必须是无毒的，医疗上允许的。外用药所用的表面活性剂也不能对皮肤有明显的刺激性；至于注射剂所用增溶剂要求则更为严格。

（五）洗涤作用

洗涤作用指在机械的搅动下从浸在洗涤剂水溶液的固体表面清除污垢的过程。表面活性剂的洗涤作用是一个比较复杂的过程。它与上面讨论的润湿、乳化、起泡、增溶等作用都有关系。

用作洗涤剂的表面活性剂的 HLB 值一般为 13 ~ 16。污垢一般由油脂和灰尘等物组成。将带有污垢的固体浸入含有洗涤剂的水中，洗涤剂的疏水基团吸附在污垢和固体表面，降低了污垢与水以及固体表面与水的界面张力，使污垢与固体表面的粘附作用减弱，然后用机械搅拌等方法使污垢从固体表面脱落。洗涤剂分子在污垢周围形成吸附膜而悬浮在溶液中。洗涤剂分子同时也在洁净的固体表面形成吸附膜而防止污垢重新在固体表面的沉积。所以在制备合成洗涤剂的过程中必须考虑以下几个因素：①洗涤剂必须具有良好的润湿性能，使它与被洗涤的固体表面有充分的接触；②洗涤剂能有效地降低被清洗固体与水及污垢与水的界面张力，使污垢与固体表面的粘附作用减小而使污垢容易脱落；③洗涤剂有一定的起泡或增溶作用，能及时把脱落的污垢分散；④洗涤剂能够在洁净的固体表面形成保护膜而防止污垢重新沉积。

所以，在合成洗涤剂中除了加起泡剂、乳化剂等表面活性物质外，还要加入一些硅酸盐、焦磷酸盐等非表面活性物质，使溶液有一定的碱性，增强去污能力，同时也可防止清洁的固体表面重新被污垢沉积。总之，洗涤剂的洗涤作用是综合发挥了表面活性剂的润湿、吸附、乳化、分散、悬浮、起泡、增溶、降低表面张力等功能，才显示出洗涤的良好效果。近几十年来，用烷基硫酸盐、烷基芳基磺酸盐及聚氧乙烯型非离子表面活性剂等作原料制成的各种洗涤剂工业迅速发展。

第八节　固体表面的吸附

和液体表面一样，固体表面上原子（或分子）受其周围原子（或分子的作用力也是不对称的，所处力场是不饱和的，有吸引其他分子的能力。在这种力的作用下，固体周围的气体或液体中的分子或离子自发地附着于固体表面的现象称为吸附（adsorption）。具有吸附能力的固体称为吸附剂（adsorbent），被吸附的物质称为吸附质（adsorbate）。固体的比表面积越大，吸附现象越明显。吸附是固体表面最重要的性质之一。分离提纯混合物、净化空气、滤毒、催化、药物中毒急救以及色谱分析等都与固体的吸附密切相关。因此，了解固体表面对于气体和液体的基本作用规律是非常重要的。

一、物理吸附与化学吸附

按固体表面对被吸附气体分子作用力的不同，可将吸附分为物理吸附和化学吸附两种类型。

固体表面与被吸附分子之间由于范德华引力而引起的吸附是物理吸附，物理吸附无选择性，任何吸附质都能在任何吸附剂表面上吸附，只是吸附量有所不同。物理吸附的吸附速率和解吸速率都很大，因此吸附可以很快达到平衡。物理吸附的吸附热在数值上与气体的液化热相近，一般为每摩尔几百焦，最多不超过几千焦，因而只有气体低于它们的临界温度时物理吸附才是明显的。而化学吸附类似于化学反应，吸附后吸附质分子与吸附剂表面分子之间形成了化学键，因而化学吸附具有选择性。一般讲，化学吸附的速率比物理吸附慢得多，随着温度升高，吸附速率加快。化学吸附是不可逆吸附，已被吸附的吸附质分子比较稳定，难以解吸除去。表 7－6 列出两种吸附的差异。

表 7－6　物理吸附和化学吸附的差别

	物理吸附	化学吸附
吸附力	范德华力	化学键力
吸附热	较小，近于液化热（$0 \sim 20kJ \cdot mol^{-1}$）	较大，近于反应热（$80 \sim 400kJ \cdot mol^{-1}$）
吸附选择性	无选择性	有选择性
吸附稳定性	不稳定，易解吸	比较稳定，不易解吸
吸附层	单分子层或多分子层	单分子层
吸附速率	较快，不需要活化能	较慢，需活化能
吸附温度	较低（低于临界温度）	相当高（远高于沸点）
吸附层结构	基本同吸附质分子结构	形成新的化合态
吸附可逆性	可逆	不可逆（解吸物性质常不同于吸附质）

物理吸附和化学吸附并不是绝对分开的，往往相伴发生。一般来说，物理吸附是化学吸附的前奏，如果没有物理吸附，许多化学吸附将变得极慢，实际上不能发生。

在给定的温度和压力下，固体表面发生的物理吸附和化学吸附都是自发进行的，因此 $\Delta G<0$。当吸附质分子被吸附到固体表面后，分子运动的自由度减少了，所以 $\Delta S<0$。根据热力学基本关系式 $\Delta G=\Delta H-T\Delta S$ 可以推知，$\Delta H<0$。因此，吸附是一放热过程（有时例外）。吸附热是表示吸附剂对吸附质吸附能力的一个物理量，吸附热的大小取决于吸附作用力的性质、吸附键的类型及强度等。因此，化学吸附热大于物理吸附热。

二、吸附曲线

吸附量是吸附研究中最重要的参数，通常指吸附平衡时，单位质量吸附剂所能吸附气体的物质的量 x 或这些气体在标准状况下所占的体积 V，以 Γ 表示，即 $\Gamma=x/m$ 或 $\Gamma=V/m$，其中 m 为吸附剂的质量。显然，对于气体在固体表面上的吸附，吸附量是吸附质、吸附剂的性质及其相互作用、吸附平衡时的压力和温度的函数。当吸附质、吸附剂固定后，吸附量只与温度和压力有关。在吸附量、温度、压力三个参数中，为了不同的研究目的，常恒定其中某个参数，考查其他两个参数之间的关系，它们的关系曲线称为吸附曲线。如：

若 T＝常数，则 $\Gamma=f(p)$，称为吸附等温线（adsorption isotherm）；

若 p＝常数，则 $\Gamma=f(T)$，称为吸附等压线（adsorption isobar）；

若 Γ＝常数，则 $p=f(T)$，称为吸附等量线（adsorption isostere）。

其中，吸附等温线是三种吸附曲线中最常用的。Brunauer 等根据大量的气体吸附实验结果，将气体吸附等温线分为五种基本类型（图 7－27）。图中 p^* 表示在吸附温度下，吸附质的饱和蒸气压。

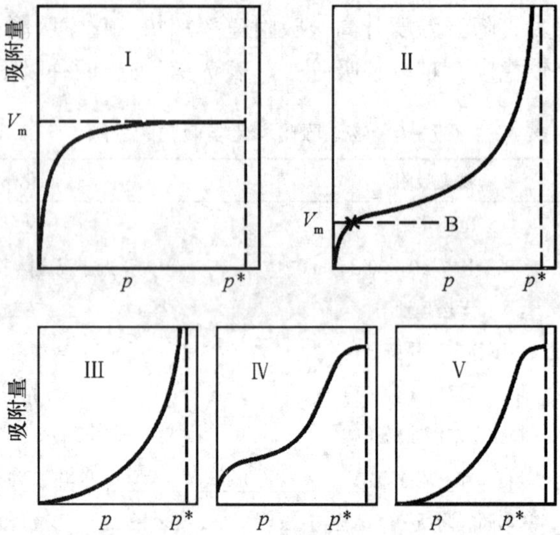

图 7-27　气体吸附等温线的五种基本类型

通常认为类型Ⅰ是单分子层吸附。如常温下氨在炭上的吸附、氯乙烷在炭上的吸附等。化学吸附通常是单分子层吸附，一般在远低于 p^* 时，固体表面就吸满了单分子层，即使压力再增大，吸附量也不再增加，即吸附达到饱和。

类型Ⅱ～Ⅴ是多分子层吸附，类型Ⅱ称为 S 型吸附等温线。这种类型的吸附，在低压时形成单分子层，随着压力的增加，开始产生多分子层吸附。图中 B 点是低压下曲线的拐点，认为这时吸满了单分子层，这就是用 B 点法计算比表面的依据。

类型Ⅲ的吸附等温线比较少见。从曲线可以看出，一开始就是多分子吸附层，如低温下（135.5～223.2K）溴在硅胶上的吸附。类型Ⅱ和Ⅲ的吸附等温线，当压力接近于 p^* 时，曲线趋于纵轴平行线的渐近线。这表明在固体粉末样品的颗粒间产生了吸附质的凝聚，所以当压力接近于 p^* 时，吸附层趋于无限厚，吸附量趋于无穷大。

类型Ⅳ表示在低压下形成单分子层，然后随着压力的增加，由于吸附剂的孔结构中产生毛细凝聚，所以吸附量急剧增大，直到吸附剂的毛细孔装满吸附质后，吸附达到饱和。

类型Ⅴ表示在低压下就形成多分子层吸附，然后随着压力增加，开始出现毛细凝聚，它与类型Ⅳ一样，在较高压力下吸附量趋于极限值。所以类型Ⅳ和Ⅴ的吸附等温线反映了多孔性吸附剂的孔结构。

因此，由吸附等温线的类型可以得到一些有关吸附剂表面性质、孔的分布以及吸附质和吸附剂相互作用等方面的信息。

三、弗罗因德利希吸附等温式

为了描述各种类型的吸附等温线，人们提出了多种吸附模型和吸附等温式。其中最早提出的一个吸附方程式是 Freundlich 吸附等温式。图 7-28 是在不同温度下测得的一氧化碳在炭上的吸附等温线。从图中可以看出，在低压范围内压力与吸附量呈线性关系。压力增高，曲线逐渐弯曲。测定乙醇在硅胶上的等温线，也得到与此相类似的结果。

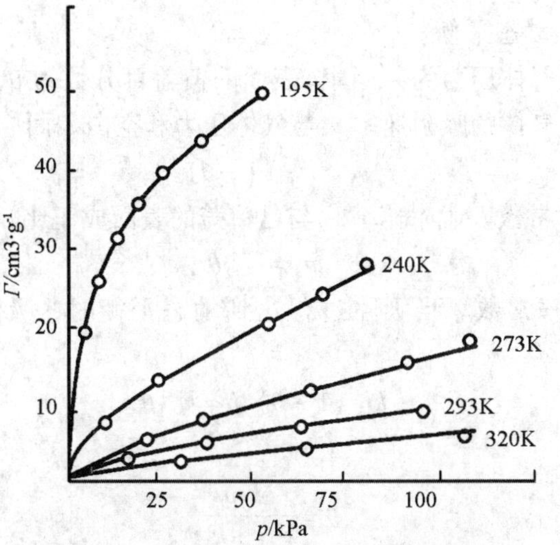

图 7-28 一氧化碳在炭上的吸附等温线

弗罗因德利希（Freundlich）归纳这些实验结果，总结出 Freundlich 吸附等温式

$$\frac{x}{m}=kp^{\frac{1}{n}} \tag{7-61}$$

式中，$\frac{x}{m}$代表在平衡压力 p 时的吸附量；k 和 n 是与吸附剂、吸附质种类以及温度等有关的常数，$\frac{1}{n}$值在 0~1 之间。

将式（7-65）两边取对数得

$$\ln\frac{x}{m}=\ln k+\frac{1}{n}\ln p$$

以 $\ln\frac{x}{m}$对 $\ln p$ 作图，可得一直线。由直线斜率和截距可求得 n 及 k 值。弗罗因德利希等温式形式简单，使用方便，但它仅适用于图 7-28 中类型 I 等温线中间部分的吸附情况，其经验式中的常数 k、n 没有明确的物理意义，也不能由该式说明吸附机理，特点是没有饱和吸附量。

四、兰格缪尔吸附等温式

Langmuir（兰格缪尔）在 1916 年从动力学角度出发得出了吸附等温式，它至今仍然被广泛地应用。该理论的基本假定是：

（1）气体在固体表面的吸附是单分子层的。因此，只有当气体分子碰撞到固体的空白表面上时才有可能被吸附，已经吸附了气体分子的固体表面则不再吸附其他气体分子；

（2）固体表面是均匀的，各处吸附能力相等，不随覆盖程度而改变；

（3）被吸附分子之间无相互作用，故气体的吸附、脱附不受周围被吸附分子的影响；

（4）吸附平衡是动态平衡。

一定温度下，设气体压力为 p，固体表面的覆盖百分数为 θ，则（$1-\theta$）为空白表面的百分数。显然，气体的吸附速率 ν_a 与气体压力和空白表面成正比，即

$$\nu_a = k_1(1-\theta)p \tag{7-62}$$

式中，k_1 是吸附速率常数。脱附速率 ν_d 与已覆盖的表面成正比，即

$$\nu_d = k_{-1}\theta \tag{7-63}$$

式中，k_{-1} 是脱附速率常数。当吸附过程达到动态平衡时，吸附速率等于脱附速率，所以

$$k_1(1-\theta)p = k_{-1}\theta$$

于是

$$\theta = \frac{k_1 p}{k_{-1} + k_1 p}$$

令 $k_1/k_{-1} = b$，则上式简化为

$$\theta = \frac{bp}{1+bp} \tag{7-64}$$

式中，b 为吸附平衡常数（也称为吸附系数），其值代表了固体表面吸附气体的能力。式（7-64）称为兰格缪尔吸附等温式，它定量地描述了表面覆盖率（与平衡压力 p 之间的关系。

（1）当吸附很弱或压力很低时，$bp \ll 1$，则 $\theta \approx bp$，即 θ 与 p 呈线性关系，所以吸附等温线的开始阶段接近一直线。

（2）当吸附很强或压力足够高时，$bp \gg 1$，则 $\theta \approx 1$，即 θ 与 p 无关。这相当于吸附剂表面全部被吸附质分子所覆盖。因此，吸附等温线的末端趋近于水平线。

（3）当压力适中时，吸附等温线为一斜率随平衡压力增大而逐渐减小的曲线。

兰格缪尔吸附等温式只适用于单分子层吸附，它能较好地表示单分子层吸附在不同平衡压力范围内的特征。兰格缪尔吸附等温式的 $\theta \sim p$ 曲线见图 7-29。

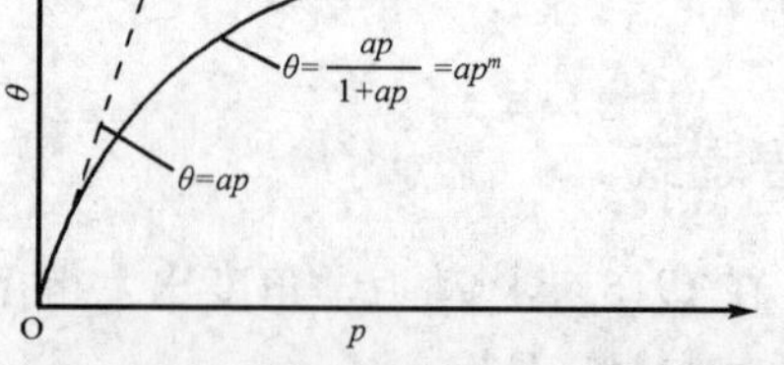

图 7-29　兰格缪尔吸附等温线

若以 V_m 或 Γ_m 表示固体表面吸满单分子层时的吸附量，即饱和吸附量，V 或 Γ 表示压力为 p 时的平衡吸附量，则 $\theta = V/V_m$（或 $\theta = \Gamma/\Gamma_m$），将此关系代入式（7-64），则

$$V/V_m = bp/(1+bp) \quad 或 \quad \Gamma/\Gamma_m = bp/(1+bp)$$

$$V = V_m bp/(1+bp) \quad 或 \quad \Gamma = \Gamma_m bp/(1+bp) \tag{7-65}$$

上式可改写为

$$\frac{p}{V} = \frac{1}{V_m b} + \frac{p}{V_m} \quad 或 \quad \frac{p}{\Gamma} = \frac{1}{\Gamma_m \mathrm{b}} + \frac{p}{\Gamma_m} \tag{7-66}$$

这是兰格缪尔吸附等温式的另一种形式。若以 p/V 或 p/Γ 对 p 作图可以得到一条直线，从直线的斜率和截距可以求出单分子层的饱和吸附量 V_m 或 Γ_m。

兰格缪尔吸附等温式属于图 7-28 第Ⅰ种类型，是一理想的吸附公式，在应用时会出现偏差。但它仍是吸附理论中的一个重要的基本公式，是其他吸附理论的基础。

例 7-4　用活性炭吸附 $CHCl_3$，符合兰格缪尔吸附等温式，在 273K 时的饱和吸附量为 $9.38\times10^{-2}m^3\cdot kg^{-1}$。已知 $CHCl_3$ 在分压为 13.4kPa 时的平衡吸附量为 $8.25\times10^{-2}m^3\cdot kg^{-1}$。试计算：

（1）兰格缪尔吸附等温式中的常数 b。

（2）$CHCl_3$ 的分压为 6.67kPa 时的平衡吸附量。

解：(1)

$$\theta = \frac{V}{V_m} = \frac{bp}{1+bp}$$

$$b = \frac{V}{p(V_m - V)} = \frac{8.25\times10^{-2}}{13.4\times(9.38-8.25)\times10^{-2}} = 0.545(\mathrm{kPa})^{-1}$$

(2)

$$V = \frac{V_m bp}{1+bp} = \frac{9.38\times10^{-2}\times0.545\times6.67}{1+0.545\times6.67} = 7.36\times10^{-2}\mathrm{m^3\cdot kg^{-1}}$$

五、BET 吸附等温式

1938 年，Brunauer、Emmet 和 Teller 三人在 Langmuir 单分子层吸附理论的基础上提出了多分子层的气固吸附理论，简称 BET 吸附理论。

BET 理论在兰格缪尔理论的基础上补充了三个新的假定：①吸附是多分子层的；②除第一吸附层外，其他各层的吸附热都等于吸附质的液化热；③吸附分子的蒸发和凝聚只发生在最外层。依据多分子层吸附理论，当固体表面吸附了一层分子后，可通过范德华力继续进行多层吸附（见图 7-30）。在一定温度下，吸附达到平衡时，气体的吸

附量等于各层吸附量的总和。

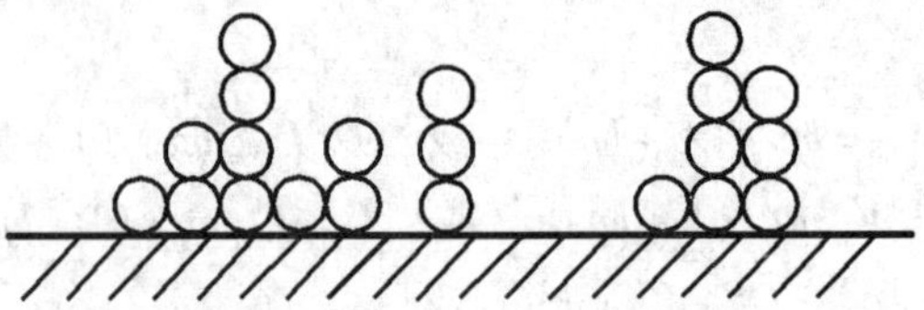

图 7-30 多层吸附示意图

根据上述多分子层吸附模型，经过严格的数学推导，得到了 BET 吸附等温方程，即

$$V=\frac{V_{m}Cp}{(p*-p)\left[1+(C-1)\frac{p}{p^{*}}\right]} \tag{7-67}$$

式中，V 是平衡压力为 p 时的吸附量；V_m 是吸附剂表面吸满单分子层时的吸附质的吸附量（换算为标准状况下的体积）；$p*$ 是实验温度时吸附质的饱和蒸气压；C 是与吸附热有关的常数，由于式中含有 C 和 V_m 两个常数。所以式（7-67）又称 BET 二常数公式。BET 公式适用于单分子层吸附以及多分子层吸附，可以描述图 7-27 中Ⅰ~Ⅲ型吸附等温线。BET 公式的重要应用是测定和计算固体吸附剂的比表面 a_m（即单位质量吸附剂所具有的表面积）。

将式（7-71）整理，可得到如下直线方程。

$$\frac{p}{V(p^{*}-p)}=\frac{1}{V_{m}C}+\frac{(C-1)p}{V_{m}Cp^{*}} \tag{7-68}$$

以 $\frac{p}{V(p^{*}-p)}$ 对 $\frac{p}{p^{*}}$ 作图得一直线。斜率 = $(C-1)/V_mC$，截距 = $1/V_mC$，联立二式可得

$$V_{m}=\frac{1}{\text{斜率}+\text{截距}}$$

如果已知吸附质分子的截面积 A，就可以计算固体吸附剂的比表面 a_m，

$$a_{m}=\frac{V_{m}L}{22.4\times10^{-3}}\cdot\frac{A}{m} \tag{7-69}$$

式中，m 是吸附剂的质量；L 为 Avogadro 常数。

由于固体吸附剂和催化剂的比表面是吸附性能和催化性能研究中的重要参数，所以测定固体比表面十分重要。目前，利用 BET 公式测定、计算比表面的方法被公认为是所有方法中最好的一种，其相对误差一般在 10% 左右。现在普遍采用横截面积已知的 N_2 或其他吸附分子作标准。

例 7-5 273.15K 时测得不同压力下丁烷在某吸附剂上的吸附量数据如下（已换算成标准状况下的体积）。

$p\times133.3^{-1}$/Pa	56.39	89.47	125.22	156.61	176.30	187.46
$V\times10^6/m^3$	17.09	20.62	23.74	26.09	27.77	28.30

已知273.15K时丁烷的饱和蒸气压 $p^*=774.4\times133.3$Pa，每个丁烷分子的横截面积 $A=4.46\times10^{-19}m^2$，吸附剂的质量为 1.876×10^{-3}kg。用BET方程求该吸附剂的总表面积和比表面积。

解：由已知条件算得各项数据如下。

$[p/p^*]\times10^2$	7.283	11.55	16.17	20.00	22.77	24.21
$[p/V(p^*-p)]\times10^{-3}/m^{-3}$	4.597	6.333	8.128	9.714	10.61	11.29

以 $p/V(p^*-p)$ 对 p/p^* 作图，得图7－31。

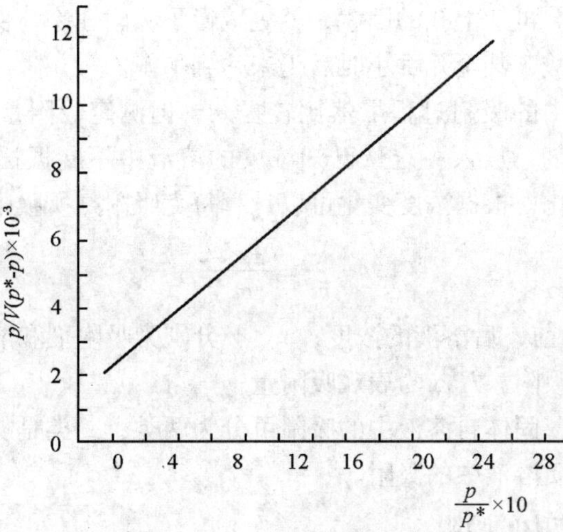

图7－31　丁烷在吸附剂上的吸附

由图求得直线的截距 $=1.65\times10^3m^{-3}$，斜率 $=39.31\times10^3m^{-3}$。由斜率和截距求得单层饱和吸附体积为

$$V_m=1/(\text{截距}+\text{斜率})=1/(1.65\times10^3+39.31\times10^3)$$
$$=2.442\times10^{-5}m^3$$

比表面积为

$$a_m=\frac{V_m L}{22.4\times10^{-3}}\cdot\frac{A}{m}$$
$$=\frac{2.442\times10^{-5}\times6.023\times10^{23}}{22.4\times10^{-3}}\cdot\frac{4.46\times10^{-19}}{1.876\times10^{-3}}$$
$$=1.561\times10^5m^2\cdot kg^{-1}$$

六、溶液中的吸附

固体自溶液中吸附比较复杂，至今尚未建立起完整的理论，主要是由于溶液中除了溶质外还有溶剂。但鉴于溶液中的吸附具有重要的意义，人们在长期的实践中也总结了一些规律。

固体对气体的吸附主要是由固体表面与气体分子之间相互作用力的强弱来决定。而固体自溶液中的吸附至少要考虑三种作用力：界面层中固体与溶质之间的作用力、固体与溶剂之间的作用力以及溶液中溶质与溶剂之间的作用力。溶液中的吸附是溶质与溶剂分子争夺固液界面的净结果。若固体表面上溶质浓度比溶液本体大，就是正吸附，反之就是负吸附。

固体在溶液中的吸附速率一般比对气体的吸附速率要慢得多，这是由于吸附质在溶液中的扩散速率要比在气体中慢。在溶液中，固体表面有一层溶液膜，溶质必须透过这层膜才能被固体所吸附。再加上孔的因素，就更减慢了吸附速率。例如，用多孔的活性炭吸附水溶液中的有机酸，甚至几百小时后仍未达到平衡。

固体吸附剂在溶液中的吸附过程虽然比较复杂，但测定吸附量的实验方法却很简便。称取一定量的吸附剂，放入一定量已知浓度的溶液中不断振摇，当吸附达到平衡后，测定溶液浓度的变化，根据浓度变化可以计算每克吸附剂所吸附溶质的量 $\Gamma_{表观}$。

$$\Gamma_{表观}=\frac{x}{m}=\frac{c_0-c}{m}V \tag{7-70}$$

式中，c_0、c 分别为吸附前、后溶液的浓度；m、V 分别为吸附剂和溶液的体积。由于上述计算并未考虑溶剂的吸附，$\Gamma_{表观}$ 为表观吸附量。

根据吸附质的不同，固体自溶液中的吸附可分为两类：一类是从非电解质溶液中的吸附；另一类是从电解质溶液中的吸附。

（一）非电解质溶液中的吸附

实验表明，固体在非电解质稀溶液中的吸附时，常见的吸附等温线有以下 3 种类型（见图 7-32）。

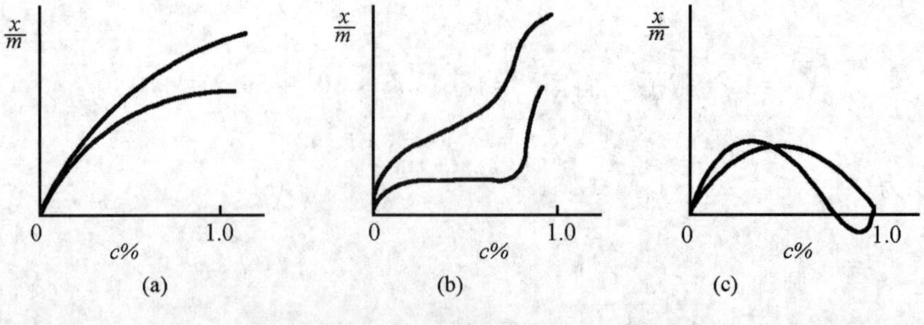

图 7-32 不同类型固-液吸附等温线

图 7-32 中的 a 型是单分子层吸附等温线，曲线的形状与气-固吸附等温线的类型Ⅰ（图 7-27）相似，因此可用兰格缪尔吸附等温式进行描述，只是假设的条件有所

不同，这时把溶质的吸附单分子层看作是二维空间的理想溶液。高岭土从水溶液中吸附番木鳖、奎宁、阿托品；糖炭从水中吸附酚、苯胺、丁醇、戊醇；SiO_2、TiO_2 自苯中吸附硬脂酸等均属于这一类型的吸附，因而都可以用兰格缪尔吸附等温式处理。但是由于固-液吸附等温线只是形式上与气-固吸附等温线相似，所以这时兰格缪尔等温式只是用作经验式，而且要把压力 p 换成浓度 c，即

$$\Gamma = \Gamma_{\mathrm{m}} \frac{bc}{1 + bc} \tag{7-71}$$

式中，Γ_{m} 为单分子层饱和吸附量；c 是吸附平衡时溶液的浓度；b 是与溶质和溶剂的吸附热有关的常数。

另外，还有些固-液吸附等温线虽然属于 a 型，但可用弗罗因德利希吸附等温方程来描述，但是把压力 p 换成浓度 c，可得

$$\frac{x}{m} = kc^{\frac{1}{n}}$$

活性炭从水中吸附低级脂肪酸、醇，血炭自水中吸附溴、酚、琥珀酸以及从苯中吸附苯甲酸等都可以用这一经验式处理。

图 7-32 中的 b 型吸附等温线情况比较复杂，具有多分子层吸附的特征。例如，石墨自水中吸附戊酸、乙酸的等温线就属于这种类型。图 7-32 中的 c 型吸附等温线比较特殊，图中吸附量出现了负值，因而没有已知的气-固吸附等温线与之对应。这充分显示了固-液吸附的特殊性和复杂性。出现这种情况的原因是由于固体吸附剂不仅吸附溶质，也吸附溶剂，而且在某一浓度内对溶剂的吸附还大于对溶质的吸附，硅胶自苯中吸附乙醇就是如此。因此，表观法测定吸附量只适用于稀溶液。

一般说来，大多数稀溶液的固-液吸附体系都可以用兰格缪尔吸附等温式或弗伦德利希经验式处理。大量实验表明，固体自非电解质溶液中的吸附遵循以下经验规律：

（1）相似者易于吸附。极性吸附剂易于吸附极性溶质，非极性吸附剂易于吸附非极性溶质。因此，如果从水溶液中吸附苯甲酸时应当选用非极性吸附剂，如活性炭等；反之，为了从苯溶液中吸附苯甲酸，则应当选用硅胶等极性吸附剂。

（2）溶解度小者易于吸附。溶解度越低的物质，越容易被吸附。

（3）界面吉布斯函数降低多者易于吸附 使固-液界面吉布斯函数降低越多的溶质，其被吸附的量越多。例如，用活性炭吸附水溶液中的脂肪酸同系物，其吸附量随着碳链的增加而增大，原因是随着碳链的增加，脂肪酸的表面活性不断增大，因而吸附时可使固-液界面吉布斯函数降得更低，系统更加稳定。

（二）电解质溶液中的吸附

固体对电解质的吸附可以分为两类。一类是电解质的正、负离子都被吸附，如离子晶体对溶液中电解质的吸附；另一种是离子交换吸附，如离子交换树脂、黏土、沸石和分子筛等在电解质溶液中都会产生离子交换吸附。

1. 离子晶体吸附

溶液中的离子是带电荷的，所以离子从溶液被吸附到固体表面必然引起电荷的重新分布，在固体表面层范围内产生电场。例如，正离子吸附到固体表面时，会使固体表面

带正电，邻近溶液带负电，在固－液界面形成双电层，并使固体表面与溶液间产生一定的电位，这种吸附也称 Stern 层吸附。例如，当用 $AgNO_3$ 和 KI 溶液混合制取 AgI 溶胶时，若 $AgNO_3$ 过量，则 AgI 晶体表面将优先吸附 Ag^+ 而带正电，由于静电吸引，溶液中多余的 NO_3^- 较多地分布在带电表面附近，形成双电层，使得吸附离子在双电层中的浓度大于其在溶液中的浓度。

2. 离子交换吸附

如果吸附剂从溶液中吸附某种离子的同时又放出同电性的另一种离子，这种离子交换过程叫做离子交换吸附，又称离子交换。具有这种性能的吸附剂叫做离子交换剂。离子交换剂含有可供交换的阳离子或阴离子，前者称为阳离子交换剂，后者称为阴离子交换剂。因为离子交换剂是在合成树脂的网状结构中引入可与溶液中的离子起交换作用的极性基团构成的，如—SO_3H，—COOH，—$CH_2N(CH_3)_2OH$ 或—$CH_2N(CH_3)_2$ 等，成为结构上一部分是带有极性基团的固体骨架，而另一部分是可以活动的带有相反电荷的离子（如 H^+）。根据引入基团的不同，酸碱性离子交换树脂可分为强酸性、弱酸性、强碱性和弱碱性 4 种类型，它们分别适用于不同 pH 的溶液。离子交换吸附与其他形式的吸附不同，它实质上是一种复分解反应过程。因此，离子交换是以化学计量关系可逆进行的，表示如下。

阳离子交换吸附： $2NaX + CaCl_2(aq) \rightleftharpoons CaX_2 + 2NaCl(aq)$ （7－72）

阴离子交换吸附： $2XCl + NaSO_4(aq) \rightleftharpoons X_2SO_4 + 2NaCl(aq)$ （7－73）

式中，X 表示离子交换剂的一个结构单位。式（7－72）是常见的硬水软化的例子，硬水中含有 $CaCl_2$，用离子交换剂 NaX 可交换水中的 Ca^{2+} 使水软化。当其中 Na^+ 完全被 Ca^{2+} 交换后，可以用 NaCl 溶液进行再生，进行式（7－72）的逆过程，从而使离子交换剂复原。

离子交换过程都遵循一般动力学和热力学规律，离子交换速度决定于扩散过程，同时，还与静电作用力，高聚物的选择性和高聚物溶胀作用等有关。离子交换过程服从质量作用定律，以式（7－72）为例，

$$\frac{[Cax_2][Na^+]^2}{[NaX]^2[Ca^{2+}]} = K_{Ca^{2+}Na^+}$$

式中，$K_{Ca^{2+}Na^+}$ 称为离子交换常数，又称选择系数。当溶液内有两种以上同号离子时，对应于 K 值越大的离子，它的交换吸附能力就越大。

离子交换的应用十分广泛，因此人工合成的离子交换树脂得到了很快发展。离子交换剂主要用于硬水软化、海水淡化、污水处理、混合物分离、贵重金属回收等，由于离子交换剂可以再生，所以经处理后可以重复使用。

七、吸附现象的应用

在生产和科学实验中吸附作用应用很广，例如，用活性炭吸附糖水溶液中的杂质使之脱色；用硅胶或氧化铝吸附气体中的水使之干燥；用分子筛吸附混合气体中某一组分使之分离等等。

能有效的从气体或液体中吸附其中某些成分的固体物质称为固体吸附剂，其最重要

的质量指标是孔隙率和比表面积。孔的总体积与分散体系的总体积之比叫做孔隙率，它是孔性吸附剂的重要特性参数；比表面积是吸附剂的定量标准，它基本上决定着吸附剂的吸附能力，吸附效果等。下面介绍几种常见的固体吸附剂及其性能。

常用的固体吸附剂分为极性和非极性两类，典型的极性吸附剂是硅胶，而典型的非极性吸附剂是活性炭。

1. 硅胶

硅胶是典型的孔性极性吸附剂，它由结合水的氧化硅组成，其表面上含有很多硅羟基 Si—OH。当硅酸钠或硅酸钾（水玻璃）与酸相互作用时，形成多硅酸凝胶，分离掉水并烘干，制得干燥的孔性硅胶。硅胶在使用前要在 393K 下加热 24h 进行活化。根据含水量的高低可以把硅胶分为 5 级。在使用时要根据溶质、溶剂的极性以及硅胶的活性合理选择硅胶的级别。当硅胶因含水过多而失效时，可以烘后继续使用。硅胶具有优良的吸水性能，因此常用作仪器、设备的干燥剂，也可用于提纯生物碱、强心苷等药物。所以，按其用途不同又可分为变色硅胶、色谱分析用硅胶等。

2. 活性炭

活性炭是一种性能优良应用非常广泛的非极性吸附剂。根据原料来源的不同，活性炭可以分为植物炭、动物炭和矿物炭 3 类。矿物炭主要用于吸附有机气体、臭味以及净化水；植物炭、动物炭主要用于药物提取以及生产过程中的脱色、精制、吸附等，也可用于临床治疗，如解毒、血液灌流等。

活性炭的制备方法很简单，将木材、果壳、兽骨等原料在适当气流中经高温（973K）炭化，赶掉其中的易挥发性物质，就制成具有很大比表面积的活性炭，其比表面积可达 $5\times10^5 \sim 1.5\times10^6 m^2\cdot kg^{-1}$。活性炭在使用前要进行活化，以净化表面，增加比表面积。由于活性炭是一非极性吸附剂，所以宜于从水溶液中吸附非极性溶质，并且溶质的溶解度越小，越易被活性炭吸附。

3. 氧化铝

氧化铝与硅胶类似，也是一种孔性极性吸附剂。根据制备方法的不同，可以分为碱性、酸性和中性氧化铝。根据含水量的不同，氧化铝也可以分为 5 级。氧化铝是一种吸附性较强的吸附剂，它能吸附水分、NH_3、H_2S 等多种气体，也可以吸附醇和烯烃类化合物，因此，可以用作干燥剂，也可用于净化空气。另外，还常用来层析分离中草药的有效成分。

4. 分子筛

分子筛是一类能筛分分子的多孔性吸附剂。它们含有孔径均匀一致的孔隙，只允许接近或小于孔径的分子进入孔道被吸附，而大于孔径的分子则被排除在外，因此可以将不同大小的分子进行分离。这种选择性吸附过程称为分子筛作用，具有分子筛作用的这类吸附剂称作分子筛。

分子筛不仅是吸附性能很强的极性吸附性，而且具有离子交换作用。它对极性分子和不饱和分子有很高的亲和力，因而对它们具有选择吸附作用。例如，它对 H_2O、NH_3、H_2S 等极性分子有很强的吸附能力。即使在高温和低浓度体系中分子筛仍能保持很高的吸附能力。例如，高温时分子筛仍能吸附相当数量的水分，而同样温度下硅胶则几乎完全丧失了吸附水的能力。实验表明，分子筛是唯一可用于高温的吸附剂。

选择吸附分子是分子筛最突出的优点，例如5A型分子筛对正丁烷的吸附量比异丁烷大20倍左右。因此，利用分子筛的这一特性可以进行气体分离。

由于分子筛具有以上特点，所以获得了广泛的应用。它可以用于分离提纯各种气体，可以用于除去H_2S等有害废气，也可以用于提取稀有金属以及用作高效干燥剂等。

思考题与习题

1. 纯液体、溶液和固体各采用什么方法来降低表面能使系统稳定？

2. 表面张力与表面吉布斯能有哪些异同点？

3. 表面性质与什么有关？服用同样质量同样成分的药丸和药粉，哪一种的药效快？

4. 分别从力和能量的角度解释为什么气泡和小液滴总是呈球形？

5. 把大小不等的液滴封在一玻璃罩内，相当长时间后，估计会出现什么现象？

6. 在一管径不均匀的毛细管中有一些可润湿管壁的液体存在（见图7－33）。问平衡时，液体所在位置？

图7－33

7. 油在水面的铺展往往进行到一定程度便不再扩展，为什么？

8. 表面活性剂有哪些特性？

9. 干净的玻璃片表面是亲水的，用有机胺稀水溶液处理后，变成疏水的。再用有机胺溶液处理后，又变成亲水的表面。后者用水冲洗之，又变成疏水的表面，请解释这一现象。

10. 列举几例用到或常见的表面现象。

11. 1×10^{-3}kg汞分散为直径等于7×10^{-8}m的汞溶胶，试求其表面积及比表面积。（汞的密度为$13.6\times10^{3}\text{kg}\cdot\text{m}^{-3}$）

（$A_{总}=6.3\text{m}^2$；$a_v=8.57\times10^{7}\text{m}^{-1}$；$a_m=6.3\times10^{3}\text{m}^2\cdot\text{kg}^{-1}$）

12. 293.15K及1.01×105Pa下，把半径等于1×10^{-3}m的汞滴分散成半径为1×10^{-9}m的小汞滴，试求此过程环境作功多少？系统的表面吉布斯函数增加多少？已知293.15K时汞的表面张力为$484\times10^{-3}\text{N}\cdot\text{m}^{-1}$。

（$\Delta G=W'=6.08\text{J}$）

13. 将$1\times10^{-6}\text{m}^3$的油分散到盛有水的烧杯内，形成液滴半径为1×10^{-6}m的乳状液，设油/水之间的界面张力为$62\times10^{-3}\ \text{N}\cdot\text{m}^{-1}$，求分散过程所需作功多少？系统所增加的表面吉布斯函数为多少？如果加入微量的表面活性剂之后再进行分散，这时油/水间的界面张力降至$52\times10^{-3}\text{N}\cdot\text{m}^{-1}$，问此分散过程所需的功比原来减少多少？

（$W=\Delta G=186\times10^{-3}\text{J}$；减少$3\times10^{-2}$J）

14. 在一定温度下，容器中加入适量的完全不互溶的某油类和水，将一支半径为r

的毛细管垂直地固定在油－水界面之间，见图7－34。已知水能润湿毛细管壁，油则不能。导出水在毛细管中上升的高度 h 与油－水界面张力间的定量关系。

$$\left[h=\frac{2\gamma\cos\theta}{rg\ (\rho_{水}-\rho_{油})}\right]$$

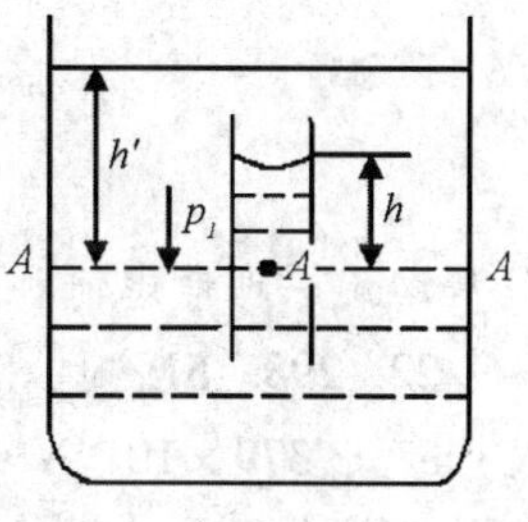

图7－34

15. 已知 $CaCO_3$ 在773.15K时的密度为 $3900kg\cdot m^{-3}$，表面张力为 $1210\times10^{-3}N\cdot m^{-1}$，分解压力为101.325kPa。若将 $CaCO_3$ 研磨成半径为30nm的粉末，求其在773.15K时的分解压力。$\left(碳酸钙的分子量为 100\times10^{-3}kg\cdot mol^{-1}\right)$

(p_r = 139.8kPa)

16. 373.15K时水的表面张力为 58.9 × 10 – 3 $N\cdot m^{-1}$，密度为 $0.9584\times10^3kg\cdot m^{-3}$，问直径为 $10^{-7}m$ 的球形凹面上，373.15K时水蒸气压力为多少？在 1.01×10^5Pa 的外压下能否从373.15K的水中蒸发出直径为 $10^{-7}m$ 的水蒸气泡？

($p_r=0.996\times10^5Pa$)

此值小于1.01×105Pa，故直径为 $10^{-7}m$ 的水蒸气泡不能从373.15K的水中蒸发出来。

17. 293.15k时，水的表面张力为72.8×10－3 $N\cdot m^{-1}$，汞的表面张力为 $484\times10^{-3}N\cdot m^{-1}$，而汞和水的界面张力为 $375\times10^{-3}N\cdot m^{-1}$，请判断：

(1) 水能否在汞的表面上铺展？

(2) 汞能否在水的表面上铺展？

(水可以在汞的表面上铺展；汞不能在水的表面上铺展)

18. 已知水的表面张力 $\gamma_{水}=72.8\times10^{-3}N\cdot m^{-1}$，已醇的表面张力 $\gamma_{醇}=24.8\times10^{-3}N\cdot m^{-1}$，已醇与水的界面张力 $\gamma_{醇-水}=6.8\times10^{-3}N\cdot m^{-1}$，已醇与水相互饱和后，则 $\gamma_{水}=28.0\times10^{-3}N\cdot m^{-1}$，$\gamma_{醇}'=\gamma_{醇}$，根据上述数据判断，(1) 已醇滴在水面上时开始与终了的形状；(2) 如果把水滴在已醇表面上，其形状如何？

(开始已醇在水面铺展，随之又缩成凸透镜状；水滴在已醇上始终不铺展)

19. 293.15K时，表面张力为 $72\times10^{-3}J\cdot m^{-2}$ 的一杯水与直径为 $2\times10^{-9}m$ 的水滴比较，二者蒸气压相差多少倍？

(1.9)

20. 在293.15K时，水和正辛烷的表面张力分别为 $72.8\times10^{-3}N\cdot m^{-1}$ 和 $21.8\times10^{-3}N\cdot m^{-1}$，且正辛烷与水的界面张力为 $50.8\times10^{-3}N\cdot m^{-1}$，试计算：

(1) 正辛烷与水之间的粘附功；

(2) 正辛烷与水的内聚功；

(3) 正辛烷在水面上的初铺展系数。

($W_{粘附}=43.8\times10^{-3}J\cdot m^{-2}$；$W_{内聚}=145.6\times10^{-3}J\cdot m^{-2}$；$S_{正辛烷/水}=43.0.2\times10^{-3}J\cdot m^{-2}$)

21. 有一杀虫剂粉末，欲分散在一适当的液体中以制成混悬喷洒剂。今有三种液体(1，2，3)，测得它们与药粉及虫体表面之间的界面张力关系如下：

$$\gamma_{粉} > \gamma_{1-粉} \qquad \gamma_{表皮} < \gamma_{表皮-1} + \gamma_1$$

$$\gamma_{粉} > \gamma_{2-粉} \qquad \gamma_{表皮} > \gamma_{表皮-2} + \gamma_2$$

$$\gamma_{粉} < \gamma_{3-粉} \qquad \gamma_{表皮} > \gamma_{表皮-3} + \gamma_3$$

试从润湿原理考虑何种液体最适宜，为什么？

22. 293.15K 时，乙醚－水，汞－乙醚及汞－水的界面张力分别为 10.7×10^{-3} $N\cdot m^{-1}$，$379\times10^{-3} N\cdot m^{-1}$，$375\times10^{-3}$ $N\cdot m^{-1}$，在乙醚与汞的界面上滴一滴水，试求其接触角。

($\theta=68°$)

23. 用毛细上升法测定某液体的表面张力。此液体的密度为 $0.790g\cdot cm^{-3}$，在半径为 0.235mm 的玻璃毛细管中上升的高度为 $2.56\times10^{-2}m$。设此液体能很好地润湿玻璃，试求此液体的表面张力。

($\gamma=2.33\times10^{-2}N\cdot m^{-1}$)

24. 有一表面活性剂稀溶液，测得表面张力 γ 与其浓度 c 之间的关系为 $\gamma=72\times10^{-3}-1000\times10^{-6}c$，求该表面活性剂在 298.15K，浓度为 $0.01\times10^3 mol\cdot m^{-3}$ 时的表面吸附量。

($\Gamma=4.03\times10^{-6}mol\cdot m^{-2}$)

25. 298.15K，乙醇的表面张力（与其浓度 c 的关系符合下式：

$$\gamma=72\times10^{-3}-0.5\times10^{-6}c+0.2\times10^{-9}c^2$$

试计算浓度为 $0.5\times10^3 mol\cdot m^{-3}$ 时乙醇溶液的表面吸附量。

($\Gamma=6.05\times10^{-8}mol\cdot m^{-2}$)

26. 292.15K 时，丁酸水溶液的表面张力可以表示为 $\gamma=\gamma_0-a\ln(1+bc)$ 式中 γ_0 为纯水的表面张力，a 和 b 为常数。

（1）求该溶液中丁酸的表面吸附量 Γ 和浓度 c 的关系；

（2）若已知 $a=13.1mN\cdot m^{-1}$，$b=19.62\ L\cdot mol^{-1}$，计算当 $c=0.200mol\cdot L^{-1}$ 时的 Γ；

（3）当丁酸的浓度足够大，达到 $bc\gg1$ 时，饱和吸附量 Γ_m 为多少？设此时表面上丁酸成单分子层吸附，试计算在液面上每个丁酸分子所占的截面积为多少？

$$\left[\Gamma=\frac{abc}{RT\ (1+bc)};\ \Gamma=4.298\times10^{-6}mol\cdot m^{-2};\ a_m=30.79\times10^{-20}m^2\right]$$

27. 将棉子油乳化成 O/W 型乳状液，需要 HLB = 7.5 的乳化剂。现有司盘 80（HLB = 4.3）$6\times10^{-3}kg$，问需吐温 80（HLB = 15）多少千克才能使混合乳化剂的 HLB 值满足要求？

($w=2.56\times10^{-3}kg$)

28. 某活性炭吸附甲醇蒸气，在不同压力时的吸附量为

p/Pa	15.3	1070	3830	10700
$\frac{x}{m}$/（kg（kg^{-1}）	0.017	0.130	0.300	0.460

求适用于此实验数据的弗罗因德利希吸附等温式。

$$\left(\frac{x}{m}=4.159\times10^{-3}p^{\frac{1}{1.97}}\right)$$

29. 273.15K 时，用 2.964×10^{-3}kg 活性炭吸附 CO，实验测得当 CO 分压分别为 9731Pa 及 71982Pa 时，其平衡吸附体积分别为 $7.5\times10^{-6}m^3$ 和 $38.1\times10^{-6}m^3$，（已换算成标准状况）已知活性炭吸附 CO 符合兰格缪尔吸附等温式，试求：

（1）兰格缪尔公式中的 b 值？

（2）53320Pa 时，其平衡吸附量为多少？

$$(b=7.9\times10^{-6}Pa^{-1};\ V=1.05\times10^{-2}m^3\cdot kg^{-1})$$

30. 已知活性高岭土从水溶液中吸附奎宁符合兰格缪尔等温式，293.15K 时测得不同浓度奎宁的吸附量如下：

$c\times10^2$/（$kg\cdot m^{-3}$）	1.25	2.5	5	10	15	30
$\frac{x}{m}\times10^3$/（$kg\cdot kg^{-1}$）	20	31	44	57	63	68

现有奎宁浸出液一批，含量为 $2kg\cdot m^{-3}$，共有 $5m^3$，欲将其中90%奎宁提取出来，问需要加吸附剂多少？

$$(m=135kg)$$

31. 77.2K 时，微球硅酸铝吸附 N_2，在不同的平衡压力下，测得每千克吸附剂吸附的 N_2 在标准状况下的体积数据如下：

p/（kPa）	8.6993	13.639	22.112	29.924	38.910
$V\times10^3$/（$m^3\cdot kg^{-1}$）	115.58	126.3	150.69	166.38	184.42

已知 77.2K 时 N_2 的饱和蒸气压 $p_0=99.125kPa$，N_2 分子的截面积 A 为 $16.2\times10^{-20}m^2$，试用 BET 公式计算该吸附剂的比表面积。

$$(a_m=5.01\times105m^2\cdot kg)$$

参考文献

[1] 侯新朴．物理化学［M］．第六版．北京：人民卫生出版社，2007.

[2] 傅献彩，沈文霞，姚天扬．物理化学［M］．第五版．北京：高等教育出版社，2006.

[3] 胡英．物理化学［M］．第四版．北京：高等教育出版社，2008.

[4] 石朝周．物理化学［M］．北京：中国医药科技出版社，2002.

[5] 陈宗淇．胶体与界面化学［M］．北京：高等教育出版社，2001.

[6] 侯万国，等．应用胶体化学［M］．北京：科学出版社，1998.

[7] 朱步瑶，等．界面化学基础［M］．第二版．北京：化学工业出版社，1999.

第八章 INTRODUCTION

胶 体

一种或几种物质以微粒的形式分散到另一种物质中所形成的体系，称为分散系统。其中以非连续相形式存在的被分散的物质称为分散相，以连续相形式存在的物质称为分散介质。分散系统有均相和多相之分，见表 8－1。

表 8－1 分散体系按分散相粒子大小分类

分散系统的类型	分散系统	分散相的直径（r/m）
均相系统	真溶液	$<10^{-9}$
	高分子溶液	$10^{-9} \sim 10^{-7}$
多相系统	超微分散系统	$10^{-9} \sim 10^{-7}$
	粗分散系统	$>10^{-7}$

按分散相粒径区分，粒径在 $10^{-9} \sim 10^{-7}$m 范围内均为胶体分散系统，其中分散介质的聚集状态为液相时，形成均相系统的为高分子溶液，而超微分散系统称为胶体溶液，简称溶胶。

胶体化学是研究胶体分散系统理化性质的一门科学，胶体溶液是胶体化学研究的主要对象。本章主要论述溶胶的制备及其性质，高分子化合物溶液将在第九章论述。

胶体化学是一门应用极为广泛的边缘学科，而胶体溶液是它的一个重要组成部分。胶体化学基本原理现已广泛应用于化工、医药、冶金、电子、食品、塑料等工艺过程。它也与生物科学和医学科学紧密相关，病理机制的研究、药物疗效的探索都需要胶体溶液的知识。又如，乳状液、混悬液、微乳的制备和稳定性研究及中药提取也都离不开胶体化学的基本原理。因此，掌握胶体的基本概念、基本理论与技术，对药学工作者是十分必要的。

第一节 分散系统的分类及其溶胶的基本特征

一、分散系统的分类

分散系统通常按分散相粒子尺寸大小进行分类（见表8-1)，也可按分散相与分散介质的聚集状态分类（见表8-2)。在胶体分散系统中，如分散介质为液态就叫做液溶胶，分散介质为固态叫做固溶胶，分散介质为气态叫做气溶胶。液溶胶是胶体分散系统的典型代表，也是本章讨论的重点。对于粗分散系统，按此种方法分类，若以液体为分散介质的为泡沫（分散相为气体)，或乳状液（分散相为液体）和悬浮液（或称悬浮体，分散相为固体)；若以气体为分散介质的诸如悬浮在空气中的粉尘、烟、雾等，这些往往是多级分散系统，既有大粒子的粗分散系统，又有小粒子的胶体分散系统。

表8-2 胶体分散系统按分散相和分散介质的聚集状态分类

分散相	分散介质	名称	实例
气	液	液溶胶	泡沫
液			乳状液
固			悬浊液，溶胶
气	固	固溶胶	泡沫玻璃
液			珍珠，某些宝石
固			某些合金，染色的塑料
气	气	气溶胶	—
液			雾，油烟
固			烟，尘

二、溶胶的基本特征

溶胶与小分子溶液、大分子溶液及粗分散系比较，具有显著的三点基本特征：特有的分散程度、多相性和热力学不稳定性。

1. 特有的分散程度

溶胶的粒子大小在1~100nm之间，这是溶胶的根本特性，溶胶的许多特性与此有关。溶胶粒子比小分子大得多，扩散慢，不能通过半透膜和渗透压低等；与粗分散系比，溶胶粒子保持动力稳定性，而粗分散系则很易沉降。

2. 多相性

溶胶粒子在分散介质中不溶或溶解度很小，这是溶胶形成的条件。只考虑特有分散性而不考虑多相性并不能确定一个研究对象是否属于溶胶，如高分子溶液是一个高度分散系统，但它不是溶胶。

3. 热力学不稳定性

溶胶由于分散相粒子很小，比表面积很大，表面自由能很高，因此系统处于热力学不稳定状态，粒子能够自发地相互聚结成大粒子，大粒子易于沉降而与分散介质分离（称为聚沉）。为了防止溶胶聚结，粒子也能自发地、选择性地吸附某种粒子（稳定剂），而形成相对稳定的溶剂化的双电层，在制备过程中需要加入稳定剂，通常是适量的电解质。

综上所述，对溶胶这个特定的分散系，其主要特征是高度分散性、多相性和热力学不稳定性。

第二节 溶胶的制备与净化

上述讨论表明，要形成溶胶必须使分散相粒子的大小落在胶体分散系统范围内，同时系统中应有适当的稳定剂才能使其有足够的稳定性。因此，溶胶的制备，原则上应是将粗分散体系进一步分散，达到胶体分散程度，或者是将溶液中的小粒子凝聚成胶体尺寸的粒子，如下所示。

图 8－1 溶胶的制备

一、分散法

这种方法是使大块物质在稳定剂存在时分散成胶体粒子大小，常用的有以下几种方法。

（一）机械分散法

1. 胶体磨法

该设备主要部件是一高速转动的圆盘，转速一般为 5000～10000r/min。圆盘与外壳间仅有微小空隙，其距离一般可调整到 5×10^{-6}m 左右，圆盘转动时物料在空隙中受到强烈冲击与研磨。可分干法与湿法，一般湿法操作的粉碎程度更高。粉碎时常加入少量的表面活性剂，作为稳定剂，以防止分散相微粒聚结。

2. 气流粉碎法

其主要部件是在粉碎室的边缘上，装有与周边成一定角度的两个高压喷嘴，分别将高压空气及物料以接近或超过音速的速度喷入粉碎室，这两股高速旋转的气流在粉碎室相遇，形成涡流，由于粒子间相互碰撞、摩擦及剪切作用而被粉碎。由于旋转的离心作用，较大的粒子被抛向周边而继续被粉碎，细小微粒则随气流走向中心，受到挡板的拦截落入布袋中。粉碎程度可达 10^{-6}m 以下。

（二）超声波粉碎法

频率高于 1000Hz 声波为超声波，用高频率的超声波将物料分散称为超声波分散法。高频率的超声波对分散相产生很大的撕碎力，从而达到分散效果。目前多用于乳状液的制备。

在上述各种分散法中，分散介质的选择是个重要问题。原则上应选择分散相在所选介质中有极小溶解度。

二、凝聚法

凝聚法是将分子分散状态凝聚为胶体分散状态的一种方法。这种方法一般是先制成难溶性分子的过饱和溶液再使之相互结合成胶体粒子而得到溶胶。通常可分为物理凝聚法和化学凝聚法。

（一）物理凝聚法

1. 过饱和法

通过改变溶剂或冷却的方法使溶质的溶解度降低，由于过饱和，溶质从溶液中分离出来凝聚成溶胶。如取少量的硫溶于乙醇中，将该溶液倾于水中，由于溶剂改变，硫的溶解度变小而生成白色浑浊的硫溶胶。或用液态空气冷却硫的乙醇溶液，亦可得到硫溶胶。改换溶剂法常用于制备难溶于水的树脂、脂肪等的水溶胶，也制备难溶于有机溶剂的有机溶胶。

2. 蒸气凝聚法

利用蒸气骤冷可以使某些物质凝聚成胶体粒子大小。例如将汞的蒸气通入冷水中就可以得到汞的溶胶，此时高温下汞蒸气与水接触时生成的少量氧化物起稳定作用。

3. 胶溶法

它不是使粗分散系统分散成溶胶，而是使暂时集聚起来的分散相又重新分散。许多新鲜的沉淀经洗涤除去过多杂质，再加少量稳定剂后，即可以制成溶胶，这种作用称为胶溶作用。例如，$Fe(OH)_3$ 的新鲜沉淀加 $FeCl_3$ 溶液可制备 $Fe(OH)_3$ 溶胶。AgI 新鲜沉淀加 $AgNO_3$ 或者 KI 可以制备 AgI 溶胶。

（二）化学凝聚法

利用可以生成不溶性物质的化学反应使生成物呈饱和状态，控制析晶过程，使粒子达到胶粒大小，而得到溶胶的方法，称为化学凝聚法。较大的过饱和度、较低的操作温度有利于胶核的大量形成而减缓胶核的长大速率，防止聚沉，从而得到溶胶。举例如下。

1. As_2S_3 溶胶的制备

$$As_2O_3 + 3H_2O \longrightarrow 2H_3AsO_3$$

$$2H_3ASO_3 + 3H_2S \longrightarrow As_2S_3\text{（溶胶）} + 6H_2O$$

在三氧化二砷的饱和或过饱和的水溶液中，缓缓通入 H_2S 气体，即可生成淡黄色 As_2S_3 溶胶。HS^- 为稳定剂，胶粒带负电荷。

2. $Fe(OH)_3$ 溶胶的制备

$$FeCl_3 + 3H_2O \longrightarrow Fe(OH)_3\text{（溶胶）} + 3HCl$$

在不断搅拌条件下，将 $FeCl_3$ 稀溶液滴入沸腾的水中，即可生产棕红色、透明的 $Fe(OH)_3$ 溶胶。同时由于一部分 $Fe(OH)_3$ 与水解生成的 HCl 反应，生成氯氧化铁（FeOCl），并离解成 FeO^+ 离子和 Cl^- 离子。$Fe(OH)_3$ 微粒选择性吸附 FeO^+，使之成为带正电荷的胶体粒子。

3. AgI 溶胶的制备

$$AgNO_3 + KI \longrightarrow AgI（溶胶）+ KNO_3$$

当 $AgNO_3$ 过量时，在搅拌下将 KI 溶液滴入 $AgNO_3$ 溶液中，即可制备 AgI 溶胶。过量的 $AgNO_3$ 同时又起到稳定剂的作用，AgI 的微小晶体选择性吸附 Ag^+，可形成带正电荷的胶体粒子，当 KI 过量时，在搅拌下将 $AgNO_3$ 溶液滴入 KI 溶液中，也可制得 AgI 溶胶。在此情况下，AgI 的微小晶体选择性的吸附 I^- 而形成带负电荷的胶体粒子。

三、均匀胶体的制备

由上述方法制备的溶胶是多分散胶体体系，其中的粒子大小和形状仍有差异。若要制备粒子大小和形状一致的溶胶难度很大。它属于单分散胶体的范围，也是近年来胶体研究中的一个新兴领域，越来越受到人们的重视。目前，国内外胶体化学界对这方面技术研究已形成热点。

四、溶胶的净化

在制得的溶胶中常含有一些电解质，通常除了形成胶团所需要的电解质以外，过多的电解质反而会破坏溶胶的稳定，因此必须将溶胶净化。通常有以下两种方法。

1. 渗析法

利用胶体粒子不能通过半透膜的特点，分离出溶胶中多余的电解质或其他杂质的方法称为渗析法。由于溶胶粒子不能通过半透膜，而分子、离子能通过，故把溶胶放在半透膜容器内，膜外放溶剂。因膜内外杂质浓度有差别，膜内的离子或能透过膜的小分子向半透膜外迁移。若不断更换膜外溶剂，可逐渐降低溶胶中的电解质或杂质的浓度达到净化的目的。渗析时外加电场，可增大离子迁移速率，从而提高渗析速率（以不破坏溶胶为宜），这种方法称为电渗析法。电渗析法不仅可以净化溶胶，而且广泛用于污水处理、海水淡化、纯化水等方面。

2. 超过滤法

用孔径细小的半透膜在外压或吸滤的情况下使胶粒与介质分开，这种方法称为超过滤法。可溶性杂质能通过滤膜而被除去。有时可再将胶粒加到纯分散介质中，再加压过滤，如此反复进行可达到净化目的。得到的胶粒应立即分散到新的分散介质中，以防结块。超滤技术发展很快，除净化溶胶外，还广泛用于浓缩、脱盐、除菌、除热原等。

第三节　溶胶的动力性质

胶体系统动力学性质的研究，是以分子运动论为基础的。胶体溶液中的胶粒与气体分子及稀溶液中的溶质分子一样，总是不停地在运动着。因此分子运动论不但适用于气体和稀溶液，也适用于胶体溶液。气体分子有热运动、扩散和“大气分布”等性质，胶体的粒子也具有相似的性质。通过对胶体系统动力性质的研究，可求得胶粒大小或阐明其聚沉原因。

一、布朗运动

1827年，英国植物学家布朗（Brown）在显微镜下看到悬浮在水面上的花粉不停的运动。以后还发现其他微粒（如矿石、金属和碳等）也有同样的现象，这种现象就称为布朗运动。悬浮在液体中的粒子之所以能不断地运动是因为周围介质分子处于热运动状态，而不断地撞击这些粒子的缘故。对于胶体分散系尺寸的粒子（或尺寸略大又能悬浮在介质中的粒子）而言，每一个方向受到的撞击力不能相互抵消，合力将使粒子向某个方向运动，如图8－2。合力的方向随时改变，所以粒子的运动方向不断改变，这就是粒子布朗运动的本质。

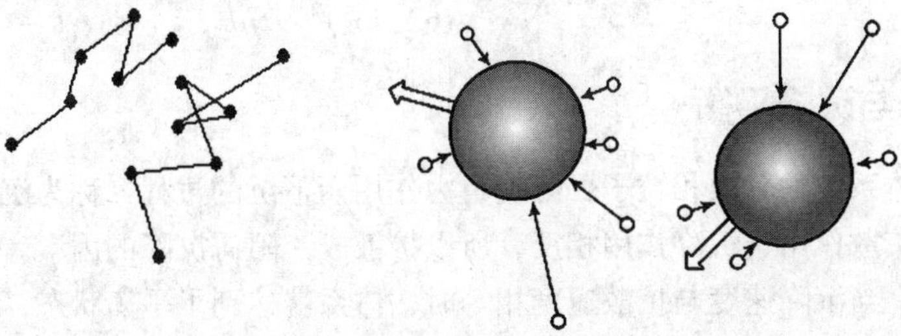

图8－2　超显微镜下胶粒的布朗运动

（a）胶体粒子的布朗运动　（b）液体分子对胶体粒子的撞击

著名物理学家爱因斯坦对布朗运动从几率的概念和分子运动论的观点作了解释，并推导出了爱因斯坦－布朗平均位移公式，

$$\bar{x}=\left(\frac{RTt}{3L\pi r\eta}\right)^{1/2} \qquad (8-1)$$

式中，$\bar{x}$ 为在 t 时间间隔内粒子的平均位移，r 为粒子半径，η 为分散介质的黏度，T 为热力学温度，R 和 L 分别为摩尔气体常数及阿佛伽德罗常数。

这个公式把粒子的位移与粒子的大小、介质的黏度、温度以及观察时间等联系起来。许多实验证实了爱因斯坦公式的正确性。分子运动论成功地说明了布朗运动的本质及其影响因素。

二、扩散

扩散现象是微粒在介质中由高浓度区自发地向低浓度区迁移的现象。显然，粒子的扩散是由布朗运动引起的。胶粒在介质中的扩散速率比小分子慢得多，但两者的扩散规律相同。费克（Fick）根据实验结果发现，在 dt 时间内，沿着 x 方向通过截面积 A 而扩散的物质质量 dn 与截面积 A 处的浓度梯度 dc/dx 存在式（8－2）的关系。

$$\frac{dn}{dt}=-DA\frac{dc}{dt} \qquad (8-2)$$

这就是费克扩散第一定律，式中，D 是扩散系数，可近似看作常数（与浓度稍有关系）。负号表示 dn/dt 与 dc/dx 方向相反，既由高浓度区向低浓度区扩散。费克扩散第一定律是一个重要公式，它表明浓度梯度的存在是发生扩散作用的前提。

扩散系数 D 可根据爱因斯坦－斯托克斯（Einstein－Stokes）方程

$$D = \frac{RT}{6L\pi r\eta} \tag{8-3}$$

计算。式（8－3）与式（8－1）结合，得

$$\bar{x}^2 = 2Dt \tag{8-4}$$

以 $\bar{x}^2$ 对 t 作图得直线，由直线的斜率可求扩散系数 D。

式（8－3）表明粒子半径越小、介质黏度越小、温度越高，粒子越容易扩散。若胶粒为球形，可根据扩散系数 、介质黏度和分散相的密度，用式（8－5）计算稀溶胶中粒子的摩尔质量。

$$M = \frac{4}{3}\pi r^3 \rho L = \frac{\rho}{162(L\pi)^2}\left(\frac{RT}{D\eta}\right)^3 \tag{8-5}$$

三、沉降与沉降平衡

多相分散体系中的分散相粒子，因受重力作用而下沉的过程，称为沉降。因为布朗运动所引起的扩散作用与沉降作用相反，所以扩散成了阻碍沉降的因素。质点越小，这种影响越显著，当沉降速度与扩散速度相等时，体系就达到了平衡状态，这种现象称为沉降平衡。

（一）重力沉降

在重力场中，一个体积为 V，密度为 ρ 的粒子，在密度为 ρ_0 的介质中所受的力 F_1 应与重力 F_g 与浮力 F_b 之差相等，即

$$F_1 = F_g - F_b = V(\rho - \rho_0)g \tag{8-6}$$

当 $F_g > F_b$ 时，粒子下沉，反之则上浮。粒子在介质中下沉或上浮时会受到介质的阻碍作用，根据斯托克斯（Stokes）定律，这一阻滞力 F_2 为：

$$F_2 = 6\pi\eta r v \tag{8-7}$$

式中，η 为介质黏度，v 为粒子的运动速度。当 $F_1 = F_2$ 时，粒子匀速下降，其速度为

$$v = \frac{2r^2(\rho - \rho_0)g}{9\eta} \tag{8-8}$$

式（8－8）为重力沉降速度公式。由公式可知，欲使悬浮体稳定或减慢粒子的沉降速度，必须减小粒子的半径和粒子与分散介质之间的密度差，或者增加介质的黏度。该式适用于粒子小于 1×10^{-7}m 的小粒子，且必须考虑扩散的影响。它是沉降法测定粗分散系统粒子大小的基础。

（二）重力沉降平衡与高度分布

对于半径小于 1×10^{-7}m 的胶体粒子，它们的布朗运动十分明显，讨论沉降时要考虑扩散对它的对抗作用。沉降的结果使体系下层粒子的浓度变大，当胶粒下降产生的浓度梯度被扩散作用所补偿时，体系处于平衡状态，体系中胶粒沿容器高度分布是不均匀的。容器底部浓度最大，由下而上浓度逐渐减少。见图 8－3。

贝林（Perrin）推导出在重力场下，达平衡时，粒子浓度随高度变化的高度分布

定律

$$\ln\frac{c_2}{c_1}=-\frac{Mg}{RT}\left(1-\frac{\rho_0}{\rho}\right)(h_2-h_1) \qquad (8-9)$$

式中，c_1 与 c_2 分别为在高度 h_1 与 h_2 截面上粒子的浓度；ρ 及 ρ_0 分别为粒子及介质的密度；M 为粒子的摩尔质量；R 为摩尔气体常数；g 为重力加速度。由公式知，粒子越小，c_1 与 c_2 相差越小；粒子越大；c_1 与 c_2 相差越大。因此，粗分散系和溶胶由于布朗运动较弱，难以对抗沉降作用，具有动力不稳定性。

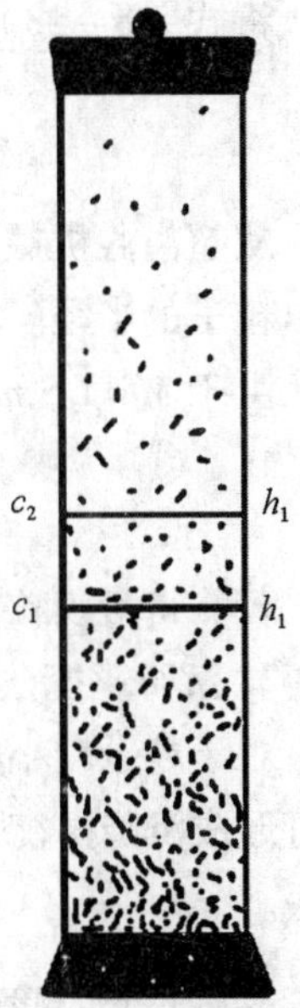

图 8-3 溶胶粒子高度分布

（三）超离心在沉降分析中的应用

超离心分析方法有两种，既沉降速度法和沉降平衡法。

1. 沉降速度法

超离心力场与重力场相似，如果溶胶粒子是均匀分散体系，在超离心力场作用下，沉降过程有明显界面。由界面移动速度可以计算粒子大小，这种方法称为沉降速度法。

在超离心力场下，一个球形溶胶粒子同时受到三种作用力，既离心力 $F_{离}=m\omega^2x$；浮力等于与粒子同体积质量为 m_0 的介质的离心力，方向相反，$F_{浮}=m_0\omega^2x$；粘滞阻力 $F_{粘}=6\pi\eta r\frac{dx}{dt}$。式中，$m$ 为粒子质量，ω 为角速度，x 为粒子离转轴的距离，$\frac{dx}{dt}$为沉降速度。当受到合力为零时，粒子匀速下降，于是

$$F_{离}=F_{浮}+F_{粘}$$

$$m\omega^2x=m_0\omega^2x+6\pi r\eta\frac{dx}{dt}$$

将 $m=\frac{4}{3}\pi r^3\rho$，$m_0=\frac{4}{3}\pi r^3\rho_0$ 代入上式，整理得

$$\frac{dx}{dt}=\frac{2r^2\omega^2x(\rho-\rho_0)}{9\eta} \qquad (8-10)$$

式中，ρ、ρ_0 分别为粒子和介质的密度，η 为介质黏度。积分后整理得

$$r=\sqrt{\frac{9\eta\ln(x_2/x_1)}{2(\rho-\rho_0)\omega^2(t_2-t_1)}} \qquad (8-11)$$

令 S 为沉降系数，它表示单位离心力作用下粒子的沉降速度，单位为秒，其表达式为

$$S=\frac{dx/dt}{\omega^2x} \qquad (8-12)$$

积分得

$$S=\frac{\ln(x_2-x_1)}{\omega^2(t_2-t_1)} \qquad (8-13)$$

将式（8－13）代入式（8－11）

$$r=\sqrt{\frac{9\eta S}{2(\rho-\rho_0)}} \tag{8-14}$$

从超离心机摄影测出 t_1、t_2、x_1、x_2，又知 ρ、ρ_0、ω 和 η，就可从式（8－14）计算出粒子的半径。

由于 $M=L\cdot m$，结合式（8－3），可得

$$M=\frac{RT\ln(x_2-x_1)}{D(1-\rho_0/\rho)(t_2-t_1)}=\frac{RTS}{D(1-\rho_0/\rho)} \tag{8-15}$$

若测得溶胶粒子扩散系数 D，就可以估算粒子的摩尔质量。

2. 沉降平衡法

对于粒子较小的分散系统，它们在超离心力作用下移动很慢，形不成明显的界面，但可形成沉降平衡，通过沉降平衡状态的计算可求得粒子的大小，这种方法称为沉降平衡法。

设离心管的截面积为 A，沉降平衡时，因沉降而从 A 离去粒子的量 $cA\frac{\mathrm{d}x}{\mathrm{d}t}$ 等于向反方向扩散流经 A 的粒子的量 $DA\frac{\mathrm{d}c}{\mathrm{d}t}$，即

$$cA\frac{\mathrm{d}x}{\mathrm{d}t}=DA\frac{\mathrm{d}c}{\mathrm{d}t} \tag{8-16}$$

将式（8－13）、式（8－15）代入式（8－16）得

$$M=\frac{RT(\mathrm{d}c/\mathrm{d}t)}{(1-\rho_0/\rho)\omega^2 xc} \tag{8-17}$$

积分（8－17）式得

$$M=\frac{2RT\ln(c_2/c_1)}{(1-\rho_0/\rho)\omega^2(x_2^2-x_1^2)} \tag{8-18}$$

式中，c_1、c_2 分别为距转轴中心 x_1、x_2 处粒子的浓度，将它们代入式（8－18），就可以求出粒子的摩尔质量。

用类似方法可以推导出关于粒子半径的关系式

$$r=\sqrt[3]{\frac{3RT\ln(c_2/c_1)}{2N_A\pi(\rho-\rho_0)\omega^2(x_2^2-x_1^2)}} \tag{8-19}$$

超离心技术是研究蛋白质、核酸、病毒以及某些其他高分子化合物的重要手段，也是分离提纯各种细胞不可缺少的重要工具。在临床诊断中，使用超离心机可以发现和检查病变血清蛋白质，从而对某些疾病起到诊断或辅助诊断的作用。

第四节 溶胶的光学性质

溶胶的光学性质是胶体高分散性和多相性特征的反映，通过对溶胶光学性质的研究，可帮助我们理解溶胶性质、观察胶体粒子的运动和测定其大小及形状等问题。

一、丁达尔效应

在暗室中，如果让一束光线通过胶体体系，在入射光的垂直方向可看到一个明亮的光柱，这种现象是英国物理学家丁达尔（Tyndall）于1869年发现的，故称为丁达尔效应。

丁达尔效应是分散粒子对光的散射引起的。它与分散粒子的大小及入射光线的波长有关。当分散粒子的直径大于入射光波的波长时，光投射到粒子上起反射作用。例如粗分散物质的粒子直径一般大于 10^{-7}m，比可见光的波长（$4\times10^{-7}\sim7\times10^{-7}$m）要大，因此只能看到反射光。如果粒子的直径小于入射光的波长，粒子中的电子将在入射光的照射下产生受迫振动，作为次级光源向四面八方发射与入射光频率相同的次级光波，这就是光的散射作用，散射出来的光，叫做乳光。胶体粒子的直径在 $10^{-9}\sim10^{-7}$m 之间，比可见光的波长要小。因此对于胶体体系来说，光散射作用（既丁达尔效应）最明显。

二、雷利公式

1871年雷利（Rayleigh）研究了光散射作用，得出非导体、不吸收光的球形粒子散射光的规律，导出胶体体系散射光强度 I 的公式为

$$I = I_0 \frac{k\nu V^2}{\lambda^4}\left(\frac{n^2 - n_0^2}{n^2 + 2n_0^2}\right) \tag{8-20}$$

式中，λ 是入射光波长；ν 是单位体积内粒子数，既粒子浓度；V 是单个粒子的体积；n 和 n_0 分别是分散相和分散介质的折射率；k 为常数；I_0 为入射光强度。从上述雷利公式可以得出下列结论：

散射光强度（既乳光强度）与粒子体积的平方成正比，即与分散度有关。真溶液的分子体积很小，虽有乳光但很微弱。悬浮体粒子大于可见光波长，无光散射，只有反射光。因此，丁达尔效应是鉴别溶胶、真溶液和悬浮液的简便而有效的方法。

乳光强度与入射光的波长四次方成反比，故入射光的波长越短，散射光越强。例如白光中蓝光与紫光波长最短，故白光照射溶胶（例如硫溶胶和乳香胶等）时，侧面的散射光呈现淡蓝色，而透过光呈现橙红色。

分散相与分散介质的折射率相差越大，粒子散射越强。溶胶的分散相与分散介质之间有明显界限，两者折射率相差很大，乳光很强。而高分子溶液由于溶质与溶剂之间有亲和力，溶质被一层溶剂分子裹住，使溶质和溶剂的折射率相差不大，散射光也就很弱。因此可根据乳光强弱来区别溶胶与高分子溶液。

在相同的条件下，比较两种不同浓度的溶胶，其乳光强度与粒子浓度成正比。若其中一个浓度已知，另一个浓度就可以计算出来。乳光强度又称浊度，浊度计就是根据这一原理设计的。雷利公式对于非金属溶胶是适用的，但对于金属溶胶，由于它不仅有散射作用，还有光被吸收的现象，所以关系要复杂得多。

三、胶体溶液的颜色

有些溶胶是无色的，而大部分金属溶胶具有不同的颜色。溶胶的颜色与粒子对可见

光的选择吸收能力有关。当粒子对可见光的各部分吸收很弱，而且大致相同时溶胶是无色的。如果粒子对可见光某一波段的吸收能力较强，则透射光中这一波段的光将变得很弱，并呈现其补色（如果两种色光以适当的比例混合能产生白色感觉时，则这两种颜色互为“补色”），这就是我们看到的溶胶的颜色。例如，金溶胶粒子对波长为 $5\times10^{-7}\sim6\times10^{-7}$m 的绿色可见光有较强的选择吸收能力，所以透射光呈现其补色——红色，这就是金溶液的颜色。

粒子对光的选择吸收能力主要取决于其化学结构。当入射光光量子的能量与构成粒子的分子中的电子从基态跃迁到某一激发态所需之能量相等时，具有这一能量的光量子被吸收，分子表现出选择吸收能力。如果这一特征吸收波长在可见光范围内，溶胶就会呈现出特有的颜色。

四、胶体粒径的测定方法

溶胶粒径太小，不能直接用显微镜进行观察，但可以用超显微镜、电子显微镜进行测定。

1. 超显微镜法

普通光学显微镜的分辨率为 2×10^{-7}m，难以直接对溶胶粒子进行观察。1903 年齐格蒙代（Zsigmondy）利用丁达尔现象制成了超显微镜。超显微镜是在黑暗背景下观察粒子的丁达尔现象，即观察个别粒子的散射光影。因此，在超显微镜视野中可以看到 1.5×10^{-7}m ~ 5×10^{-9}m 大小闪烁光点的活动情况。这虽然还不是直接显示粒子本身的大小和形状，但引进某些假设可间接估计粒子的大小。

设用显微镜测得单位体积溶胶中粒子数为 n，总质量为 m，密度为 ρ，每个粒子的体积为 V，设粒子为球形，半径为 r，则

$$V = \frac{4}{3}\pi r^3$$

$$m = nV\rho \qquad (8-21)$$

$$r = \left(\frac{3m}{4\pi n\rho}\right)^{\frac{1}{3}}$$

用超显微镜还可以观察溶胶粒子的丁达尔效应，估计胶体溶液分散度及确定胶粒的形状等。

2. 电子显微镜法

1934 年电子显微镜诞生，其基本特点是用电子束代替光学显微镜的可见光束，物像显示在荧光屏上。电子显微镜分辨率极高，当放大到 3.6×10^5 倍时可以看到粒径为 $3\times10^{-9}\sim4\times10^{-9}$m 的胶粒。用电子显微镜不仅可以直接观察胶粒的大小和形状，有时还能观察到胶粒表面的结构。

3. 激光散射法

近年来，随着激光技术的迅速发展，利用激光光源特有的性质，设计出了用激光散射法测定溶胶颗粒大小分布的仪器，已用于大气尘埃的监测，可以测定 $3\times10^{-7}\sim5\times10^{-6}$m 之间各档粒径的分布。

第五节　溶胶的电学性质

分散相粒子与极性介质接触时，其表面可能因电离或者选择性吸附某些离子而带电。因为整个溶胶是电中性的，若胶粒表面带某种电荷，则介质必然带有数量相等而符号相反的电荷，因而使溶胶表现出各种电学性质。

一、电动现象

1. 电泳与电渗

在外加电场作用下，胶体粒子在分散介质中定向移动的现象称为电泳。中性粒子不可能在外加电场中定向移动，所以电泳现象的存在，说明胶体粒子是带电的。在电泳的同时，分散介质向胶体粒子相反的方向作定向的迁移，称此为电渗。这说明分散介质带有与胶体粒子相反的电荷。

2. 流动电势与沉降电势

在外力作用下，迫使介质通过多孔膜定向流动，多孔膜两端所产生的电势差称为流动电势，显然，此过程可视为电渗的逆过程。

分散相粒子在重力场或离心力场的作用下迅速移动时，在移动方向的两端所产生的电势差称为沉降电势，显然它是与电泳现象相反的过程。

电泳、电渗以及流动电势、沉降电势的产生或存在都说明胶体粒子带电，都与胶体粒子和介质间的相对移动有关，故称之为电动现象。四种现象中以电泳和电渗最重要，通过电泳和电渗现象的研究可以进一步了解胶体粒子的结构以及外加电解质对溶胶稳定性的影响。而有关电动现象产生的原因，直到建立双电层理论之后才能得到了解释。

二、溶胶的扩散双电层理论

电动现象说明分散相粒子与分散介质带有相反符号的电荷。胶粒带电的原因前面已指出。从表面现象看，高度分散体系界面积很大，界面自由能很高，体系除了有自动缩小界面的倾向外，还能选择地吸附溶液中的某些物质，以降低界面张力。也可能由于固体表面分子电离，电离后的正离子或负离子分布到液体中去，结果两相就分别带有数量相等而符号相反的电荷。介质中与胶粒表面电荷符号相反的离子，称为反离子。反离子一方面受静电吸引作用有向胶粒表面靠近的趋势，另一方面受热扩散作用有在整个溶液中均匀分散的趋势，两种作用的结果，使反离子在胶粒表面区域的液相中形成一种平衡分布，越靠近界面浓度越高，越远离界面浓度越低，到某一距离时两种符号离子浓度相等。胶粒表面的电荷与周围介质中的反离子电荷就构成了双电层。关于双电层的内部结构，即电荷和电势的分布，人们提出了多种模型，如亥姆霍兹（Helmholtz）模型，古依 - 查普曼（Gouy - Chapman）模型和斯特恩（Stern）模型，目前较常用的是斯特恩模型。

1879 年，亥姆霍兹首先提出双电层的概念，他认为双电层是在固、液两相的界面上形成的，正负离子分别平行的排列在固、液两相的界面上，与平行板电容器相似，被称为平行板电容器模型。表面与溶液内部的电位差称为质点的表面电势（即热力学电势）ψ，在双电层内ψ呈直线下降。在电场作用下，带电质点和溶液中的反离子分别向相反方向运动。这种模型虽然对电动现象给予了说明，但显然是极简单的。例如，由于粒子的热运动，它不可能形成平板式的电容器。

古依和查普曼修正了上述模型，提出了扩散双电层模型。他们认为反离子在溶液中的分布不仅取决于粒子表面电荷的吸引，还决定于力图使反粒子均匀分布的热运动，这两种相反作用达到平衡时，形成扩散双电层。在溶液中的反离子只有一部分紧密的排列在固体表面上（距离约一二个离子的厚度），另一部分离子与固体表面的距离则可以从紧密层一直分散到本体溶液之中。因此双电层实际包括了紧密层和扩散层两部分。从粒子滑动界面（紧密层与扩散层界面）到溶液内部电中性处的电势称为电动电势或ζ电势（zeta potential）。ζ电势只是表面电势的一部分。一般情况下，表面电势与溶液离子浓度无关，而ζ电势对溶液中离子浓度十分敏感。根据古依-查普曼模型，ζ电势随离子浓度增加而减小，但永远与表面电势同号，其极限值为零。但实验中发现有时ζ电势会随离子浓度的增加而增加，甚至有时与ψ反号的现象，这无法用古依-查普曼模型解释。

斯特恩（Stern）做了进一步修正。他认为：紧密层（后来又称为Stern层）约有一二个分子层厚，紧密吸附在表面上。在紧密层中，反离子的电性中心构成所谓的Stern平面，在Stern层内电势的变化情形与亥姆霍兹的平板电容器模型一样，ψ直线下降到Stern平面的φ。由于离子的溶剂化作用，紧密层结合有一定数量的溶剂分子，在电场的作用下，它和固体质点作为一个整体一起移动。因此切动面的位置略比Stern层靠外，ζ电势也相应低于φ（如果离子浓度不太高，则可以认为两者是相等的，一般不会引起很大的误差）。当某些高价反离子或者大的反离子（如表面活性离子），由于高吸附能力而大量进入紧密层时，则可能使φ反号。若同号大的离子因强烈的范德华引力可能克服电排斥进入紧密层时，φ可能高于ψ。见图8-4。

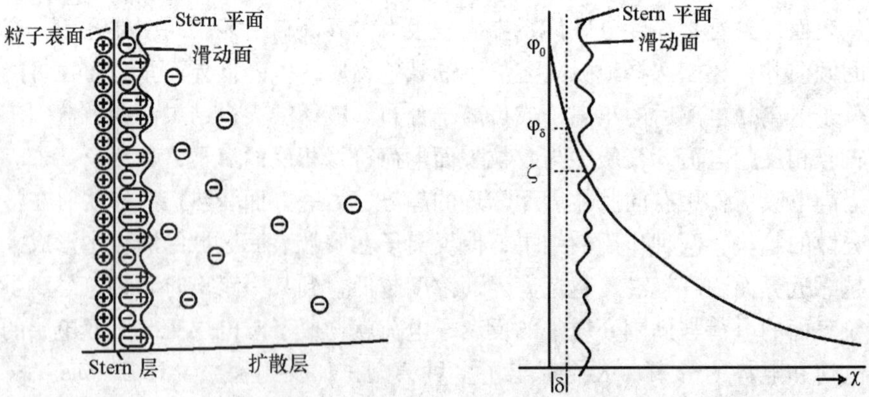

图8-4 斯特恩吸附扩散双电层模型

综上所述，可见任何模型都是在不断的修正过程中得以逐步完善，斯特恩模型显然能解释更多的事实。但是由于定量计算的困难，所以通常其理论处理仍然采用古依-查普曼的方法，只是将 ψ 换为 φ 而已。

一般，异电离子分布在紧密层越多，则中和固相表面电荷就越多，ζ 电势就越小。所以 ζ 电势是衡量胶粒所带净余电荷多少的一个物理量。

三、ζ 电势的测定

由上述讨论可知，ζ 电势是衡量胶粒所带净余电荷多少的一个物理量，也是关系溶胶是否稳定的重要因素。从粒子滑动界面（紧密层与扩散层的界面）到溶液内部电中性处的电势差为 ζ 电势，只有胶粒与分散介质相对运动时才能显现出来。因此，一般采用电泳或电渗方法测定 ζ 电势。

$$\zeta = \frac{K\eta v}{4\varepsilon_0\varepsilon_r E} \tag{8-22}$$

式中，η 为介质黏度，单位为 $Pa \cdot s$；v 为粒子运动速度，单位为 $m \cdot s^{-1}$；E 为电势梯度，单位为 $V \cdot m^{-1}$；ε_r 为介质的相对介电常数，水的 ε_r 为 81；ε_0 为真空介电常数，$\varepsilon_0 = 8.85 \times 10^{-12} F \cdot m^{-1}$；$K$ 为常数，对于球形粒子为 6，对于棒形粒子为 4。实验测定表明，大多溶胶的 ζ 电势在 0.03～0.06V 之间。其符号由所带电荷的性质决定。

第六节　溶胶的稳定性与聚沉

溶胶是热力学不稳定系统，为什么能相对稳定存在，在什么条件下溶胶粒子将发生聚沉？这是本节要讨论的主要问题。

一、胶团的结构模型

根据吸附和扩散双电层理论，可以设想憎液溶胶的胶团结构。人们把构成胶粒的分子或原子的聚集体，称为胶核，一般具有晶体的结构。由于胶核有较大的比表面，故易于在界面上有选择的吸附某种与胶核有相同的组分而容易建成胶核晶格的那些离子。被吸附的离子又能吸引溶液中过剩的异电离子，因而形成了扩散双电层结构。如前所述，这些过剩的异电离子，一部分分布在紧密层内，而另一部分则分布在扩散层内。当胶核运动时，它带着紧密层的异电离子一起运动。由胶核和紧密层所组成的这样的粒子称为胶粒。胶粒和它周围的扩散层所组成的整体称为胶团。整个胶团虽然是电中性的，但是当受到电场影响时，胶体粒子向某一电极移动，而扩散层的异电离子向另一电极移动。因此胶团在电场中的行为与电解质相似，胶体粒子也可看做胶体离子。以 AgI 溶胶为例，当 $AgNO_3$ 的稀溶液与 KI 的稀溶液作用时，假如其中有任何一种适当过量，就能制成稳定的 AgI 溶胶。胶核由 m 个 AgI 单位所构成，当 $AgNO_3$ 过量时，它的表面吸附 n 个 Ag^+ 离子，由于静电作用，吸附部分反离子 $(n-x)$ NO_3^- 进入紧密层，余下 x 个 NO_3^- 构成扩散层，可制得带正电 AgI 溶胶。当 KI 过量时，它的表面吸附 I^-，由于静电作用，吸附部分反离子 $(n-x)$ K^+ 进入紧密层，余下 x 个 K^+ 构成扩散层，可制得带负电的 AgI 溶胶。m 是一个不等的数值，即同一种溶胶的胶核也有不同的大小。两种情况的胶团结构可分别表示为

$$\{(AgI)_m \cdot nAg^+ \cdot (n-x)NO_3^-\}^{x+} \cdot xNO_3^-$$
$$\{(AgI)_m \cdot nI^- \cdot (n-x)K^+\}^{x-} \cdot xK^+$$

第二个例子是硅酸的溶胶。这种溶胶粒子的电荷不是因吸附离子，而是由于胶核本身表面层的电离而形成的。胶核表面的 SiO_2 分子与水分子先生成 H_2SiO_3，它是弱酸，它的电离产物 SiO_3^{2-} 不是全扩散到溶剂中去，而是一部分仍固定在 SiO_2 微粒表面上，形成带负电的胶核，H^+则成为反离子。反应过程可表示为

$$SiO_2 + H_2O \longrightarrow H_2SiO_3 + SiO_3^{2-}$$

形成的胶团可表示如下

$$\{(SiO_2)_m \cdot nSiO_3^{2-} \cdot 2(n-x)H^+\}^{2x-} \cdot 2xH^+$$

在书写上述胶团结构时，应注意电量平衡，即整个胶团中反离子（H^+）所带的正电荷数（$2n$）应等于胶核表面上的电荷数，也就是说整个胶团应当是电中性的。

二、溶胶相对稳定的原因及理论

在工业生产和科学试验中常常遇到胶体系统。有时需形成成稳定的胶体，例如照相用的底片，需涂一层还有很细的 AgBr 胶粒的明胶；染色工程的有机染料，大多以胶体状态分散在水中；在许多催化剂的制备过程中，为了得到活性高的催化剂，亦常常要使物料成为稳定的胶体。但有时却不希望产生溶胶，例如在定量分析中，用 $AgNO_3$ 溶液滴定 KCl 时，为了防止生成 AgCl 溶胶，就需要加入其他电解质（如 HNO_3）；在净水时就要破坏各种物质形成的水溶胶等等。因此只有了解溶胶稳定的原因，才能选择适当条件，使胶体稳定或破坏。根据胶体的各种性质，溶胶稳定的原因可归纳如下。

1. 溶胶的动力稳定性

胶粒因颗粒很小，布朗运动较强，能够克服重力影响不下沉，而保持均匀分散。这种性质称为溶胶的动力稳定性。据式（8-1）可知，影响溶胶的动力稳定性的主要因素是分散度。分散度越大，胶粒越小，布朗运动越强烈，扩散能力越强，胶粒就越难下沉，溶胶的动力的稳定性就越好。

另根据重力沉降速度公式可知，介质黏度和密度对溶胶动力稳定性也有影响，介质黏度越大，胶粒越难聚沉，溶胶的动力稳定性越好，但据式（8-3）可知，黏度越大，扩散越弱，不利溶胶稳定，因此应保持黏度适中。介质密度与胶粒密度相差越小，胶粒越难聚沉，溶胶的动力稳定性越好。

2. 胶粒带电的稳定作用

胶粒间存在两种作用力。其一为粒子间的范德华力，它与分子间的范德华力不同，胶粒间的引力是其组成分子间的范德华力的总和。研究结果表明，粒子间的引力与距离的2次方成反比，而分子间的引力与距离的6次方成反比。因此粒子间的引力称为远程范德华引力。其二为粒子间的静电排斥力，根据扩散双电层模型，胶粒周围存在着反离子扩散层，这些反离子环绕胶粒形成带异号电荷的离子氛。当带有相同电荷的胶粒相互靠近到一定程度时，离子氛发生重叠，胶粒间产生排斥力。溶胶相对稳定或聚沉取决于斥力与引力的相对大小，当胶粒间的斥力大于引力，而且足以阻止由于布朗运动使粒子相互碰撞而聚结时，溶胶处于相对稳定状态。反之，胶粒将发生聚结。从热力学观点

看，聚结是必然的，它是聚沉的第一阶段。这是由于溶胶是高自由能系统，自由能有自动减小的趋势。

3. 反离子溶剂化的稳定作用

溶胶的胶核是憎水的，但它吸附的离子和异电离子（所谓反离子）都是水化的。因此降低了胶粒的表面自由能，增加了胶粒的稳定性。此外，水化离子在胶粒周围形成的水花层（或称水化外壳）具有定向排列结构，当胶粒接近时，水化层被挤压变形，因为有力图恢复原定向排列结构的能力，使水化层具有弹性，对胶粒接近产生机械阻力，防止了溶胶的聚沉。

胶粒的带点多少和溶剂化层厚度，是影响 ζ 电势的重要因素。ζ 电势大，说明异电离子进入紧密层少而在分散层多，这样胶粒带电多，溶剂化层厚，溶胶就比较稳定，因而 ζ 电势的大小也是衡量胶体稳定性的尺度。

通过上面的讨论，可以看到溶胶之所以能够暂时稳定，是由于溶胶的动力稳定性对重力作用的反作用，胶粒带电产生的静电斥力以及溶剂化所引起的机械阻力所造成的。这三种因素中，尤以带电因素最为重要。从广义角度可把这三种因素视作斥力因素，也就是只有在胶粒之间斥力占优势时，溶胶才能暂时得到稳定。然而溶胶还存在着聚结而沉降的因素，当溶胶聚沉时，这时胶粒之间的斥力因素占优势已转化为引力因素占优势。因此，溶胶的稳定和聚沉，其实质是斥力和引力的相互转化。我们在研究胶体的形成和破坏时，均应注意这一基本观点。

三、溶胶的聚沉

溶胶虽然能暂时稳定存在，但它毕竟是热力学不稳定体系，许多外部因素，如冷与热、机械作用、化学作用等都可以引起溶胶聚沉。溶胶分散度降低，分散相颗粒变大，最后从介质中析出，这种现象称聚沉。对溶胶的聚沉影响最大、作用最敏感的因素是电解质。

1. 电解质对溶胶稳定性的影响

溶胶能在相当长时间内保持稳定，是由于胶粒带电和溶剂化层的存在。一般 ζ 电势绝对值大于 0.03V 时，溶胶是相对稳定的，否则就不稳定。这是因为胶粒因为布朗运动而彼此接近，由于 ζ 电势的存在，粒子在静电斥力的作用下又能相互远离。但当 ζ 电势小到某一值时，粒子间的静电斥力不足以阻止粒子间的碰撞，变薄了的溶剂化层亦不能防止粒子间相互聚结，此时胶粒就会由小变大，发生聚沉。

实验得知，不断向胶体溶液中加入电解质，胶粒的 ζ 电势不断下降，当 ζ 电势小于 0.03V 时，溶胶开始聚沉，ζ 电势越小，聚沉的速度越快，ζ 电势等于零，即等电态时，聚沉速度达到最大。在电解质作用下，溶胶开始聚沉时的 ζ 电势称为临界电势，多数溶胶的临界电势在 $\pm$（0.025～0.030）V 之间。

不管向溶胶中加入任何一种电解质，当达到某一浓度时，都能使溶胶聚沉。但引起溶胶聚沉所需的电解质浓度是不同的。通常定义，使溶胶发生完全的聚沉所需电解质的最小浓度为该电解质的聚沉值。常用聚沉值的倒数表示聚沉能力，电解质的聚沉值越小，其聚沉能力越大。

电解质中能使溶胶聚沉的离子主要是与胶粒电荷符号相反的异电离子，随异电离子价数的增高，聚沉能力迅速增加。对于给定的溶胶，反离子为1、2、3价时，其聚沉值与其价数的6次方成反比，即

$$M^{+}:M^{2+}:M^{3+} = (1/1)^6:(1/2)^6:(1/3)^6 = 100:1.6:0.14$$

这就是舒尔采－哈迪的（Schulze－Hardy）的价数规则。应该指出，这种比例数据是很粗略的，如有人认为是100:0.57:0.029等等，但价数不同的离子间的显著区别仍旧保持着原有的次序。另外价数规则不能适用的例子也很多，例如，H^+虽为一价，却有很高的聚沉能力；又如有机化合物的离子不论价数如何，其聚沉能力都很强。

同价反离子对溶胶的聚沉能力虽然相近，但依然有差别，特别是一价离子表现得比较明显。例如一价正电反离子聚沉能力由大到小的顺序为

$$H^+ > Cs^+ > Rb^+ > NH_4^+ > K^+ > Na^+ > Li^+$$

一价负电反离子聚沉能力由大到小的顺序为

$$F^- > IO_3^- > H_2PO_4^- > BrO_3^- > Br^- > I^- > CNS^-$$

这种将价数相同的阳离子或阴离子按聚沉能力排成的顺序称为感胶离子序。它与水化离子半径由小到大的次序大体一致。由于正离子的水化能力强，而且离子半径越小，水化能力越强。所以，水化层越厚，被吸附能力越小，使其进入斯特恩层的数量越小，结果聚沉值增大（聚沉能力减小）。对于同价的负离子，由于同价的负离子水化能力很弱，所以负离子半径越小吸附能力越强，聚沉能力越强。

起聚沉作用的虽然主要是反离子，但与胶粒所带电荷同号的离子也具有一定作用。一般来说，同号离子可以降低反离子的聚沉作用，其规律是同号离子的价数越高或离子越大它对溶胶的稳定作用也越显著。

2. 高分子化合物对溶胶稳定性的影响

在溶液中加入高分子化合物既可使溶胶稳定，也可使溶胶聚沉。作为一个好的聚沉剂，其相对分子质量可高达几百万。聚沉剂可以是离子型的，也可以是非离子型的。我们仅从以下3个方面，说明高分子化合物对溶胶聚沉作用的机理。

（1）搭桥效应　一个长碳链的高分子化合物，可以同时吸附在许多个分散的微粒上，高分子化合物起到搭桥的作用，把许多个胶粒连起来，变成较大的聚集体而聚沉。

（2）脱水效应　高分子化合物对水有更强的亲和力，由于它的溶解与水化作用，使胶体粒子脱水，失去水化外壳而聚沉。

（3）电中和效应　离子型的高分子化合物吸附在带点的胶体粒子上，可以中和分散相粒子的表面电荷，使粒子间的斥力势能降低，而使溶胶聚沉。

若在溶胶中加入较多的高分子化合物，许多个高分子化合物的一段吸附在同一分散相粒子的表面上，或者是许多个高分子团环绕在胶体粒子的周围，形成水化外壳，将分散相粒子完全包围起来，对溶胶起保护作用。

总之，高分子对溶胶的作用包括两方面。若在溶胶中加入足够量的某些高分子化合物溶液，可防止溶胶的聚沉，对溶胶起保护作用。如果所加高分子物质少于保护溶胶所必需的数量，则少量的高分子物质反而引起溶胶聚沉，这种效应称为敏化作用。

第七节　乳状液及微乳

上述讨论主要以固－液溶胶为对象，对其性质进行讨论，这些性质的基本原则对其他分散系统也适用。本节对乳状液（液－液分散）、微乳作一概述，它们在药物制剂、食品保健、轻工、环保等方面有着重要的实际应用。

一、乳状液

一种或几种液体分散在另一种与之不相溶的液体中形成的分散体系称为乳状液。通常前者为分散相或内相，后者为分散介质或外相。分散相的粒径为 $10^{-7} \sim 10^{-4}$ m，属于粗分散体系。

1. 乳状液类型

乳状液通常一相为水，另一相为不溶于水的有机液体（统称为油）。水与油可以形成不同类型的乳状液。一种是分散介质为水，分散相为油，称为水包油型，用 O/W 表示；另一种是分散介质为油，分散相为水，称为油包水型，用 W/O 表示。另外，还有多重乳剂，又称复乳，它是 W/O 型（或者 O/W 型）乳状液分散在水（或油）中形成的分散体系，用 W/O/W（或 O/W/O）表示。见图 8－5。

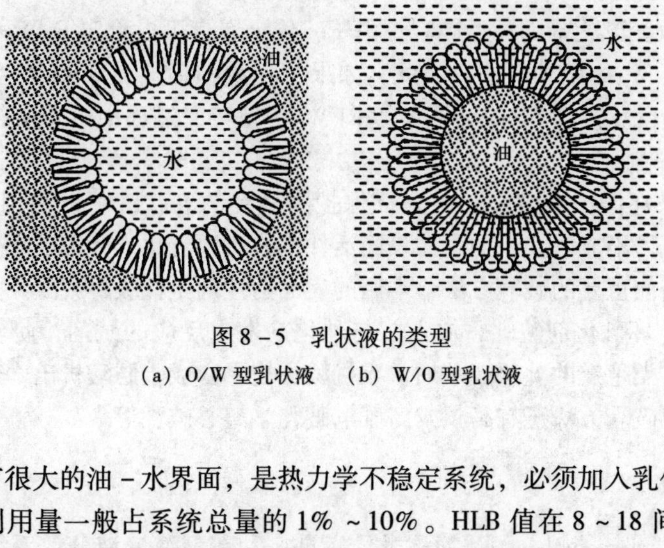

图 8－5　乳状液的类型

（a）O/W 型乳状液　（b）W/O 型乳状液

2. 乳化剂

乳状液具有很大的油－水界面，是热力学不稳定系统，必须加入乳化剂以降低界面自由能。乳化剂用量一般占系统总量的 1%～10%。HLB 值在 8～18 间的亲水性乳化剂，如吐温（Tween）类、卵磷脂等，可以形成 O/W 型乳状液；相反，HLB 值在 3～8 之间的亲油性乳化剂，如高级醇类、司盘（Span）类等，可以形成 W/O 型乳状液。制备乳状液时如果缺少合适的 HLB 值乳化剂，也可使用两种乳化剂复配。

乳化剂对乳状液的稳定作用主要表现在以下几个方面：

（1）降低界面张力　乳状液具有很大的界面自由能量。乳化剂的稳定作用首先在于它能定向吸附在液－液界面上，大大降低了系统的界面张力，使系统处于较低能量状态。

(2) 形成界面膜 乳化剂分子降低界面张力，吸附在液滴表面，形成具有一定强度的机械界面膜。界面膜包围着液滴，阻止它们合并变大，使乳状液保持稳定。

(3) 形成双电层 若乳化剂为离子型表面活性剂，则乳状液滴与溶胶粒子一样，其表面也具有双电层结构，只是情况复杂一些。分散相液滴相互靠近时双电层产生排斥作用，从而增加了液滴间的聚集阻力。

(4) 固体粉末的稳定作用 固体粉末在液滴界面可以形成坚固、稳定的界面膜，使生成的乳状液稳定存在。研究表明，对固体粉末湿润性好的液体将形成乳状液的外相，因此，氧化铝、黏土、二氧化硅等亲水性固体粉末易行成 O/W 型乳状液；而炭黑、石墨等亲油性固体粉末可以形成 W/O 型乳状液。

3. 乳状液的破坏

有时我们需要稳定的乳状液，有时则需要将乳状液破坏掉，这称之为破乳。例如在药物生产中往往会形成不必要的乳状液，必须加以破坏。乳状液的破坏一般要经过分层、转相和破乳等不同阶段。破乳是乳状液的完全破坏，归根结底是破坏乳化剂的保护作用，最终使油、水分离。常用的破乳方法有以下几种。

(1) 电解质破乳 以双电层起稳定作用的稀乳状液可以用电解质破坏，这是工业上常采用的方法。电解质的破乳作用也符合舒尔茨-哈迪规则，即与液滴电性相反的离子的价数越高，其破乳能力越强。电解质破乳的原理是它降低了液滴间的静电排斥作用，使之容易相互碰撞而聚结。

(2) 通过改变乳化剂的类型破乳 由于一价金属皂可以稳定 O/W 型乳状液，高价金属皂可以稳定 W/O 型乳状液，因此，如果把足量的钙盐加到 O/W 型乳状液中，生成的钙盐可以使乳状液转相，从 O/W 型向 W/O 型转变过程中由于变得不稳定可以使之破坏。

(3) 通过破坏保护膜破乳 由坚韧保护膜稳定的乳状液可以选用表面活性更强，但碳氢链较短，形不成坚韧保护膜的表面活性剂取代原乳化剂，以破坏保护膜、使乳状液破坏。这是当前重要的破乳方法，常用的表面活性剂是低级醇或醚，如异戊醇等。

(4) 通过破坏乳化剂破乳 加入能与乳化剂发生反应的试剂，使乳化剂破坏或沉淀。例如，向皂类稳定的乳状液中加入无机酸，使之变成脂肪酸析出，使乳状液破坏。

常用的其他破乳方法还有高频或高压电破乳、离心破乳等。

二、微乳

微乳状液（microemulsion），简称微乳，是一种新型液-液分散系统，其分散相液滴大小在 $8\times10^{-9}\sim8\times10^{-8}$m 之间。微乳状液与普通乳状液有着明显的不同，主要表现在以下几个方面。

1. 外观

通常微乳状液是一透明或半透明的液体。而乳状液是乳白色的不透明液体。

2. 稳定性

微乳状液是热力学稳定的均相体系，始终保持均匀透明的液体状态，离心也不能使之分层。乳状液则是热力学不稳定的多相体系，久置后会分层。

3. 制备

制备微乳状液必须有足够的乳化剂，一般占油相总量的20%～30%，至少也要占10%，有时还必须加极性有机物作辅助剂。因此，微乳状液是水、油、表面活性剂和辅助剂四种成分组成的。而乳状液不用辅助剂，乳化剂用量也比较小。微乳状液既可以通过添加合适的辅助剂及加大乳化剂的用量由普通乳状液制备，也可以在浓的胶束溶液中加入一定量的油和辅助剂，使之转变成微乳状液。因此，微乳状液是介于胶束溶液和乳状液之间的一种分散体系，所以有人把微乳状液称为胶束乳状液。微乳状液的制备很简单，关键是选择配方。只要配方合适，混合体系会自动形成透明或半透明的微乳状液，并可以长期保持透明的液体状态。

微乳与乳状液在性质上虽然有很大的差异，但在制备及形成类型上，与乳状液遵循着同样的规律。例如，微乳液有 O/W 型和 W/O 型两类，较易溶于水的乳化剂一般形成 O/W 型微乳，较易溶于油的乳化剂形成 W/O 型微乳等。

关于乳状液的本质及形成的机理至今仍有不同的看法，但这并不影响对它的推广应用，特别是在三次采油中的应用研究发展很快，它可以使采油率提高 10% 以上。近年来，微乳作为新的药物传递系统，已成为药剂学科的研究热点，用于增溶、促进吸收、提高生物利用度及增加药物稳定性等目的。此外，以微乳作为微反应器的研究，也引起了人们的高度重视。例如，酶在有机溶剂中容易失活，在进行有机溶剂中的酶催化反应时，可将酶包封于 W/O 微乳中，避免其与有机溶剂直接接触。由于微乳粒径很小，具有巨大的表面积，而且是透明或接近透明的分散系统，便于进行光谱学研究，所有人们对它的兴趣不断增加。可以预料，微乳在轻工、食品及医药制剂等方面的应用将与日俱增。

思考题与习题

1. 真溶液与溶胶有何区别？溶胶有哪些基本性质？

2. 何谓丁达尔现象，为什么溶胶会产生丁达尔现象，丁达尔现象有什么用途？

3. 什么叫布朗运动，胶粒为何有布朗运动，溶液与粗分散体系中溶质或分散相有无布朗运动？

4. 什么是电泳和电渗？溶胶粒子带电原因有哪些？

5. 溶胶是热力学不稳定体系，为什么又能相对稳定存在？

6. 什么叫 ζ 电位，影响 ζ 电位数值的因素有哪些，ζ 电位大小与溶胶的稳定性有什么关系？

7. 什么称作电泳，电泳现象说明什么？

8. 在负电的 As_2S_3 溶胶中加入等体积、等浓度（或等摩尔浓度）的下述电解质溶液中，使溶胶聚沉最快的是电解质 LiCl 、NaCl、$CaCl_2$ 还是 $AlCl_3$，为什么？

9. 用 As_2O_3 与略过量的 H_2S 制成硫化亚砷 As_2S_3 溶胶，试写出其溶胶团的结构式。用 $FeCl_3$ 在热水中水解来制备 $Fe(OH)_3$ 溶胶，试写出溶胶的胶团结构。

10. 在以 KI 和 $AgNO_3$ 为原料制备 AgI 溶胶时，或者使 KI 过量，或者使 $AgNO_3$ 过量两种情况所制得的 AgI 溶胶的胶团结构有何不同，胶核吸附稳定离子时有何规律？

11. 某溶胶胶粒的平均直径为 4.2 nm，设介质黏度 $\eta = 1.0 \times 10^{-3} Pa \cdot s$，试计算：

（1）25℃时胶粒的扩散系数；

（2）在 1s 内由于布朗运动，粒子沿 x 轴方向的平均位移。

（$D = 1.039 \times 10^{-10} m^2 \cdot s^{-1}$；$\bar{x} = 1.442 \times 10^{-5} m$）

12. 某金溶胶在 298K 时达沉降平衡，在某一高度粒子的数量为 $8.89 \times 10^8 m^{-3}$，再上升 0.001m 粒子数量为 $1.08 \times 10^8 m^{-3}$。设粒子为球形，金的密度为 $1.93 \times 10^4 kg \cdot m^{-3}$，水的密度为 $1.0 \times 10^3 kg \cdot m^{-3}$，试求：

（1）胶粒的平均半径及平均摩尔质量；

（2）使粒子的浓度下降一半，需上升多少高度。

（$M = 5.62 \times 10^5 \ kg \cdot mol^{-1}$；$\Delta h = 3.29 \times 10^{-4} m$）

13. 贝林（Perrin）实验观测藤黄混悬液的布朗运动，实验测得时间 t 与平均位移 $\bar{x}$ 数据如下：

时间 t/s	30	60	90	120
$\bar{x}$（10^6/m	6.9	9.3	11.8	13.9

已知藤黄粒子的半径为 $2.12 \times 10^{-7} m$，实验温度为 17℃，混悬液的黏度 $= 1.10 \times 10^{-3} Pa \cdot s$，试计算阿伏伽德罗（Avogadro）常数 L。

（$L = 6.72 \times 10^{23}$）

14. 在内径为 0.02m 的管中盛油，使直径 $d = 1.588mm$ 的钢球从其中落下，下降 0.15m 需时 16.7s。已知油和钢球的密度分别为 $\rho_{油} = 960 kg \cdot m^{-3}$ 和 $\rho_{球} = 7650 kg \cdot m^{-3}$。试计算在实验温度时油的黏度。

（$\eta = 1.023 Pa \cdot s$）

15. 由电泳实验测知，Sb_2S_3 溶胶（设为球形粒子）在 210V 电压下，两极间距离为 0.385m 时通电 36min12s，溶液界面向正极移动 $3.20 \times 10^{-2} m$。已知分散介质的介电常数 $\varepsilon_r = 81$（$\varepsilon_0 = 8.85 \times 10^{-12}$），黏度 $\eta = 1.03 \times 10^{-3} Pa \cdot s$，求算溶胶的 ζ 电势。

（$\zeta = 0.05827V$）

16. 试计算 293K 时，在地心力场中使粒子半径分别为（1）$r_1 = 10\mu m$；（2）$r_2 = 100 nm$；（3）$r_3 = 1.5 nm$ 的金溶胶粒子下降 0.01m，分别所需的时间。已知分散介质的密度为 $\rho_{介} = 1000 kg \cdot m^{-3}$，金的密度 $\rho_{金} = 1.93 \times 10^4 kg \cdot m^{-3}$，溶液的黏度近似等于水的黏度，为 $\eta = 0.001 Pa \cdot s$。

（$t_1 = 2.5s$；$t_2 = 2.51 \times 10^4 s$；$t_3 = 1.12 \times 10^8 s$）

17. 在显微电泳管内装入 $BaSO_4$ 的水混悬液，管的两端接上二电极，设电极之间距离为 $6 \times 10^{-2} m$，接通直流电源，电极两端电压为 40V，在 25℃时于显微镜下测得

$BaSO_4$ 颗粒平均位移 275×10^{-6}m 距离所需时间为 22.12s。已知水的相对介电常数 $\varepsilon_r=81$（$\varepsilon_0=8.85\times10\ -12$），黏度 $\eta=0.89\times10^{-3}$Pa·s，粒子形状参数 K=4，求 $BaSO_4$ 颗粒的 ζ 电势。

（$\zeta=0.023$V）

18. 向三个均盛有 $0.02dm^3Fe(OH)_3$ 溶胶的烧杯中分别加入 NaCl、Na_2SO_4、Na_3PO_4 溶液使溶胶完全聚沉，至少需要加入电解质的量为：

（1）$1mol\cdot dm^{-3}$ 的 NaCl 溶液 $0.0210dm^3$；

（2）$0.005mol\cdot dm^{-3}$ 的 Na_2SO_4 溶液 $0.1250\ dm^3$；

（3）$0.0033mol\cdot dm^{-3}$ 的 Na_3PO_4 溶液 $0.0074\ dm^3$。

试计算各电解质的聚沉值及其聚沉能力之比，并判断胶粒所带电荷的符号。

（NaCl，$512mol\cdot m^{-3}$；Na_2SO_4，$4.31mol\cdot m^{-3}$；Na_3PO_4，$0.891mol\cdot m^{-3}$；NaCl∶Na_2SO_4∶Na_3PO_4 = 1∶119∶575）

参考文献

[1] 周祖康，顾惕人，马季铭. 应用胶体化学 [M]. 北京：北京大学出版社：1987.

[2] 沈钟，赵振国，王果庭. 胶体与表面化学 [M]. 第三版. 北京：化学工业出版社，2004.

[3] 傅献彩，沈文霞，姚天扬，等. 物理化学 [M]. 第五版. 北京：高等教育出版社，2005.

[4] 侯新朴，李三鸣. 物理化学 [M]. 第六版. 北京：人民卫生出版社，2007.

[5] 天津大学物理化学教研室. 物理化学 [M]. 第四版. 北京：：高等教育出版社，2001.

第九章 INTRODUCTION

高分子溶液

一些有机化合物如蛋白质、纤维素、橡胶等的平均摩尔质量很大，有的甚至达到几百万。一般把这些平均摩尔质量大于 $10^4 g \cdot mol^{-1}$ 的物质称为高分子化合物。高分子化合物在适当的溶剂中可自动分散成溶液形成高分子溶液。高分子化合物中有天然形成的，如蛋白质、淀粉、核酸、纤维素以及构成生物体的各种生物高分子；也有人工合成的，如塑料、合成橡胶、合成树脂等。

高分子化合物在医药上的用途十分广泛，如维持人体生命的重要物质——蛋白质、核酸等都是天然存在的高分子化合物；在药物制剂中，片剂、胶囊剂等制剂中常用的药用生物材料都是高分子化合物；一些高分子化合物溶液如血浆代用液等制剂、胃蛋白酶等蛋白质可以直接作为防治药物使用。

第一节　高分子化合物的结构特点和平均摩尔质量

一、高分子化合物的结构

高分子化合物也称为大分子化合物，是由一种或者几种简单化合物通过共价键相互连接而成的长链聚合物。这些简单化合物称为单体，它们构成了聚合物的基本结构单元。只有一种结构单元的聚合物称为均聚物，有不止一种结构单元的聚合物称为共聚物。结构单元的重复排列是高分子化合物的基本结构特征。虽然高聚物在化学组成上与其单体小分子化合物没有差别或差别很小，但因为它们的分子量特别大所导致的分子内旋转自由度的急剧增加，使得其结构比小分子化合物复杂得多。

高分子化合物的结构可分为两个方面：分子链结构及其聚集态结构。由于每个高分子都是由无数结构单元连接而成，因此分子链结构又可分为两个层次，一是结构单元的化学及立体化学结构，二是整条分子链的结构。前者称作近程结构，后者称作远程结构。下面主要讨论分子链结构。

1. 近程结构

高分子的近程结构属于化学结构，它包括结构单元的化学组成及键接方式、结构单元或分子链的构型、结构异构体（支化与交联、互穿网络）等内容。也称为一级结构。近程结构是反映高分子各种特性的最主要的方面，能直接影响高分子的性能，如密度、熔点、黏度等。

2. 远程结构

高分子的远程结构指高分子的大小（分子量及分子量分布）和构象。高分子由于单键的内旋转使分子中的原子（或基团）在空间出现不同排列方式而呈现各种构象。构象又称为二级结构。在高分子溶液中，由于分子的内旋转及与溶剂分子的相互作用，高分子的长链很难保持直线的形状，远程结构最主要的形态是无规线团。

高分子呈链状结构，一般的高分子其直径不过零点几纳米，而长度可为几百、几千甚至几万纳米不等。如果没有外力的作用它不可能保持直线状，总是要卷曲成团。在拉力的作用下被伸直，但伸直的链具有自动弯曲恢复到原来状态的趋势。高分子链表现了相当好的柔顺性。这个结构特点也是高分子溶液具有某些特殊性质的本质所在。

3. 高分子的内旋转及柔顺性

单键是由 σ 电子组成，线型高分子链中含有成千上万个 σ 键。σ 键电子云为圆柱形，轴向对称分布，键角为 109°28′。见图 9－1。下面以 3 个 σ 键相连的碳原子来分析内旋转运动。当 C_1—C_2 单键以键为轴自身进行旋转时，C_2—C_3 键在固定的键角下运动，其运动轨迹是一个圆锥面，同样，C_3—C_4 绕 C_2—C_3 键旋转也构成一个圆锥面，这种运动称为内旋转。由于分子上非键合原子之间的相互作用，内旋转一般是受阻的，即旋转时需要消耗一定的能量。高分子链的内旋转也像低分子一样，因受链上的原子或基团的影响不是完全自由的。

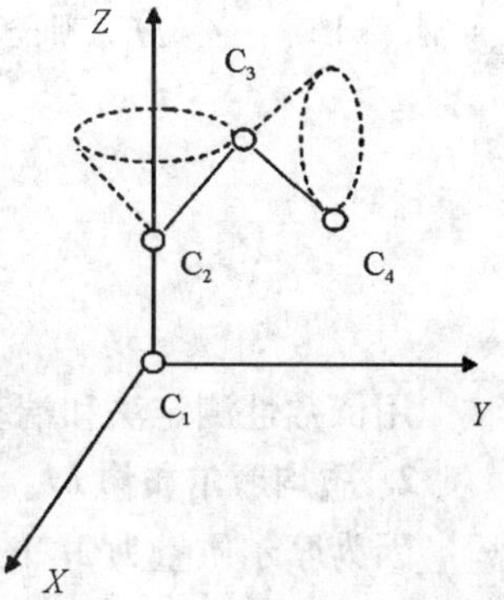

图 9－1　内旋转示意图

高分子链除了本身是一个独立的运动单元以外，链内还包含许多独立运动的小单元，称为链段，它由一起运动的多个链节组成。运动单元的这种双重性是高分子化合物分子链所特有的，我们可以用链段的长度来表征高分子链的柔顺性：链段越短，高分子链上的独立运动单元越多，分子越柔顺，分子卷曲越厉害；反之，链段越长，高分子链上独立运动的单元越少，分子的刚性则越大。所以高分子链既表现出一定的柔性，又表现出一定的刚性。

高分子链具有明显的柔顺性，这是由于链中单键的内旋转和链段热运动的结果。不同的高分子有不同的柔顺性，高分子的结构是决定其柔顺性的根本原因。它的影响表现在以下几方面。

（1）主链的结构　主链的结构对高分子的柔顺性有显著的影响。主链如果全部由单键组成，内旋转容易，分子柔顺性好；若含有双键、叁键或环状结构单元，则不易发生内旋转，分子柔顺性差。

（2）侧基的影响　侧基的极性、体积、比例和位置对高分子链的柔顺性均有影响。如：链上的侧基取代基极性大，分子的内旋转受阻，柔性降低。

（3）温度　温度升高，分子的热运动加剧，内旋转因所需能量得到满足而变得自由，高分子的柔顺性升高。

（4）溶剂　溶剂对高分子的柔顺性影响也很大，当溶剂分子与高分子链段间的吸引力强，大于链节的内聚力，高分子是伸展的，能使高分子链舒展的溶剂称为良溶剂；反之，使高分子链难以伸展的溶剂称为不良溶剂。

二、高分子化合物的平均摩尔质量

无论是天然的还是人工合成的高分子，实际上都是聚合度不同的某种同系物的混合物，其组分的摩尔质量并不相同，所以高分子化合物的摩尔质量只能是统计平均值。

测定平均摩尔质量的方法不同，统计处理方式不同，所得平均摩尔质量的数值也不相同。因而，一种高分子化合物可以有多种不同的平均摩尔质量。

常见的平均摩尔质量有以下几种：

1. 数均摩尔质量 M_n

设某高分子样品的各组分的物质的量分别为 N_1，N_2，…，N_i，其对应的摩尔质量为 M_1，M_2，…，M_i。则数均摩尔质量（number average molar weight）的定义为

$$M_n = \frac{N_1M_1 + N_2M_2 + \cdots + N_iM_i}{N_1 + N_2 + \cdots + N_i} = \frac{\sum N_iM_i}{\sum N_i} \qquad (9-1)$$

用依数性测定法和端基分析法得到的平均摩尔质量是数均摩尔质量。

2. 质均摩尔质量 M_m

因为摩尔质量为 M_i 的 i 组分的质量为 $m_i = N_iM_i$，按照所占质量进行统计

$$M_m = \frac{m_1M_1 + m_2M_2 + \cdots + m_iM_i}{m_1 + m_2 + \cdots + m_i} = \frac{\sum m_iM_i}{\sum m_i} = \frac{\sum N_iM_i^2}{\sum N_iM_i} \qquad (9-2)$$

用光散射法测得的是质均摩尔质量。（mass average molar weight）

3. z 均摩尔质量 M_z

样品的摩尔质量按照 m_iM_i 进行统计平均，则

$$M_z = \frac{\sum (m_iM_i)M_i}{\sum m_iM_i} = \frac{\sum N_iM_i^3}{\sum N_iM_i^2} = \frac{\sum z_iM_i}{\sum z_i} \qquad (9-3)$$

用超离心沉降法测得的是 z 均摩尔质量（z - average molar weight）。

4. 黏均摩尔质量 M_V

$$M_V = \left(\frac{\sum N_iM_i^{\alpha+1}}{\sum N_iM_i}\right)^{\frac{1}{\alpha}} = \left(\frac{\sum m_iM_i}{\sum m_i}\right)^{\frac{1}{\alpha}} \qquad (9-4)$$

α 是与高分子的性质及其在溶液中的形态以及溶剂、温度等有关的常数。黏度法测定高分子的平均质量范围较广，方法简单，但需要用其他方法去定特性黏度与平均摩尔质量的关系。

例 9－1　有几种不同大小单分散的某高分子样品，它们的平均摩尔质量分别为 45.0^{-1}、35.0^{-1}、25.0^{-1}、15.0^{-1}，将它们按 1∶1.3∶0.8∶1.2 的物质的量比例混合。试计算混合后高分子样品的数均、质均、z 均摩尔质量。

解： 数均摩尔质量

$$M_n = \frac{\sum N_i M_i}{\sum N_i} = \frac{1\times45 + 1.3\times35 + 0.8\times25 + 1.2\times15}{1 + 1.3 + 0.8 + 1.2} = 29.9\text{kg}\cdot\text{mol}^{-1}$$

质均摩尔质量

$$M_m = \frac{\sum m_i M_i}{\sum m_i} = \frac{\sum N_i M_i^2}{\sum N_i M_i} = \frac{1\times45^2 + 1.3\times35^2 + 0.8\times25^2 + 1.2\times15^2}{1\times45 + 1.3\times35 + 0.8\times25 + 1.2\times15} = 34.1\text{kg}\cdot\text{mol}^{-1}$$

z 均摩尔质量

$$M_z = \frac{\sum z_i M_i}{\sum Z_i} = \frac{\sum N_i M_i^3}{\sum N_i M_i^2} = \frac{1\times45^3 + 1.3\times35^3 + 0.8\times25^3 + 1.2\times15^3}{1\times45^2 + 1.3\times35^2 + 0.8\times25^2 + 1.2\times15^2} = 37.2\text{kg}\cdot\text{mol}^{-1}$$

数均分子量对高分子化合物中的平均摩尔质量较低的部分比较敏感，而质均和 z 均摩尔质量对平均摩尔质量较高的部分比较敏感。

假如样品的分子大小是均匀的（单分散体系），则各种平均摩尔质量的数值相同，即 $M_n = M_m = M_z$。但是一般来说，高分子化合物大小是不均匀的，是多分散体系，对于同一样品，用不同方法测定的平均摩尔质量数值不同，其大小顺序为 $M_z > M_m > M_n$。分子越不均匀，这三种平均值的差别就越大。通常采用比值 M_m/M_n 来表示高分子的不均匀程度。M_m/M_n 称为多分散度，简称分散度。单分散体系的分散度为 1，分散度越大说明分子大小分布范围越宽。也有少数文献用（M_m/M_n）－1 表示分散度。

高分子化合物的平均摩尔质量不仅能影响高分子溶液的理化性质，而且某些药用的高分子在体内的吸收和代谢也与其摩尔质量有密切的关联，如右旋糖酐平均摩尔质量低于 5 万时，容易从体内排出，若平均摩尔质量在 7 万以上，就不易从体内排出。所以高分子的平均摩尔质量是一项重要的参数。

第二节　高分子溶液热力学

一、高分子溶液与憎液溶胶及小分子溶液的区别

由于高分子化合物平均摩尔质量比较大，其单个分子大小处在胶体颗粒大小的范围内，因此高分子溶液的许多性质与溶胶相似，如渗透压、扩散作用与溶胶相同，但在热力学上存在本质的差别。高分子化合物在良溶剂中达到平衡后，所形成的真溶液属于单相热力学稳定系统，而溶胶是热力学不稳定的多相系统。表 9－1 给出了高分子溶液和溶胶以及小分子溶液不同性质的比较。

表 9－1　憎液溶胶、高分子、小分子溶液性质比较

性质	溶胶	高分子溶液	小分子溶液
粒子大小/m	10^{-7} ~ 10^{-9}	10^{-7} ~ 10^{-9}	$<10^{-9}$
分散相存在的单元	多分子组成的胶粒	单个分子	单个分子
热力学系统	多相不均匀系统	均相系统	均相系统
稳定性	热力学不稳定	热力学稳定	热力学稳定
半透膜	不能通过	不能通过	能通过
扩散速度	慢	慢	快
渗透压	小	大	小
黏度	小	大	小
丁达尔效应	强	微弱	微弱
外加电解质	很敏感	不敏感	不敏感
聚沉后再加入分散介质	不可逆	可逆	可逆

二、高分子的溶解特点及溶剂的选择

（一）高分子溶解过程及其特点

高分子化合物的溶解，是指高分子通过分子扩散与溶剂分子均匀混合成为分子分散的均相体系。由于高分子结构的复杂性，使它的溶解过程不同于小分子物质的溶解。高分子化合物的溶解分为两个过程：溶胀和溶解。

当高分子与小分子溶剂相混合的时候，溶剂分子小，运动速率很快，很容易钻进高分子中，对高分子来说，虽然链段运动的速率与溶剂分子运动的速率差别不是很大，但受到两端的牵连，因而不可能迅速地扩散或独立钻到溶剂分子当中去。高分子是卷曲

的，溶剂分子进去多了，可以使它慢慢膨胀，这一过程是高分子化合物特有的溶胀（swelling）现象。

所以当高分子与溶剂接触时，首先是溶剂扩散到高分子中去，随着溶剂分子不断进入高分子链段之间，高分子之间的相互作用力越来越弱以至最后互相分离。由于链段的不断运动，也促使整个高分子相对运动，最后达到与溶剂充分均匀混合，至此便完成了溶解过程。

对于线型高分子化合物，在良溶剂中能无限吸收溶剂直到完全溶解成均匀的溶液，也就是无限溶胀。某些具有三维网状结构的高分子，在良溶剂中溶胀到一定程度后，吸收的溶剂不再随时间的延长而增多，系统保持两相平衡状态，不能使高分子完全分离成溶解状态，此现象称为有限溶胀。

高分子先溶胀再溶解的特性，是由高分子的结构和巨大的分子质量所决定的。由于高分子的运动速率很慢，高分子之间相互作用力较大，为此高分子的溶解过程往往很慢，快者需几个小时，慢者需几天甚至几周的时间才能成为平衡的稳定体系。

（二）高分子溶液的制备

药剂学中制备高分子溶液的方法一般来说有以下三种。

1. 溶解法

取所需水量的1/2～4/5，将高分子化合物或其粉末分次撒在液面上或浸泡于水中，使其充分吸水膨胀，必要时略加搅拌。如羧甲基纤维素钠（CMC－Na）、胃蛋白酶等。

2. 醇分散法

取粉末状高分子原料置于干燥容器内，先加少量乙醇或甘油使其均匀润湿，然后加大量水振摇或搅拌使之溶解。如西黄蓍胶、白及胶等。

3. 热溶法

将片状、块状的高分子原料先加少量冷水放置浸泡一定时间，使其充分吸水膨胀、然后加足量的热水并加热使其成为高分子溶液。如明胶、琼脂等。

（三）溶剂的选择

根据长期的实践经验，总结出以下几个原则，可作为高分子溶剂选择的依据。

1. 极性相似原则

极性高分子易溶于极性溶剂中，非极性高分子易溶于非极性溶剂中。如天然橡胶是非极性的高分子，能溶于非极性溶剂如石油醚、乙醚等溶剂中。如果高分子链中含有极性基团，则该高分子只能溶于与它极性相近的溶剂中。如聚甲基丙烯酸甲酯不易溶于苯而能很好溶于丙酮中。

2. 溶度参数相近原则

溶度参数 δ 为内聚能密度的平方根。高分子与溶剂的溶度参数相近时，溶解过程才能进行。若高分子与溶剂的溶度参数相等，则可以互溶；若溶度参数相差过大，则难溶或者不溶。对于非晶态高分子和溶剂来说，若分子间没有强极性基团或氢键时，只要 $|\delta$高分子$\delta_{溶剂}| < 4$，高分子就能发生溶解。

表9－2列出部分高分子的溶度参数，表9－3列出了部分溶剂的溶度参数。

表 9-2　部分高分子的溶度参数

高分子	$\delta/(\mathrm{J\cdot cm^{-3}})^{1/2}$	高分子	$\delta/(\mathrm{J\cdot cm^{-3}})^{1/2}$
天然橡胶	16.1	氯丁橡胶	18.8-19.2
聚四氟乙烯	12.7	聚氯乙烯	19.2-22.1
聚丁二烯	16.5-17.5	聚碳树脂	19.4
环氧树脂	19.8	纤维素二乙酯	23.2
聚乙烯	16.1-16.5	乙基纤维素	21.1
聚丙烯	16.8-18.8	纤维素二硝酸酯	21.5
乙丙橡胶	16.2	尼龙 66	27.8

表 9-3　部分溶剂的溶度参数

溶剂	$\delta/(\mathrm{J\cdot cm^{-3}})^{1/2}$	溶剂	$\delta/(\mathrm{J\cdot cm^{-3}})^{1/2}$
乙醇	26.0	二甲基亚砜	27.4
正己烷	14.9	苯	18.2
正庚烷	15.2	三氯甲烷	19.0
环己烷	16.8	甲苯	18.2
四氯化碳	17.6	乙酸乙酯	18.6
丙酮	20.4	水	47.4
二甲苯	17.9	甲酸	27.6
硝基苯	19.5	甘油	36.2

3. 广义酸碱作用原则

按照溶度参数相近的原则判断高分子的溶解性只适用于非极性或弱极性的非晶态高分子，若溶剂分子和高分子间有强偶极作用或者生成氢键的情况则不适用。这样的相互作用是一种广义酸碱作用。高分子和溶剂的酸碱性取决于分子中所含的基团。如果高分子中含有大量亲电子基团就可以溶于含给电子基团的溶剂中。

在选择溶剂时，除需满足高分子能溶解外，还应考虑使用的目的。例如：油漆用的溶剂应易挥发，否则油漆不易干燥，影响生产；在工业生产中，应尽量选用既能溶解高分子又无毒或低毒的溶剂，以减少对环境的污染和对人体造成的危害；在医药应用方面，溶剂本身应无毒性，不与药物发生作用，不影响药物的药理作用及其含量的测定，不发生过敏反应，具有好的稳定性，能很好地吸收代谢。

三、高分子溶解热力学

高分子溶解过程就是高分子与溶剂相互混合的过程，在恒温恒压条件下，这种过程能自发进行的必要条件是混合自由能 $\Delta G_{\mathrm{mix}}<0$，即混合过程中

$$\Delta G_{\mathrm{mix}}=\Delta H_{\mathrm{mix}}-T\Delta S_{\mathrm{mix}} \tag{9-5}$$

式中，T 是溶解时的温度，ΔS_{mix} 和 ΔH_{mix} 分别为混合熵和混合热。在高分子溶解过程中分子排列趋于混乱，所以混合过程熵的变化是增大的，即 $\Delta S_{\mathrm{mix}}>0$。$\Delta G_{\mathrm{mix}}$ 的正负就取决于 ΔH_{mix} 的正负及大小。一般来说分为下面几种情况：

(1) $\Delta H_{mix} < 0$ 即高分子溶解时放热，体系吉布斯能降低，溶解能自发进行。极性的高分子在极性的溶剂中就属于这类情况。

(2) $\Delta H_{mix} = 0$，由于 $\Delta S_{mix} > 0$，所以 $\Delta G_{mix} < 0$，溶解自动进行。非极性的柔顺链高分子溶解在结构相似的溶剂（其氢化单体）中属于这种情况。

(3) $\Delta H_{mix} > 0$，即高分子溶解时吸热，仅当 $T\Delta S_{mix} > \Delta H_{mix}$时，溶解才会自发进行。非极性柔顺高分子溶于非极性溶剂就属于这类情况。

根据赫尔德布兰（Hildebrand）的研究，对于非极性聚合物溶解于非极性溶剂中（或极性很小的体系），假设溶解过程没有体积的变化，则有

$$\Delta H_{mix} = \varphi_1\varphi_2(\delta_1 - \delta_2)^2 V \tag{9-6}$$

式中，φ_1，φ_2 分别为溶剂和高分子的体积分数；δ_1，δ_2 分别为溶剂和高分子的溶度参数；V 是混合后的体积。由此式可知 $\Delta H_{mix} > 0$，而 δ_1 和 δ_2 的差值越小，ΔH_{mix} 值就越小，高分子越容易溶解，这也是前面提到的溶度参数相近原则。

第三节　高分子溶液的黏度及流变性

黏度（viscosity）是流体的性质，表征流体内部对流动的一种固有阻力。在外力作用下流体的流动和形变行为称为流变性。高分子溶液的黏度和流变性具有重要的实用价值。人体内正常的血液循环要求血液黏度保持在一定水平，若血液黏度异常会导致微循环障碍，引发血栓病。对血液黏度的测定有利于病情的诊断和治疗。另外在药物制剂方面，一些液体、半固体药物的性能、产品规格的制定等都与物质的流变性有关。

一、流体的黏度和牛顿黏度公式

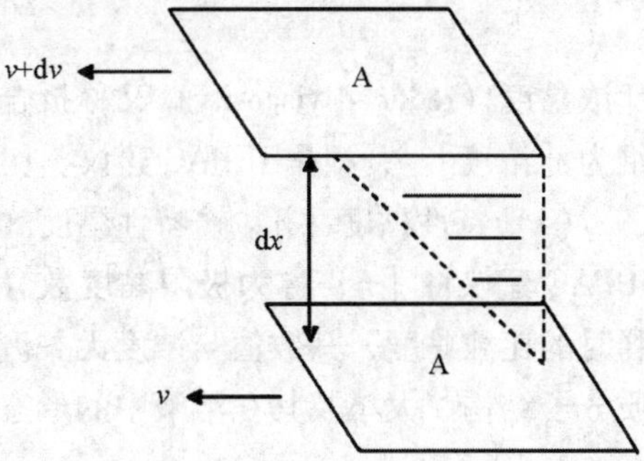

图 9-2　液体流动示意图

黏度实际上是流体流动时表现出的内摩擦的量度。流体在管道内流动时，管中心处流速最大，越靠近管壁流速越小，速度快的流体层对速度慢的流体层产生拉力，速度慢的流体层对速度快的流体层产生阻力，流体内部的这一对相互作用力称为内摩擦力，如图 9-2 所示。内摩擦力 F 正比于两层的接触面积 A，单位面积的内摩擦力，称为切应力 τ（Shearing stress）。设垂直于管壁的方向为 x 方向，则各流体层间的速度梯度为$\frac{dv}{dx}$，速度梯度又称切速率。流体的切应力与切速率 D 成正比关系，有

$$\tau = \frac{F}{A} = \eta\frac{dv}{dx} = \eta D \tag{9-7}$$

此式称为牛顿（Newton）黏度公式，式中的比例系数 η 称为黏滞系数，简称黏度，其物理意义是使单位面积的液层间保持单位速度梯度所需的切应力。黏度的单位是 Pa · s 或 $N \cdot m^{-2} \cdot s$。

符合 Newton 黏度公式的流体称为 Newton 流体，其特点是，黏度与切应力及切速率无关。对于指定的 Newton 流体，黏度仅是温度的函数。对液态流体，随着温度升高，黏度减小。气态流体则相反，温度升高，黏度减小。上述稳定的流动称为层流，在同一层上流速相同，不随时间而改变，当速度超过某一限度时，层流变成湍流，有不规则的或随时间而变的漩涡发生，此时流体不再服从 Newton 黏度公式。

二、溶液的黏度

高分子溶液的黏度随着高分子的大小及性质、温度、溶剂的性质、浓度等不同而不同。在温度、高分子 - 溶剂系统选定后，溶液的黏度只与其浓度和高分子的大小有关。

常用的黏度有以下几种表示方式：

（1）相对黏度 η_r

$$\eta_r = \frac{\eta}{\eta_0} \tag{9-8}$$

相对黏度（relative viscosity）表示溶液黏度 η 与纯溶剂黏度 η_0 的比值。

（2）增比黏度 η_{sp}

$$\eta_{sp} = \frac{\eta - \eta_0}{\eta_0} = \eta_r - 1 \tag{9-9}$$

增比黏度（specific viscosity）表示溶液黏度比溶剂黏度增加的相对值，反映了溶质对黏度的贡献。

（3）比浓黏度 η_c

$$\eta_c = \frac{\eta_{sp}}{c} \tag{9-10}$$

比浓黏度（reduced viscosity）又称折合黏度，表示单位浓度的溶质对黏度的贡献。其量纲为［浓度］$^{-1}$，根据 IUPAC 建议，比浓黏度又称为黏度数（viscosity number）。

（4）特性黏度［η］　特性黏度（intrinsic viscosity）又称为极限黏度或结构黏度，IUPAC 建议将［η］称为极限黏度数（limiting viscosity number），表示溶液浓度无限稀释时的比浓黏度，其数值与浓度无关。它反映个别溶质分子对溶液黏度的贡献，只与溶质分子结构、大小及其在溶液中的形态等有关。其定义式为

$$[\eta] = \lim_{c\to 0}\frac{\eta_{sp}}{c} = \lim_{c\to 0}\frac{\ln\eta_r}{c} \tag{9-11}$$

特性黏度可用以上两种方法表达，得到的数值是相等的，因为

$$\frac{\ln\eta_r}{c} = \frac{\ln(1+\eta_{sp})}{c} = \frac{\eta_{sp}}{c}\left(1 - \frac{1}{2}\eta_{sp} + \frac{1}{3}\eta_{sp}^2 - \cdots\right) \tag{9-12}$$

当 $c\to 0$ 时，η_{sp} 的高次项趋于零，所以有

$$\lim_{c\to 0}\frac{\eta_{sp}}{c} = \lim_{c\to 0}\frac{\ln\eta_r}{c} = [\eta]$$

特性黏度的量纲与比浓黏度相同。

在高分子溶液浓度很稀时，比浓黏度和相对黏度与溶液浓度的关系式为

$$\frac{\eta_{sp}}{c} = [\eta] + k_1[\eta]^2 c \tag{9-13}$$

$$\frac{\ln\eta_r}{c} = [\eta] - k_2[\eta]^2 c \tag{9-14}$$

式中，k_1、k_2 为比例系数。从稀溶液向无限稀释溶液外推求的极限值均为［η］。在不同浓度下测定高分子溶液的黏度，以$\frac{\eta_{sp}}{c}$和$\frac{\ln\eta_r}{c}$为纵坐标，c 为横坐标作图，外推至纵坐标得到［η］。通常采用双线法求外推值，两直线应有相同的截距，如图 9－3 所示。若两截距有差异，可取其平均值。

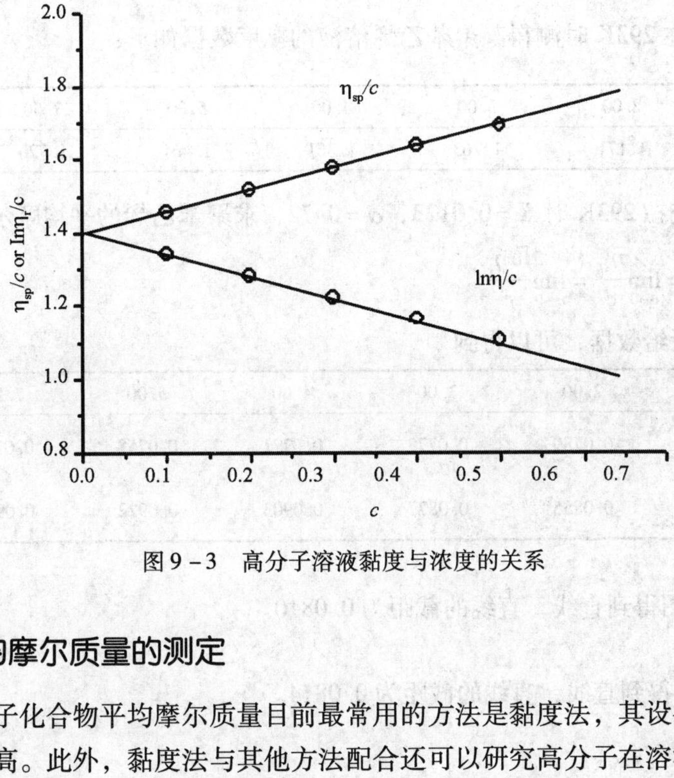

图 9－3　高分子溶液黏度与浓度的关系

三、黏均摩尔质量的测定

测定高分子化合物平均摩尔质量目前最常用的方法是黏度法，其设备简单、操作便利、精确度较高。此外，黏度法与其他方法配合还可以研究高分子在溶液中的形态、尺寸以及高分子和溶剂分子之间的相互作用等。

特性黏度［η］与高分子的平均摩尔质量密切相关，斯陶丁格（Staudinger）于 1932 年提出了根据特性黏度［η］计算高分子平均摩尔质量的经验公式，为

$$[\eta] = KM$$

后来，马克（Mark）和霍温克（Houwink）对上式做了修正，给出了如下公式，现普遍称为马克－霍温克公式。

$$[\eta] = KM_V^{\alpha} \tag{9-15}$$

式中，M_V 是高分子化合物的黏均摩尔质量，K 和 α 是和溶剂、高分子化合物及温度有关的经验常数。其中温度对经验常数 K 影响较大，而 α 在恒温下主要决定于高分子在溶剂中的形态，数值一般在 0.5～1 之间。高分子在良性溶剂中 α 值趋向 1，在不良溶

剂中 α 值趋近于0.5。表9-4列出了部分高分子溶液在不同温度下的 K 和 a 值。

表9-4　某些高分子-溶剂体系的 K 和 α 值

高分子化合物	溶剂	温度/K	平均摩尔质量范围	$K/10^{-5}m^3 \cdot kg^{-1}$	α
聚异丁烯	环己烷	303	$6\times10^2 \sim 3.15\times10^6$	2.60	0.70
聚异丁烯	苯	297	$1\times10^3 \sim 3.15\times10^6$	8.30	0.50
聚苯乙烯	苯	298	$3.2\times10^4 \sim 1.3\times10^6$	1.03	0.74
聚苯乙烯	丁酮	298	$2.5\times10^3 \sim 1.7\times10^6$	3.90	0.58
醋酸纤维素	丙酮	298	$1.1\times10^4 \sim 1.3\times10^5$	0.19	1.03
天然橡胶	甲苯	298	$4\times10^4 \sim 1.5\times10^6$	5.00	0.67

例9-2　在293K时测得某聚苯乙烯溶液的黏度数据如下：

$c/(kg \cdot m^{-3})$	2.00	3.00	4.00	5.00	7.50	10.00
η_r	1.171	1.263	1.361	1.461	1.720	2.030

已知该系统在293K时 $K=0.0123$，$\alpha=0.72$，求聚苯乙烯的平均摩尔质量。

解： $[\eta]=\lim\limits_{c\to0}\frac{\eta_{sp}}{c}=\lim\limits_{c\to0}\frac{\ln\eta_r}{c}$

根据题目所给数据，可以得到

$c/(kg \cdot m^{-3})$	2.00	3.00	4.00	5.00	7.50	10.00
$\frac{\ln\eta_r}{c}/(kg^{-1} \cdot m^3)$	0.0789	0.0778	0.0771	0.0758	0.0723	0.0708
$\frac{\eta_{sp}}{c}/(kg^{-1} \cdot m^3)$	0.0855	0.0877	0.0903	0.0922	0.0960	0.1030

$\frac{\ln\eta_r}{c}\sim c$ 作图得到直线，直线的截距为0.0810。

$\frac{\eta_{sp}}{c}\sim c$ 作图得到直线，直线的截距为0.0814。

所以

$$[\eta]=\frac{0.0810+0.0814}{2}=0.0812kg^{-1}\cdot m^3$$

根据公式

$$[\eta]=KM_V^{\alpha}$$

可得聚苯乙烯的摩尔质量 $M_V=13.76kg\cdot mol^{-1}$。

四、流体的分类

通常把以切速率为纵坐标，切应力为横坐标所绘制的曲线称为流变曲线。不同的流体有自己的流变特性，流变曲线也各不相同。根据流变曲线的特点，流体可以分为以下五种类型，如图9-4所示。

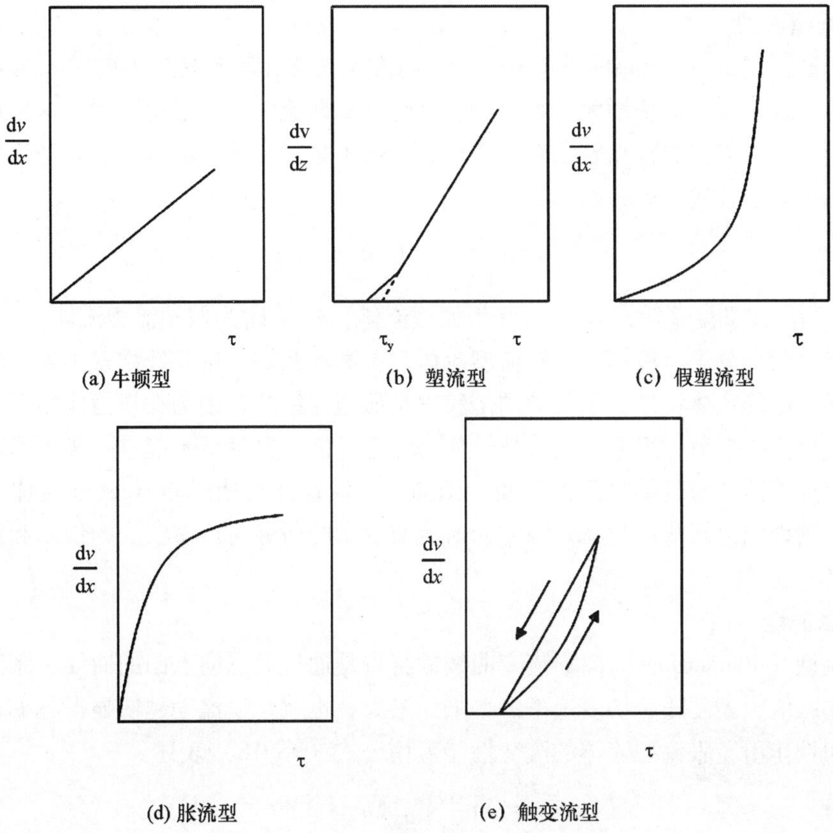

图 9-4　几种流体的流变曲线

1. 牛顿型

牛顿型（Newtonian type）流体的黏度只随温度变化，在一定温度下有定值，不受切变速率的影响。牛顿流体符合上面介绍的牛顿黏度公式，$\frac{dv}{dx}$与 τ 成正比，流变曲线是通过原点的直线，即在任意小的外力作用下液体就能流动。纯液体或小分子的稀溶液属于牛顿型流体。对于浓的高分子溶液，其流变性非常复杂，一般不符合牛顿黏度公式，称为非牛顿型流体。例如人体的血清和血浆是属于牛顿型，但血液则表现为非牛顿型。

2. 塑流型

塑流型流体（plastic flow type）切速率与切应力的关系是不通过原点的直线。其特点是当外加的切应力 τ 较小时，液体只发生弹性形变而不流动，当切应力超过某一临界值 τ_y 后，系统才开始流动。τ_y 为塑性流体开始流动所需的临界切应力，称为屈服值，有时称为塑变值（yield value）。当 τ 超过 τ_y 后，切速率与切应力又呈线性关系，符合牛顿流体的流变曲线。塑流型流体的流变公式为

$$\tau - \tau_y = \eta_p \frac{dv}{dx} \tag{9-16}$$

式中，η_p 称为塑性黏度。油漆、泥胚、陶土、牙膏和某些药用硫酸钡胶浆都属于塑流

型流体。

3. 假塑流型

假塑流型（pseudo plastic flow type）的特点是其切速率与切应力的关系为通过原点向下凹的曲线，切变速率增大，系统的黏度降低，即流动越快显得越稀，这种现象称为切稀作用。这类流体的特点是没有屈服值，黏度不是固定不变的数值。假塑流型流体的流变性能可以用公式（9－17）表示。

$$\tau = K\left(\frac{\mathrm{d}v}{\mathrm{d}x}\right)^n,\ (0 < n < 1) \tag{9-17}$$

式中，K 为流体稠度系数；$n=1$ 时为牛顿型流体，$n<1$ 时为假塑流型流体。

大多数的高分子溶液属于假塑流型流体，如海藻酸钠、甲基纤维素类等药物溶液都具有假塑流型的流体特性。絮凝了的溶胶也是假塑性系统，因为在切力作用下，絮凝物的结构被切力所拆散，因而黏度降低。如果完全拆散，黏度就不能进一步下降。在这种系统内存在着拆散与凝结之间的平衡。例如，血液在高切速时是 Newton 流体，但在低切速时，则表现为假塑型流体。因此，血液流变学的研究对许多疾病的诊断和治疗具有重要意义。

4. 胀流型

胀流型（dilatant flow type）流变曲线的特点是通过原点向上凸的曲线，胀流型流体也没有屈服值，黏度随着切变速率的增加而增大，也就是说流动越快显得越稠，这种现象称为切稠作用。胀流型流体的流变性能可用公式（9－18）表述。

$$\tau = K\left(\frac{\mathrm{d}v}{\mathrm{d}x}\right)^n,\ (n > 1) \tag{9-18}$$

式中，n 接近 1 时为牛顿流体，n 与 1 差得越大，则非牛顿流体的特性越明显。药物中的栓剂、糊剂以及 40%～50% 的淀粉溶液等都具有胀流型的特点。

5. 触变流型

触变流型（thixotropic flow type）流体的特点是系统静置时，成半固体状态，而振摇或搅动时成流体。塑流型系统往往都具有触变现象，即流体在切应力作用下发生形变，如果此时黏度暂时降低，那么该流体具有触变性。用转筒式黏度法测量触变性流体的流变曲线，升高切变速率的上行线和降低切变速率的下行线不重合，形成一个滞后环（hysteresis loop），这是触变流型的显著特点。5% 硅酸镁铝水溶胶和凡士林软膏等属于触变流型。

第四节 高分子溶液的渗透压

一、凡特霍夫渗透压公式

用只允许溶剂分子透过的半透膜将溶液和纯溶剂隔开，溶剂会透过半透膜向溶液扩散，这种现象称为渗透（osmosis）。渗透过程是自发进行的过程。在渗透过程中，溶剂从其浓度高的一侧（化学势大）向其浓度低的一侧（化学势小）转移，直到半透膜两侧溶剂的化学势相等而达平衡为止。这种平衡称为渗透平衡。若维持膜两侧液面上的压力 p_0 不变，渗透将引起溶液一侧液面上升。平衡时溶液中与溶剂液面同高度处的压力减去溶液液面的压力所得之差称为渗透压（osmosis pressure），以 Π 表示。另一个等价的定义是，若向溶液一侧施加一额外的压力 p_1 使达渗透平衡时膜两侧的液面高度相等，此额外压力 p_1 即渗透压 Π。如图 9－5 所示。

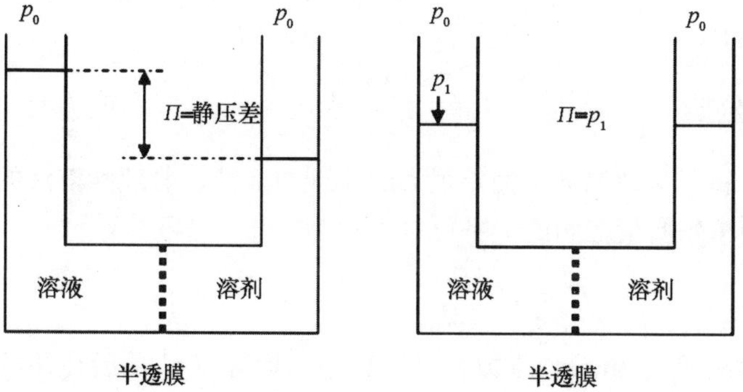

图 9－5　渗透压示意图

任何溶液都有渗透压，但是如果没有半透膜将纯溶剂与溶液隔开，渗透压则无法体现。

渗透压的量纲是［压力］，通常以 Pa 为单位。

溶液中溶质的浓度决定渗透压的大小，其定量关系可以根据渗透平衡时半透膜两侧溶剂化学势相等的关系推导。以 A 表示溶剂，左侧溶液中溶剂的化学势 $\mu_A(T, p_0 + p_1, x_A) = \mu_A^*(T, p_0 + p_1) + RT\ln x_A$，式中 x_A 为溶剂的摩尔分数。右侧纯溶剂的化学势为 $\mu_A^*(T, p_0)$。μ_A^* 为溶剂的参考标准化学势，其参考标准态是温度 T，纯溶剂即 $x_A = 1$ 的状态。与标准化学势只是温度的函数不同，参考标准化学势既是温度的函数也是压力的函数。达渗透平衡时，膜两侧溶剂的化学势相等，从而有

$$\mu_A^*(T, p_0 + p_1) + RT\ln x_A = \mu_A^*(T, p_0) \tag{9-19}$$

$$\mu_A^*(T, p_0 + p_1) - \mu_A^*(T, p_0) = -RT\ln x_A \tag{9-20}$$

式（9－20）的左边是纯溶剂在恒温条件下不同压力下的化学势之差，即 ΔG_m。当压力变化不大时，溶剂的摩尔体积 V_m 为常数，有

$$\Delta G_m = \int_{p_0}^{p_0+p_1} V_m \mathrm{d}p = V_m p_1 = \Pi V_m \tag{9-21}$$

若溶液为稀溶液，溶剂的摩尔分数 x_A 比 x_B 大很多，则有

$$-RT\ln x_A = -RT\ln(1 - x_B) \approx RTx_B = RT\frac{n_B}{n_A + n_B} \approx RT\frac{n_B}{n_A} \tag{9-22}$$

于是有

$$\Pi V_m = RT\frac{n_B}{n_A} \tag{9-23}$$

$$\Pi = RT\frac{n_B}{n_A V_m} \tag{9-24}$$

$n_A V_m$ 为溶液中溶剂的体积，近似等于溶液的体积 V。而 $n_B/V = c_B$，代入式（9－24）得

$$\Pi = c_B RT \tag{9-25}$$

式（9－25）称为凡特霍夫（Van't Hoff）渗透压公式，式中 c_B 为溶质的体积摩尔浓度。由于在推导中作了近似处理，此公式只适用于稀溶液。用上式计算溶液的渗透压时，若 R 取值 $8.314 J \cdot K^{-1} \cdot mol^{-1}$，$T$ 的单位为 K，c_B 的单位应是 $mol \cdot m^{-3}$，算得的渗透压的单位是 Pa。

二、维里公式

高分子溶液属于与理想溶液偏差很大的非理想溶液，非理性溶液的渗透压与溶液浓度和溶质的平均摩尔质量之间的关系可以表示为

$$\Pi = RT\left(\frac{c}{M_n} + A_2 c^2 + A_3 c^3 + \cdots\right) \tag{9-26}$$

式中，A_2、A_3 为维里（Virial）系数，对于高分子稀溶液 c^3 项后往往可以忽略不计，上式可以简化为

$$\frac{\Pi}{c} = \frac{RT}{M_n} + RTA_2 c \tag{9-27}$$

上两式称为维里（Virial）公式。以 Π/c 对 c 作图在低浓度区为一条直线，外推到 $c=0$ 处，可以从截距求得数均摩尔质量。

三、渗透压法测定高分子的数均摩尔质量

利用溶液的依数性质如沸点升高、冰点降低、渗透压等变化可以测定其平均摩尔质量，由于这些依数性质与溶质的分子数目有关，所以测出来的是数均摩尔质量。另外由于高分子溶液的浓度一般很小，溶液中溶质数目不多使得高分子溶液的依数性效应较小。在依数性质中渗透压法是测定数均摩尔质量最重要的方法。这是因为从实验角度而言，测定溶剂液柱的高度比测定其他依数性参数更准确。

用渗透压法测定的平均摩尔质量的上下限约为 $1 \times 10^4 \sim 5 \times 10^5$，这取决于测定的精确度和半透膜的性质。

例 9－3　在 298K 时测得血清蛋白的渗透压数据如下，求血清蛋白的平均摩尔质量。

蛋白质浓度/$kg \cdot m^{-3}$	10	15	25	40	55
渗透压/Pa	398.100	608.365	1091.331	1929.832	2899.545

解：根据高分子渗透压公式

$$\frac{\Pi}{c} = \frac{RT}{M_n} + RTA_2 c$$

由题给数据可得 $\frac{\Pi}{c}$ 值。

c/kg · m^{-3}	10	15	25	40	55
$\frac{\Pi}{c}$/Pa · m^3 · kg^{-1}	39.810	40.558	43.653	48.246	52.719

作$\frac{\Pi}{c}-c$图可得一条直线，得到直线截距$\frac{RT}{M_n}=36.475$，故此血清蛋白平均摩尔质量为

$$M_n=\frac{\mathrm{R}T}{36.475}=\frac{8.314\times298}{36.475}=67.93\mathrm{kg\cdot mol^{-1}}$$

四、唐南平衡

前面 Virail 公式所讨论的渗透压只限于高分子化合物不带电的情况，如果是带电的高分子电解质溶液情况要复杂得多。天然的生物高分子，如蛋白质、核酸等都是高分子电解质，所以研究高分子电解质溶液的渗透现象十分重要。

（一）高分子电解质

高分子电解质是指在溶液中能电离出高分子离子的物质。如氨基酸、蛋白质等很多生物体内的物质都是高分子电解质。按照高分子电解质分子链上所带基团的属性，可以分为以下三类：

（1）阳离子型　电离后高分子离子带正电荷，如血红素、聚乙烯吡咯等。

（2）阴离子型　电离后高分子离子带负电荷，如肝素、果胶、海藻酸钠等。

（3）两性型　电离后高分子离子既带有正电荷，又带有负电荷。如乳清蛋白、卵清蛋白、明胶等。

（二）高分子溶液的电学性质

高分子电解质溶液不仅具有高分子溶液的特点，还具有自身特殊的电学性质。

1. 高电荷密度

高分子电解质在溶液中的长链上带有相同的电荷，而且电荷密度很高，分子链上带电基团具有相互排斥的作用。

2. 高度水化

高分子电解质溶解在水溶液中，分子链上带电基团是极性的，由于静电相互作用，水分子紧密排列在极性基团周围，形成特殊的“电缩”水化层。这种高度水化对高分子电解质具有稳定作用。

3. 电泳现象

高分子电解质溶液在电场作用下产生电泳现象。电泳速率取决于高分子所带电荷、分子大小、形状结构以及溶液的 pH 等。电泳现象对蛋白质高分子化合物具有重要的应用价值。常用的电泳有移动界面电泳、区带电泳、稳态电泳等。

4. 高分子溶液的电黏效应

由于高分子电解质分子链上的高电荷密度和高度水化，使得溶液黏度增加的效应称为电黏效应。电黏效应导致以下的结果，一方面$\frac{\eta_{sp}}{c}$与 c 不成线性关系，曲线出现反常，

无法用外推法获得特性黏度 $[\eta]$，但是如果在高分子电解质溶液中加入一定量的中性电解质（如 NaCl），对高分子电解质的电荷起屏蔽作用，则可以消除电黏效应，例如果胶酸钠溶液（如图 9－6 所示）。另一方面，一些高分子电解质溶液的黏度具有明显的 pH 依赖性。例如蛋白质在等电点时，静电荷为零，分子卷曲，黏度最低，当 pH 偏离等电点时，静电荷数目增加，斥力增大，使得分子舒展，黏度升高。若加入小分子的电解质使得分子链上的电荷相互作用被屏蔽，则能减弱黏度对 pH 的依赖性。

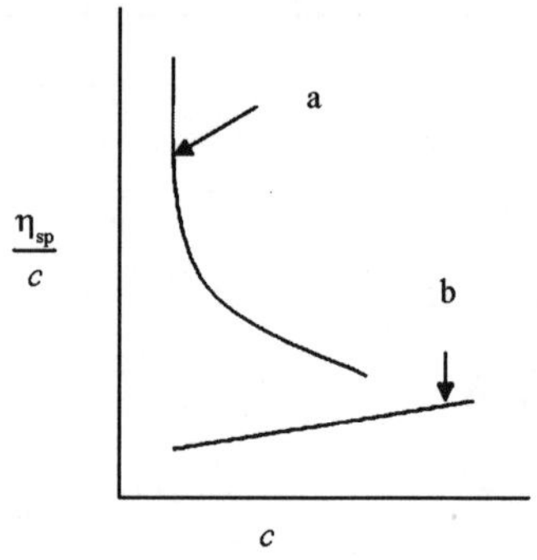

图 9－6　高分子溶液 $\frac{\eta_{sp}}{c}-c$ 图

a. 果胶酸钠水溶液；b. 果胶酸钠 + NaCl 溶液（50mol · m^{-3}）

（三）唐南平衡

若某一高分子电解质 NaR 能在溶液中电离成 Na^+ 和 R^-，用半透膜把容器分成两部分，一侧放 NaR 的水溶液，另一侧放 NaCl 的稀溶液，当达到平衡时，NaCl 在膜两侧溶液中的浓度并不相等。这是因为高分子离子不能透过半透膜，为了保持溶液的电中性，导致小分子离子在膜两边分布不均匀。这种由非渗透离子的存在所引起的，可渗透离子在半透膜两侧呈不均匀分布的渗透平衡称为唐南（Donnan）平衡或唐南效应。

如将分子 NaR 溶液置于半透膜内，其浓度为 c_1，膜外放置 NaCl 水溶液，其浓度为 c_2。R^- 是在溶液中离解出的非透过性大离子，而 Na^+、Cl^- 都能透过半透膜。如图 9－7 所示。

	膜内			膜外	
	R^-	Na^+	Cl^-	Na^+	Cl^-
初始	c_1	c_1	0	c_2	c_2
平衡	c_1	c_1+x	x	c_2-x	c_2-x

图 9－7　唐南平衡

则，系统达渗透平衡时，有

$$\mu_{\text{Nacl,内}} = \mu_{\text{Nacl,外}} \tag{9-28}$$

$$\mu_{\text{NaCl,内}} = \mu^{\ominus}_{\text{NaCl}}(T) + RT\ln a_{\text{NaCl,内}} \tag{9-29}$$

$$\mu_{\text{NaCl,外}} = \mu^{\ominus}_{\text{NaCl}}(T) + RT\ln a_{\text{NaCl,外}} \tag{9-30}$$

$$\text{R}T\ln a_{\text{NaCl,内}} = RT\ln a_{\text{NaCl,外}} \tag{9-31}$$

$$(a_{Na^+}a_{Cl^-})_{\text{内}} = (a_{Na^+}a_{Cl^-})_{\text{外}} \tag{9-32}$$

在稀溶液中，可用浓度代替活度，得

$$(c_{Na^+}c_{Cl^-})_{\text{内}} = (c_{Na^+}c_{Cl^-})_{\text{外}} \tag{9-33}$$

当系统达到渗透平衡时，组成电解质的离子在膜两边浓度的乘积相等。这就是唐南平衡的条件。

$$x(c_1+x) = (c_2-x)^2$$

$$x = \frac{c_2^2}{c_1 + 2c_2} \tag{9-34}$$

平衡时膜两边 NaCl 浓度之比为

$$\frac{c_{NaCl,外}}{c_{NaCl,内}} = 1 + \frac{c_1}{c_2} \tag{9-35}$$

可见，达渗透平衡时，膜两侧的 NaCl 浓度不等，会产生额外的渗透压。

（四）高分子电解质溶液的渗透压

平衡时小离子（如 Na^+、Cl^-）在膜两边分布的不均匀会产生额外的渗透压，在测定高分子电解质溶液的渗透压时引起偏差。测定高分子电解质溶液渗透压时，应设法消除唐南效应的影响。

设有浓度为 x 的 NaCl 由膜外向膜内扩散，当高分子电解质和小分子离子达到唐南平衡时，膜两侧溶液的渗透压差即总渗透压

$$\begin{aligned}\Pi &= [c_{膜内离子} - c_{膜外离子}]RT \\ &= [2(c_1 + x) - 2(c_2 - x)]RT \\ &= 2RT(c_1 - c_2 + 2x)\end{aligned} \tag{9-36}$$

将式（9-34）代入式（9-36），得

$$\Pi = 2RT\left[c_1 - c_2 + \frac{2c_2^2}{c_1 + 2c_2}\right] = 2c_1\left[\frac{c_1 + c_2}{c_1 + 2c_2}\right]RT \tag{9-37}$$

此式是适用于阴、阳离子均为一价，且完全电离的高分子电解质溶液的渗透压公式，分以下两种情况进行讨论：

（1）当 $c_1 \gg c_2$ 时，即膜外所加电解质浓度很低，上式近似为 $\Pi = 2c_1RT$，此时测定的渗透压包含高分子离子和小分子离子的共同贡献，溶液的渗透压比高分子电解质本身所产生渗透压大，这样计算出的高分子平均摩尔质量可能会偏低。

（2）当 $c_2 \gg c_1$ 时，即膜外所加电解质浓度很高，高分子电解质的浓度相对很低，此时 $\Pi = c_1RT$，渗透压相当于在没有唐南平衡，即膜内外 NaCl 浓度趋于相等的条件下高分子电解质的渗透压，由此计算出的高分子平均摩尔质量比较准确。

由此可见，在测定高分子电解质溶液的渗透压时，加入一定数量的小离子电解质可以消除唐南效应造成的偏差。根据唐南平衡式，无论在膜的哪一侧加入，结果应相同。将溶液 pH 调节到被测蛋白质分子的等电点附近，可降低蛋白质分子的电离度，从而部分消除唐南效应。降低高分子溶液的浓度也可减少唐南效应。

例 9-4　某高分子可表示为 Na_3P，若在膜两侧分别放入等体积的 $0.1mol \cdot m^{-3}$ 和 $1.0mol \cdot m^{-3}$ 的 Na_3P 和 NaCl 水溶液，设在该条件下 Na_3P 完全电离。试计算：

（1）平衡后膜两侧各种离子的浓度；

（2）298K 时所产生的渗透压；

若用该渗透压计算高分子的摩尔质量 M 会产生多大误差，如何消除该误差？

解：

（1）设平衡时膜内 Cl^- 浓度为 $x mol \cdot m^{-3}$，则有

	膜内			膜外	
	P^{3-}	Na^+	Cl^-	Na^+	Cl^-
初始	c_1	$3c_1$	0	c_2	c_2
平衡	c_1	$3c_1+x$	x	c_2-x	c_2-x

已知达到平衡时，有

$$[Na^+]_{内}\times[Cl^-]_{内}=[Na^+]_{外}\times[Cl^-]_{外}$$

即

$$(3c_1+x)x=(c_2-x)^2$$
$$(3\times0.1+x)x=(1.0-x)^2$$
$$x=0.435\text{mol/m}^3$$

膜内

$$[Na^+]=3c_1+x=0.3+0.435=0.735\text{mol}\cdot\text{m}^{-3}$$
$$[Cl^-]=x=0.435\text{mol}\cdot\text{m}^{-3}$$
$$[P^{3-}]=c_1=0.1\text{mol}\cdot\text{m}^{-3}$$

膜外

$$[Na^+]=c_2-x=1.0-0.435=0.565\text{mol}\cdot\text{m}^{-3}$$
$$[Cl^-]=c_2-x=1.0-0.435=0.565\text{mol}\cdot\text{m}^{-3}$$

（2）298K 时的渗透压

$$\Pi=[c_{膜内离子}-c_{膜外离子}]RT$$

所以有

$$\begin{aligned}\Pi&=[(3c_1+c_1+2x)-2(c_2-x)]RT\\&=[(3\times0.1+0.1+2\times0.435)-2\times(1.0-0.435)]\times8.314\times298\\&=346.9\text{Pa}\end{aligned}$$

（3）高分子本身产生的渗透压为

$$\Pi=cRT=0.1\times8.314\times298=247.8\text{Pa}$$

由于 $\Pi=c\text{R}T=\frac{A\text{R}T}{M}$，$A$ 为常数，计算渗透压时产生的误差为

$$\frac{\frac{1}{346.9}-\frac{1}{247.8}}{\frac{1}{247.8}}\times100\%=-28.6\%$$

要消除该误差，可以提高膜外 NaCl 的浓度或者降低膜内 Na_3P 的浓度。

五、唐南平衡的生物学意义

唐南平衡是高分子电解质电荷效应的表现，唐南平衡的存在影响高分子溶液的渗透压，在高分子溶液渗透压的测定、高分子的渗析净化等方面具有重要的意义。由于生物体内含有的蛋白质、核酸等重要的生物高分子都是电解质，蛋白质一类的大分子或大离子不能透过半透膜，而溶剂等小分子却能自由通过，因此半透膜两边达到平衡时膜两边

电解质的浓度并不相等。由此可见，唐南平衡不仅对研究电解质的渗透现象十分重要，在生物膜内外的渗透平衡中也具有重要的作用，因此 Donnan 平衡也具有非常重要的生物学意义。

土壤中，植物、动物的脱水收缩以及养分的吸收、盐分的平衡均与唐南平衡有关。动植物的生物膜（如细胞膜、毛细血管壁等）的结构具有两侧不对称性，所以细胞内外存在生物高分子电解质和各种小离子的体液。唐南平衡对于控制生物体内的离子分布和信息传递起到了重要作用，使一些具有生理活性的小离子在细胞内外保持一定的比例来维持机体正常的生理功能。又如人体的肾可以阻止血液中的糖分不排到尿液中，同时清除血液中的尿素和其他小分子有毒物质，维持人体的正常代谢。

第五节　高分子溶液的盐析和胶凝

一、高分子溶液的盐析

当大量的电解质加入高分子水溶液中时，由于离子发生强烈的水化作用而使得原来高度水化的高分子去水化，因而析出的过程称为盐析。

实验表明盐析能力的大小与离子的种类有关。表 9－5 列出了使卵白朊开始盐析的各种盐类的最低浓度。

表 9－5　各种盐类使卵白朊盐析的最低浓度

盐类	最低浓度 $c/\mathrm{mol\cdot dm^{-3}}$	盐类	最低浓度 $c/\mathrm{mol\cdot dm^{-3}}$
柠檬酸钠	0.56	Li_2SO_4	0.78
酒石酸钠	0.78	K_2SO_4	0.79
硫酸钠	0.80	Na_2SO_4	0.80
醋酸钠	1.69	$(NH_4)_2SO_4$	1.00
氯化钠	3.62	$MgSO_4$	1.32
硝酸钠	5.42		
氯酸钠	5.52		

由此可见，阳离子盐析能力由大到小是：

$Li^+ > K^+ > Na^+ > NH_4^+ > Mg^{2+}$

而阴离子盐析能力由大到小是：

柠檬酸根离子 > 酒石酸根离子 > SO_4^{2-} > 醋酸根离子 > Cl^- > NO_3^- > ClO_3^-

离子盐析能力的顺序也称为感胶离子序。对不同种类的高分子溶液，这种顺序可能略有改变，但大体相同。

蛋白质的盐析效果在其等电点时为最佳，一般常用 $(NH_4)_2SO_4$、Na_2SO_4、NaCl 等中性盐作为盐析剂。利用各种蛋白质盐析作用的强弱不同，改变电解质浓度，可将不同蛋白质加以分离。盐析作用并不破坏蛋白质的结构，不会引起蛋白质的变性，加入溶剂进行稀释后，蛋白质可以重新溶解。

二、高分子溶液的胶凝

在一定条件下，溶液中的高分子互相联结成立体网状的结构，溶剂充满于网格之间而失去流动性，构成网架的高分子仍具有一定的柔顺性，表现出弹性半固体状态。这种系统叫做凝胶（cel）。溶剂含量较多的凝胶也称为胶冻，如琼脂凝胶含水量可达99.8%。形成凝胶的过程称为胶凝（gelatination）。若分散介质为水，则该凝胶称为水凝胶（hydrogel），例如琼脂、许多蛋白质和动植物的组织等。软胶囊剂的囊壳也是这种凝胶。高分子形状的不对称、降低温度、加入胶凝剂（如电解质）等都能促进凝胶的形成。胶凝现象不仅发生于高分子体系，片状、杆状的溶胶粒子也能相互联结形成网状结构而成为凝胶。

在药物制剂中用明胶做鱼肝油滴丸的外皮就是应用了胶凝作用。人体的细胞膜、肌肉、脏器、毛发、指甲、软骨等都可以看作是凝胶，人体中约占体重2/3的水也是基本保存在凝胶里面。

三、凝胶的分类

（一）凝胶的分类

根据分散相质点的性质是刚性的还是柔性的，以及形成凝胶结构时质点间联结的结构强度，凝胶可以分为弹性凝胶和非弹性凝胶（刚性凝胶）两大类。

1. 弹性凝胶

弹性凝胶一般是由柔性的线型高分子化合物所形成的凝胶，它具有弹性，如琼脂、橡胶和明胶等。

弹性凝胶的另一特性是分散介质（即溶剂）的脱除和吸收具有可逆性。如明胶是一种水凝胶，脱水后只剩下以分散相为骨架的干凝胶，将干凝胶放入水中，加热，使之吸收水分，冷却后又重新变为凝胶，故弹性凝胶又称为可逆凝胶。干凝胶对分散介质的吸收具有一定的选择性，如明胶只能吸收水而不能吸收苯，而橡胶能吸收苯而不能吸收水。

2. 非弹性凝胶

非弹性凝胶，又称为刚性凝胶，是由刚性分散相互相联成网状结构形成的凝胶。这些刚性分散相多为无机物颗粒，如 Al_2O_3、SiO_2、TiO_2、V_2O_5 等。在脱除或吸收溶剂后刚性凝胶的骨架基本不变，所以凝胶的体积也无明显变化。刚性凝胶去除溶剂成为干凝胶后，一般不能再吸收溶剂重新变为凝胶，故刚性凝胶又称为不可逆凝胶。刚性凝胶对溶剂的吸收一般没有选择性，只要是能润湿凝胶骨架的液体都能被吸收。

（二）凝胶的结构

凝胶内部具有三维空间网状结构，大致可以分为以下四类情况如图9－7所示。

（1）由球形质点连接成网状结构，见图9－7（a），SiO_2、TiO_2 凝胶就属于这种结构。

（2）点通过化学交联形成空间网状结构，见图9－7（b），硫化橡胶、聚苯乙烯凝

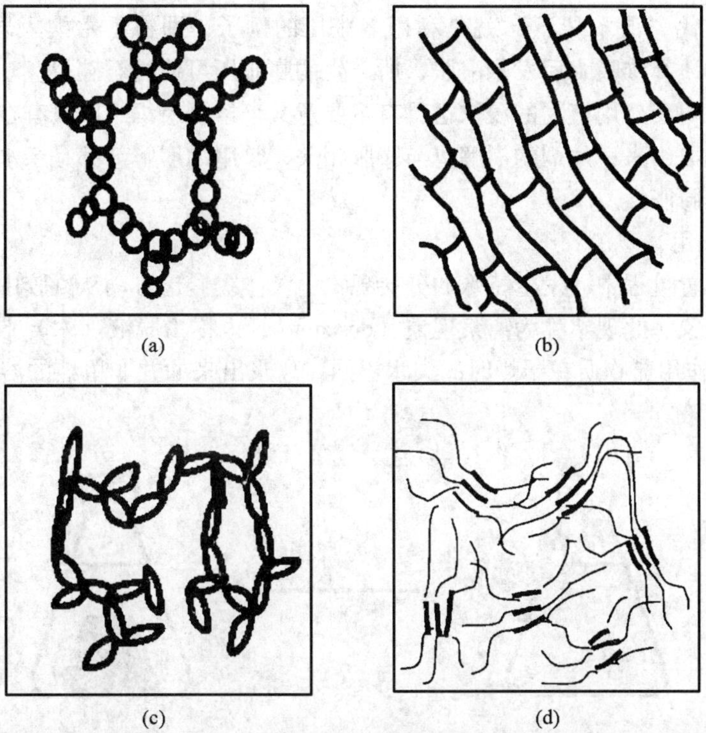

图 9 - 7　凝胶的几种结构

胶属于此种结构类型。

(3) 针片状质点的顶端之间形成网状结构，见图 9 - 7 (c)，白土凝胶、V_2O_5 凝胶属于此种类型。

(4) 线型高分子联成微晶区与无定型区相间隔的网状构型，见图 9 - 7 (d)，纤维素凝胶、明胶等属于这种结构类型。

四、凝胶的性质

1. 膨胀作用

膨胀作用也称为溶胀作用 (swelling)，是指凝胶吸收液体或蒸气后使体积或质量显著增加的现象。非弹性凝胶不能膨胀。若凝胶只吸收有限量的液体，凝胶的网络只撑大而不解体，则称为有限膨胀。若吸收的液体越来越多，凝胶中的网络越来越大，最终导致破裂、解体并完全溶解，则称之为无限膨胀。改变温度或介质等外界条件，凝胶可以从有限膨胀变成无限膨胀，如室温下明胶在水中发生有限膨胀，若温度升高到 313K 以上，就会发生无限膨胀。

凝胶的膨胀过程通常分为两个阶段：第一阶段是溶剂分子与凝胶高分子紧密结合，凝胶膨胀后总体积小于凝胶与吸收溶剂分子体积之和，系统放出膨胀热；第二阶段是溶剂分子向凝胶网状结构内部扩散，这个过程需要较长的时间，由于凝胶结构内的溶液与凝胶结构外部的溶液之间存在活度差而形成渗透压，促使大量的溶剂继续进入凝胶内部，凝胶体积大大增加。凝胶膨胀时产生的对外压力称为膨胀压。这种压力有时相当可观，如我国古代“湿木裂石”就是利用溶胀压的例子，即将干木楔入岩石的裂缝中，然后注水，木质纤维吸水后发生溶胀，所产生的膨胀压可使岩石破裂。

膨胀现象对于药用植物的浸取也具有重要意义，植物组织一般只有在膨胀后才能将其有效成分提取出来；片剂的崩解也与膨胀相关，常用的崩解剂都是亲水性物质，有较好的吸水性和膨胀性。

2. 离浆作用

凝胶在放置过程中，发生特殊的分层现象，液体缓慢地自动从凝胶中分离出来，出现脱水收缩现象。此现象称为离浆现象（desizing），也称为脱液（水）收缩，如图9－8所示。离浆作用与物质在干燥时的失水不同，离浆出来的并非单纯的溶剂，而是稀溶胶或高分子溶液。

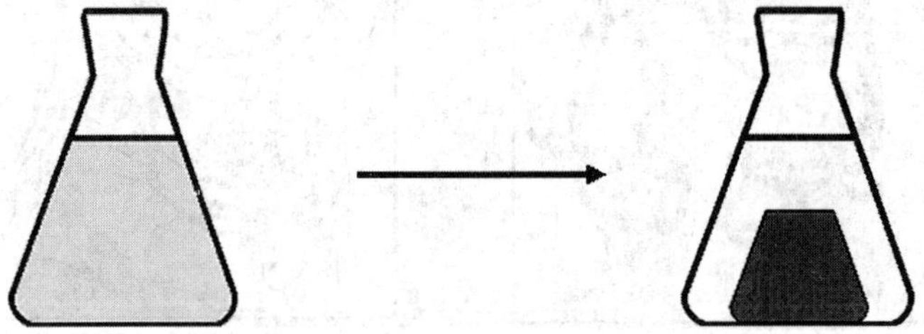

图9－8　离浆现象示意图

发生离浆作用后，凝胶仍然会保持原来的几何形状。无论是弹性凝胶（如明胶）还是刚性凝胶（如硅酸水凝胶等）都会发生离浆作用。对于弹性凝胶，离浆现象是膨胀的逆过程，发生离浆后，经过加热就可以吸收液体恢复原状；而刚性凝胶离浆后，不能再次吸收液体还原，而是形成致密的沉淀。离浆现象普遍存在，如老人皮肤变皱、细胞失水老化等都属于离浆现象。此外，在纺织工业、人造纤维和糖果工业等等中，也都能遇到离浆现象。

3. 触变作用

某些凝胶（如低浓度的明胶、生物细胞中的原形质、药膏等）的网状结构不稳定，可因受到摇动或振动而变为流体，外力解除静置后又逐渐恢复成凝胶。这种现象称为凝胶的触变现象。触变现象的发生是因为振动时，网状结构受到破坏，线状粒子互相离散，系统出现流动性，而静止后线状粒子又重新交联成网状结构，如图9－9所示。在药物制剂中，触变剂型的滴眼剂和抗菌素油注射剂等已有应用，其特点是药物在其中比较稳定，便于保存。

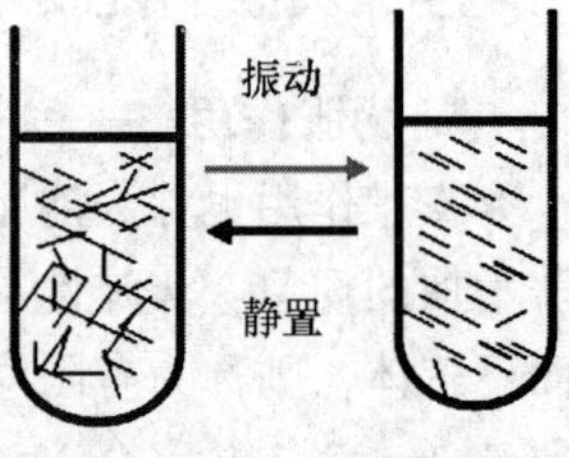

图9－9　凝胶的触变现象

4. 吸附和扩散作用

一般说来，刚性凝胶的干胶都是有多孔性的毛细管结构，表面积较大，从而表现出较强的吸附能力。而弹性凝胶干燥时由于高分子链段收缩，形成紧密堆积，所以其干胶基本上是无孔的。

不同大小的凝胶骨架空隙对高分子有筛分作用。高分子在凝胶中的扩散速度与凝胶骨架空隙的大小有直接关系，这是凝胶色谱法的基本原理。凝胶色谱是采用颗粒填充色谱柱，被分离的样品分子中，尺寸小的分子容易进入凝胶孔，尺寸大的比较困难，当用溶剂淋洗时，高分子首先被淋走，小分子则最后出来，由此可以达到按照分子大小而分离的目的。许多半透膜（如醋酸纤维膜、火棉胶膜等）对某些物质的渗析作用就是利用了凝胶骨架空隙的筛分作用。

5. 化学反应

由于凝胶中的液体不能自由流动，所以凝胶中发生的反应没有对流和混合作用，化学反应中所产生的不溶物质在凝胶中具有周期分布的特点。凝胶中的化学反应若有沉淀生成，则沉淀由于难以移动而基本上存在于原位，沉淀物呈周期性分布。典型的例子是在装有明胶凝胶的培养皿中，预先加入 $K_2Cr_2O_7$ 溶液，然后在培养皿中心处滴入少量的 $AgNO_3$ 溶液。几天后则可观察到生成砖红色的 $Ag_2Cr_2O_7$ 沉淀在培养皿中以同心环状向外扩散，见图 9－10。最早研究这一现象的是里斯根（Liesegang），故称为里斯根环。

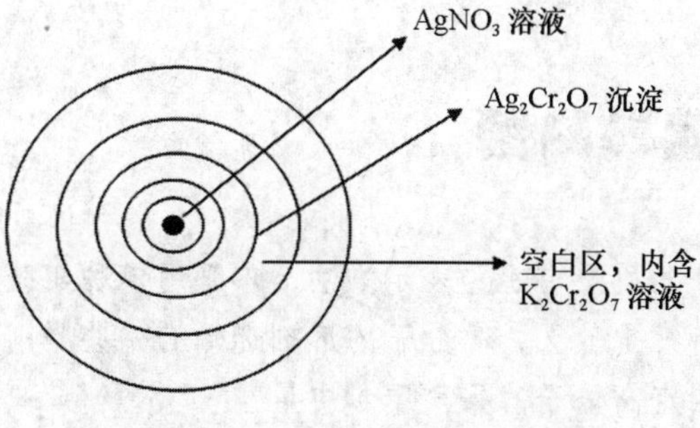

图 9－10　Liesegang 环示意图

形成里斯根环的原因可以认为是沉淀反应造成了浓差。当高浓度的 $AgNO_3$ 溶液由中心向外扩散时，与 $K_2Cr_2O_7$ 发生反应生成砖红色的 $Ag_2Cr_2O_7$ 沉淀，当第一个沉淀环形成后，环附近的 $K_2Cr_2O_7$ 溶液浓度极低，因而出现空白区。$AgNO_3$ 溶液通过空白区继续向外扩散，又与 $K_2Cr_2O_7$ 溶液发生反应形成第二个沉淀环，以此类推，但环间的距离随离开中心的距离而逐渐变大，环本身也逐渐变宽而模糊。

五、凝胶药物制剂简介

凝胶在药物制剂、药物释放体系、分离膜、生物材料等方面具有广阔的应用前景，目前对凝胶的研究十分活跃。下面重点介绍凝胶在药物制剂上的应用。

1. 凝胶剂

药物与能形成凝胶的辅料制成均匀稠厚液体或半固体制剂，这种制剂称为凝胶剂。凝胶剂一般常用于皮肤及体腔如鼻腔、直肠等。由天然高分子制成的凝胶剂也可称为胶浆剂；乳状液型凝胶剂又称为乳胶剂；一些小分子无机药物凝胶剂是由分散的药物胶体小粒子以网状形式存在于液体中，属于两相分散系统，也称为混悬型凝胶剂。

临床上应用较多的是水性凝胶为基质的凝胶剂。常用的水性凝胶基质有卡波普

(羧基乙烯共聚物)、纤维素衍生物和海藻酸钠等。这些物质在水中溶胀形成水性凝胶而不溶解。

水性凝胶剂的制法一般为水溶性药物先溶于部分水或者甘油中，必要时可以加热来加速溶解，然后按照处方中其余成分按基质配制方法制成水性凝胶基质，再与药物溶液混合并加入水至适量。对于不溶于水的药物，可先用少量水或者甘油研细分散后再加入水性凝胶基质搅匀。

2. 其他凝胶药物剂型

许多的半透膜都是凝胶或者干凝胶，如蛋白质膜、离子交换膜等，对离子的扩散和渗透有选择性，可以提高分离效率。生物体中新陈代谢和营养吸收都要通过膜进行。药物制剂中微型胶囊剂是控释给药和靶向给药常用的剂型之一，它的制备方法就是将一些天然或合成的高分子包覆在药物表面形成半透膜，然后使其成为微米级粒径的微囊，再制成通常的剂型。所以，可以通过改善包覆药物表面的半透膜来控制药物释放速率。

思考题与习题

1. 高分子的平均摩尔质量有哪些表示方法，各采用何种实验方法测定？

2. 高分子的溶解特征是什么，高分子的溶剂选择有哪些原则？

3. 如何用黏度法测定高分子的平均摩尔质量？

4. 在测定高分子电解质溶液渗透压时，为什么要设法消除 Donnan 平衡的影响？

5. 设有一聚合物样品，其摩尔质量为 $10.0\text{kg}\cdot\text{mol}^{-1}$ 有 10mol，摩尔质量为 $100\text{kg}\cdot\text{mol}^{-1}$ 的分子有 5mol，试计算平均摩尔质量 M_n、M_m、Mz 各为多少？

($M_n=40\text{kg}\cdot\text{mol}^{-1}$；$M_m=85\text{kg}\cdot\text{mol}^{-1}$；$M_z=98\text{kg}\cdot\text{mol}^{-1}$)

6. 某高聚物样品是由平均摩尔质量为 $20.0\text{kg}\cdot\text{mol}^{-1}$ 和 $100.0\text{kg}\cdot\text{mol}^{-1}$ 两种分子组成，它们的物质的量分数分别为 0.0167 和 0.9833，计算此样品的质均摩尔质量和数均摩尔质量的比值。

$$\left(\frac{M_m}{M_n}=1.011\right)$$

7. 在 310K 时，血浆的渗透压是 770kPa，试问溶解物质呈现的总浓度是多少？等渗透压的盐水是阻止血液细胞渗透破裂的 NaCl 溶液，试计算其浓度？

($x=0.15\text{mol}\cdot\text{dm}^{-3}$)

8. 303K 时，聚异丁烯在环已烷中，$[\eta]=0.026M^{0.70}$，若 $[\eta]=2.00\text{m}^3\cdot\text{kg}^{-1}$，求此温度条件下聚异丁烯的平均摩尔质量。

($M_V=494.73\text{kg}\cdot\text{mol}^{-1}$)

9. 在 298K 时，具有不同黏均摩尔质量的同一聚合物，溶解在有机溶剂中的特性黏度如下所示。

M_V/ ($kg \cdot mol^{-1}$)	34	61	130
[η] / ($m^3 \cdot kg^{-1}$)	1.02	1.60	2.75

求该系统的 α 和 K 值。

($K=0.076$；$\alpha=0.74$)

10. 异丁烯聚合物的苯溶液在298K时测得各浓度的渗透压如下：

$c \times 10^{-1}$/ ($kg \cdot m^{-3}$)	0.50	1.00	1.50	2.00
Π/Pa	49.45	100.94	154.84	210.70

求聚异丁烯的平均摩尔质量。

($M=256kg \cdot mol^{-1}$)

11. 半透膜内放置羧甲基纤维素钠溶液，其浓度为 $1.28 \times 10^{-3} mol \cdot dm^{-3}$，膜外放置苄基青霉素钠盐溶液。Donnan 平衡时，测得膜内苄基青霉素离子浓度为 $32 \times 10^{-3} mol \cdot dm^{-3}$，求膜内外青霉素离子的浓度比。

$\left(\frac{c_{外}}{c_{内}}=1.02\right)$

12. 把 1×10^{-3}kg 的聚苯乙烯（$M_n=200kg \cdot mol^{-1}$）溶在 $0.1dm^{-3}$ 的苯中，试计算所形成的溶液在293K时的渗透压。

($\Pi=121.8Pa$)

13. 在膜的内侧，高分子电解质RNa的浓度为 c_1，并假设其完全解离，若外部为纯水，则其渗透压 $\Pi=2c_1RT$。若膜外加入浓度为 c_2 的NaCl溶液，试证明：实验测定的渗透压 $\Pi_{测}=2c_1\left[\frac{c_1+c_2}{c_1+2c_2}\right]RT$。当 $c_1 \gg c_2$ 时，则 $\frac{\Pi_{测}}{\Pi_{实}}=1$；当 $c_2 \gg c_1$ 时，则 $\Pi_{测}=\frac{1}{2}\Pi_{实}$，即此情况下测得的渗透压仅为真实渗透压的一半。

14. 在300K时，半透膜内某高分子水溶液的浓度为 $1.0 \times 10^2 mol \cdot m^{-3}$，膜外NaCl浓度为 $5.0 \times 10^2 mol \cdot m^{-3}$，$R^-$ 代表不能透过半透膜的高分子离子，试求平衡后溶液的渗透压为多少？

($\Pi=272.4kPa$)

参考文献

[1] 侯新朴，李三鸣．物理化学 [M]．第六版．北京：人民卫生出版社，2007.
[2] 傅献彩，沈文霞，姚天扬，等．物理化学 [M]．第五版．北京：高等教育出版社，2006.
[3] 赵振河．高分子化学和物理 [M]．北京：中国纺织出版社，2003.
[4] 崔德福．药剂学 [M]．第六版．北京：人民卫生出版社，2007.
[5] 屠美．药用高分子材料及其应用 [M]．广州：华南理工大学出版社，2006.

附　　录

附录1　国际单位制（SI）

附表1　SI 基本单位

量的名称	单位名称	单位符号
长度	米	m
质量	千克	kg
时间	秒	s
电流	安培	A
热力学温度	开尔文	K
物质的量	摩尔	mol
发光强度	坎［德拉］	cd

附表2　常用 SI 导出单位

量的名称	单位名称	符　号	定义式
频率	赫兹	Hz	s^{-1}
能量；功；热量	焦耳	J	$kg \cdot m^2 \cdot s^{-2}$
力	牛顿	N	$kg \cdot m \cdot s^{-2} = J \cdot m^{-1}$
压力；压强；应力	帕斯卡	Pa	$kg \cdot m^{-1} \cdot s^{-2} = N \cdot m^{-2}$
功率；辐［射能］通量	瓦特	W	$kg \cdot m^2 \cdot s^{-3} = J \cdot s^{-1}$
电荷量	库仑	C	$A \cdot s$
电位（势）；电动势；电压	伏特	V	$kg \cdot m^2 \cdot s^{-3} \cdot A^{-1} = J \cdot A^{-1} \cdot s^{-1}$
电阻	欧姆	Ω	$kg \cdot m^2 \cdot s^{-3} \cdot A^{-2} = V \cdot A^{-1}$
电导	西门子	S	$kg^{-1} \cdot m^{-2} \cdot s^3 \cdot A^2 = \Omega^{-1}$
电容	法拉	F	$A^2 \cdot S^4 \cdot kg^{-1} \cdot m^{-2} = A \cdot s \cdot V^{-1}$
磁通［量］	韦伯	Wb	$kg \cdot m^2 \cdot s^{-2} \cdot A^{-1} = V \cdot s$
电感	亨利	H	$kg \cdot m^2 \cdot s^{-2} \cdot A^{-2} = V \cdot A^{-1} \cdot S$
磁通［量］密度	特斯拉	T	$kg \cdot s^{-2} \cdot A^{-1} = V \cdot s \cdot m^{-2}$

附录 2

附表 3 希腊字母表

大写	小写	英文注音	大写	小写	英文注音
Α	α	alpha	Ν	ν	nu
Β	β	beta	Ξ	ξ	xi
Γ	γ	gamma	Ο	ο	omicron
Δ	δ	delta	Π	π	pi
Ε	ε	epsilon	Ρ	ρ	rho
Ζ	ζ	zeta	Σ	σ	sigma
Η	η	eta	Τ	τ	tau
Θ	θ	theta	Υ	υ	upsilon
Ι	ι	iota	Φ	φ	phi
Κ	κ	kappa	Χ	χ	chi
Λ	λ	lambda	Ψ	ψ	psi
Μ	μ	mu	Ω	ω	omega

附录 3

附表 4 部分气体的摩尔定压热容与温度的关系

物质		$\frac{a}{J \cdot mol^{-1} \cdot K^{-1}}$	$\frac{10^3 b}{J \cdot mol^{-1} \cdot K^{-1}}$	$\frac{10^6 c}{J \cdot mol^{-1} \cdot K^{-1}}$	温度范围/K
H_2	氢	29.09	0.836	−0.3265	273 ~ 3800
Cl_2	氯	31.696	10.144	−4.038	300 ~ 1500
Br_2	溴	35.241	4.075	−1.487	300 ~ 1500
O_2	氧	36.16	0.845	−0.7494	273 ~ 3800
N_2	氮	27.32	6.226	−0.9502	273 ~ 3800
HCl	氯化氢	28.17	1.810	1.547	300 ~ 1500
H_2O	水	30.00	10.7	−2.022	273 ~ 3800
CO	一氧化碳	26.537	7.6831	−1.172	300 ~ 1500
CO_2	二氧化碳	26.75	42.258	−14.25	300 ~ 1500
CH_4	甲烷	14.15	75.496	−17.99	298 ~ 1500
C_2H_6	乙烷	9.401	159.83	−46.229	298 ~ 1500
C_2H_4	乙烯	11.84	119.67	−36.51	298 ~ 1500
C_3H_6	丙烯	9.427	188.77	−57.488	298 ~ 1500
C_2H_2	乙炔	30.67	52.810	−16.27	298 ~ 1500
C_3H_4	丙炔	26.50	120.66	−39.57	298 ~ 1500
C_6H_6	苯	−1.71	324.77	−110.58	298 ~ 1500
$C_6H_5CH_3$	甲苯	2.41	391.17	−130.65	298 ~ 1500
CH_3OH	甲醇	18.40	101.56	−28.68	273 ~ 1000

续表

物质		$\frac{a}{J \cdot mol^{-1} \cdot K^{-1}}$	$\frac{10^3 b}{J \cdot mol^{-1} \cdot K^{-1}}$	$\frac{10^6 c}{J \cdot mol^{-1} \cdot K^{-1}}$	温度范围/K
C_2H_5OH	乙醇	29.25	166.28	-48.898	298~1500
$(C_2H_5)_2O$	二乙醚	-103.9	1417	-248	300~400
HCHO	甲醛	18.82	58.379	-15.61	291~1500
CH_3CHO	乙醛	31.05	121.46	-36.58	298~1500
$(CH_3)_2CO$	丙酮	22.47	205.97	-63.521	298~1500
HCOOH	甲酸	30.7	89.20	-34.54	300~700
$CHCl_3$	三氢甲烷	29.51	148.94	-90.734	273~773

附录4

附表5 部分有机物的标准摩尔燃烧焓（$p^{\ominus}$=100kPa，298.15K）

物质		$-\frac{\Delta_C H_m^{\ominus}}{kJ \cdot mol^{-1}}$	物质		$-\frac{\Delta_C H_m^{\ominus}}{kJ \cdot mol^{-1}}$
CH_4（g）	甲烷	890.31	C_3H_7COOH（l）	正丁酸	2183.5
C_2H_2（g）	乙炔	1299.6	C_3H_7OH（l）	正丙醇	2019.8
C_2H_4（g）	乙烯	1411.0	C_4H_8（l）	环丁烷	2720.5
C_2H_6（g）	乙烷	1559.8	C_4H_9OH（l）	正丁醇	2675.8
C_3H_6（g）	环丙烷	2091.5	C_5H_{10}（l）	环戊烷	3290.9
C_3H_8（g）	丙烷	2219.9	$(C_2H_5)_2O$（l）	二乙醚	2751.1
C_5H_{12}（g）	正戊烷	3536.1	$(CH_3)_2CO$（l）	丙酮	1790.4
C_6H_{12}（l）	环已烷	3919.9	$(CH_3CO)_2O$（l）	乙酸酐	1806.2
C_6H_{14}（l）	正已烷	4163.1	$(CH_2COOH)_2$（s）	丁二酸	1491.0
C_6H_6（l）	苯	3267.5	C_5H_{12}（l）	正戊烷	3509.5
$C_{10}H_8$（s）	萘	5153.9	C_6H_5N（l）	吡啶	2782.4
CH_3OH（l）	甲醇	726.51	$C_6H_4(COOH)_2$（s）	邻苯二甲酸	3223.5
CH_3CHO（l）	乙醛	1166.4	C_6H_5CHO（l）	苯甲醛	3527.9
CH_3CH_2OH（l）	乙醇	1366.8	$C_6H_5COCH_3$（l）	苯乙酮	4148.9
CH_3COOH（l）	乙酸	874.54	$C_6H_5COOCH_3$（l）	苯甲酸甲酯	3957.6
C_6H_5OH（s）	苯酚	3053.5	$CH_2(COOH)_2$（s）	丙二酸	861.15
C_6H_5COOH（s）	苯甲酸	3226.9	CH_3COC_2H5（l）	甲乙酮	2444.2
$(NH_2)_2CO$（s）	尿素	631.66	CH_3NH_2（l）	甲胺	1060.6
$C_{12}H_{22}O_{11}$（s）	蔗糖	5640.9	$CH_3OC_2H_5$（g）	甲乙醚	2107.4
C_2H_5CHO（l）	丙醛	1816.3	HCHO（g）	甲醛	570.78
C_2H_5COOH（l）	丙酸	1527.3	HCOOH（l）	甲酸	254.6
$C_2H_5NH_2$（l）	乙胺	1713.3	$HCOOCH_3$（l）	甲酸甲酯	979.5

附录5

附表6　部分物质的热力学数据表值

物质的标准摩尔生成焓、标准摩尔熵、标准摩尔生成吉布斯函数及标准摩尔定压热容（$p^\ominus$ = 100kPa，298.15K）

物　质	$\frac{\Delta_f H_m}{kJ \cdot mol^{-1}}$	$\frac{S_m^\ominus}{J \cdot K^{-1} \cdot mol^{-1}}$	$\frac{\Delta_f G_m^\ominus}{kJ \cdot mol^{-1}}$	$\frac{C_{p,m}^\ominus}{J \cdot K^{-1} \cdot mol^{-1}}$
Ag（s）	0	42.55	0	25.35
AgBr（s）	-100.37	107.70	-96.90	52.38
AgCl（s）	-127.07	96.20	-109.79	50.79
AgI（s）	-61.84	115.50	-66.19	56.82
Al_2O_3（s，刚玉）	-1675.70	50.92	-1582.30	79.04
Br_2（l）	0	152.23	0	75.69
Br_2（g）	30.91	245.46	3.11	36.02
C（s，金刚石）	1.90	2.38	2.90	6.11
C（s，石墨）	0	5.74	0	8.58
CO（g）	-110.53	197.67	-137.17	29.14
CO_2（g）	-393.51	213.74	-394.36	37.11
CS_2（g）	117.36	237.84	67.12	45.40
H_2（g）	0	130.59	0	28.84
NaOH（s）	-426.73	523	-377	80.3
NaCl（s）	-411	72.4	-384	49.71
$NaSO_4 10H_2O$（s）	-4324.08	592.87	-3643.97	587.4
$NaNO_3$（s）	-466.68	116.3	-365.89	93.05
KCl（s）	-435.87	82.67	-408.32	51.5
$KMnO_4$（s）	-813.4	171.71	-713.79	119.2
Mg（s）	0	32.51	0	23.89
MgO（s）	-601.83	26.8	-569.57	37.4
$Mg(OH)_2$（s）	-924.66	63.14	-833.74	77.03
$MgCl_2$（s）	-641.82	89.5	-592.32	71.3
Ca（s）	0	41.63	0	26.27
CaO（s）	-635.09	39.7	-604.2	42.8
CaF_2（s）	-1214.6	68.87	-1161.9	67.02
$CaCO_3$（s，方解石）	-1206.87	92.9	-1128.76	81.88
$CaSiO_3$（s）	-1584.1	82	-1498.7	85.27
$CaSO_4$（s，无水）	-1432.68	106.7	-1320.3	99.6
$CaSO_4 \cdot 1/2H_2O$（s）	-1575.15	130.5	-1435.2	119.7

续表

物质	$\Delta_f H_m$ / $kJ \cdot mol^{-1}$	$S_m^\ominus$ / $J \cdot K^{-1} \cdot mol^{-1}$	$\Delta_f G_m^\ominus$ / $kJ \cdot mol^{-1}$	$C_{p,m}^\ominus$ / $J \cdot K^{-1} \cdot mol^{-1}$
$CaSO_4 \cdot 2H_2O$ (s)	-2021.12	193.97	-1795.73	186.2
Al (s)	0	28.32	0	24.34
Al_2O_3 (s)	-1669.79	52.99	-1576.41	78.99
CH_4 (g) 甲烷	-74.85	186.19	-50.79	35.71
C_2H_6 (g) 乙烷	-84.67	229.49	-32.89	52.65
C_3H_8 (g) 丙烷	-103.85	270.02	-23.37	73.51
C_4H_{10} (g) 正丁烷	-126.15	310.23	-17.02	97.45
C_4H_{10} (g) 异丁烷	-134.52	294.75	-20.75	96.82
C_5H_{12} (g) 正戊烷	-146.44	349.06	-8.21	120.21
C_5H_{12} (g) 异戊烷	-154.47	343.20	-14.65	118.78
C_6H_{14} (g) 正己烷	-167.19	388.51	-0.05	143.09
C_7H_{16} (g) 庚烷	-187.78	428.01	8.22	165.98
C_8H_{18} (g) 锌烷	-208.45	466.84	16.66	188.87
C_2H_2 (g) 乙炔	226.75	200.82	209.2	43.93
C_2H_4 (g) 乙烯	52.28	219.45	68.12	43.55
C_3H_6 (g) 丙烯	20.42	267.05	62.79	63.89
C_4H_8 (g) 1-丁烯	-0.13	305.71	71.40	85.65
C_4H_6 (g) 1,3-丁二烯	110.16	278.85	150.74	79.54
C_3H_4 (g) 丙炔	185.43	248.22	194.46	60.67
C_3H_6 (g) 环丙烷	53.30	237.55	104.46	55.94
C_6H_{12} (g) 环己烷	-123.14	298.35	31.92	106.27
C_6H_{10} (g) 环己烯	-5.36	310.86	106.99	105.02
C_6H_6 (g) 苯	82.93	269.31	129.73	81.67
C_6H_6 (l) 苯	49.04	173.26	124.45	135.77
C_7H_8 (l) 甲苯	12.01	220.96	113.89	157.11
C_7H_8 (g) 甲苯	50.00	320.77	122.11	103.64
C_2H_6O (g) 甲醚	-184.05	266.38	-112.59	64.39
$C_4H_{10}O$ (l) 乙醚	-279.5	253.1	-122.75	
$C_4H_{10}O$ (g) 乙醚	-252.21	342.78	-112.19	122.51
C_2H_4O (g) 环氧乙烷	-52.63	242.53	-13.01	47.91
C_3H_6O (g) 环氧丙烷	-92.76	286.84	-25.69	72.34
CH_3OH (g) 甲醇	-200.66	237.6	-161.92	43.89
CH_3OH (l) 甲醇	-238.64	126.8	-166.31	81.6
C_2H_6O (l) 乙醇	-277.69	160.7	-174.78	111.46
C_2H_6O (g) 乙醇	-235.10	282.70	-168.49	65.44

续表

物 质	$\frac{\Delta_f H_m}{kJ \cdot mol^{-1}}$	$\frac{S_m^{\ominus}}{J \cdot K^{-1} \cdot mol^{-1}}$	$\frac{\Delta_f G_m^{\ominus}}{kJ \cdot mol^{-1}}$	$\frac{C_{p \cdot m}^{\ominus}}{J \cdot K^{-1} \cdot mol^{-1}}$
C_3H_8O（l）丙醇	-304.55	192.9	-170.52	
C_3H_8O（g）丙醇	-257.53	324.91	-162.86	87.11
C_3H_8O（l）异丙醇	-318.0	180.58	-180.26	
C_3H_8O（g）异丙醇	-272.59	310.02	-173.48	88.74
$C_4H_{10}O$（l）丁醇	-325.81	225.73	-160.00	
$C_4H_{10}O$（g）丁醇	-274.42	363.28	-150.52	110.50
$C_2H_5O_2$（l）乙二醇	-454.80	166.9	-323.08	149.8
CH_2O（g）甲醛	-108.57	218.77	-102.53	35.40
C_2H_4O（l）乙醛	-192.30	160.2	-128.12	
C_2H_4O（g）乙醛	-166.19	250.3	-128.86	54.64
C_3H_6O（l）丙酮	-248.1	200.4	-133.28	124.73
C_3H_6O（g）丙酮	-217.57	295.04	-152.97	74.89
CH_2O_2（l）甲酸	-424.72	128.95	-361.35	99.04
$C_2H_4O_2$（l）乙酸	-484.5	159.8	-389.9	124.3
$C_2H_4O_2$（g）乙酸	-432.25	282.5	-374.0	66.53
$C_4H_6O_3$（l）乙酐	-624.00	268.61	-488.67	
$C_4H_6O_3$（g）乙酐	-575.72	390.06	-476.57	99.50
$C_3H_4O_2$（g）丙烯酸	-336.23	315.12	-285.99	77.78
$C_7H_6O_2$（s）苯甲酸	-385.14	167.57	-245.14	155.2
$C_7H_6O_2$（g）苯甲酸	-290.20	369.10	-210.31	103.47
$C_4H_8O_2$（l）乙酸乙酯	-479.03	259.4	-332.55	
$C_4H_8O_2$（g）乙酸乙酯	-442.92	362.86	-327.27	113.64
C_6H_6O（s）苯酚	-165.02	144.01	-50.31	
C_6H_6O（g）苯酚	-96.36	315.71	-32.81	103.55
C_5H_5N（l）吡啶	100.0	177.90	181.43	
C_5H_5N（g）吡啶	140.16	282.91	190.27	78.12
C_6H_7N（l）苯胺	31.09	191.29	149.21	199.6
C_6H_7N（g）苯胺	86.86	319.27	166.79	108.41
C_2H_3N（l）乙腈	31.38	149.62	77.22	91.46
C_2H_3N（g）乙腈	65.23	245.12	82.58	52.22
$_3H_3N$（g）丙烯腈	184.93	274.04	195.34	63.76
CF_4（g）四氟化碳	-925	261.61	-879	61.09
C_2F_6（g）六氟乙烷	-1297	332.3	-1213	106.7
CH_3Br（g）一溴甲烷	-34.3	245.77	-24.69	42.59
CH_3Cl（g）一氯甲烷	-80.83	234.58	-57.37	40.75

续表

物质	$\frac{\Delta_f H_m}{kJ \cdot mol^{-1}}$	$\frac{S_m^\ominus}{J \cdot K^{-1} \cdot mol^{-1}}$	$\frac{\Delta_f G_m^\ominus}{kJ \cdot mol^{-1}}$	$\frac{C_{p,m}^\ominus}{J \cdot K^{-1} \cdot mol^{-1}}$
CH_2Cl_2（l）二氯甲烷	-121.46	177.8	-67.26	100.0
CH_2Cl_2（g）二氯甲烷	-92.47	270.23	-65.87	50.96
$CHCl_3$（l）三氯甲烷	-134.47	201.7	-73.66	113.8
$CHCl_3$（g）三氯甲烷	-103.14	295.71	-70.34	65.69
CCl_4（l）四氯化碳	-135.44	216.40	-65.21	131.75
CCl_4（g）四氯化碳	-102.9	309.85	-60.59	83.30
C_6H_5Cl（l）氯苯	10.79	209.2	89.3	
$C6_{H5}Cl$（g）氯苯	51.84	313.58	99.23	98.03
HCN（g）	130.5	201.79	120.1	35.9
$CO(NH_2)_2$（s）尿素	-333.19	104.6	-197.15	93.14
CS_2（l）	87.9	151.04	63.6	75.7
Si（s）	0	18.7	0	19.87
SiO_2（s，石英）	-859.4	41.84	-805	44.43
N_2（g）	0	191.49	0	29.12
NO（g）	90.37	210.62	86.69	29.86
NO_2（g）	33.85	240.45	51.84	39.71
N_2O_4（g）	9.66	304.3	98.29	38.71
NH_3（g）	-46.19	192.51	-16.63	35.66
NH_4Cl（s）	-315.39	94.6	-203.89	84.1
HNO_3（l）	-173.23	155.6	-79.91	109.87
P（s，白）	0	44	0	23.22
P4（g）	54.89	279.91	24.35	66.9
O_2（g）	0	205.03	0	29.36
O_3（g）	142.2	237.6	163.43	28.16
H_2O（g）	-241.83	188.72	-228.59	33.58
H_2O（l）	-285.84	69.94	-237.19	75.3
H_2O_2（l）	-187.61	109.96	-120.35	89.1
S（s，斜方）	0	31.88	0	22.59
S（s，单斜）	0.3	32.55	0.1	23.64
SO_2（g）	-296.06	248.52	-300.37	39.79
SO_3（g）	-395.18	256.22	-370.37	50.63
H_2S（g）	-20.15	205.64	-33.02	33.97
F_2（g）	0	203.3	0	31.46
HF（g）	268.6	173.51	-270.7	29.08
Cl_2（g）	0	222.95	0	33.93

续表

物　质	$\frac{\Delta_f H_m}{kJ \cdot mol^{-1}}$	$\frac{S_m^\ominus}{J \cdot K^{-1} \cdot mol^{-1}}$	$\frac{\Delta_f G_m^\ominus}{kJ \cdot mol^{-1}}$	$\frac{C_{p \cdot m}^\ominus}{J \cdot K^{-1} \cdot mol^{-1}}$
HCl（g）	-92.31	186.68	-95.26	29.12
Br_2（g）	30.71	245.24	3.14	35.98
HBr（g）	-36.23	198.4	-53.22	29.12
I_2（s）	0	116.7	0	54.98
I_2（g）	62.24	260.58	19.37	36.86
HI（g）	25.9	206.33	1.3	29.16
Pb（s）	0	64.89	0	26.82
Zn（s）	0	41.63	0	25.06
ZnS（s，闪锌矿）	-202.9	57.74	-198.3	45.2
Hg（l）	0	77.4	0	27.82
HgO（s，红）	-90.71	72	-58.53	45.77
Hg_2Cl_2（s）	-264.93	195.8	-210.66	101.7
Cu（s）	0	33.3	0	24.47
CuO（s）	-155.2	43.51	-127.2	44.4
Cu_2O（s）	-166.69	100.8	-146.36	69.9
$CuSO_4$（s）	-769.86	113.4	-661.9	100.8
$CuSO_4 \cdot 5H_2O$（s）	-2277.98	305.4	-1879.9	281.2
Ag（s）	0	42.7	0	25.49
Ag_2O（s）	-30.57	121.71	-10.82	65.56
AgCl（s）	-127.03	96.11	-109.72	50.79
$AgNO_3$（s）	-123.14	140.92	-32.17	93.05
Fe（s）	0	27.15	0	25.23
Fe_2O_3（s，赤铁矿）	-822.2	90	-741	104.6
Fe_3O_4（s，磁铁矿）	-1120.9	146.4	-1014.2	143.43
MnO_2（s）	-519.6	53.1	-466.1	54.02